水产病害防治与养殖新技术

饶庆贺　宫春光　孙桂清　主编

燕山大学出版社
2020 · 秦皇岛

图书在版编目（CIP）数据

水产病害防治与养殖新技术 / 饶庆贺，宫春光，孙桂清主编．—秦皇岛：燕山大学出版社，2019.6（2020.6 重印）
ISBN 978-7-81142-751-6

Ⅰ．①水… Ⅱ．①饶… ②宫… ③孙… Ⅲ．①水产养殖－病害－防治 Ⅳ．①S94

中国版本图书馆 CIP 数据核字（2020）第 092463 号

水产病害防治与养殖新技术

饶庆贺　宫春光　孙桂清　主编

出 版 人：陈　玉
责任编辑：张　蕊
封面设计：吕昕怡
出版发行：燕山大学出版社 YANSHAN UNIVERSITY PRESS
地　　址：河北省秦皇岛市河北大街西段 438 号
邮政编码：066004
电　　话：0335-8387555
印　　刷：北京虎彩文化传播有限公司
经　　销：全国新华书店

开　　本：787mm×1092mm　1/16　　印　　张：15.5　　字　　数：270 千字
版　　次：2019 年 6 月第 1 版　　印　　次：2020 年 6 月第 2 次印刷
书　　号：ISBN 978-7-81142-751-6
定　　价：50.00 元

编 委 会

主　　编：饶庆贺　宫春光　孙桂清

副主编：李　原　殷　蕊　王风昀　胡晓刚　魏　滨

编　　者：何建平　韩　敏　傅　仲　赵海涛　刘玉峰　何忠伟
李春岭　吴　彦　王真真　于青海　陈秀玲　张丽敏
涂学伟　李　莹　杨　金　王　鹤　刘晓晨　张浩然
夏雪岭　肖国娟　周会文　赵志民　刘婧美　李雪冬
齐　航　石媛楠　张佳瑞

序　言

近30多年来，随着水产养殖技术的提升，我国海水养殖业得到了快速发展，养殖产量达1963.13万吨，为繁荣渔村经济、保障居民优质蛋白供给及饮食结构优化、缓解自然资源捕捞压力等做出了突出贡献，也在渔业资源可持续利用和保障“粮食安全”等方面发挥了重要作用。但随着高密度、工厂化、集约化养殖模式的建立和推广，养殖病害问题日趋严重。此外，港口建设、石油开发、工业排污、生活污水以及养殖尾水的排放，造成局部地区水域污染事件时有发生，水域生态环境逐年恶化，赤潮频发，水产养殖病害滋生，给水产养殖业带来了巨大风险和水产品质量安全隐患。

在过去的30年间，由于病害的发生给全国水产养殖业造成了近150亿元人民币的经济损失，疾病已成为水产养殖业绿色健康发展的最大瓶颈。河北省水生动物疫病监测分析报告显示，我省海水养殖产业的发展也受到了疾病的极大影响，根据各养殖品种的病害发生情况和总体养殖面积加权估算，2015年我省海水养殖病害经济损失达到8000万元以上，2016年也超过3500万元。

长期以来，我国水产养殖生产经营者多以追求产量和短期经济效益为目标，养殖密度过高，加上保护养殖环境意识淡薄，养殖病害呈逐年加重之势，随之而来的是药物滥用现象较为普遍，以至于水域环境遭到不同程度的破坏，水产品质量得不到有效保障，水产养殖业可持续发展受到严重影响。研究解决水产养殖病害防治难题已经成为保障水产养殖业持续健康发展的重要课题。

如何有效地防控病害已成为我国海水养殖产业发展的关键环节，也是广大养殖业者最为关注的问题。本书从三个方面介绍了适合北方海水养殖的新品种和海水养殖病害综合防控措施：一是新品种具有抗逆性强、生长速度快等优势，可以降低养殖疾病发生率，提质增效显著，极具推广价值；二是介绍了新品种在苗种繁育和养殖过程中的关键技术环节，可以为养殖业者在生产实践中提供借鉴；三是针对我国北方海水养殖的病害特点，结合自身科研积累和实践，汇集了国内外最新研究成果，对海水养殖的病害防控具有一定的指导意义。

本书通篇内容翔实，生动形象，通俗易懂，实用性和可操作性强，可以满足基层水产技术推广人员和养殖渔民的实际需求，也可作为海洋与水产院校师生、行政管理部门干部和科技工作者在实践中的参考，也希望通过本书的出版对我国水产事业的发展起到科技引领作用。

2018年6月于秦皇岛

目 录/Contents

第一章

水产动物疾病综述

第一节　疾病发生的原因

一、病因的类别

了解病因是制定预防疾病的合理措施，作出正确诊断和提出有效治疗方法的根据。水产动物疾病发生的原因虽然多种多样，但基本上可归纳为下列5类：

（一）病原的侵害

病原就是致病的生物，包括病毒、细菌、真菌等微生物和寄生原生动物、单殖吸虫、复殖吸虫、绦虫、线虫、棘头虫、寄生蛭类和寄生甲壳类等寄生虫。

（二）非正常的环境因素

养殖水域的温度、盐度、溶氧量、酸碱度、光照等理化因素的变动或污染物质等，超越了养殖动物所能忍受的临界限度就会致病。

（三）营养不良

投喂饲料的数量或饲料中所含的营养成分不能满足养殖动物维持生活的最低需要时，饲养动物往往生长缓慢或停止，身体瘦弱，抗病力降低，严重时就会出现明显的疾病症状甚至死亡。营养成分中容易发生问题的是缺乏维生素、矿物质、氨基酸。其中最容易缺乏的是维生素和必需氨基酸。腐败变质的饲料也是致病的重要因素。

（四）动物本身先天的或遗传的缺陷

例如某种畸形。

（五）机械损伤

在捕捞、运输和饲养管理过程中，往往由于工具不适宜或操作不小心，使饲养动物身体受到摩擦或碰撞而受伤。受伤处组织破损，机能丧失，或体液流失，渗透压紊乱，引起各种生理障碍以至死亡。除了这些直接危害以外，伤口又是各种病原微生物侵入的途径。

这些病因对养殖动物的致病作用，可以是单独一种病因的作用，也可以是几种病因混合的作用，并且这些病因往往有相互影响、加剧的作用。

二、病原、宿主和环境的关系

由病原生物引起的疾病是病原、宿主和环境三者互相影响的结果。

（一）病原

养殖动物的病原种类很多。不同种类的病原对宿主的毒性或致病力各不相同，就是同一种病原在不同生活时期对宿主的毒性也不相同。

病原在宿主的身体上必须达到一定的数量时，才能使宿主生病。有些病原（如病菌）侵入宿主身体后，开始增殖，达到一定数量后，宿主就显示出症状。从病原侵入宿主体内后到宿主显示出症状的这段时间叫作潜伏期。各种病原一般都有一定的潜伏期，了解疾病的潜伏期可以作为预防疾病和制订检疫计划的依据和参考。但是应当注意，潜伏期的长短不是绝对固定不变的，它往往随着宿主身体条件和环境因素的影响而有所延长或缩短。

病原对宿主的危害性主要有下列三个方面：

1．夺取营养

有些病原是以宿主体内已消化或半消化的营养物质为食，有些寄生虫则直接吸食宿主的血液，另外一些寄生物是以渗透方式吸取宿主器官或组织内的营养物质。无论以哪种方式夺取营养都能使宿主营养不良，甚至贫血，身体瘦弱，抵抗力降低，生长发育迟缓或停止。

2．机械损伤

有些寄生虫（如蠕虫类）利用吸盘、钩子、铗子等固着器官损伤宿主组织，也有些寄生虫（如甲壳类）可用口器刺破或撕裂宿主的皮肤或鳃组织，引起宿主组织发炎、充血、溃疡或细胞增生等病理症状。有些个体较大的寄生虫，在寄生数量很多时，能使宿主器官腔发生阻塞，引起器官的变形、萎缩、机能丧失。有些内部寄生虫在寄生过程中能在宿主的组织或血管中移行，使组织损伤或血管阻塞。

3．分泌有害物质

有些寄生虫（如某些单殖吸虫）能分泌蛋白分解酶（Proteolytic enzyme）溶解其口部周围的宿主组织，以便摄食宿主细胞。有些寄生虫（如蛭类）的分泌物可以阻止伤口血液凝固，以便吸食宿主血液。有些病原（包括微生物和寄生虫）可以分泌毒素，使宿主受到各种毒害。

许多种病原对宿主有严格的种别性（或叫专一性，Specificity），即一种病原仅寄生在某一种或与该种亲缘关系相近的宿主上，除此以外的其他动物则不能作为它的宿主，例如鰤本尼登虫（拉丁名：*Benedenia seriolae*）专寄生在鰤鱼的皮肤上。但是也有的病原对宿主几乎没有种别性，可以寄生在很多种宿主上，例如刺激隐核虫（拉丁名：*Cryptocaryon irritans*）可以寄生在数十种海水鱼上。

病原在宿主身上的部位一般也是寄生在一定的器官或组织内，有的专寄生在消化道内，有的专寄生在胆囊内，有的专寄生在肌肉中，有的必须在血液中才能生活，有的则生活在宿主的鳃和体表。寄生在体内组织或器官腔及体腔内的叫作内寄生物（Endoparasite），寄生在体表（包括皮肤和鳃）的叫作外寄生物（Ectoparasite）。

（二）宿主

对病原的敏感性（Sensitivity）有强有弱。宿主的遗传性质、免疫力、生理状态、年龄、营养条件、生活环境等都能影响宿主对病原的敏感性。

（三）环境条件

水域中的生物种类、种群密度、饵料、光照、水流、水温、盐度、溶氧量、酸碱度及其他水质情况都与病原的生长、繁殖和传播等有密切的关系，也严重地影响着宿主的生理状况和抗病力。现择其主要者阐明如下：

水质和底质影响养殖池水中的溶解氧，并直接影响水产养殖动物的生长和生存。各种水产动物对溶解氧的需要量不同，鱼、虾类正常生活所需的溶解氧约为4mg/L以上，当溶解氧不足时，鱼、虾的摄食量下降，生长缓慢，抗病力降低。当溶解氧严重不足时，鱼、虾就大批浮于水面，这叫作浮头。此时，如果不及时解救，溶氧量继续下降，鱼、虾就会窒息而死，这就叫作泛池。发生泛池时水中的溶氧量随着鱼、虾的种类，个体大小，体质强弱，水温，水质等的不同而有差异，一般为1mg/L左右。患病的鱼、虾特别是患鳃病的鱼、虾对缺氧的耐力特别差。

海水盐度过高或过低也会影响海水养殖种类的生长发育和抗病能力。特别是盐度突然变化时，鱼、虾、贝等都不能很快适应，往往引发疾病或致死。

池塘中由于饵料残渣和鱼、虾粪便等有机物质腐烂分解，产生许多有害物质，使池水发生自身污染。这些有害物质主要为氨和硫化氢。

除了养殖水体的自身污染以外，有时外来的污染更为严重。这些外来的污染一般来自工厂、矿山、油田、码头和农田的排水。工厂和矿山的排水中大多含有重金属离子(如汞、铅、镉、锌、镍等)或其他有毒的化学物质(如氟化物、硫化物、酚类、多氯联苯等)；油井和码头往往有石油类或其他有毒物质；农田排水中往往含有各种农药。这些有毒物质都可能使鱼、虾等水产养殖动物急性或慢性中毒。

总之，病原、宿主和环境条件三者有极为密切的相互影响的关系，这三者相互影响的结果决定疾病的发生和发展（图1-1）。在诊断和防治疾病时，必须全面考虑这些关系，才能找出其主要病因所在，采取有效的预防和治疗方法。

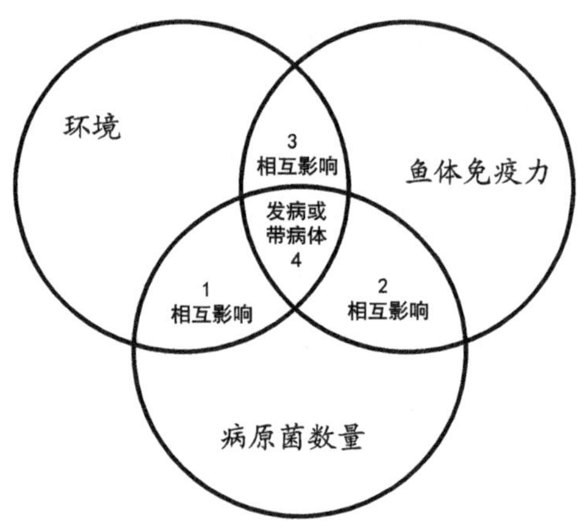

图1-1　疾病的发生与病原、宿主、环境条件之间的关系

第二节　疾病的控制

鱼、虾、蟹、贝等各种水产经济动物在人工养殖以后由于环境条件、种群密度、饲料的质和量等，往往与生活在天然环境中有较大的差别，很难完全满足这些水产动物的需要，这样就会降低它们对疾病的抵抗力。这些对水产养殖动物不利的条件却对某些病原的增殖和传播很有利，再加上捕捞、运输和养殖过程中的人工操作，常使水产动物身体受伤，病原就会乘机侵入，所以水产养殖动物比在天然条件下更容易生病。这些水产动物生病后，轻者影响其生长繁殖，使产量减少，并且外形难看，商品价值下降；重者则会死亡。因此，水产经济动物在育苗和养成过程中，疾病往往成为生产成败的关键问题之一。

水产养殖动物病害的种类很多，主要由病毒、细菌、真菌、原生动物、单殖吸虫、复殖吸虫、寄生甲壳类等致病生物以及营养失调和环境恶化引起。对于疾病的控制包括三个重要组成部分，即诊断、预防措施和治疗方法。要做好这三方面工作必须具备病原生物的形态构造、分类方法、生态习性、繁殖习性、生活史和传播方法、药物学和药理学等知识。

一、诊断要点

只有诊断正确，才能对症下药。正确的诊断来自对宿主、病原（因）和环境条件三方面的综合分析。

供检查的动物最好是生病后濒死的个体或刚死及死后时间很短的个体。死后时间较长的个体，体色已改变，组织已变质，症状消退，病原体脱落或死亡变形后就无法诊断了。有些疾病不能立即确诊的，也可用固定剂和保存剂将生病动物的整个身体，或一部分器官组织，或其病原体，固定和保存后作进一步的诊断，也可送交有关机构和专家进行鉴定。

（一）疾病的宏观观察诊断

1. 观察症状和寻找病原

观察体液、体表（鳃盖、鳍、皮肤）、肌肉、内脏等部位有无颜色变化，有无炎症、充血、出血、溃疡等症状；活动情况；肉眼检查有无异物；刮取黏液或组织涂片或水浸片检查有无病原。

（1）体表检查

先用肉眼仔细检查病鱼的头部、嘴、眼睛、鳃盖、鳞片、皮肤、鳍等体表有无充血、发炎、颜色变白或变黑、黏液增多、皮肤粗糙、肿胀、溃烂、小点、增生物、残缺不全、畸形，有无眼睛浑浊、眼睛突出、鳞片竖立、腹部膨大、鳍条破碎、肛门红肿等异状，及肉眼可见的大型寄生虫或水霉。对病变部位及可疑部分必须进一步用显微镜检查。

（2）口腔及鳃检查

先用肉眼检查口腔及鳃丝有无充血、发炎、黏液增多、肿胀、颜色变成深浅不一、腐烂及大型寄生虫（如中华鱼蚤、锚头鱼蚤）、胞囊等；然后再在载玻片上放一滴清水，刮取病灶部分黏液或剪取少量鳃丝，盖上盖玻片进行镜检。鱼苗、鱼种即使肉眼看不到异状的也必须剪取鳃丝进行镜检，因鱼苗、鱼种的鳃上寄生虫病很多，但有些又没有十分明显的症状。

（3）内脏检查

将鱼的腹部剪开，检查腹腔内是否有腹水；然后剪去一侧体壁，用肉眼观察体腔内有无大型寄生虫（如舌状绦虫等）及胞囊，腹膜、肠系膜、脂肪组织等是否充血，各内脏有无异状，如肠某一段特别膨大，肝脏肿大、淤血、有坏死病灶等，然后将各内脏分开。一般作诊断时，如肉眼看不出异状，就主要检查肠。将肠剖开，先用肉眼检查肠内有无食物，黏液多否，肠壁是否充血、发炎，有无白色小点，有无大型寄生虫等。

如仍未检查出患什么病，就应进一步检查肝、脾、肾、胆、鳔、心脏、脑、肌肉、骨骼等。由细菌、病毒引起的鱼病，目前一般采用肉眼观察诊断，而准确的诊断方法（尤其是有些疾病的症状较近似时）应采用荧光抗体法、酶抗体法、中和试验法、血清凝集试验、病原分离培养及病理诊断等。对于鱼类中毒或营养不良引起的疾病，诊断时还要对食物、池水、鱼体进行分析，才能确定。肿瘤须做组织切片来诊断。

2．调查饲养管理情况

养殖品种和放养密度；投饵种类、数量和质量；养殖动物摄食情况和活动情况。

3．调查水体环境因子

包括：水源、水温、盐度、DO、pH、H_2S、NH_3-N、池塘周围的环境条件等。

4．调查发病史及以往采取的措施，以避免抗药性

（二）疾病的微观观察诊断

疾病的微观观察是指通过镜检（放大镜、显微镜和电镜）查找病原及宿主的病理变化。

镜检的方法：①水浸片法；②载玻片压展法；③病理切片检查。

1．细菌性疾病的诊断过程

病原分离 → 纯化培养 → 人工感染试验 → 病原种类鉴定

（1）病原分离：从病灶部位准确取材，无菌操作（图1-2、1-3）。

（2）纯化培养：取优势菌单菌落纯化培养。

（3）人工感染试验：包括注射感染、浸泡感染和口服感染。

感染材料要求：健康且无患病史。

感染结果：表现出相同症状、分离出同样菌种。

（4）种类鉴定：16Sr DNA测序鉴定细菌及菌落形态、生理生化指标。

图1-2 患腹水病牙鲆采样

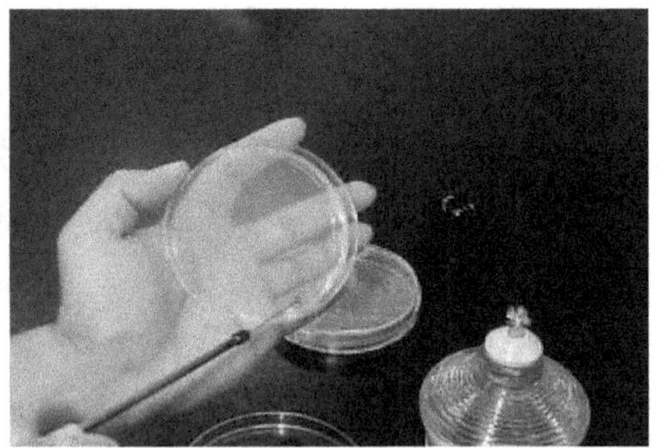

图1-3 患腹水病牙鲆采样后划线接种

2．病毒性疾病的诊断

（1）组织学检测：只适于具有包涵体的病毒种类（包涵体：病毒感染的细胞内出现的LM下可见的大小、形态和数量不等的小体）；

（2）电镜检查；

（3）试剂盒等快速诊断：PCR、DNA探针、酶标抗体等。

（三）疾病诊断时的注意事项

1．在进行现场调查时，如果发生暴发性的大批死鱼，一般依“急剧缺氧—农药或工业废水污染—暴发性流行性鱼病—人为投毒”的思路去分析鱼类的死亡原因。

2．要用活的或刚死亡的水产养殖动物进行检查，检查数应在5~10尾以上。

3．要保持鱼体湿润。

4．取出鱼内部器官，要保持器官的完整和湿润。

5．用过的工具要洗干净后再用，避免把病原从一个器官带到另一器官或从一个机体带到另一个机体。

6．一时无法诊断的疾病要保留标本。

二、综合预防措施

水产动物生病后往往不如陆生动物生病时那样容易被发现，一般在发现时已有部分动物死亡。因为它们栖息于水中，所以给药的方法也不如治疗陆生动物那么容易，剂量很难准确。并且，在发现疾病后即便能够治愈，也要耗费大量药品和人工，会影响动物的生长和繁殖，在经济上造成损失。治病药物多数具有一定的毒性：一方面或多或少地直接影响养殖动物的生理和生活，使动物呈现消化不良、食欲减退、生长发育迟缓、游泳反常等，甚至有急性中毒现象；另一方面可能杀灭水体和底泥中的像硝化细菌那样的有益微生物，从而破坏了水体中的物质循环，扰乱了水体的化学平衡。有大量浮游生物存在的水体中，往往在泼药以后，大批的浮游生物被杀死并腐烂分解，引起水质的突然恶化，可能会发生全池动物死亡的事故。另外，有些药物在池水中或养殖动物体内留有残毒。因此，防重于治的观点一定要树立。综合预防措施主要有下列几项：

（一）彻底清池

清池包括清除池底污泥和池塘消毒两个内容。育苗池、养成池、暂养池或越冬池在放养前都应清池。

育苗池和越冬池一般都用水泥建成。新水泥池在使用前一个月左右就应灌满清洁的水，浸出水泥中的有毒物质，浸泡期间应隔几天换一次水，反复浸洗几次以后才能使用。已用过的水泥池，在再次使用前要彻底洗刷，清除池底和池壁污物后，再用1:10000的高锰酸钾或漂粉精等含氯消毒剂溶液消毒，最后用清洁水冲洗，则可灌水使用。

养成池和暂养池一般为土池。新建的池塘一般不需要浸泡和消毒，如能灌满水浸泡2～3d再换水后放养则更加安全。已养过鱼、虾的池塘，因在底泥中沉积有大量残饵和粪便等有机物质，会形成厚厚的一层黑色污泥。这些有机质腐烂分解后，不仅消耗溶解氧、产生氨、亚硝酸盐和硫化氢等有毒物质，而且成为许多种病原体滋生基地，因此应当在养殖的空闲季节即冬季或春季将池水排干，将污泥尽可能挖掉，放养前再用药物消毒。消毒时应在池中灌入少量水，盖过池底即可，然后用20～30mg/L的漂粉精，或50～80mg/L的漂白粉，或400mg/L的生石灰溶于水中后均匀泼洒全池，过1～2d后灌入新水，再过3～5d后就可放养。

（二）保持适宜的水深和优良的水质及水色

1．水深的调节

在养殖的前期，因为养殖动物个体较小，水温较低，池水以浅些为好，有利于水温回升和饵料生物的生长繁殖。以后随着养殖动物个体长大和水温上升，应逐渐加深池水，到夏秋高温季节水深最好达1.5m以上。

2．水色的调节

水色以淡黄色、淡褐色、黄绿色为好，这些水色一般以硅藻为主。淡绿色或绿色以绿藻为主，也还适宜。如果水色变为蓝绿、暗绿，则蓝藻较多；水色为红色可能甲藻占优势；水色为黑褐色，则溶解或悬浮的有机物质过多，这些水色对养殖动物都不利。透明度的大小，主要说明浮游生物数量的多少，以40～50cm为好。无论哪种浮游生物，如果繁殖过量，在水面漂浮一层，这叫水华。此时透明度一般很低，说明水质已老化，应尽快换水。

3．换水

换水是保持优良水质和水色的最好办法，但要适时适量才有利于鱼、虾的健康和生长。当水色优良、透明度适宜以及暂不换水或少量换水。在水色不良或透明度很低以及养殖动物患病时，则应多换水、勤换水。

在换水时应注意水源的水质情况。当水源中发现赤潮时或有其他污染物质时应暂停换水。也可用增氧机充气增加池水的含氧量。

（三）放养健壮的种苗并保持适宜的密度

放养的种苗应体色正常，健壮活泼。必要时应先用显微镜检查，确保种苗上不带有病原。放养密度应根据池塘条件、水质、饵料状况、饲养管理技术水平等决定，切勿过密。

（四）饵料应质优量适

饵料及其原料绝对不能发霉变质，饵料的营养成分要全，特别不能缺乏各种维生素和矿物质，应是对环境污染少的环保饲料。每天的投饵量要适宜，每天的投喂量要分多次投喂。每次投喂前要检查前次投喂的吃食情况，以便调整投饵量。

（五）改善生态环境

人为改善池塘中的生物群落，使之有利于水质的净化，增强养殖动物的抗病能力，抑制病原生物的生长繁殖。如在养殖水体中使用水质改良剂，如益生菌、光和细菌等。

（六）操作要细心

在对养殖动物捕捞、搬运及日常饲养管理过程中应细心操作，不使动物受伤，因为受伤的个体最容易感染病原。

（七）经常进行检查

在动物的饲养过程中，应每天至少到池塘上去检查1次，以便及时发现可能引起疾病的各种不良情况，尽早采取改进措施，防患于未然。

（八）在日常管理工作中要防止病原传播

在日常工作中防止病原传播主要应采取的措施：①对生病的和带有病原的动物要进行隔离。②在生病的池塘中用过的工具应当用浓度较大的漂白粉、硫酸铜或高锰酸钾等溶液消毒，或在强烈的阳光下晒干，然后才能用于其他池塘。有条件的也可以在生病池塘中设专用工具。③病死或已无可救药的动物，应及时捞出并深埋他处或销毁，切勿丢弃在池塘岸边或水源附近，以免被鸟兽或雨水带入养殖水体中。④已发现有疾病的动物在治愈以前不应向外移植。

（九）订立并严格执行检疫制度

目前国际间和国内各地区间水产动物的移植或交换日趋频繁，为防止病原随着动物的运输而传播，必须遵守《动物检疫法》。

（十）药物预防

水产养殖动物在运输之前或运到之后，最好先用适当的药物将体表携带的病原杀灭，然后放养。一般的方法是在8mg/L的硫酸铜或10mg/L的漂白粉或20mg/L的高锰酸钾等溶液内浸洗15～30min，然后放养。在饲养动物的池塘中，于生病季节到来时，针对某种常发疾病定期投喂药饵或全池泼洒药物也是有效的预防方法。

（十一）人工免疫

对一些经常发生的危害严重的病毒性及细菌性疾病，可做成人工疫苗，用口服、浸洗或注射等方法送入鱼体，以达到人工免疫的作用。这一工作在鱼类养殖中已取得了一定的成效。

（十二）选育抗病力强的种苗

利用某些养殖品种或群体对某种疾病有先天性或获得性免疫力的原理，选择和培育抗病力强的苗种作为放养对象，可以达到防止该种疾病的目的。最简单的办法是从生病池塘中选择始终未受感染的或已被感染但很快又痊愈了的个体，进行培养并作为繁殖用的亲体，因为这些动物的本身及其后代一般都具有免疫力。

三、疾病的治疗时机

疾病的治疗是用药品消灭或抑制病原，或改善养殖动物的环境及营养条件。发生疾病以后要得到有效的治疗，必须掌握治疗时机。水产养殖动物，特别是鱼和虾的疾病，只要发现得早，及时适当地进行治疗，大多数疾病是可以治愈的。但是如果不仔细检查，在患病的初期往往不能及时发现。在动物病情严重，大部分已停止吃食或发生大批死亡时，口服药物已不起作用，外用药也难以见效，这时已耽误了治疗时机，即使一部分病轻者尚能治愈，也会造成严重损失。

第三节　水产养殖动物的健康管理

水产养殖是在人工管理的水环境系统中进行水生生物的生产活动。近些年来，随着养殖种类的迅速增加，面积、规模的不断扩大以及集约化程度的大大提高，新的疾病不断出现，严重地制约着养殖业的可持续发展。水产养殖动物生活在水中，它们的一切行为和活动在通常情况下都不易被观察到，一旦生病，及时正确地诊断和防治有一定的困难。其次，患病的个体大多数会失去食欲，即使是特效药也难以按要求的剂量进入个体体内，口服药物仅限于那些尚未失去食欲的个体和群体；对养殖水体用药，如全池泼洒只适用于小面积水体，对大池塘、养殖海区就不适用了，因为用药量大，成本高，也不便操作。基于这些原因，水产养殖动物疾病的防治，更需要在“防重于治”的方针指导下，采用“健康养殖”的管理技术。

一、改善和优化养殖环境

（一）合理放养

合理放养包含两方面的内容：一是放养的某一种类密度要合理，二是混养的不同种类的搭配要合理。合理放养是对养殖环境的一种优化。大量的经验证明，这种养殖方式具有提高单位养殖水体效益，促进生态平衡，保持养殖水体中正常菌群，预防传染性流行病暴发的作用。因为不同养殖种类发病的病原体不尽相同，特别是具有特异性的危害极大的某些病毒病等。合理的放养密度或混养，实际上是在有限的空间内使某一种养殖种类的密度减少，这样便减少了同一种类接触传染的机会。

（二）保证充足的溶解氧

氧是一切生物赖以生存的基本要素。水产养殖动物对于氧气（溶氧）不仅表现在呼吸的直接需要，而且还表现在其环境上的需要。在溶氧充足时，微生物可将一些代谢物转变为危害很小或无害的物质，如硝酸根（NO_3^-）、硫酸根（SO_4^{2-}）和二氧化碳（CO_2）等。反之，当溶解氧含量低时，可引起物质氧化状态的变化，使其从氧化状态变到还原状态，如产生氨氮（NH_3）、硫化氢（H_2S）和甲烷（CH_4）等，从而导致环境自身污染，引起养殖动物中毒或削弱其抵抗力。因此，保持养殖水体中溶氧在5mg/L以上，不仅是预防养殖动物病害（如浮头、泛池）的需要，同时也是保护养殖环境的需要。

（三）不滥用药物

药物具有防病治病的作用，但有些药物，例如抗生素，如果经常使用就可能使病原菌产生抗药性并污染环境。因此不能有病就用抗生素，应在正确诊断的基础上对症下药，并按规定的剂量和疗程，选用疗效好、毒副作用小的药物。药物和毒物没有严格的界限，只有量的差别。用药量过大，超过了安全浓度就可能导致养殖动物中毒甚至死亡。有的药物还会污染环境，使生态平衡失调。

（四）适时适量使用水环境保护剂

能够改善和优化养殖水环境，并且能促进水产养殖动物正常生长和发育的一些物质，称为水环境保护剂。通常是在产业化养殖的中、后期根据养殖池塘底质、水质情况每月使用1～2次。常用的有：①生石灰，每立方米水体用15～30g；②沸石，每立方米水体撒布30～50g（60～80目的粒度）；③过氧化钙，每立方米水体用10～20g；④光合细菌，每立方米水体施5～10mL（每毫升含光合细菌10亿～15亿细胞）或均匀拌入砂土后撒布于全池。

在水源条件差的养殖池塘或养殖区内，在集约化养殖系统中，由于残饵、粪便和其他有机碎屑等由氧化状态转变为还原状态或厌氧分解时，产生的氨、硫化氢、甲烷及低分子有机酸等，都会对底质、水质产生不良影响甚至积累有毒物质。因此，适时、适量使用环境保护剂有利于：①净化水质，防止底质酸化和水体富营养化；②抑制氨、硫化氢、甲烷等生成并将其氧化为无害物质；③补充氧气，增强鱼、虾类的摄食能力；④补充钙元素，促进鱼、虾类生长，增强其对疾病的抵抗能力；⑤抑制有害细菌繁殖，减少疾病感染等。水环境保护剂是当今水产养殖的一项新技术，既具有防病、防害的目的，又具有不污染水环境、价格低廉、使用方便等优点。

二、增强养殖群体抗病力

（一）培育和放养健壮苗种

放养健壮和不带病原的苗种是养殖生产成功的基础。苗种生产期应重点做好以下几点：①选用经检疫不带传染性病原的亲本，亲本投入产卵池前，用100mg/L的福尔马林或10mg/L的高锰酸钾溶液浸洗5～10min，以杀灭可能携带的病原；②受精卵移入孵化培育池前，用50mg/L的聚乙烯吡烷酮碘（含有效碘10%）浸洗10～15min（鱼卵）或0.5～1min（对虾卵）；③育苗用水使用沉淀、过滤或经消毒后解毒的水；④切忌高温育苗和滥用抗生素培苗、保苗，未经正确地诊断不投药物；⑤如投喂动物性饵料应先进行检测和消毒，并保证饵料鲜活，不投喂变质腐败的饵料。

（二）免疫接种

免疫接种是对水产养殖动物控制其暴发性流行病最为有效的方法。近些年来，已陆续有一些疫苗、菌苗用于预防鱼类的重要流行病，而且国内、外都有相关机构在研究探索免疫接种的最佳方法和途径。

（三）选育抗病力强的养殖种类

在鱼、虾、贝类等养殖过程中，常可遇到一些发病的网箱、池塘中大多数养殖个体和某一种类患病死亡，而存活下来的个体或种类却很健康，没有感染上疾病或感染极其轻微，而后又恢复健康。这些现象表明，养殖动物的抗病能力是因个体或不同种类而有很大差异的。因此，要想达到预防或减少养殖动物疾病的发生，利用个体和种类的差异，挑选和培育抗病力强的养殖品种，同样是预防疾病的途径之一。

（四）减小应激反应

在水产养殖系统中，由于人为，如水污染、投饲的技术与方法；或自然，如暴雨、高温、缺氧等因素的影响，常引起养殖动物的应激反应。凡是偏离养殖动物正常生活范围的异常因素，通称为应激源，而养殖动物对应激源的反应则称为应激反应。通常养殖动物在比较缓和的应激源作用下，可通过调节机体的代谢和生理机能而逐步适应，达到一个新的平衡状态。但是，如果应激源过于强烈，或持续时间较长，养殖动物就会因为能量消耗过大，机体抵抗力下降，从而为水中某些病原生物对宿主的侵袭创造有利条件，最终引起疾病的感染甚至暴发。因此，在养殖过程或养殖系统中，创造条件减小机体应激反应，是维护和提高机体抗病力的有效措施。

三、控制和消灭病原体

（一）使用无病原污染的水源

水及其水系统是水产养殖动物疾病病原传入和扩散的第一途径。在建造养殖场前，应对水源进行周密考察。优良的水源条件应是充足、清洁、不带病原生物以及无人为污染等有毒物质，水的物理和化学特性应适合于养殖动物的生活需求。在水系统方面，每个养殖池应有独立的进水和排水系统，以避免因进水把病原体带入。在当今水产养殖业迅速发展的形势下，由于沿海、内地湖泊、水库已普遍养殖鱼、虾、蟹、贝等，排出的水难免带有病原或腐败有机质，因此在养殖场设计中，应考虑建立蓄水池。这样，可先将养殖用水引入蓄水池自行净化，进行沉淀或消毒处理后再灌入养殖池中，这样就能防止病原从水源中带入。

（二）池塘彻底清淤消毒

池塘是养殖动物栖息生活的场所，同时也是各种病原生物潜藏和繁殖的地方。池塘环境清洁与否，直接影响到养殖动物的生长和健康。因此，池塘清淤消毒是预防疾病和减少流行病暴发的重要环节。清淤后每亩（约667m^2）用100～120kg生石灰或20～30kg漂白粉（含有效氯25%以上）进行消毒，3～5d解毒后，在池塘的进水口设置过滤网，灌满水，肥水20d左右，为养殖动物的放养创造优良的生活环境。

（三）强化疾病检疫

对水产养殖动物的疾病检疫，是指对其疾病病原体的检查，目的是掌握养殖动物疾病病原的种类和区系，了解病原体对养殖动物感染、侵害的地区性、季节性以及危害程度，以便及时采取相应的控制措施，杜绝病原的传播和流行。由于水产养殖业迅速发展，地区间苗种及亲本的交流日益频繁，对国外养殖种类的引进和移植也不断增加，如果不经过严格的疫病检测，就可能造成病原体的传播和扩散，从而引起疾病的流行。为了防止水产养殖动物传染性疾病的传播，保护渔业生产和人民身体健康，必须做好对养殖动物输入和输出的疾病检疫工作。

（四）建立隔离制度

养殖动物一旦发生疾病，不论是哪种疾病，特别是传染性疾病，首先应采取严格的隔离措施，以防止疫病传播、蔓延，殃及四邻。实施隔离，即对已发病的池塘或地区首先进行封闭，池内的养殖动物不向其他池塘和地区转移，不排放池水，工具未经消毒不在他池使用。与此同时，专业人员要勤于清除发病死亡的尸体，及时掩埋、销毁。对发病池塘及其周围包括进、排水渠道，也应进行消毒处理，并对发病动物及时作出诊断，确定防治对策。

（五）实施消毒措施

1．苗种消毒

即使是健康的苗种，亦难免带有某些病原体，尤其是从外地运来的养殖苗种。因此，在苗种放养时，必须先进行消毒。可用50mg/L的PVP-I（聚乙烯吡咯烷酮碘），或10～20mg/L的高锰酸钾，或10～20mg/L的漂白粉等，对苗种浸洗10～30min。浸洗的浓度和时间根据不同的养殖种类、个体大小和水温灵活掌握。

2．工具消毒

养殖用的各种工具，例如网具、塑料和木制工具等，常是病原体传播的媒介，特别是在疾病流行季节，因此，在日常生产操作中应做到各池分开使用，如果工具数量不足，可用50mg/L的高锰酸钾或200mg/L的漂白粉等浸泡5min，然后用清水冲洗干净，再行使用；也可在每次使用完后，置于太阳下晒干后再使用。

3．饲料消毒

投喂的配合饲料可以不进行消毒；如投喂鲜活饵料，无论是从外地购进或自己培养生产的（含冷冻保存）应以100～200mg/L的漂白粉浸泡消毒5min，然后用清水冲洗干净后再投喂。

4．食场消毒

定点投喂饲料的食场及其附近，常有残饵剩余，长时间的堆积或高温季节为病原菌的大量繁殖提供了有利场所，很容易引起鱼、虾类的细菌感染，导致疾病发生。所以，在疾病流行季节，应每隔1～2周在鱼、虾吃食后，对食场进行消毒。

四、加强饲养管理，保证优质饲料

（一）科学用水和管水

维护良好的水质不仅是养殖动物生存的需要，同时也是养殖动物抵抗病原生物侵扰的需要。池塘、网箱都是人工管理下的集约化生产方式，其中诸如有限的养殖水体、一定的放养密度和饲料的投喂等，都是人为干预了养殖动物的自然生态，使残饵、粪便及其他代谢产物的数量大大增加，引起水质参数急剧变化，从而影响养殖动物的生长和健康。科学用水和管水，是通过对水质各参数的监测，了解其动态变化，及时进行调节，纠正那些不利于养殖动物生长和健康的各种因素。一般来说，必须监测的主要水质参数有pH（7.5～8.5）、溶解氧（≥5mg/L）、盐度（15～30，海水养殖）、未离解氨（<0.01mg/L）、亚硝酸盐（<0.1mg/L）、未离解硫化氢（<0.005mg/L）、透明度（30～40cm）等。

（二）加强日常管理，谨慎操作

要使养殖动物正常生活，健康成长，必须加强日常管理并谨慎操作。这方面的工作内容很多，最主要的有：①定时巡视养殖水体，每日最少早晚各一次，观察水体（池塘、网箱及其周围）的水色和养殖动物摄食、活动情况，以便及时采取措施加以改善；②对池塘或网箱进行定期清除残饵、粪便及动物尸体等清洁管理，勤除杂草，以免病原生物繁殖和传播；③平日管理操作应细心、谨慎，避免养殖动物受伤为病原的入侵提供“门户”；④流行病季节和高温时期尽量不惊扰养殖动物。

（三）投喂优质的适口饲料（饵料）

饲料的质量和投喂方法，不仅是保证养殖产量的重要措施，同时也是增强鱼、虾类等养殖动物对疾病抵抗能力的重要措施。自然水体中的鱼、虾类摄食天然鲜活、多样饵料，在通常情况下都能保证营养需要，使动物处在最佳状态下生长、发育。养殖水体，由于放养密度大，必须投喂人工饲料，以满足养殖群体有全面和丰富的营养物质转化成能量和机体的有机分子。因此，根据不同养殖对象及其发育阶段，科学地选用多种饵料原料，合理调配，精细加工，保证鱼、虾等水产养殖动物吃到适口和营养全面的饲料，不仅是维护生长、生活的能量源泉，同时也是提高养殖动物体质和抵抗疾病能力的需要。生产实践和科学试验证明，不良的饲料不仅无法提供鱼、虾等水产养殖动物成长和维护健康所必需的营养成分，而且还会导致其免疫力和抗病力下降，直接或间接地使其易于感染疾病甚至死亡。

（四）建立信息预报体系

目前我国绝大多数养殖场和养殖户，对传染性流行病的早期、快速检测没有能力和条件，而地区间亲本、苗种及不同养殖种类的交往、运输又频繁，因此有关行政管理部门和科研单位，应配合地方建立检测网络体系和信息预报。病害一旦发生，首先要通报，并采取断然隔离措施，避免疾病传播和蔓延。现在，我国已建立和组成水产养殖病害网络，应充分发挥其作用。

第四节　水产动物病害的防治方向

近年来，我国水产养殖业迅速发展，养殖规模不断扩大，集约化程度不断提高。与此同时，伴随着池塘老化、水质环境污染、管理与技术措施滞后等诸多原因，鱼、虾、贝、藻类等出现大面积的病害，给水产业造成严重危害，同时还影响了人类的健康。随着水域环境的恶化，新的病害不断涌现，疾病的种类也越来越多，一些在自然种群中存在的疾病会在养殖群体中暴发，并变得难以控制，发病率也越来越高，有的已呈暴发性趋势。我国水产动物病害的主要特点是种类多、数量多、危害严重而且新的暴发性病害仍在不断出现，这些病害出现在包括甲壳类、贝类、鱼类、两栖类（蛙）及爬行类（鳖）等众多的养殖品种和多种多样的养殖方式中。

1993年10月，在亚洲水产养殖病害会议上，与会知名专家提出了“水产动物健康养殖”的问题，把病害的控制与环境的改善紧密联系起来。近年来，东南亚的一些国家控制虾病，走出养虾低谷的经验说明健康养殖的意义。21世纪将是一个高密度集约化养殖的时代，都市渔业、工厂化渔业将会在我国较大规模地出现。如何把水产动物疾病的控制与环境的改善紧密联系起来，将提上议事日程，而解决这一问题的最好方法就是实施无公害的健康的水产养殖。因此，研究水产动物无公害防治的模式，已成为控制水产动物病害的大规模暴发，提高渔业产品质量，减少水域污染，保持良好生态环境的一个十分重要的问题。

水产动物的病害影响着人类的健康，水产的无公害防治既是渔业可持续发展的方向，也是人类对环境和健康发展的要求。随着水产病害防治中的各种严重危害逐渐暴露，人们对水产品无公害化的强烈要求将日益提高，对水产病害防治的无公害化呼声也将越来越高，从而使我们对从种苗引进的选择与检疫，鱼池改造与清淤，水质改良与维护，到饲料选择与运用，渔药生产与使用等方面更加注重绿色环保与无公害化，以便全面促进渔业的可持续发展。

发展无公害水产养殖，要以全面提高水产品质量为目标，从生产源头开始，对养殖生产各个环节实行全程监控。

一、控制水域污染，改善养殖水域的生态环境

要保证水产品的质量必须从养殖水域抓起。随着经济的发展，大量工业废水、生活污水以及带有农药、化肥的农业废水不经处理就排入江河、湖泊和海洋，加上水产养殖本身造成的二次污染，严重破坏了养殖水域的生态环境。有资料表明，我国现有半数以上的湖泊受到不同程度的污染，约四分之一的湖泊富营养化。面对渔业生态环境恶化的严峻形势，除了国家环保等部门要加大执法力度，减少各种陆源污染外，应首先采取以下措施，减少对水产养殖本身造成的污染。

（一）控制养殖规模

养殖水域的容量是有限的，若不顾区域生态环境的承载力，盲目扩大养殖规模，只能使水域的生态平衡遭到破坏，导致产量降低、病害严重、质量下降。我们在这方面的教训是十分沉重的，对虾养殖热、鲍鱼养殖热、扇贝养殖热等，很多地方都是从一哄而上到一哄而散。国外的经验值得我们借鉴：挪威规定海上网箱养殖场间距1～3km，澳大利亚规定在半径50km范围内只准建1处养殖场。20世纪80年代，我国的李德尚等学者也曾做过内陆水域网箱养殖负荷力的研究，提出了养殖面积占总水域面积的合理比例。现在必须整顿养殖秩序，将养殖规模控制在水域环境的负荷力范围内。

（二）对养殖水域规定“禁养期”

有资料表明，养殖过程中输入水体的氮、磷和颗粒物分别有24%、84%和93%沉积在底泥中，若长时间、大量沉集，将会超过水域的自净能力，成为重要的污染源。所以同一水域不能长时间进行人工养殖。挪威规定同一海区只允许连续养殖2年，然后再闲置一段时间。我们也可以仿照对捕捞业制定的“禁捕期”尝试制定一个“禁养期”，规定某一水域连续养殖几年后必须禁止养殖一段时间。换句话说，就是在不同的区域轮换养殖。这对生态环境的改善、水产品质量的提高将会大有裨益。

（三）加强水产养殖用水的排放管理

目前我国水产养殖场、育苗场的污水基本上不经处理直接排放，加之很多地方的场家数量多、距离近，场与场之间的进水口、排水口往往近在咫尺，根本不能保证生产用水的质量。20世纪80年代以前，欧共体就禁止池塘养鱼排放污水。鉴于我国的国情，短期内不可能让所有的养鱼场增加污水处理系统，但应有超前意识和长远规划，可以让新建场和示范场配有污水净化设施，废水排放前要经过处理和监测。

二、加强苗种生产管理，采用健康优质苗种

苗种的好坏直接关系到产品的质量。有些苗种场被暂时的经济利益所驱动，只追求苗种的产量，很少在选择优良亲本和培养健康苗种上下功夫，使苗种质量得不到保证，导致养殖种类出现生长缓慢、个体小型化、性成熟早、易生病、成活率低等遗传衰退现象。譬如近几年一些地方存在着海湾扇贝中间保苗率低的问题，除了与保苗的水质条件和管理方法有关外，还有一个重要原因是，育苗场在育苗过程中为了达到多出苗的目的而大量使用抗生素等药物，导致苗种体质弱、抗逆性差，出池后很难适应室外的水域环境，引起大量死亡。要按照农业部颁布的《水产苗种管理办法》和《水产原良种场生产管理规范》的要求，严格苗种生产的质量管理，重视苗种的提纯复壮和选优复壮，鼓励新品种选育与开发，多培养一些抗逆抗病、优质高产的良种。

三、规范渔药使用，综合防治病害

病害问题已成为制约水产养殖业进一步发展、影响产品质量的主要因素之一。目前我国已发现的水产养殖动物病害近百种。每年约有20%～30%的养殖面积受到病害侵袭，直接经济损失在数十亿元以上。为此，应从以下几方面抓起。

（一）科学用药，加大绿色水产药物的开发力度

滥用、乱用刺激性药物的现象在特种水产养殖中特别普遍。许多养殖者一见鱼发病，不分清症状、病因，或仅凭他人的经验，大量使用化学性药品，如抗生素等，进一步污染了水域环境，加大了病菌的抗药性，残留在鱼体内的药物降低了鱼产品的品质，长期大量使用抗菌药物、耐药性质粒对人类也造成潜在威胁。2000年12月开始实施的新《渔业法》增加了从事水产养殖业“使用药物，不得造成水域污染”的规定；联合国FAO早在1994年就已下令禁止使用氯霉素；我国农业部于2002年3月5日发布的《食品动物禁用的兽药及其化合物清单》中，也包含了水产养殖中常用的氯霉素、呋喃唑酮、孔雀石绿及各种汞制剂等药物。而在实际生产中，有些场家只考虑暂时的病害防治效果，根本不顾对生态环境的破坏和对产品食用安全的影响，滥用违禁药物已到了极为严重的程度。目前当务之急是规范渔药市场，制定水产养殖药物使用规范和休药期标准，加强渔药残留监控，大力开发针对性强、高效、低毒、无污染的绿色水产药物。

（二）提倡生态渔业和对病害的生态防治

生态渔业既能充分利用自然资源又保护了水环境，减少了病害的发生，保

证了水产品的质量。有的学者已提出水产病害的药物治疗只是暂时的方法，生态防治才是根本出路。病害生态防治是一项综合性课题，涉及面较广，这里仅举几例：

1．多品种综合养殖

多品种养殖能最大限度地利用水域空间和养料，增加水体的自净能力。例如，在主养草鱼的池塘内兼养鲢、鳙，既增加了产量又减少了鱼病，而单养草鱼，患草鱼出血病的概率会大大增加。再如，在虾池中混养牡蛎、扇贝，也能起到较好的防病效果。

2．水质调节

实际上，我国传统的“肥、活、嫩、爽”养鱼水质标准已包含了一定的生态学原理。例如，患中华蚤的鱼若单用敌百虫、硫酸铜、硫酸亚铁等药物治疗，不但污染水质，治疗效果也往往不理想，而采用培肥水质结合施以小量药物的方法，则会达到更好的疗效。

3．免疫预防

免疫预防不污染环境、无副作用，是一种理想的生态防病办法。吴礼龙等介绍，用疫苗预防草鱼出血病，可使其成活率提高60%左右；注射福尔马林灭活疫苗，对草鱼、青鱼肠炎病有较好的防治效果。

4．利用微生态制剂防治病害

微生态制剂具有提高养殖对象抗病力、促进生长发育和净化水质的作用。例如，用光合细菌进行水体增氧，可防止鱼虾缺氧泛塘，减少发病率。

（三）提倡中草药防治病害

中草药具有药效长、残留少、污染和副作用少等优点，是开展无公害水产养殖的发展方向。比如，将大蒜粉碎后按一定比例混入饲料中，能有效防治鱼类的细菌性疾病。将烟叶粉碎浸泡后全池泼洒防治草鱼“三病”，常能起到化学药物难以达到的效果。

四、开发使用健康饲料

使用健康的饲料对于提高产品质量、减少病害、防止环境污染有重要作用。目前，国内饲料生产厂家众多，虽然国家已出台了配合饲料的相关质量标准，但因管理体制尚未理顺等原因，渔用饲料市场仍然比较混乱，饲料生产过程中使用不合格原料和盲目添加抗生素、促生长剂等情况严重，养殖过程中因投喂劣质饲料导致养殖对象发育不良甚至死亡的现象时有发生。针对这种现象，要及时采取措施，严格规范饲料市场，大力开发和推广应用绿色环保型饲料。

五、完善政策法规，健全管理体制，促进无公害水产养殖的顺利发展

水产养殖过程中的质量管理关系到终端产品的质量，是整个水产品质量管理的重要环节。长期以来，我们对水产品质量侧重于终端产品的管理，主要由国家质检、卫生、工商等部门负责。海洋与渔业行政部门的工作重点是发展渔业生产，促进渔民增产增收。养殖生产过程的质量问题没有引起人们的重视，很多环节基本上处于无人管理的无序状态。面对加入WTO后的新形势，应迅速转变思想、更新观念，把水产养殖过程的质量管理放到重要位置来抓。

（一）建立和完善无公害水产养殖的法规体系

我国现有的渔业规章很多已不适应加入WTO后水产养殖生产和管理的需要，实际工作中普遍存在法律依据不足的问题，不能对养殖过程进行有效的质量监督。所以，必须尽快建立一套与国际接轨的、操作性强的无公害水产养殖技术规程和行业标准，其中包括水域环境、苗种生产、养殖管理、饲料生产、渔药管理、病害防治、产品质量等一系列内容，使水产养殖各个环节都有章可循，有法可依。

（二）加强无公害水产养殖管理队伍建设

要加强渔业环境监测、水产病害防治、水产养殖过程的质量监控、水生生物防疫检疫、水产品质量检验等方面的队伍建设。充分利用WTO的“绿箱政策”，在现有的渔业技术推广体系和水产科研部门基础上，增加资金投入，充实专业人员，建立一支集技术推广与管理于一身、能切实发挥作用的综合型无公害水产养殖管理队伍。

总之，水产动物疾病发生，是由病原体、环境和动物机体三者之间相互作用的结果，病原体与动物机体之间相互作用的关系和养殖环境有着密切的联系。大规模、持续多年暴发鱼、虾等病害的病因、病原是多方面的。然而，生态环境遭受污染却是发生病害的根本原因。如果不改善环境，水产动物的健康就得不到保证，病害会越来越多，产量会受到制约，对病害的控制将成为不可能。控制病害与改善环境是不可分割的，如果不从环境着手，仅期望于寻找抗病药物来治疗是不可能解决根本问题的。因此，改善和控制养殖水体的环境条件，大力倡导健康养殖，对预防水产动物的疾病起着十分关键的作用。

第二章

病毒性疾病

第一节　病原病毒概述

病毒以纳米（nanometer，nm）为测量单位，它们个体很小，小型病毒必须用电子显微镜才能观察到，直径只有20nm左右，大型病毒可达300～450nm，用普通光学显微镜即可看到。病毒的形状有球形、杆状、弹状、二十面体等。

病毒粒子（virion）由核酸和蛋白衣壳（capsid）构成的核衣壳（nucleocapsid）组成，有些病毒的核衣壳外有包膜（envelope）。一种病毒的粒子只含有一种核酸：DNA或RNA。除逆转录病毒（retroviruses）基因组为二倍体外，其他病毒的基因都是单倍体。病毒的核酸主要是4种类型，即单链DNA（ssDNA）、双链DNA（dsDNA）、单链RNA（ssRNA）和双链RNA（dsRNA）。

病毒的分类：病毒分类系统采用目（Order）、科（Family）、属（Genus）、种（Species）为分类等级。病毒的目是由一些具共同特征的病毒科组成，目名的词尾是“virales”；科是一些具共同特征、明显区别于其他科的病毒属组成，科名的词尾是“viridae”；病毒的属是由一些具共同特征的病毒种组成，属名的词尾是“virus”。

病毒是严格细胞内寄生物，只能在活细胞内复制。复制周期的长短与病毒的种类有关，多数动物病毒的复制周期至少在24h以上。病毒复制包括吸附、穿入脱壳、合成、装配和释放等几个步骤。

病毒感染的传播途径与病毒的增殖部位、进入靶组织的途径、病毒排出途径和病毒对环境的抵抗力有关。无包膜病毒对干燥、酸和去污剂抵抗力较强，故以粪口途径为主要传播方式。有包膜病毒对干燥、酸和去污剂的抵抗力较弱，必须维持在较为湿润的环境，故主要通过飞沫、血液、唾液、黏液等传播，注射和器官移植亦为重要的传播途径。

病毒的传播方式包括水平传播和垂直传播。水平传播指病毒在群体的个体之间的传播方式。通常是通过口腔、消化道或皮肤黏膜等途径进入机体。垂直传播指通过繁殖、直接由亲代传给子代的方式为垂直传播。

病毒感染表现为显性或隐性感染，引起急性或慢性疾病。

病毒的显性感染有急性感染和持续性感染，持续性感染又包括慢性感染、潜伏感染和慢发病毒感染。

（1）急性感染（acute infection）：一般潜伏期短，发病急，病程数日至数周。恢复后机体不再存在病毒。

（2）慢性感染（chronic infection）：显性或隐性感染后，病毒持续存在于血液或组织中，并不断排出体外，病程长达数月至数十年，临床症状轻微或为无症状携带者。

（3）潜伏感染（1atent infection）：经急性或隐性感染后，病毒基因组潜伏在特定组织或细胞内，但不能产生感染性病毒，用常规法不能分离出病毒，但在某些条件下病毒会被激活而急性发作。

（4）慢发病毒感染（slow virus infection）：潜伏期长达数年至数十年，且一旦症状出现，病毒感染后，引起进行性、退化性神经系统疾病。病情逐渐加剧直至死亡。

隐性病毒感染表示感染组织未受损害，病毒在到达靶细胞前，感染已被控制，或产生轻微组织损伤但不影响正常功能。虽然隐性感染使机体获得免疫力，但无症状感染者可能是重要的传染源。

第二节 海水养殖鱼类病毒性疾病

一、淋巴囊肿病（Lymphocystic disease）

【病原】虹彩病毒科（Iridoviridae），淋巴囊肿病毒（*Lymphocystis disease virus*）。病毒粒子二十面体，其轮廓呈六角或五角形，有囊膜，囊膜厚约50～70nm。大量病毒颗粒堆积可呈晶格状排列（图2-1A、B）；大小随宿主鱼而异，直径一般为200～260nm。病毒核心为缠绕在一起的双股DNA纤丝团核心。该病毒可在BF-2、LBF-1、GF-1、SP-1、SP-2等细胞株上复制，引起细胞发生缓慢病变，出现巨型囊肿细胞（图2-1C），直径100～250um，并有厚8～10um的透明膜，在边缘有嗜碱性胞浆包涵体（图

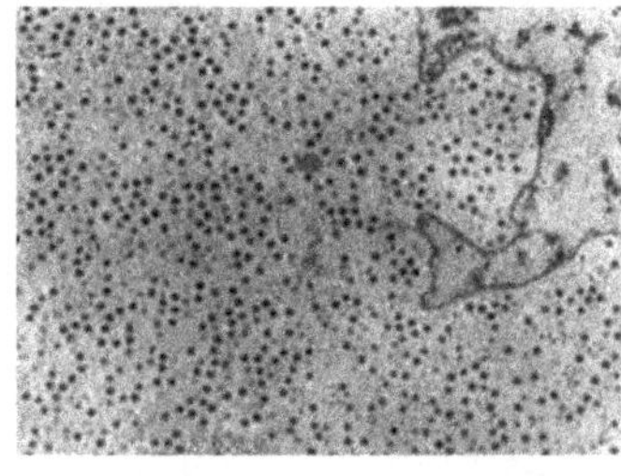

图2-1A 淋巴囊肿病毒颗粒

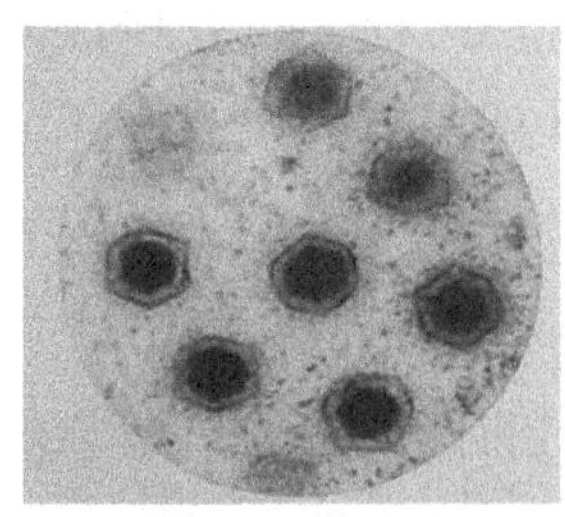

图2-1B 淋巴囊肿病毒颗粒

2-1D），细胞的培养滴度可达10^6～10^7TCID_{50}/mL。生长温度20～30℃，适宜温度为23～25℃。该病毒对乙醚、甘油和热敏感；在干燥和冷冻环境中很稳定。其传染性在18～20℃的水中能保持5d以上；经冰冻干燥后同样温度下能保持105d；在温度-20℃下经2年仍具感染力。病毒对寄主有专一性，所以可能有许多血清型。将淋巴囊肿肿瘤外膜剥除，匀浆，蔗糖密度梯度离心，可以分离提取较高密度和纯度的病毒粒子。

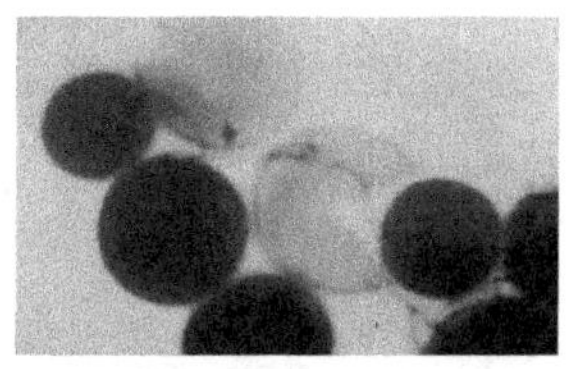

图2-1C 淋巴囊肿病巨大囊肿细胞

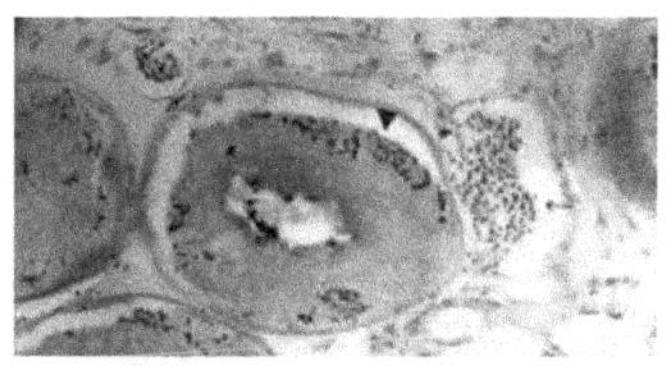

图2-1D 淋巴囊肿病巨大细胞（细箭头示正常大小细胞，三角形箭头示包涵体）

【症状和病理变化】淋巴囊肿病是一种慢性皮肤瘤，从外观上看近似于体表乳头状肿瘤。病鱼的皮肤、鳍和尾部等处出现许多水泡状囊肿物。这些肿胀物有各个分散的，也有聚集成团的。囊肿物多呈白色、淡灰色、灰黄色，有的带有出血灶而显微红色，较大的囊肿物上有肉眼可见的红色小血管；囊肿大小不一，小的近1～2mm，大的可达10mm以上，并常紧密相连成桑葚状。囊肿除发生在鱼体表外，在解剖病鱼时偶然也发现在鳃丝、咽喉、肌肉、肠壁、肠系膜、围心膜、腹膜、肝、脾等组织器官上，严重患者可遍及全身。鱼发病时一般摄食行为正常，但生长缓慢；当囊肿物长在病鱼嘴部或病症严重时基本不摄食，导致部分死亡。部分感染的个体体表囊肿物脱落后可恢复正常，并能在一定时间内具有免疫力。

水泡状的肿胀物是鱼的真皮结缔组织中的成纤维细胞被病毒感染后肥大而成，叫作淋巴囊肿细胞，直径可达500um，体积是正常细胞的数百倍。在切片组织中互相挤压呈不规则形。细胞核呈空泡状，核膜明显，胞质内可见大量的包涵体和病毒颗粒。包涵体由电子致密颗粒聚集而成，颗粒相连形成许多形状、大小不同的网眼，其中含有数量不等的病毒颗粒或一些中等电子致密的粗颗粒。病毒颗粒大多分布在包涵体外，但在远离胞核的胞质中，病毒颗粒逐渐减少。淋巴囊肿细胞最外缘为透明增厚的细胞膜。电镜下可见，内层为电子透明均质层，其中很少甚至没有病毒颗粒；外层具有许多胶原纤维和少量成纤维细胞，最外层之间有胞膜为界。图2-1E、F、G、H、I为几种患淋巴囊肿病的鱼类。

【流行情况】1874年Lowe于欧洲的河鲽（Pleuronectes flesus）中首次发现淋巴囊肿病，随后陆续在许多野生的和养殖的海、淡水鱼类中发现该病，是最早发现的鱼类病毒病。20世纪60年代随着电镜技术和细胞培养的成功，才确定其病原

图2-1E 患淋巴囊肿病的牙鲆

图2-1F 患淋巴囊肿病的牙鲆局部

图2-1G 患淋巴囊肿病的花鲈

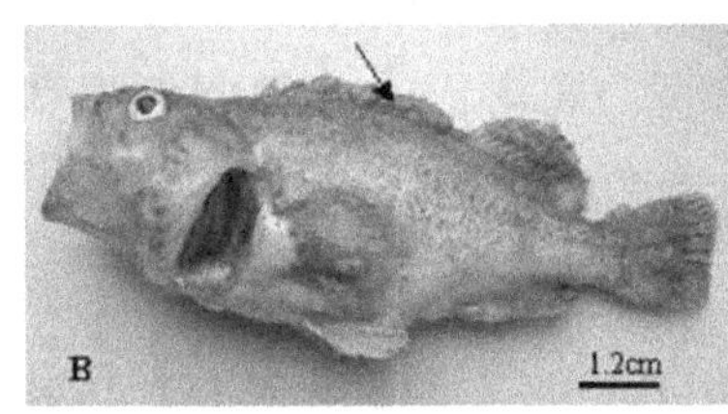

图2-1H 患淋巴囊肿病的许氏平鲉

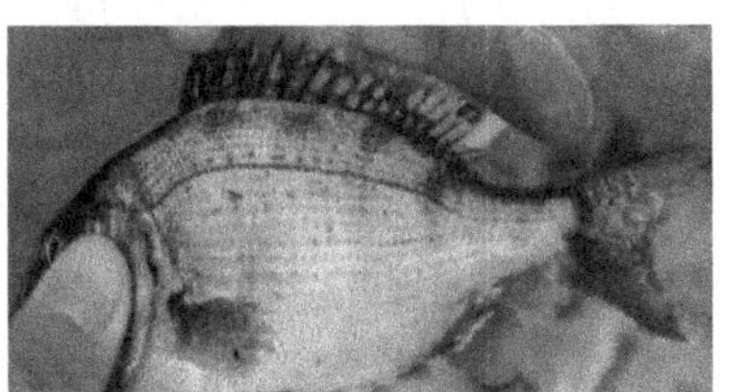

图2-1I 患淋巴囊肿病的真鲷

为虹彩病毒。国内外至今已知有鲈形目、鲽形目、鲀形目中的125种以上的野生和养殖的鱼类患过此病。该病流行很广，遍及世界五大洲，主要发生在海水鱼类身上。过去此病主要发生在欧洲和南、北美洲；近年来，日本以及我国广东、山东、浙江、福建等养殖的鲈鱼、鲫鱼、紫红笛鲷、石斑鱼、真鲷、牙鲆、大菱鲆和美国红鱼等均患过此病；在河北省主要见于牙鲆的工厂化养殖中。该病全年可见，但在水温10～20℃时为发病高峰期。在低密度和良好养殖条件下一般不会引起大量死亡，但如果环境差或与细菌并发感染，可引起严重疾病，导致死亡。网箱和室内水泥池工厂化养殖的感染率可高达90%以上，池塘养殖的感染率为20%～30%。苗种阶段和1龄鱼种发病后2个月死亡率达30%以上；2龄以上的鱼很少出现死亡，但病鱼外表难看，失去商品价值。有的患病鱼经过一段时间，体表的囊肿物会自然脱落而恢复正常（原因未知）。这种病毒的传播方式目前尚不清楚，通过口服、创伤或将病毒分布到水中均未能感染健康个体。

【诊断与检测】肉眼可从外观症状基本作出初诊。可用BF-2、LBF-1等细胞株分离培养病毒，通过电镜观察到病毒粒子确诊。Nishida（1998）用ELISA检测牙鲆抗LCV抗体，建立了LCV的ELISA检测方法。

【防治方法】

预防措施

由于淋巴囊肿病的传播途径尚不清楚，因此很难有效切断该病的传播。预防主要从种质、养殖环境、机体免疫力等方面着手。

（1）引进亲本、苗种应严格检疫，发现携带病原者，应彻底销毁。在该病经常发生的养殖场，轮换养殖品种或养殖具有专属抗性的鱼种。中国水产科学研究院北戴河中心实验站正在选育抗淋巴囊肿病鱼种，现已取得初步成果，一旦成功，则可根本性解决河北省工厂化养殖牙鲆的淋巴囊肿病问题。

（2）严格控制养殖密度，防止高密度养殖。生产实践表明，养殖密度越高，该病的流行及病情就越严重。

（3）优化水环境，在河北省该病多发生在秋末冬初至第二年初春，往往在低水温期流行，如果能够将养殖水温控制在20℃以上，则可大大缓解该病的发生；另外，加大换水量有利于该病的控制。

（4）避免经常性地倒池、更换网箱，养殖操作谨慎，防止鱼体体表受损。

（5）投喂优质饵料，提高养殖鱼体免疫力。

治疗方法

目前尚无有效治疗方法，切记不可乱用药物治疗，乱用药物会降低鱼体的自身免疫力，导致疾病向更严重的方向发展，尤其是避免乱用使用刺激性较强的消毒剂。将病鱼囊肿割除再用甲醛或双氧水浸泡的方法并不可行。

二、病毒性神经坏死病（Viral nervous necrosis，VNN）

【病原】病毒性神经坏死病又称病毒性脑病和视网膜病（Viral encephalopathy and retinopathy，VER），病原为罗达病毒科（Nodaviridae），罗达病毒（Nodavirus）。病毒粒子呈球形，二十面体，无囊膜，直径为25～34nm，类晶格状或单个或成团状排列在细胞质内（图2-2A、B），与黄带拟鲹神经坏死病毒（Striped jack nervous necrosis virus，SJNNV）有相关性。已有的研究表明，鱼类神经坏死病毒可以分为4种基因型，即黄带拟鲹神经坏死病毒、红鳍东方鲀神经坏死病毒（Tiger puffer nervous necrosis virus，TPNNV）、赤点石斑鱼神经坏死病毒（Red-spotted grouper nervous necrosis virus，RGNNV）和条斑星鲽神经坏死病毒（Barfin flounder nervous necrosis virus，BFNNV）。

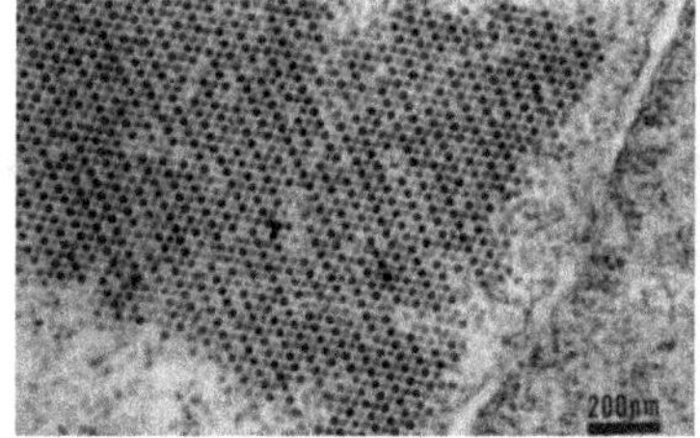

图2-2A无囊膜的VNN病毒

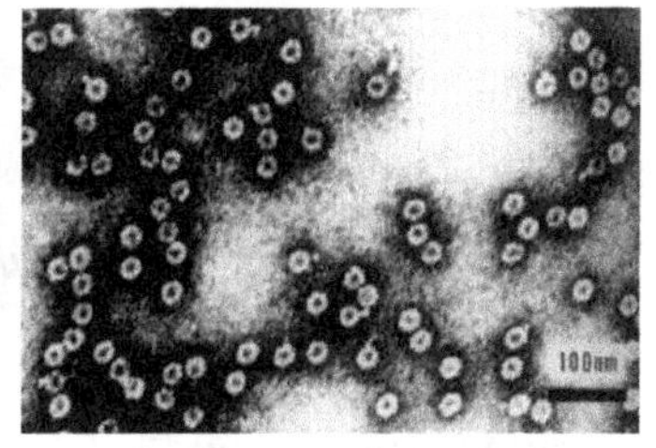

图2-2B无囊膜的VNN病毒

【症状和病理变化】该病主要病症为病鱼表现出不同程度的神经异常。病鱼不摄食，腹部朝上，在水面水平旋转或上下翻转，呈痉挛状（图2-2C）。牙鲆苗种患病时主要表现在水面水平旋转，间歇沉于池底，后继续到水面旋转，体力耗尽后沉于池底死亡。解剖病鱼发现病鱼的脑部充血变红（图2-2D），有鳔的鱼类鳔明显膨胀（图2-2E、F）；中枢神经组织空泡变性，通常在视网膜中心层出现空泡（图2-2G、H）。在尖吻鲈和棕点石斑鱼的神经组织切片和庸鲽内皮中有细胞质包涵体。多数种类的鱼都会出现神经性坏死，较大的鱼的损伤主要出现在视网膜上；小鱼苗损伤更严重。

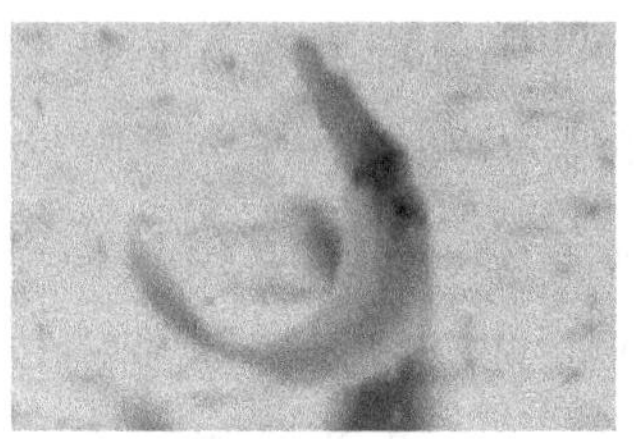
图2-2C 水中患病的半滑舌鳎鱼苗

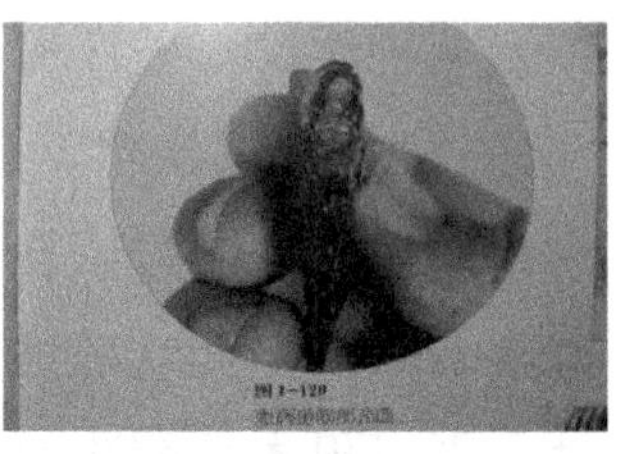
图2-2D 病鱼脑部充血发红

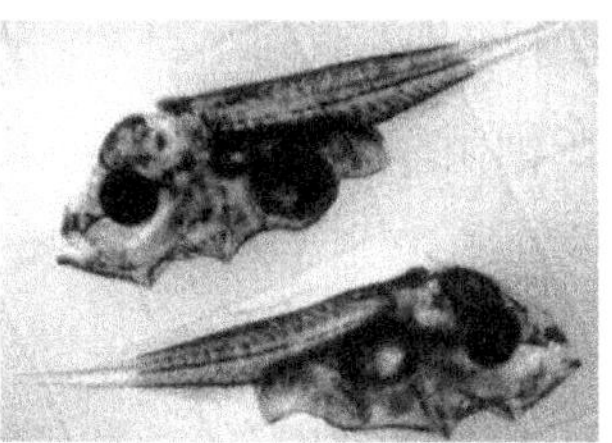
图2-2E 正常海鲷苗种（上），海鲷苗种鱼鳔胀气（下）

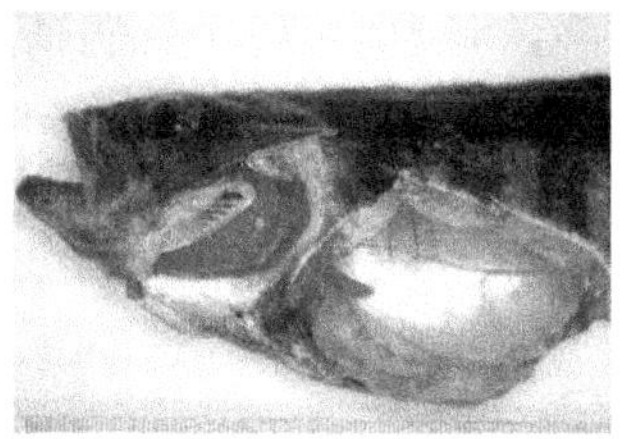
图2-2F 真鲷鱼鳔胀气（下）

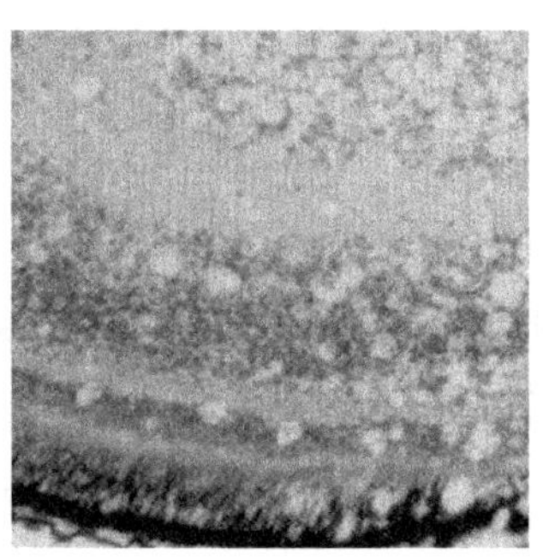
图2-2G 病鱼中枢神经系统显著空泡变性

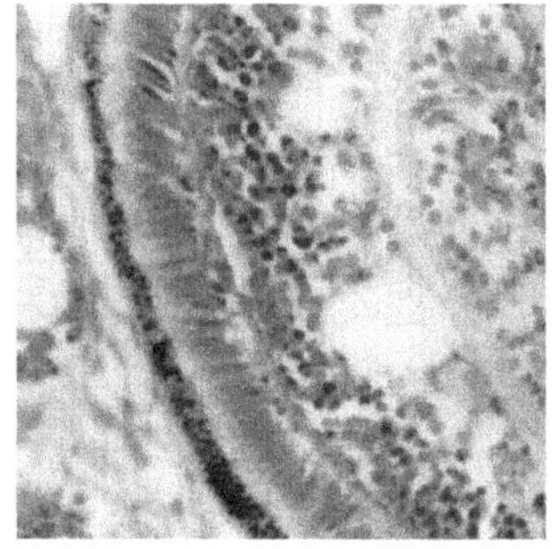
图2-2H 病鱼中枢神经系统和视网膜形成大型空泡

【流行情况】病毒性神经坏死病是20世纪90年代发现的一种鱼类病毒病，该病毒分布广泛，除美洲和非洲外几乎所有地区的海水鱼苗均感染过该疾病。到目前为止，该病至少在11个科22种鱼中发现。被感染的鱼类有牙鲆（*Paralichthys olivaceus*）、大菱鲆（*Sophthalmus maximus*）、红鳍东方鲀（*Takifugu rubripes*）、尖吻鲈（*Lates calcarifer*）、齿舌鲈（*Dicentrarchus labrax*）、赤点石斑鱼（*Epinephelus arkoya*）、棕点石斑鱼（*E. fuscoguttatus*）、玛拉巴石斑鱼（*E. malabaricus*）、蜂巢石斑鱼（*E. merra*）、七带石斑鱼（*E. septemfasciatus*）、巨石斑鱼（*E. tauvina*）、黄带拟（*Pseudocaranx dentex*）、条石鲷（*Oplegnathus fasciatus*）、条斑星鲽（*Versper moseri*）、庸鲽（*Hippoglossus hippoglossus*）等。可引起仔、稚鱼的大量死亡，对幼鱼和成鱼也有危害。夏秋季

水温25～28℃时为发病高峰期。河北省牙鲆的主要发病期为春季育苗期间，尤其是育苗水温较高时（高于23℃）。另外，2012年和2013年，山东某育苗场15～20日龄的半滑舌鳎（*Cynoglossus semilaevis Günther*）鱼苗因感染该疾病出现暴发性大规模死亡，7d内死亡率高达90%～100%。

该病毒可经亲鱼产卵垂直感染仔稚鱼，其他病毒传播方式还不清楚，也可能经养殖水体及生产、运输工具传播。

【诊断方法】初诊可用光学显微镜观察脑、脊或视网膜是否出现空泡，但有的鱼只在神经纤维网中出现少量空泡。进一步诊断，取可疑患鱼的脑、脊髓或视网膜等做组织切片，HE染色，观察神经组织是否坏死并有空泡。通过电镜，可在受感染的脑和视网膜中观察到病毒粒子，有时可观察到约5um大小的胞浆内包涵体。用一种条纹蛇头鱼的细胞系（SSN-1）或用一种石斑鱼细胞系GF-1培养分离罗达病毒，并进一步利用VNN抗血清，采用免疫组织化学方法和间接荧光抗体技术（IFAT）及ELISA检测病毒。利用分子生物学逆转录：PCR（RT-PCR）方法增殖病毒的衣壳蛋白基因，检测病毒核酸。

【防治方法】

预防措施

（1）加强鱼苗进出口检疫工作。

（2）放养经检测无病毒侵染的健康苗种。

（3）用于产卵的亲鱼，检测性腺不携带病毒；避免用同一尾亲鱼多次刺激产卵。

（4）受精卵用含0.2～0.4μg/mL臭氧的过滤海水冲洗。

（5）育苗用水经紫外线过滤消毒。

（6）在温度20℃时用每立方米水50g的次氯酸钠、次氯酸钙、氯化苯甲烃铵或PVP-I浸泡鱼卵10min。

（7）对于河北省来说，避免在高水温期进行牙鲆育苗，尤其是苗种培育前期水温应控制在19～20℃；牙鲆受精卵在孵化前使用PVP-I浸泡，在15℃水温条件下浸泡2min，然后用清洁的温海水冲洗干净后孵化。

治疗方法

目前尚无有效的治疗药物。

三、牙鲆弹状病毒病（Hirae rhabdo virus disease）

【病原】弹状病毒科（Rhabdoviridae）中的牙鲆弹状病毒（Hirame rhabdo

virus，HRV）。病毒粒子呈子弹形，大小为80nm×（160～180）nm，在RTG-2细胞株中培养，在温度为18℃的条件下培养，出现类似IHN的细胞病变（图2-3A），CPE的特征为细胞变为球形。对酸、乙醚敏感，遇热不稳定，温度在5～20℃时可生长，适温为15～20℃，温度在25℃时开始逐步失活，温度到50℃时2min失活，温度在-20℃下稳定。可在FHM、EPC、RTG-2、BF-2、HF-1、BB、CCO等细胞中复制并出现病变，但用CHSE-214、KO-6、CHH-1细胞培养，不出现细胞病变；在FHM和EPC细胞株中的最高增殖量可达$10^{9.3}$～$10^{9.8}$ $TCID_{50}$/mL。

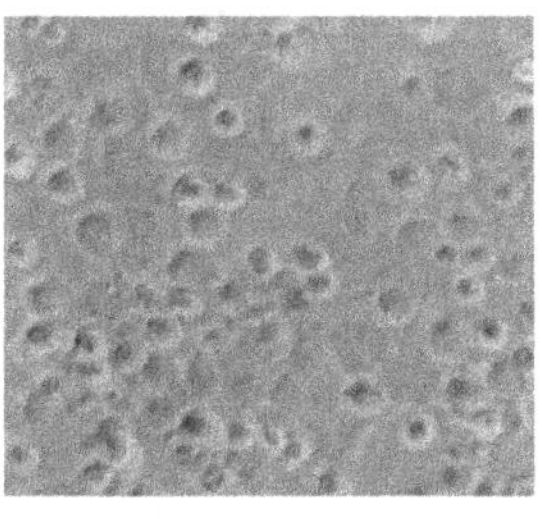

图2-3A 用RTG-2细胞分离，示IHN样细胞病变

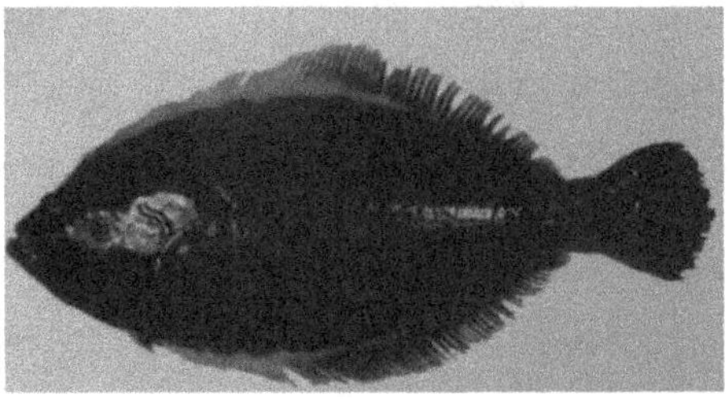

图2-3B 牙鲆体色变黑，体表和鳍基部出血

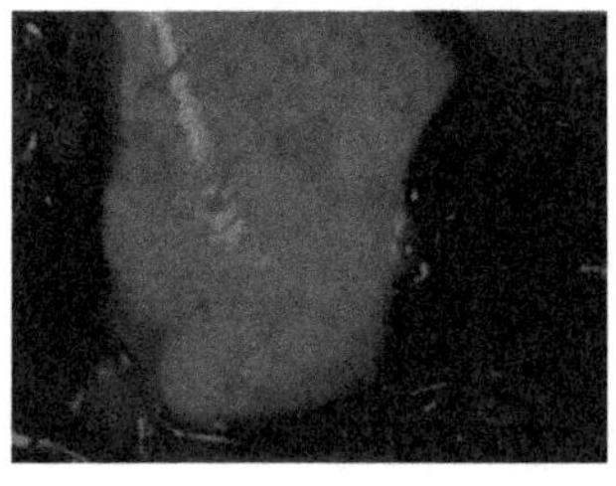

图2-3C 牙鲆生殖腺淤血

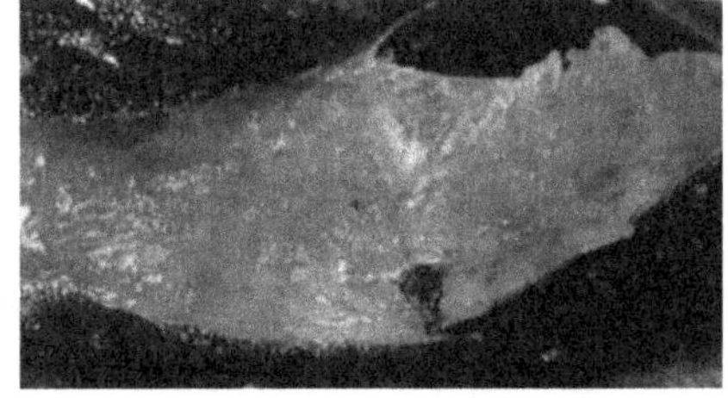

图2-3D 牙鲆肌肉出血

【症状和病理变化】患病的牙鲆体色变黑，动作缓慢，静止水底或漫游于水面。体表和鳍基部充血或出血（图2-3B），腹部膨胀，内有腹水；生殖腺淤血（图2-3C）；肌肉出血（图2-3D）；肾脏造血组织坏死，细胞核固缩、破碎、崩解、消失，肾小管上皮崩解、坏死，黑色素大量沉积；脾脏内实质细胞坏死；肠管黏膜固有层、黏膜下肌肉层充血、肿胀，胃黏膜上皮、黏膜下肌肉层显著出血；肝脏毛细血管扩张、充血，肝脏实质细胞变性、坏死。

【流行情况】此病首先在日本发现，五利江等（1985）报道从日本兵库县养殖的牙鲆中分离出该病毒，之后于日本各地相继发现。该病毒主要危害牙鲆，从幼鱼到成鱼均可被感染。发病季节为冬季和早春，水温在10℃时为发病高峰期，死亡率可高达60%。在香鱼（*Plecoglossus altivelis*）和无备平鲉（*Sebastes inermis*）中也曾分离出此病毒。人工感染真鲷、黑鲷稚鱼有强烈的致病性，对虹鳟也具致病性。河北省在2017年冬季有部分养殖场所养殖的牙鲆发生此病，发病个体在150～600g，且表现出野生群体（受精卵来自海捕亲鱼）患病情况较少、人工选育个体患病较为严重的特点。

【诊断方法】根据症状可作出初步诊断。确诊可通过将病毒接种到RTG-2或选用FHM和EPC细胞株，在5～20℃条件下进行细胞培养分离HRV，滴度达10^9TCID$_{50}$/mL。在15℃适宜的培养温度下培养4d，病毒复制对数曲线可达最高。超速离心提纯HRV，用电镜观察到子弹形病毒粒子。牙鲆的细菌病也可引起体表充血或出血，腹部膨胀和内有腹水的病状，但本病一般检测不到病原菌并且发病的水温通常是在15℃以下，水温15℃以上时疾病有自然停止的倾向。

【防治方法】

预防措施

（1）同淋巴囊肿病的预防措施。

（2）工厂化养殖用水经紫外线或臭氧消毒，也可用含氯消毒剂或二氧化氯消毒。

治疗方法

提高养殖水温至15℃以上，可有效地防止此病的发生。河北省养殖牙鲆发病后经实践表明，将水温降低到6℃以下对该病的发展具有一定的抑制作用。

四、真鲷虹彩病毒病（Red sea bream iridovirus disease，RSIVD）

【病原】真鲷虹彩病毒（Red sea bream iridovius，RSIV）。病毒粒子为正二十面体，大小为200～260nm。靶器官为脾脏，其次是肾脏。RSIV在BF-2细胞株培养导致细胞病变（Cytopathic effect，CPE）。

【症状和病理变化】病鱼体色变黑，昏睡，严重贫血（图2-4A），体表和鳍出血，鳃上有淤斑（图2-4B）。解剖病鱼可明显地观察到脾脏肥大（图2-4C），

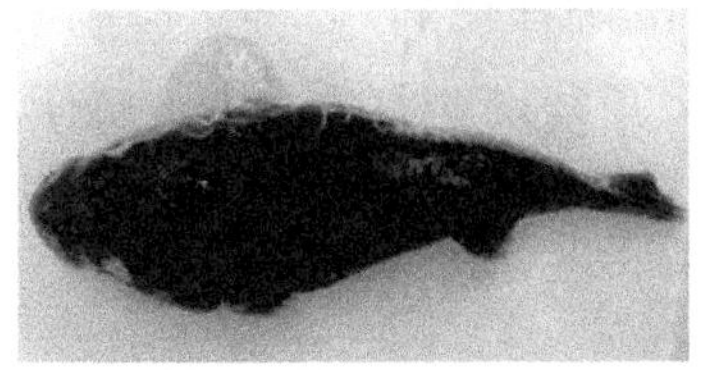

图2-4A　患病红鳍东方鲀鱼体显著消瘦，体色黑化或褪色

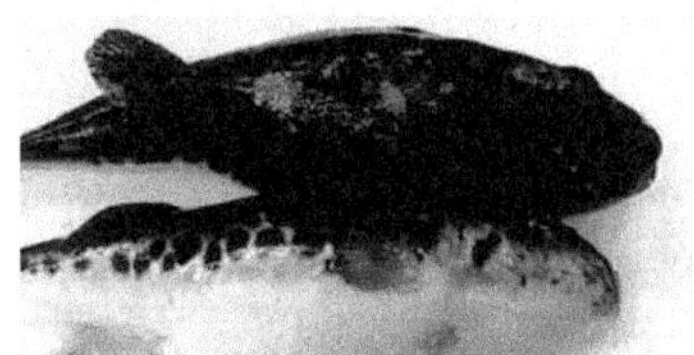

图2-4B　患病红鳍东方鲀体表出血性擦伤和糜烂

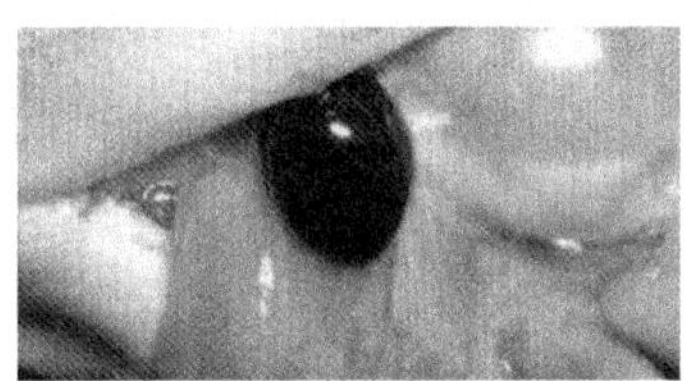

图2-4C　患病红鳍东方鲀脾脏异常肥大

肾脏和头肾也往往肥大。本病的特征是在显微镜下病鱼的脾、心、肾、肝和鳃组织的切片中有能被Giemsa染色的异常肥大的细胞（图2-4D、E）。电

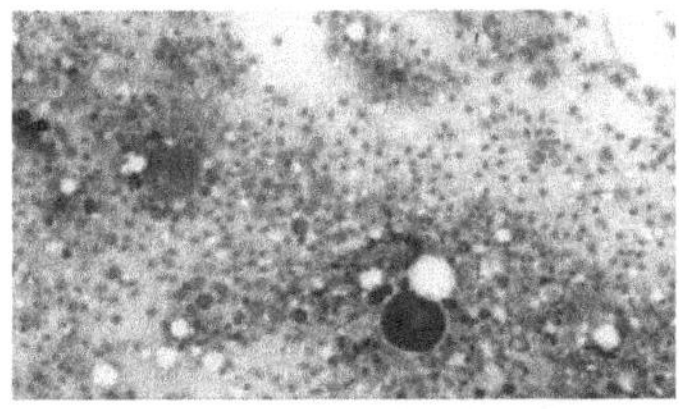

图2-4D　患病真鲷，脾脏压片吉姆萨染色可见异常肥大细胞

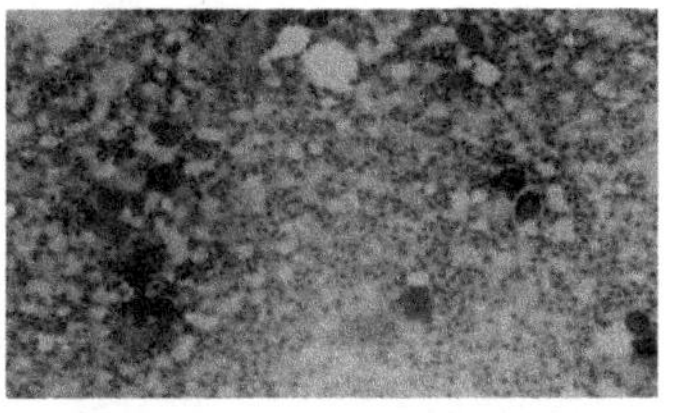

图2-4E　患病海雕，脾脏压片吉姆萨染色可见异常肥大细胞

镜观察这些细胞中有许多病毒粒子。

【流行情况】该病于1990年最先发现在日本养殖的真鲷（*Pagrosomus major*）中（Inouye，1992），主要危害幼鱼，发病后死亡率高达37.9%。1周龄以上的鱼发病较轻，死亡率4.1%左右。发病期在7～10月份，水温在22.6～25.5℃时为发病最高峰期。水温降至18℃以下可自然停止发病。RSIV亦侵染条石鲷（*Oplegnathus fasciatus*）、五条（*Seriola quinqueradiata*）和花鲈（*Lateolabrax sp.*）。松冈学（1996）调查了从1991～1995年日本养殖鱼类感染RSIVD的情况，发现一种与RSIVD相似的疾病在日本西南部的18个地区流行，并造成20种海水养殖鱼类包括18种鲈形目、1种鲽形目和1种鲀形目的鱼受到严重危害。该病对海水养殖鱼类威胁很大，值得注意。河北省养殖的红鳍东方鲀和花鲈有感染的风险。

真鲷虹彩病毒病的主要传播方式是通过水平传播。

【诊断方法】根据病鱼体体表、鳃的外观症状和脾脏肥大可作出初步诊断。较为简单快速检测方法是取病鱼脾脏、肝脏、心脏、肾脏或鳃组织，切片，Giemsa染色，在光镜下观察到被Giemsa浓染的异常肥大的细胞（Inouye et a1.，1992）；另可采用电镜做脾脏组织超薄切片，可观察到病毒粒子；用BF-2、FHM、KRE-3、EK-1细胞株，25℃恒温培养，分离、提纯RSIV，制备RSIV的单克隆抗体，运用RSIV单抗，采用直接免疫荧光抗体技术检测鱼组织中的RSIV抗原，对RSIV进行早期快速检测（Nakajilma，1995）；PCR技术已应用于对RSIVD的诊断，并且发现与免疫学诊断比较，PCR的灵敏性、准确性更高。

【防治方法】对该病以预防为主，加强饲养管理。开发真鲷虹彩病毒的商用疫苗将是有效的防治途径。

五、红鳍东方鲀白口病（Snout ulcer disease）

【病原】一种类似于小核糖核酸病毒。病毒粒子正二十面体，直径约30nm。该病毒已在红鳍东方鲀性腺细胞株（PFG）上分离出来，但其分类地位还有待进一步论证。日本Inouye等（1992）建议该病毒为红鳍东方鲀吻唇溃烂病毒（Takifugu rubrips snout ulcer virus，TSUV）。

【症状和病理变化】病鱼口吻部溃烂（图2-5A、B、C），在水中呈白色，故名“白口病”。病情严重的个体由于吻唇溃烂，上下颚的齿槽外露，行为狂躁，有攻击他鱼互相撕咬的特异敌对行为，故又称“互相残杀病”。解剖病鱼，可观察到肝脏呈线状出血（图2-5D），血液转氨酶GOT、GPT活性上升，引起肝机能障碍；脑神经细胞坏死，神经细胞坏死部位存在着病毒粒子（图2-5E）。

【流行情况】白口病1981年在日本西部红鳍东方鲀养殖场发生，1983年首次被记载，其后以九州和四国为中心，在各地均有发生。主要危害红鳍东方鲀幼鱼及1龄鱼，在高水温期发病率高，特别在水温25℃以上时，可出现发病高峰和较高的死亡率。本病的主要感染途径是健康鱼与病鱼互相残杀引起的接触感染和经水传播。此病毒的病原性受水温影响，高水温时病原性强。

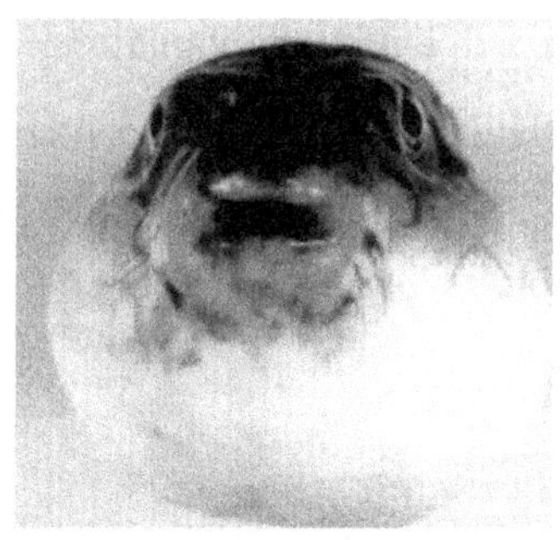

图2-5A 患病红鳍东方鲀口唇轻度溃烂

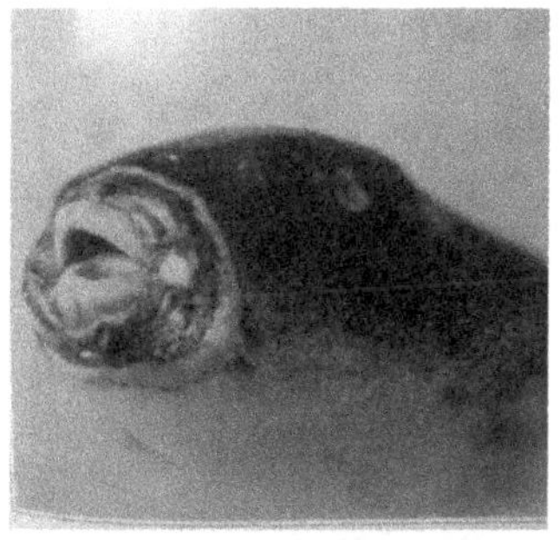

图2-5B 患病红鳍东方鲀口唇严重溃烂

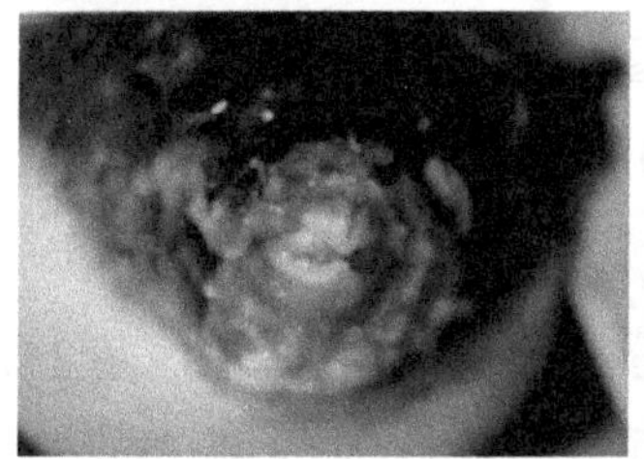

图2-5C 患病红鳍东方鲀口唇严重溃烂

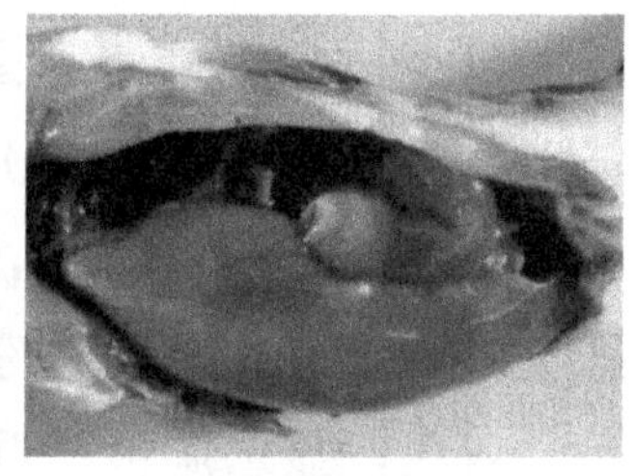

图2-5D 患病红鳍东方鲀肝脏线状出血

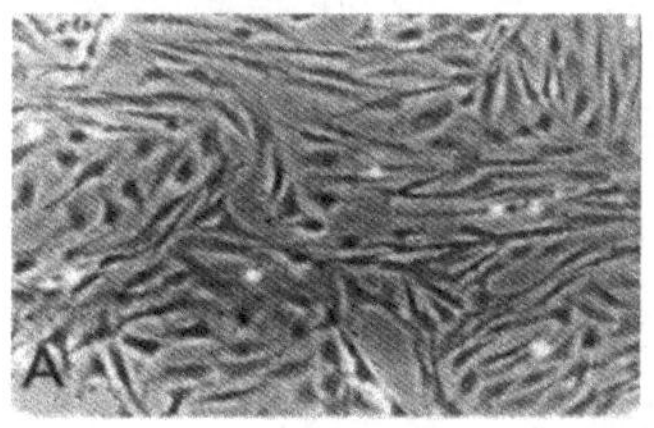

图2-5E 左图为正常细胞，右图为病毒导致的细胞发生变性

【诊断方法】根据病鱼的症状可基本诊断。

【防治方法】

预防措施

（1）防止将病鱼和带病毒的鱼带入渔场和鱼池。

（2）杜绝健康鱼与病鱼或带病毒的鱼之间的直接接触。

（3）养殖群体中发现有行为异常和互相撕咬的个体，及时捞出隔离。

（4）适宜的放养密度，对带病毒可能性较大的幼鱼和1龄鱼进行隔离饲养。

（5）培育抗病品种，研制开发白口病疫苗。

治疗方法

未见报道。

六、大菱鲆病毒性红体病（Viral reddish body syndrome of turbot）

【病原】大菱鲆红体病虹彩病毒（TRBIV）。成熟病毒粒子具二十面体状的蛋白衣壳（其横切面为六边形或五边形）和球状的病毒核心，病毒含有典型的内脂质膜样（internal lipid membrane—like）结构；成熟病毒粒子的二十面体状衣壳和球状核心的大小分别为25nm和67nm左右；病毒在宿主细胞质中装配并以出芽的方式释放；病毒靶组织为鱼体的脾、肾、鳃、肠中的上皮和结缔组织。

【症状和病理变化】大多数情况下，病鱼的体表无明显损伤，无眼侧（腹面）沿脊椎骨附近皮下淤血、发红（图2-6A），有眼侧（背面）体色加深（图2-6B），严重时整个鱼体腹面呈粉红色或暗红色。病鱼的鳃无明显损伤和溃烂，但外观呈暗灰色，显示病鱼严重贫血；有时病鱼侧鳍、尾鳍、胸鳍及鳍基部明显充血或弥散性出血。解剖时发现多数病鱼尤其是垂死的病鱼血液量少、稀薄、颜色浅淡，凝血时间长，血液凝固性差。有些病鱼有淡黄色腹水，有些病鱼没有腹水。

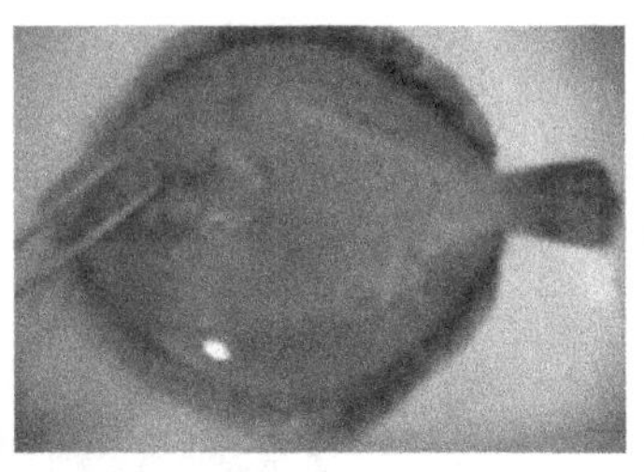

图2-6A 患病大菱鲆无眼侧充血发红

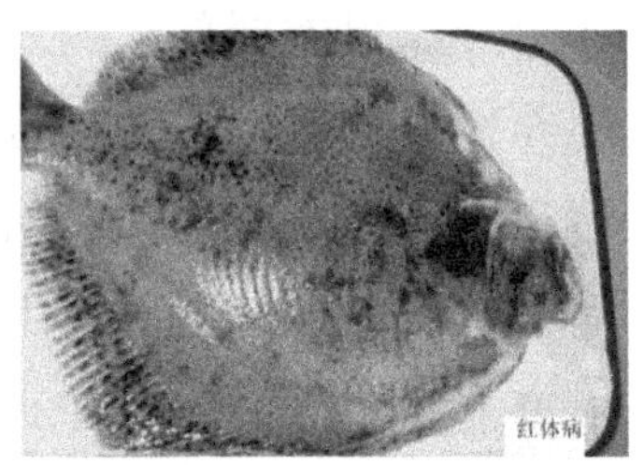

图2-6B 患病大菱鲆有眼侧体色变深

解剖后可见病鱼胃和肠道严重水肿，胃内无食物，有时含有黄色、白色胶状物质；病鱼胃壁黏膜下出血，肠壁点状出血，胃肠壁轻微发炎，病鱼直肠有时严重发炎充血。病鱼肝脏呈淡黄色，有淤血、易碎；胆囊肿大，胆汁颜色变浅，呈淡绿色。病鱼脾脏略显肿大，呈暗红色，质软，有时呈纤维化。病鱼心脏色淡，呈粉红色。病鱼肾脏肿大，呈灰白色。病鱼有时眼球突出，脑组织一般呈灰白色。病鱼腹面肌肉充血，大血管淤血。在病鱼的石蜡切片中，可观察到脾组织坏死，其中存在许多细胞质嗜碱性的肥大细胞（图2-6C、D、E）。在超薄切片上，也可观察到病鱼脾细胞被大菱鲆红体病虹彩病毒（TRBIV）严重感染，感染的细胞质中存在大量的成熟和未装配的TRBIV颗粒。

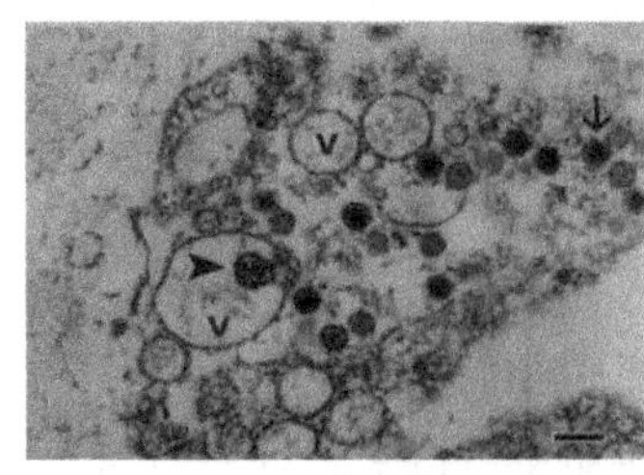

图2-6C 患病大菱鲆肠黏膜下层细胞内的病毒粒子

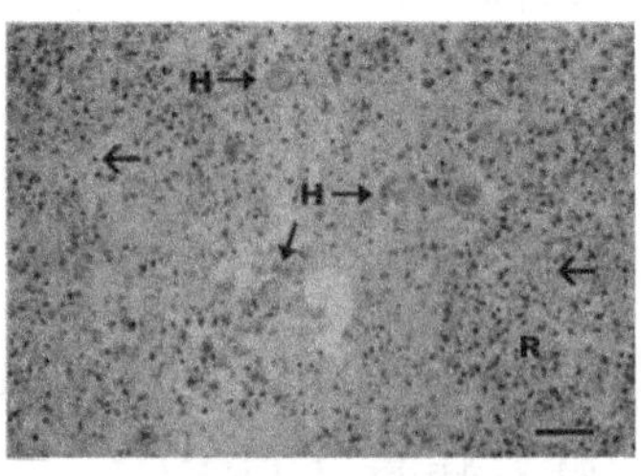

图2-6D 患病大菱鲆脾脏造血组织核固缩

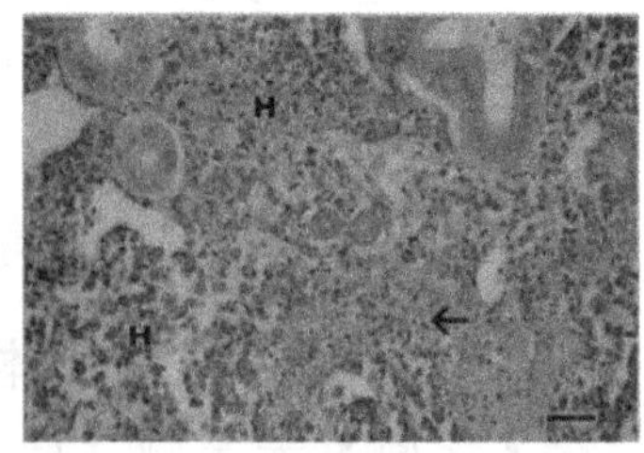

图2-6E 患病大菱鲆肾间质坏死

【流行情况】无论是苗期、养成期的大菱鲆还是亲鱼均可感染此病，但以养成期最为常见。发病鱼全长一般在10～20cm，体重介于100～400g之间。病鱼摄食量低或不摄食、活力弱、呼吸缓慢、散群，分散伏于养殖池四周或在水面附近缓慢游动。病鱼在出现以上症状后将很快死亡，属急性死亡。现该病在养殖期的各个月份均可以发生，高发季节为每年的8～12月，在5～7月相对较少。其流行范围已遍布整个山东半岛的沿海地区，涵盖了我国大菱鲆的主产区，甚至在河北唐山和福建东山等地也有病害发生。

【诊断方法】根据外观症状、解剖观察及光学镜检可初诊，确诊需进行电镜检查是否有虹彩病毒。

【防治方法】

预防措施

（1）防止将病鱼和带病毒鱼带入渔场和鱼池。

（2）杜绝健康鱼与病鱼或带病毒的鱼之间的直接接触。

（3）保持适宜的放养密度。

（4）保持养殖环境稳定，避免水温、盐度等水质指标的剧烈波动。

治疗方法

未见报道。

七、大菱鲆皮疣病

【病原】一种球形病毒，直径300nm左右。

【症状和病理变化】病鱼发病时多在背部出现数个大小不一的疣状突起，周围皮肤变为白色。病鱼的疣状突起是由表皮层的最内层发生异常增生，向表面呈外生性生长所致。增生的表皮细胞较正常表皮细胞大，细胞呈圆形或纺锤形，胞浆淡染，呈轻微嗜碱性，核大，核仁明显，细胞排列呈漩涡状。发生增生的内层基部没有向真皮层呈浸润性生长，但常见真皮结缔组织层深入表皮层内增生的现象。增生部位与正常表皮区分明显，增生的表皮细胞层内常见有大量淋巴细胞浸润，表皮层中的黑色素细胞消失。初期疣状突起小而白，随着病情的发展逐渐变大并溃烂出血（图2-7A、B、C）。患病

图2-7A 患病大菱鲆表皮突起

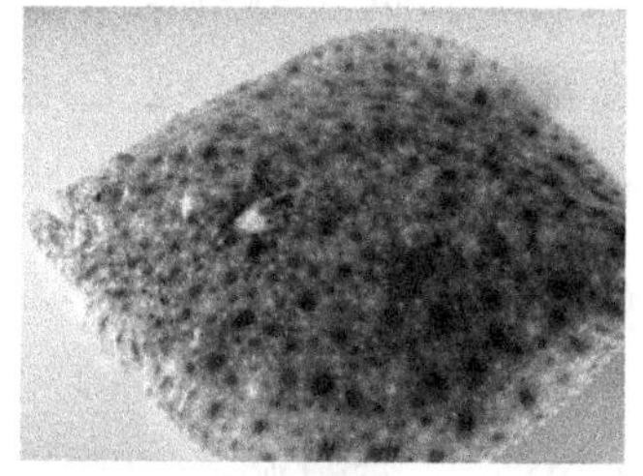

图2-7B 患病大菱鲆部分皮疣出现溃烂现象

鱼普遍体质较差，摄食量减少，生长速度慢，极少出现死亡。个别患病鱼症状可慢慢消失而自愈。

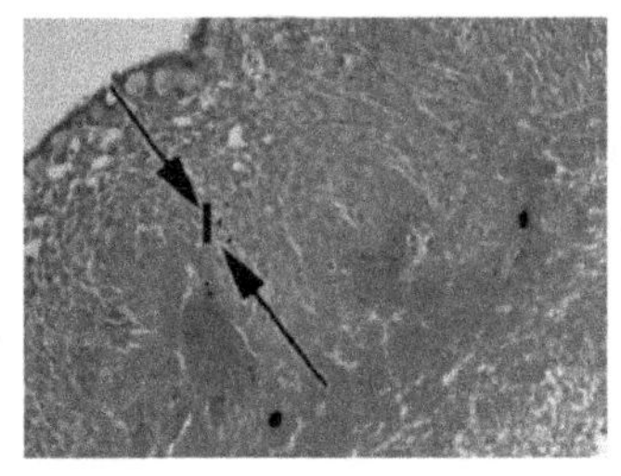

图2-7C 皮疣显著增生的表皮层

养成期和亲鱼培育期的大菱鲆常感染此病，多发生在低水温的冬季，发病水温通常在10℃以下，当第二年春季养殖水温逐渐上升到12℃以上时，病情会逐渐缓解。一般感染率不高，但个别养殖池的感染率可达50%。

【诊断方法】根据外观症状可初诊，确诊需进行电镜检查是否有球形病毒。

【防治方法】

预防措施

（1）将病鱼隔离饲养，避免传染给健康鱼。

（2）适当降低饲养密度，养殖密度越高，该病的发生几率就越大，同时病情也越严重。

（3）尽量提高养殖水温，如果能够保持养殖水温在10℃以上，则可明显缓解病情的发展。

（4）切勿乱用药物，否则鱼的体质会降低，不利于控制该病。

（5）投喂优质饵料，尤其在第二年水温回升时，投喂新鲜的云鳚、玉筋鱼等，可以增强鱼的体质；伴随着水温的回升，皮疣会逐渐缩小、溃疡可逐渐痊愈，大菱鲆可恢复健康。

治疗方法

全池泼洒有效碘含量为10%左右的PVP-I，使池水浓度达到1mg/L，药浴3h后换水，每日一次，连续3d，可缓解病情的发展。

八、牙鲆侧线神经肿胀症

【病原】初步推测是某种病毒，但尚未确定。

【症状和病理变化】患病鱼苗停止摄食、空腹，投饵时有摄食动作，但未真正摄食饵料；白天漂游在水的表层，多成群聚集在充气量较小的角落（此时正常鱼苗在未投饵时多数伏底、少量贴壁），夜晚伏底或贴壁；鱼苗体色正常，没有出现体色明显发黑现象。该病的主要外观症状是无眼侧的侧线神经发生明显肿胀、白浊（图2-8A），尤其是紧邻鳃盖下缘肿胀最为明显，末端成球状（图2-8B），有眼侧无症状；侧线神经肿胀白浊的现象在鱼苗死亡初期最为明显，但在鱼苗死亡12h后白浊现象逐渐消退（图2-8C），尤其当鱼苗晒干脱水后，肿胀白浊现象几乎完全消失（图2-8D）；死亡鱼苗中有部分个体同时出现肠道白浊、白便现象（图2-8E），少量鱼苗无眼侧腹部溃烂（图2-8F）。该病传播速度快，在未采取有效防控措施前，感染率在10%左右；染病后多在24h内死亡，死亡率高，每10万尾鱼苗的日死亡在2500～4000尾，即除去正常死亡（人为操作、互残等多种因素造成的鱼苗损失）外染病鱼苗的日死亡率在4%～7%左右。

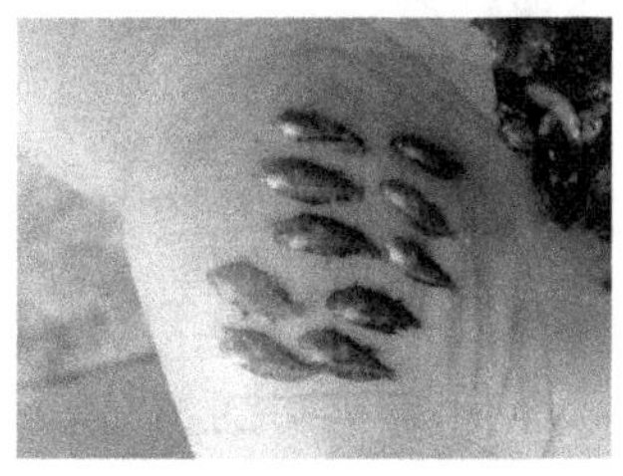

图2-8A　患病牙鲆稚鱼无眼侧的侧线神经发生明显肿胀、白浊

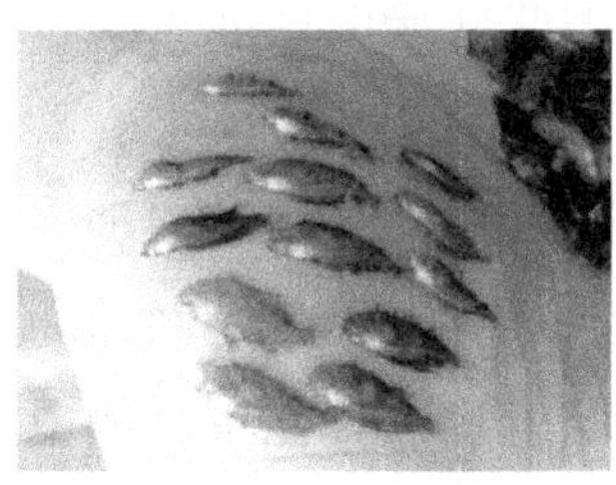

图2-8B　白浊肿胀处紧邻鳃盖下缘肿胀最为明显，末端成球状

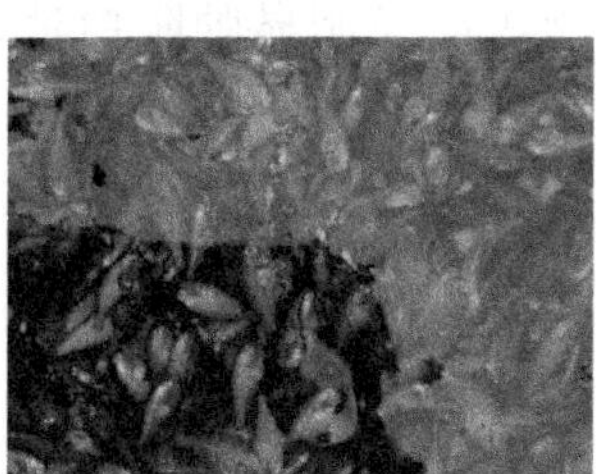

图2-8C　脱水过程中白浊肿胀逐渐消失

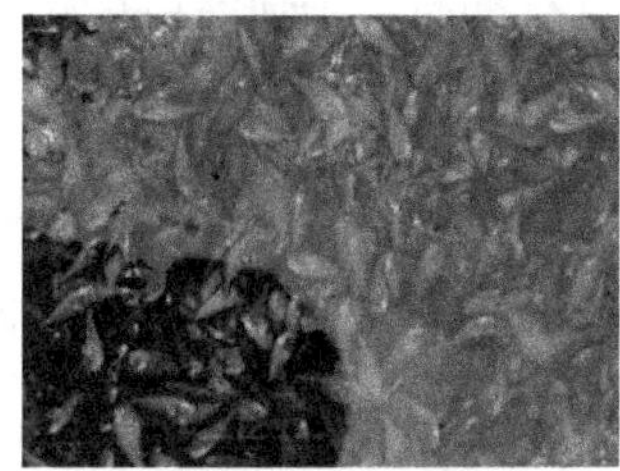

图2-8D　完全脱水后白浊肿胀消失

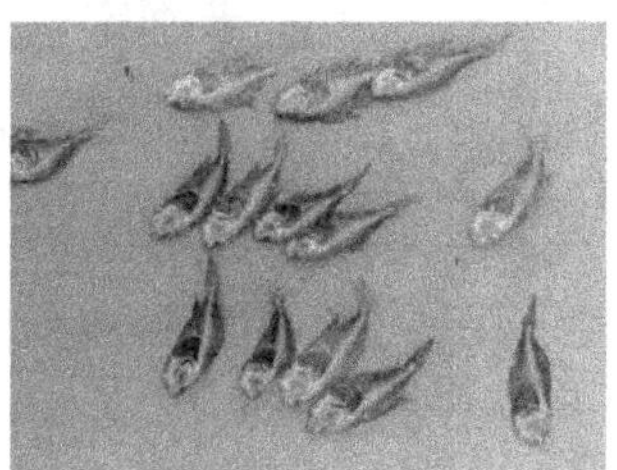

图2-8E　部分鱼苗有白便现象

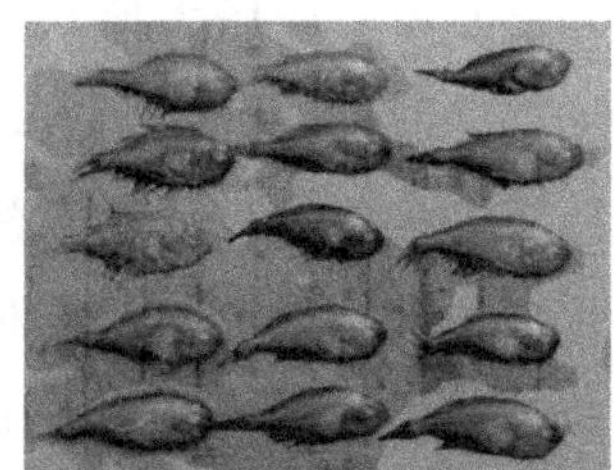

图2-8F　部分鱼苗无眼侧腹部出现溃烂

【流行情况】侧线神经肿胀症所感染的是40～48日龄的牙鲆幼鱼，40日龄前未发生此病，50日龄后此病也没有再发生（这一点也可能与治疗有关）；发病个体的体长一般在1.4～1.8cm，少数个体体长超过2cm；发病水温在18.6～19.4℃，日换水量在180%左右，鱼苗培育密度在2000～2300尾/m^2；此时鱼苗已经完成由生物饵料（主要是卤虫无节幼体、有少量轮虫）到配合饲料的转换，95%以上的鱼苗已经完全摄食配合饲料，因此日常投饵以配合饲料为主（每天投喂6次），只在天黑前补充极少量卤虫无节幼体（每10万鱼苗补充投喂400万～500万卤虫无节幼体）。发病前鱼苗摄食正常，粪便颜色、形状正常。鱼苗培养用水使用自然海水，盐度30，在进入培育池前在备水池经2mg/L二氧化氯消毒处理12h、曝气24h。鱼苗培育池单体面积50m^2，保持池水深度在80cm左右，中央排水。日常操作中每日换水、流水、吸底，吸污时清除残饵、粪便及死苗。培育池水pH在7.8～8.6，氨氮≤0.02，亚硝酸盐≤0.04。发病前死苗数量正常

（每10万鱼苗每日死苗在300～400尾）、死苗外观特征正常，即死苗无明显外观症状、无寄生虫感染，个别死苗有一定互残特点（小个体鱼苗鳍边残缺不全，大个体死亡鱼苗口中往往卡住一个小个体鱼苗）。培育车间顶部有遮光设施，自然光照（阴天时白天开灯补充照度），光照度在1200～2000lux，夜晚不开灯。

【诊断方法】由于此病的外观症状非常特殊，即在濒死期及死亡12h内无眼侧侧线神经明显肿胀白浊，因此此病的诊断主要依据外观症状，同时结合此病的流行情况进行判断。

【防治方法】有关该病的防控，是在2015年春季育苗中总结出来的。本次鱼苗培育至40日龄即此病刚出现时总计有16个苗种培育池，其中有5个培育池发病。由于不能确定病原，因此最初选择在不同的发病苗池使用不同的抗菌药及甲醛药浴，希望通过治疗效果比较以找出有效的防控药物；最初在不同发病苗池分别使用了氟苯尼考、恩诺沙星、多西环素各30mg/L药浴12h，连用3d；使用甲醛100mg/L药浴1h后大换水，连用3d；由于未确定药物的有效性，因此在未发病苗池没有采取药物预防措施，只是适当加大了流换水量；由于可以确定牙鲆白便病是细菌性疾病（但此时无法确定是否为此病的主因），因此在药浴的同时投喂治疗牙鲆白便病的药饵。在使用抗菌药和甲醛药浴期间，每天统计各苗池的发病率和死亡率，结果显示使用以上5种药物的苗池中此病的各项指标均未见好转；但在发病苗池中的活苗及死亡的鱼苗中白便现象明显降低。关于白便现象减少的这种情况可以说明2点：①用来防控白便病的药物是有效的；②白便病不是造成鱼苗大量死亡的主要原因，也不是造成侧线神经肿胀的原因。据此可以判断，引起牙鲆白便病的细菌性病原不是造成牙鲆侧线神经肿胀白浊的主因，而白便病很可能是并发症或继发感染。

发病的第4天在3个发病苗池使用了“三黄粉”（大黄、黄芩、黄柏），2个发病苗池使用了聚维酮碘进行药浴，具体用量为“三黄粉”2mg/L药浴12h、聚维酮碘1mg/L药浴6h；同时继续使用白便病药饵投喂（药饵投喂持续了6d）。结果显示“三黄粉”对此病无影响（既未改善病情也未加重病情），但聚维酮碘则起到了明显作用。在使用聚维酮碘的第2天，吸污时发现鱼苗的死亡量明显下降，2个用药苗池的死亡鱼苗平均只有1500尾（使用三黄粉的苗池平均在3800尾左右），且苗池中患病鱼苗的比例也出现了明显下降，只有5%左右（使用三黄粉的苗池仍在10%左右）。由于发现聚维酮碘有一定作用，因此从发病的第5日起，在所有发病苗池均使用聚维酮碘1mg/L进行药浴，同时，未发病苗池也使用聚维酮碘1mg/L药浴以预防此病，不同的是预防时的药浴时间为3h。在此病发生后的第7天（即使用聚维酮碘3d后），各发病苗池的死亡鱼苗量已降到平均不到400尾，苗池中有此病症状的鱼苗也基本消失，同时，白便病也基本得到了控制。其他未发病苗池在此过程中也未发现此病的流行。在此病发生后的第8d，所有苗池停止用药，直至鱼苗70日龄（出苗时），此病未再发生。可以看出，聚维酮碘在此病的防控中起到了决定性作用，是防治此病的有效药物。

此病发生期间，发病苗池由专人进行日常操作，吸污器、换水网箱、接苗网箱、水桶等工具独立使用，育苗工具在每次使用后经300mg/L高锰酸钾水溶液浸泡2h，冲洗后在阳光下晒干；位于车间中央的排水地沟每隔2天使用400mg/L漂白粉彻底消毒。死苗观察、计数后深埋。

由于此病在国内外未见报道（也未见有其他鱼类类似症状的疾病报道），因此在鱼苗患病初期只能从不同角度进行摸索研究。发病期间镜检了大量患病及死亡鱼苗，均未发现寄生虫，因此可以排除寄生虫性疾病。因为有部分鱼苗有白便和无眼侧溃烂的现象，因此最初推测可能是细菌性疾病；但育苗用水在入池前是经过2mg/L二氧化氯消毒（二氧化氯对细菌的杀灭作用极强）的，这个浓度的二氧化氯消毒12h，应该能够除去大多数细菌；且疾病发生后使用了多种广谱抗菌药进行了药浴均未见效果（传播速度及死亡率未见降低）；同时甲醛和三黄粉也没有治疗效果，而这两种药物的主要功效也是以杀菌为主。综上，可以判断该病的主因应该不是细菌。在排除寄生虫和细菌后，鉴于此病具有很强的传播性，初步推测此病的病原应该是病毒或其他微生物。在各种防控药物中最后起作用的是聚维酮碘，聚维酮碘具有一定的杀菌和杀病毒作用，但其杀菌效力相比二氧化氯及各种抗菌药并无优势，而其杀病毒的作用却优势明显，因此，初步判断此病很可能是由病毒引起的，当然，仅凭治疗药物来判断病原种类是不严谨的，这里仅仅是推测或作为参考；真正确定病原还需要找到病毒粒子或其他微生物并进行回感实验。此外，发病时鱼苗尚未经过筛选，苗种之间存在一定的大小差异，在苗池中能够见到大规格鱼苗追逐撕咬小个体鱼苗现象，但即使大规格鱼苗撕咬了患病的小个体鱼苗，在同一苗池中体长超过2.5cm的鱼苗也未见染病；同时，疾病流行期间主要以干颗粒配合饲料为饲喂饵料，饵料中携带病毒的可能性不大；因此，此病应排除经口感染的可能，由此可以初步推测此病是通过池水（病鱼皮肤、黏液、尿液将病原排入水中）传播的，应将药浴作为此病防控的主要给药方式。

本文中关于此病的分析很多都是推测，其中存在着一些不严谨之处，疾病的很多细节还有待于进一步研究，但可以确定的是使用聚维酮碘能够对此病进行有效防控。

九、牙鲆表皮增生症

【病原】由某种病毒（可能属于比目鱼疱疹病毒类）感染引起。病毒呈六角形，带囊膜的病毒粒子直径为190～230nm。

图2-9A 患病牙鲆鳍边白浊

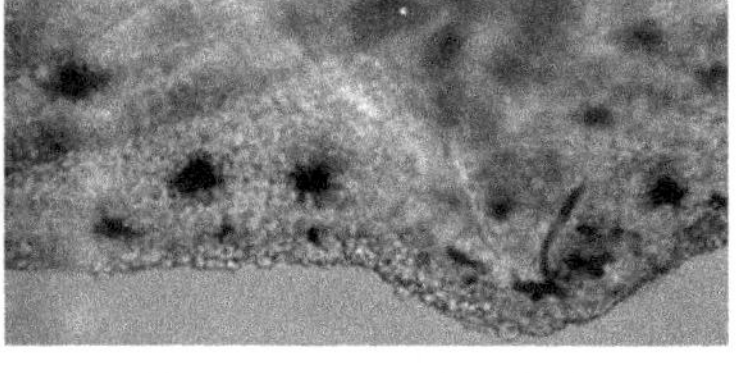

图2-9B 体表细胞增生

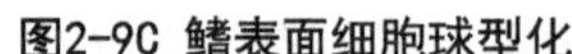

图2-9C 鳍表面细胞球型化

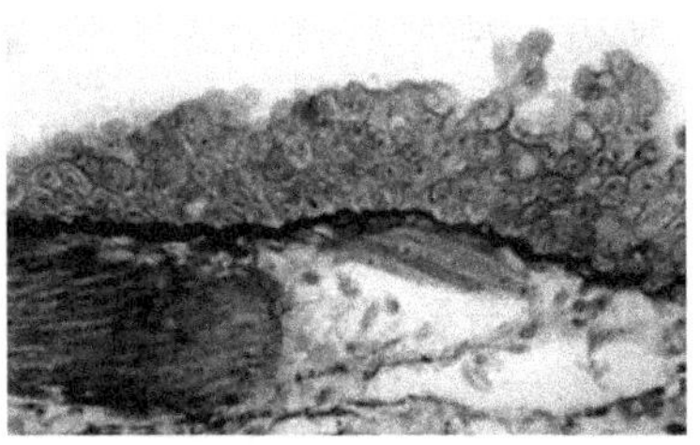

图2-9D 表皮细胞显著增生

【症状和病理变化】患病鱼摄食明显不良，瘦弱，头下垂，消化道萎缩，腹部塌陷，无活力，出现随水流而游动的个体。鳍的边缘，尤其是尾鳍的前端出现白浊、萎缩、变形（图2-9A）。对患部镜检，发现上皮细胞呈球形化，明显增生（图2-9B、C、D）。

仔鱼期的比目鱼由于鳃不发达，通过皮肤进行呼吸，因而表皮增生可影响仔鱼的呼吸；另外，表皮增生可降低鱼体表的离子调节机能。这些被认为是导致鱼苗死亡的原因。

【流行情况】该病发生在牙鲆苗种生产时期，仔鱼孵出后10～25d（7～10mm），营底栖生活之前，发病时个体长为7～8mm。发病后仔鱼多在1～3周内基本上全部死亡。经感染实验，10mm以上稚鱼，几乎不会死亡，而且水温越低，死亡越慢，水温越高，症状越严重。有研究表明在水温17℃以下，该病很难发生。鳍出现异常的时间，早的在孵化后10d左右就可以观察到，晚的在变态后才会发现鳍出现异常。

【诊断方法】根据症状及流行情况可以初步诊断，确诊可以通过PCR方法。

【防治方法】

采取将培育用水消毒（该病毒对酒精、氯制剂等敏感），防止水平感染。迅速将感染源处理。将发生该病的鱼及其生物饵料清除，将所用设施全部空闲1个月以上，在将设施进行全部消毒的基础上，重新进行饵料培养，重新培育苗种。

在水温20℃以上可导致疾病恶化，因而通过控制水温可缓解病情。目前尚无其他有效的治疗方法。

第三节 海水养殖虾类病毒性疾病

一、白斑综合征（White spot disease，WSD）

【病原】白斑综合征病毒（White spot syndrome virus，WSSV），属线极病毒科（*Nimaviridae*），白斑病毒属（*Whispovirus*）。该病毒曾被误认为杆状病毒，曾被称为：皮下及造血组织坏死杆状病毒、白斑杆状病毒等。白斑综合征病毒完整的病毒颗粒呈球杆状，外观如一个线团，一端露出线头，线头病毒科因此而得名（图2-10A、B、C）。病毒粒子具有囊膜和独特的尾状物，直径120～150nm，长279～290nm，基因组为环状双股DNA，大小约300kb，至少有5种主要结构蛋白包括VP28、VP19、VP26、VP15、VP24及VP281、VP35、VP466等13种次要结构蛋白。目前Genbank中已经公布了3株WSSV分离株的基因组序列，分别是中国大陆株（WSSV-CN，AF-332093）、中国台湾株（WSSV-TW，AF440570）和泰国株（WSSV-TH，AF-369029）。病毒在细胞核内复制和组装，核衣壳为15圈螺旋对称的圆柱体结构。实验条件下，在30℃海水中至少可存活30d，在养殖池中可存活3～4d。对去垢剂敏感，可在类淋巴原代细胞中培养，25℃条件下，20h可完成复制过程。病毒侵染对虾的主要组织为鳃、类淋巴组织、表皮、中肠及肝胰腺结缔组织。

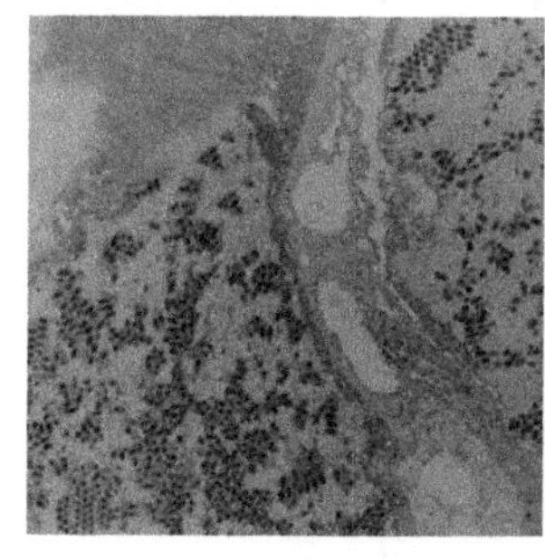

图2-10A 患白斑病的对虾胃上皮细胞核内的病毒颗粒

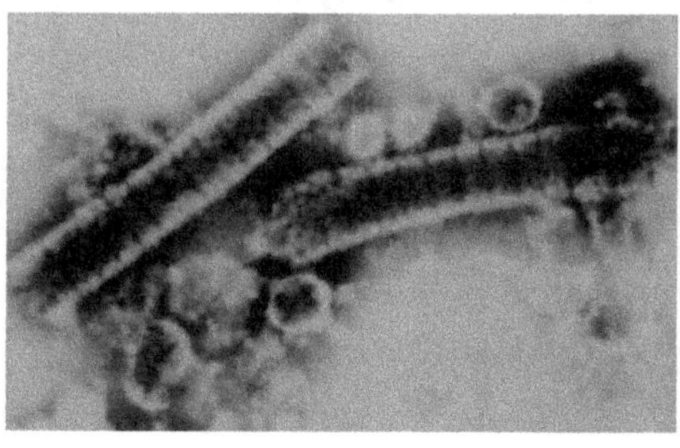

图2-10B 不同地区的白斑病毒颗粒

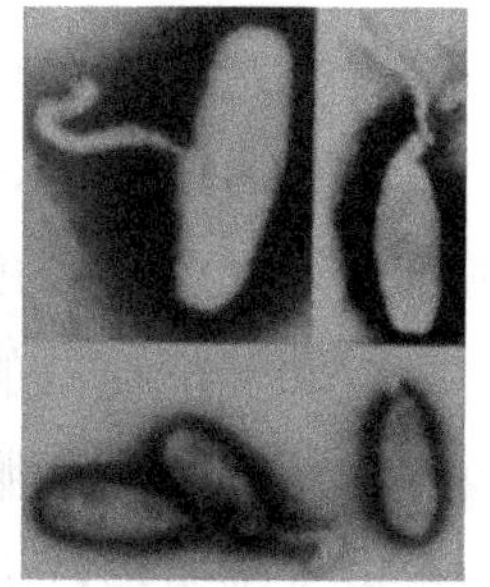

图2-10C 白斑病毒去掉囊膜后的核衣壳

【症状和病理变化】发病虾厌食、空胃、行动迟缓、弹跳无力、静卧不动或在水面兜圈，头胸甲易剥离，壳与真皮分离，部分患病对虾在头胸和最后的尾

图2-10D 患病对虾体表有白斑

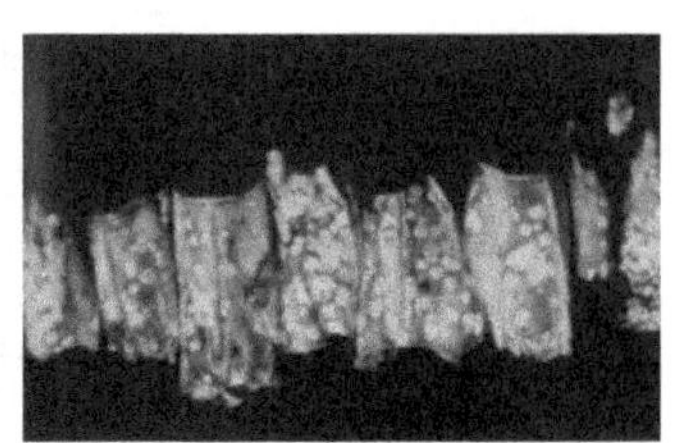

图2-10E 死亡对虾头胸甲密布白斑

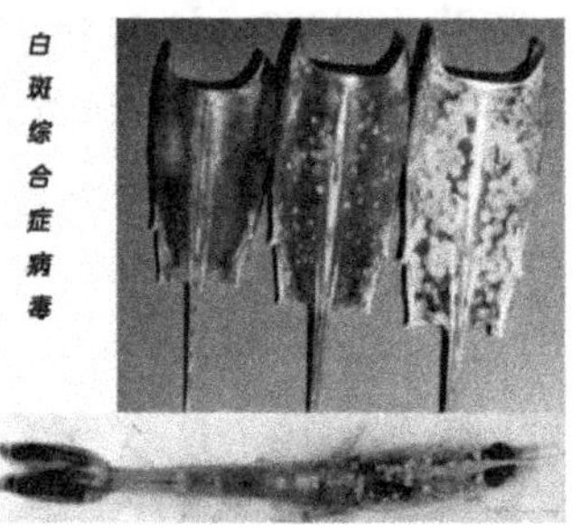

图2-10F 白斑综合病毒征外观症状

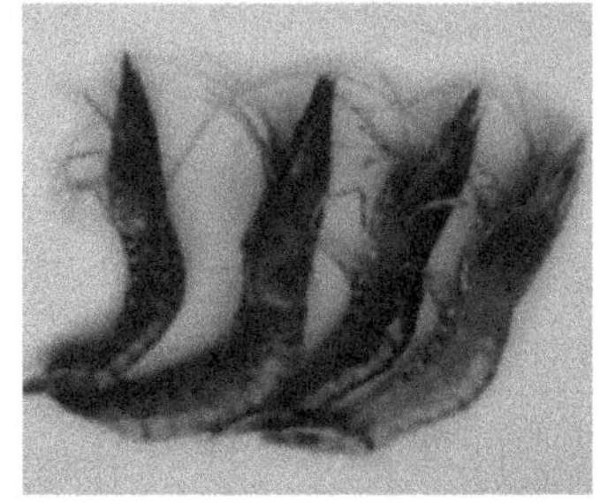

图2-10G 患病的凡纳滨对虾体色发红

节甲壳内侧可见白色斑点（图2-10D、E、F）；患病中国对虾、凡纳对虾、日本对虾体色发红（图2-10G），而患病斑节对虾在濒临死亡时有变蓝现象，血淋巴混浊、不凝固，血淋巴细胞减少。部分患病对虾肌肉白浊。

甲壳上白斑的主要成分是碳酸钙，是由于白斑综合征病毒在上皮细胞内的迅速增殖导致钙磷比显著增高，甲壳上形成了碳酸钙的沉积。甲壳内面的白点在显微镜下可见，呈重瓣的花朵状，外围较透明，花纹较清楚，中部不透明（图2-10H）。其侵害的主要组织和器官是甲壳下上皮组织、胃及后肠上皮组织、结缔组织、触角腺、造血组织、鳃、血淋巴器官。胃部坏死最严重，肝胰腺实质细胞、中肠上皮细胞、肌纤维细胞不被感染，因而该病没有出现多数虾病所表现的肝脏病变（如肝萎缩、肝色浅、肝糜烂等症状）。感染早期，侵害组织的少量细胞核略微膨大，核中出现嗜酸性着色区域，核仁偏移；随着感染时间延续，细胞核内嗜酸性着色很快转变为大的嗜碱性包涵体，使细胞核显著膨大，染色质只在细胞核边沿隐约可见，大量细胞被侵染。在细胞核中复制和装配成熟的病毒粒子聚集到一定量时，可使细胞解体。释放后的病毒粒子再感染周围细胞。此外在肌肉纤维之间的结缔组织及肝胰腺血窦的血细胞中也可见到病毒粒子。

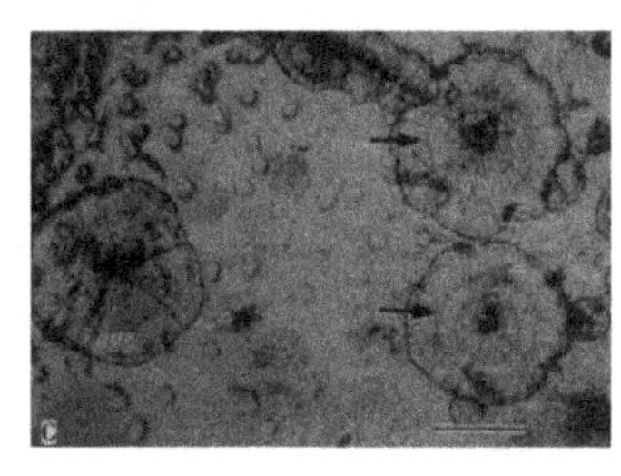

图2-10H 白斑在显微镜下呈重瓣的花朵状

【流行情况】对虾白斑综合征病毒（White spot syndrome virus，WSSV）是迄今对虾养殖业危害最大的一种病毒。国际兽医局（OIE）、联合国粮农组织（FAO）以及亚太地区水产养殖发展网络中心（NACA）在20世纪90年代已将白斑综合征列为需要报告的严重水生动物病毒性疫病之一。该病毒分布范围广泛，自1992年WSSV首次在中国台北地区对虾养殖场中发现后，很快在中国大陆地区以及韩国、日本、泰国、印度等几乎整个亚洲地区的国家均发现了此病毒，如今已传播到中东、欧洲、中美洲和南美洲。在我国大陆地区1992年首先在福建省发现该病毒，很快在1993年蔓延到广东，以后迅速沿海岸向北蔓延，一直到辽宁省，几乎遍布全国各养虾地区。

WSSV的宿主范围非常广泛。中国对虾（*Fenneropenaeus chinensis*）、斑节对虾（*Penaeus monodon*）、凡纳滨对虾（*Litopenaeus vannamei*）、日本对虾（*Marsupenaeus japonicus*）、滨吉对虾（*F.merguiensis*）、长毛对虾（*F.penicillatus*）、印度对虾（*F.indicus*）、桃红对虾（*Farfantepenaeus duorarum*）、细角对虾（*L.stylirostris*）、白对虾（*L.setiferus*）、褐对虾（*F.aztecus*）、刀额新对虾（*Metapenaeus ensis*）等对虾科均可引起感染及致病。另外，罗氏沼虾（*Macrobrachium rosenbergii*）、海南沼虾（*M.hainanense*）、埃氏沼虾、蓝氏沼虾、脊尾白虾（*Exopalaemon carinicauda*）、鼓虾（*Alpheus spp*）、克氏原螯虾（*Procambarus clarkii*）、哈氏美人虾（*Callianassa harmandi*）、龙虾（*Jasus edwardsii*）　、虾蛄（*Erugosquilla massavens*）、三疣梭子蟹（*Neptunus trituberculatus*）、锯缘青蟹（*Scylla serrata*）、中华绒螯蟹（*Eriocheir sinensis*）、天津厚蟹（*Helice tridens tientsinensis*）、肉球近方蟹（*Hemigrapsus sanguineus*）、日本大眼蟹（*Macrophthalmus japonicus*）、鲎等甲壳类动物等也可被WSSV感染致病或成为病毒携带者。某些甲壳类动物及一些水生昆虫在感染后可能并不出现表观症状或病理变化，例如藤壶、轮虫等。对虾和蟹类的阳性检出率较高。

20多年来，国内外学者对WSSV的传播途径进行了大量研究，发现白斑综合征病毒主要有3种传播途径：水平传播（相同个体之间通过直接接触传播）　、垂直传播（通过感染的亲代传给子代）和种间传播。在WSSV的自然感染过程中，经口感染途径是WSSV传播的主要途径，通过各种甲壳类动物个体间的感染传播或携带，WSSV可能在自然界中长期存在。WSSV在感染的新鲜动物尸体中具有感染性，水中游离状态的WSSV在较高浓度时也可能通过污染饲料引起经口感染，但水中游离状态的WSSV不能通过体表感染健康对虾。一般虾池发病后2～3d，最多不超过一周时间可造成全池虾死亡。病虾小者体长2cm，大者8cm以上。对虾发病在养成期，一般死亡个体多分布在养殖池边；目前死亡率在30%～70%，发病条件多为应激。从1993年到1998年期间，WSSD给我国对虾养殖业带来了巨大损失，对虾养殖从1992年20多万吨减产到1994年的6.4万吨。当时中国90%的对虾养殖池塘发现该病，发病池塘对虾死亡率接近100%，年直接经济损失达30多亿。国内对虾养殖产业陷入了严重的困境，产量由世界第1跌至第6。到目前为止，该病仍然是对虾养殖中危害最严重的病害。

【诊断方法】

（1）根据流行病学、临床特征和病理特征可以初步诊断，患病对虾的头胸甲与其下组织容易分离，这是一个重要的现场诊断特点。确诊需进行实验室诊断。注意：无论是自然感染的对虾还是实验感染的对虾在头胸甲上都不一定表现出白斑的症状。

（2）解剖濒死的对虾可见血淋巴不凝固、淋巴器官肥大、肝胰腺坏死。病理组织如病虾的鳃、胃、淋巴器官、皮下组织等的细胞核肥大。

（3）通过电镜观察在病虾的鳃、胃、淋巴器官、皮下组织等的细胞核内是否有病毒粒子。病毒粒子呈长卵形，具囊膜。

（4）运用电镜负染技术通过电镜观察，可观察到完整的病毒粒子或无囊膜的核衣壳。

（5）运用PCR技术，WSSV的PCR引物较普遍应用的有4～5个设计。

（6）应用核酸探针有斑点杂交和原位杂交法。

（7）应用单克隆抗体有斑点免疫印迹，免疫荧光抗体和ELISA等方法。

【防治方法】

预防措施

（1）虾池在养虾前的处理（即清池）

养过虾的池塘池底积有厚厚的一层淤泥，其中除了泥土以外，还含有大量饲料残渣、虾和其他动物的粪便、死亡的虾、浮游或底栖生物的尸体以及寄生虫及其卵、细菌、病毒等病原体。其中腐败的有机物质不仅败坏水质，恶化养虾环境，给对虾造成环境胁迫，而且还可使某些病原体大量繁殖，引发疾病。因此必须尽可能彻底地清淤，并且将清除的淤泥尽可能远离池堤，以免再次流入池塘。在清淤的同时应加固堤坝，防止渗漏。池塘仅通过清淤不可能将病原体全部清除掉，还必须再进行消毒。消毒前一般先进水10～30cm，然后每667m^{2}施用150～200kg生石灰，也可用含氯消毒剂，例如漂白粉、漂粉精等均匀泼洒全池，凡灌满水后能淹没的地方都要泼到。消毒后应曝晒1周左右再进水。进水后10d左右，水的颜色若变为淡黄色或淡绿色，说明水中浮游生物已大量增殖。如果水色清淡，也可适当施用肥料，也有的向池底移植沙蚕，使虾苗就有天然饵料可吃，生长迅速，体质健康，抗病力强。

（2）培养健康无病的虾苗

在亲虾和虾苗体内发现含该种病毒的比例很高，带有病毒的亲虾产出的卵及其培育的幼体也很可能被污染，因此必须选择健康不带该病毒的虾作为亲虾（SPF）。选好的亲虾入池前用100mg/L的福尔马林或10mg/L的高锰酸钾海水溶液浸洗3～5min，以杀灭体表携带的病原体。受精卵用5mg/L的漂粉精（含氯67％左右）水溶液浸洗5min；或用50mg/L的碘伏（聚乙烯吡咯烷酮碘）浸洗30s；或用经紫外线消毒后的过滤海水冲洗5min。育苗用水应过滤和消毒，育苗期间切忌温度过高和滥用药物。

（3）放养密度要合理

对虾的养殖密度应根据当地水源、海域环境、虾池的结构和设施、生产技术、管理经验、虾苗的规格、饲料的质和量等条件而定，一般每667m^{2}水体放养体长1～1.2cm的虾苗20000～300000尾，在此范围内根据条件确定放养密度。南方高位池放养密度通常在200000～300000尾，河北省池塘养殖在20000～30000尾，小棚养殖在180000～220000尾，工厂化养殖在300000～380000尾。

（4）合理用水、培好水色、保持优良水质

根据国内外经验，应设立蓄水池，蓄水池一级进水后用含氯消毒剂消毒并沉淀3d，然后进行第二级注水培肥水质，使池水呈淡黄色、黄绿色为好，透明度约为30～40cm，最后注入养虾池。这样一方面可防止进水时带入病原体，另一方面也可使虾池的环境不因突然大量进水而改变过大，降低对虾的抗病力。养虾池也应一直保持优良水色和水质，发现突然变清或水色过浓应及时换水。

在养虾场附近有虾病流行时，停止从海区向蓄水池注水，应将虾池中的水与蓄水池中的水循环使用。在虾池中使用增氧机是防病和增产的重要措施，虾池的水溶氧增加，可使有机物质充分氧化，防止产生硫化氢，使有益的细菌大量增殖，从而加强了池水的自净能力。

（5）饲料要质优量适

优质的饲料是指饲料的营养成分齐全，比例搭配适当，同时原料应新鲜，不能腐败变质，霉变的和氧化的饲料绝对不能投喂。鲜活饵料的营养虽好，但容易携带病原，现已证明来自病毒病流行地区的低质贝类可携带病毒会传染对虾，某些野生虾类、蟹类和桡足类也可能带有病毒。另外，大量采捕的鲜活饵料运至虾场后难免有少数腐败，投喂后会引起疾病。因此最好是投喂优质的人工饲料。同时投饵量应适当，应根据虾的摄食量及时调整。每日的投饵量应分3～4次投喂，尽量减少残饵，防止严重污染池底。

（6）采用微生物增强的生物絮团技术

使用有益微生态制剂，保持良好藻相和菌相；同时在饲料中添加有益微生态制剂，定期、适量地投喂免疫增强剂。

应急处理措施

出现以下情况应采用应急处理措施：

（1）邻近池塘WSD大发病，传播风险高。

（2）同源种苗WSD大发病。

（3）已检出WSSV阳性，但未显症状。

（4）少数有症状，但多数还能摄食。

应急处理措施包括：

（1）避免环境应激。通过增氧维护良好水色、藻相，保持稳定的生物絮团状况，暂停换水。

（2）饲料中添加抗病微生物，投喂免疫增强剂。

（3）适当投喂卤虫、蓝蛤。

（4）使用有机碘制剂。

（5）紧急放养大规格鱼类。其中，在鱼类混养方面，可以根据不同地区、不同水质条件（主要是盐度）灵活安排。当盐度在6以下时，可以放养草鱼和革胡子鲶；在盐度15以上时可以放养军曹鱼和石斑鱼；在盐度20以下时，可以放养罗非鱼；在所有盐度条件下，均可放养美国红鱼。以草鱼为例，每亩可以放养体重1kg草鱼30～60尾。放养鱼类的目的是摄食病死虾，需要放养的鱼应具有一定规格，即不能太小（无法摄食病死虾），同时摄食病死虾的比例应在70%以上，摄食健康虾的比例在30%以下。在河北省对虾养殖中，到目前为止，放养鱼类最佳种类是矛复虾虎鱼，放养体重为150～200g，每亩放养30～40尾。另外，放养同等规格和密度的花鲈也是比较好的选择。

二、传染性皮下和造血组织坏死病（Infectious hypodermal and hematopoietic necrosis disease）

【病原】传染性皮下和造血组织坏死病毒（Infectious hypodermal and hematopoietic necrosis virus，IHHNV），又名“细角对虾浓核病毒”（Penaeus stylirostris densovirus，Pst DNV）。其病原为单链DNA的细小核糖核酸病毒状病毒（Picorna-like virus），病毒粒子很小，直径约20nm。但据Lightner等（1983）报道，受感染组织的细胞核和细胞质中，有3种类型的病毒粒子：1型最普通，平均直径27nm，在细胞质内有小聚合体；2型很少见，在有膜包围的包涵体中有明显的病毒粒子状的类晶体列阵，病毒粒子的平均直径为17nm；3型的病毒粒子不形成集合体或列阵，直径约为20nm，往往发生在肥大的细胞核内。

【症状和病理变化】细角对虾（Penaeus stylirostris）的稚虾患急性传染性皮下和造血组织坏死病后，摄食量明显减少，继而出现行为及外观异常。患病对虾常缓缓上升到水面，静止不动，然后翻转后腹部向上并缓慢沉到水底，这种行为可反复进行并持续数小时，直到无力继续下去或被其他虾吞食。此感染期的细角对虾表皮上皮层（尤其是腹部背板接合处）常出现白色或浅黄色斑点，使整个虾体呈现斑驳的外观（图2-11A）。在濒死的细角对虾中，这些斑点会有所褪色，导致虾体色偏蓝。在感染的末期，细角对虾和斑节对虾濒死时体色明显变蓝，腹部肌肉不透明。

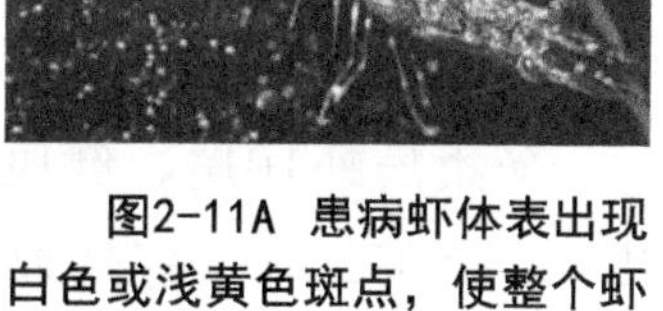

图2-11A 患病虾体表出现白色或浅黄色斑点，使整个虾体呈现斑驳的外观

在凡纳滨对虾中，由IHHNV引起的“传染性皮下和造血组织坏死病”存在一种慢性表现形式，即“矮小残缺综合征（Runt-deformity syndrome，RDS）”（图2-11B）。RDS病虾生长缓慢、体型畸形，患病稚虾还出现额角弯曲、变形、触角鞭毛皱起、表皮粗糙或残缺。患RDS的凡纳滨对虾稚虾群体体长普遍偏小，且个体之间体长差异很大。可用体长变异系数（Coefficient of variation，CV）来评估凡纳滨对虾和细角对虾稚虾群体是否患有RDS：RDS 群体的CV值多大于 30%，甚至达到 90%；而未患病群体的CV值通常为 10%～30%。

在组织病理学方面，IHHNV主要感染起源于外胚层和中胚层的组织细胞，主要有表皮、前肠和后肠上皮、性腺、淋巴器官和结缔组织细胞，基本不感染肝胰腺细胞，但严重病例的肝胰脏也被感染。靶组织细胞核内可观察到嗜酸性包涵体（图2-11C、D），即典型的考德里A型（Cowdry type A）包涵体。

图2-11B 患“矮小残缺综合征”病的凡纳滨对虾

【流行情况】2008年《中华人民共和国农业部

公告》第1125号将传染性皮下和造血组织坏死病列为二类动物疫病。OIE将其列为必须申报的疾病。IHHNV可感染世界各地的养殖对虾，主要感染太平洋东部沿岸野生对虾、太平洋岛屿（包括夏威夷群岛、法属波利尼西亚、关岛和新卡里多尼亚）的养殖对虾。近年来该病在东南亚和中东地区的养殖和野生对虾中流行，该病在我国也有较高的发病率。细角对虾、凡纳滨对虾、斑节对虾等大部分对虾品种都可被感染，细角对虾的死亡率可达90%以上，稚虾受危害最为严重。该病毒主要通过带毒虾及其他甲壳类通过水体传播，虾类同类残咬或海鸟捕食过程也可传播病毒。发病后存活的对虾仍携带病毒，可以通过垂直传播方式传播该病。在我国养殖对虾病毒性疾病中，IHHNV检出率排名第二，仅低于WSSD。

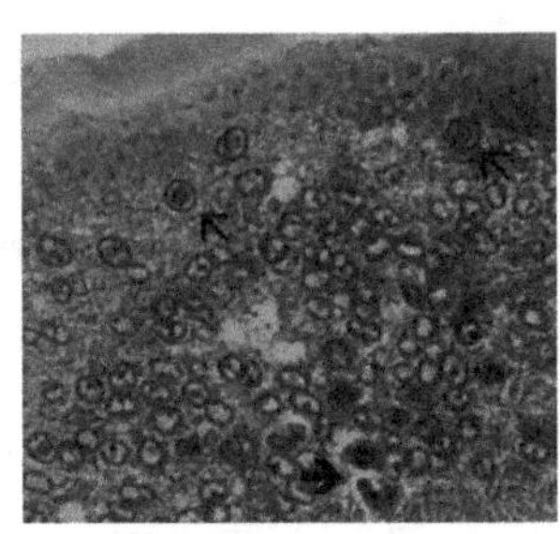

图2-11C 结缔组织上皮及皮下组织中有嗜伊红包涵体和坏死固缩的核

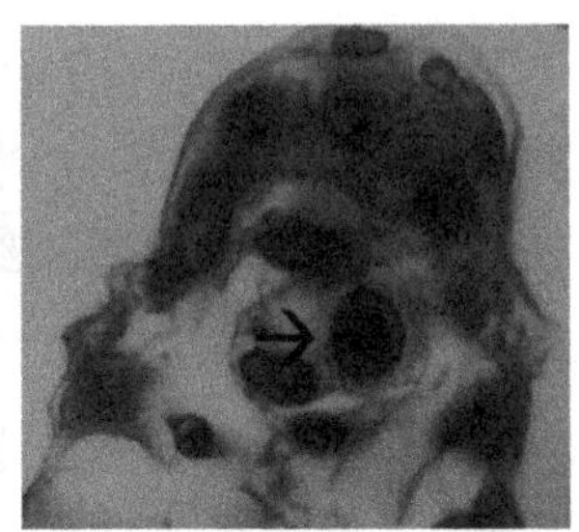

图2-11D 患病对虾鳃中有嗜伊红包涵体

【诊断方法】在本病严重暴发流行时，可根据发病史、临床特征及病理特征初步诊断，确诊需要通过实验室检验。

实验室检验：

（1）样品采集

采集病虾10尾、健康虾150尾，按不同的大小或感染期取不同组织样品。其中，对虾幼体、仔虾取完整个体，幼虾和成虾取头胸部，非对虾的甲壳类动物参照对虾的方法取样。非生物样品取0.1～0.5g。样品采集的要求参照SC/T 7202.1-2007《斑节对虾杆状病毒诊断规程 第1部分：压片显微镜检查法》附录B的规定或者按照OIE《水生动物疾病诊断手册》中的列表要求采样。

（2）组织及病理学检查

①组织病理诊断法：组织切片经HE染色后，观察细胞核内是否存在Cowdry A型包涵体，从而进行诊断。该方法适用于有症状对虾的初步诊断或未知样品的组织病理学评价，不适用于无症状带病毒标本的病毒检测。

②电镜诊断：通过超薄切片观察靶组织细胞核内有无IHHNV病毒粒子进行确诊。

（3）病原学鉴定

①分子杂交技术：采用地高辛标记的DNA探针进行病毒检测，灵敏度高于病

理组织诊断法。适用于成虾、幼虾、仔虾、幼体受精卵活体、冰鲜或冰冻产品及其他甲壳类动物的病毒筛查和有临床病症病虾的确诊。

②PCR检测法：通过聚合酶链式反应检测IHHNV特定基因。适用于各种对虾样品、环境生物和饵料生物样品以及其他各种非生物样品的IHHNV带毒的高灵敏度定性检测。

【防治方法】

预防措施

对苗种场、良种场实施防疫条件审核、苗种生产许可管理制度。加强疫病监测与检疫，掌握流行病学情况。通过培育或引进抗病品种、切断传染源以及加强饲养管理等综合措施控制本病。有效的预防措施主要是加强对虾、特别是进口对虾的检疫，并销毁染疫对虾，对发病虾场及其设施要进行彻底消毒。用 SPF 亲虾进行繁育。

控制措施

繁殖场亲虾和苗种检疫阳性的全部扑杀。种用和商品养殖虾检疫阳性的必须进行无害化处理，禁止用于繁殖育苗、放流或直接作为水产饵料使用。

三、病毒性偷死病（VCMD）

【病原】偷死野田村病毒（Covert mortality nodavirus，CMNV）

【症状和病理变化】肝脏萎缩，颜色变浅（图2-12A、B）；营养供应不足引起甲壳发软（图2-12C）、生长缓慢；肌肉感染引起的腹肌发白（图2-12D）；生长缓慢、持续性偷死。

【流行情况】检出阳性的宿主包括凡纳滨对虾、中国对虾、日本对虾、斑节对虾、克氏原螯虾、脊尾白虾（人工感染）。2017年以前在辽宁、天津、河北、山东、江苏、浙江、福建、广东、广西、海南均检出过阳性；2017年以后检出阳性的省市有山东青岛、平度、潍坊、日照、东营，河北黄骅；渤海湾野生甲壳类曾

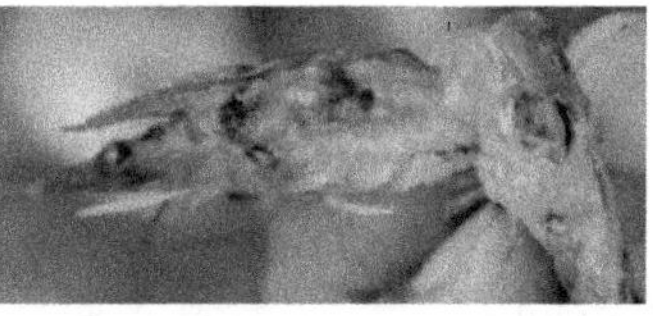

图2-12A　肝萎缩，肝脏颜色变浅

图2-12B　患病个体（下）与正常个体（上）肝胰脏对比

图2-12C　患病对虾甲壳变软

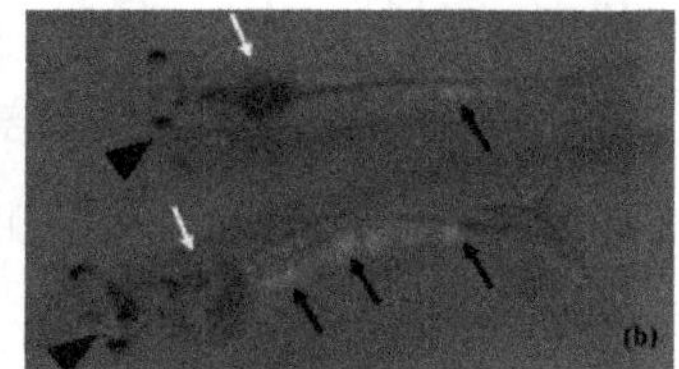

图2-12D　患病对虾腹肌发白

检出阳性。

【诊断方法】

（1）根据症状及流行情况进行初步诊断。

（2）利用试剂盒进行现场检测。

（3）实验室检测。采集病虾10尾、健康虾150尾，按不同的大小或感染期取不同组织样品。其中，对虾幼体、仔虾取完整个体，幼虾和成虾取头胸部，非对虾的甲壳类动物参照对虾的方法取样。非生物样品取0.1～0.5g。样品采集的要求参照SC/T 7202.1-2007《斑节对虾杆状病毒诊断规程第1部分：压片显微镜检查法》附录B的规定或者按照OIE《水生动物疾病诊断手册》中的列表要求采样。通过超薄切片，观察靶组织细胞核内有无 CMNV病毒粒子，或利用分子杂交技术、PCR技术进行检测。

【防治方法】

（1）用 SPF 亲虾进行繁育。使用无病毒携带虾苗养殖。

（2）借鉴WSSD综合预防措施。

四、凡纳滨对虾虹彩病毒病（LVID）

【病原】凡纳滨对虾虹彩病毒（LVIV）（图2-13A）。

【症状和病理变化】肝胰腺颜色变浅；整体颜色变浅，体节明显（图2-13B）；后期可能甲壳下沿出现黑斑；幼虾死亡明显，成虾可能有抗性。

【流行情况】人工感染实验，幼虾死亡率高，滤过的纯化病原能导致100%对虾死亡，注射感染的50LT约3~4d，经口感染的LT_{50}约7~9d，成虾死亡率低。该病毒已在多个省市采集的样品中检出，包括山东、河北、天津、浙江、广东。

【诊断方法】

（1）根据症状及流行情况进行初步诊断。

（2）实验室检测。采集病虾10尾、健康虾150尾，按不同的大小或感染期取不同组织样品。其中，对虾幼体、仔虾取完整个体，幼虾和成虾取头胸部，非对虾的甲壳类动物参照对虾的方法取样。非生物样品取0.1～0.5g。样品采集的要求参照 SC/T

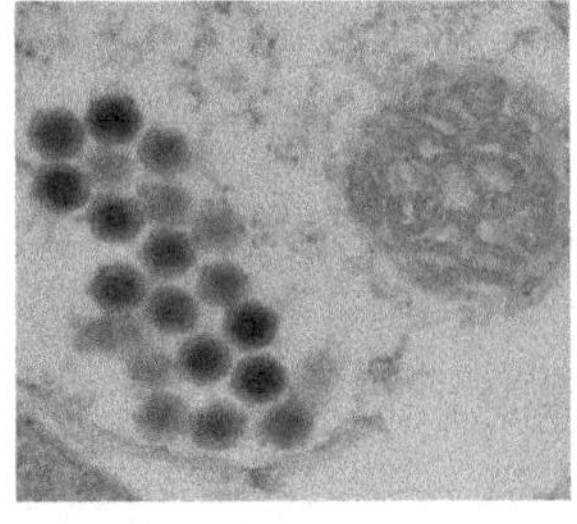

图2-13A 凡纳滨对虾虹彩病毒粒子

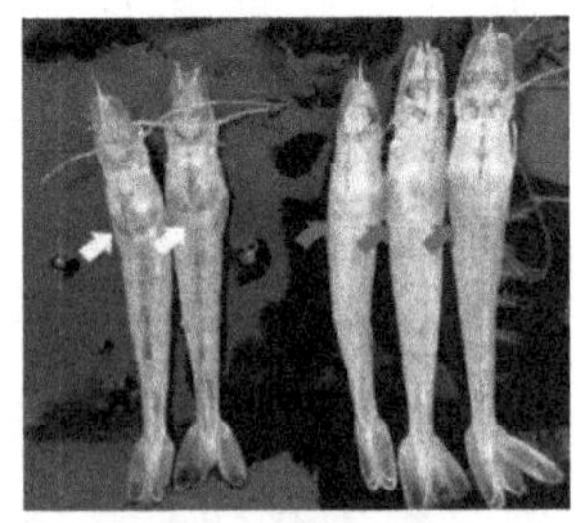

图2-13B 患病对虾肝胰腺颜色变浅，整体颜色变浅，体节明显

7202.1-2007《斑节对虾杆状病毒诊断规程第1部分：压片显微镜检查法》附录B的规定或者按照OIE《水生动物疾病诊断手册》中的列表要求采样。通过超薄切片，观察靶组织细胞核内有无LVIV病毒粒子，或利用分子杂交技术，PCR技术进行检测。

【防治方法】

（1）用 SPF 亲虾进行繁育，使用无病毒携带虾苗养殖。

（2）借鉴WSSD综合预防措施。

五、桃拉综合征病毒病（Taura syndrome virus disease）

常见的名称有：Taura综合征病毒（TSV）、Taura综合征（TS）、TS病、红尾病。在中文期刊杂志上被译为“桃拉综合征”。2008年《中华人民共和国农业部公告》第1125号将其列为二类动物疫病。OIE将其列为必须申报的疾病。

【病原】对虾桃拉综合征是由Taura综合征病毒（Taura syndrome virus，TSV）引起的，TSV为一个无囊膜的二十面体的粒子，直径31～32nm，为单股RNA，属小RNA病毒科。该病毒主要感染南美白对虾的上皮细胞，引起对虾的大量死亡。因为首例病例是1992年在厄瓜多尔的Guayas省的Taura河河口附近发生而得名。

【症状和病理变化】

（1）症状

根据病程和症状，桃拉综合征可分为急性期、过渡（恢复）期和慢性期3个阶段。①急性期：虾红素增多，虾体全身呈淡红色，尾扇和游泳足呈鲜红色，因此虾民称之为“红尾病”（图2-14A）。取尾扇发红的病虾，用10倍放大镜仔细观察细小附肢（如末端尾肢或腹肢）的表皮上皮，可以看到病灶处的上皮坏死。急性感染虾常死于蜕皮期间，处于脱壳后期的病虾以软壳、空腹为特征，濒死虾常浮于水面或池体边缘。②过渡（恢复）期：介于急性期与慢性期之间，病程极短，以病虾角质层上皮多处出现不规则黑色斑点为特征（图2-14B、C、D）。在过渡期，典型的急性期表皮损伤在数量和严重程度上都有所减少或降低，病灶坏死处聚集了大量血细胞及其渗出物。大量血细胞随后开始黑化，进而导致病虾角质层上皮呈现不规则的黑色斑点。③慢性期：成功蜕皮的病虾，从过渡期转入慢性期，一般无明显的临床症状，但对正常的环境应激（如突

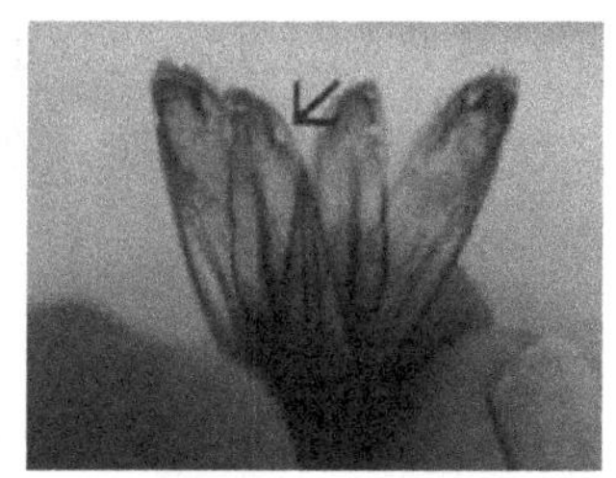

图2-14A 急性感染病虾尾扇发红

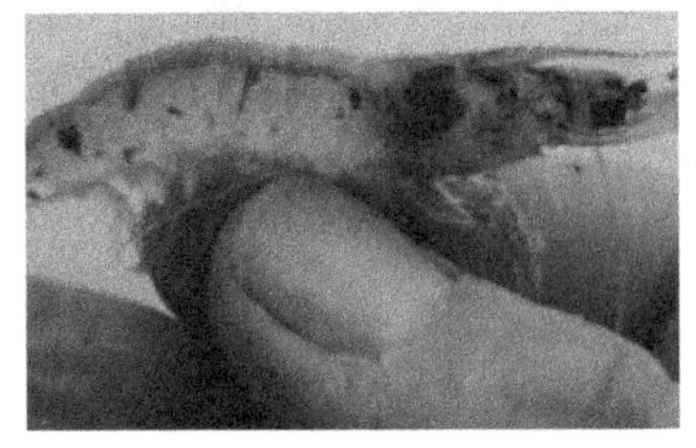

图2-14B 过渡期小规格病虾体表出现黑斑

图2-14C过渡期中等规格病虾体表出现黑斑

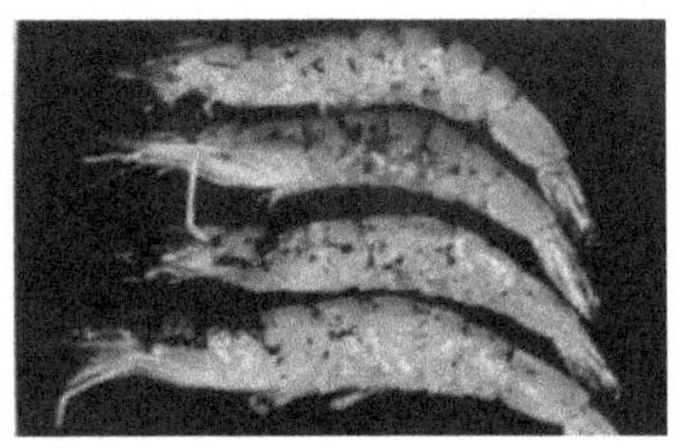

图2-14D 过渡期死亡对虾体表布满黑斑

然降低盐度）明显不如未染疫虾。有的因病毒在淋巴器官持续感染而成为终生携带病毒者。

（2）病理特征

①急性期：全身角质层上皮、附肢、鳃、后肠、前肠（食管、前后胃室）可见多灶性坏死（图2-13E）；有时在角质层皮下结缔组织细胞以及靠近感染角质层上皮的条纹肌纤维基质也可见感染灶。严重的病例，触角腺管状上皮也遭破坏。多灶性表皮坏死的典型症状包括多个感染细胞聚集在一起、细胞质嗜酸性增加、细胞核固缩或崩解。②过渡（恢复）期：该期病理特征是桃拉综合征过渡期的典型特征。在HE染色的组织病理切片上，这样的病灶表现为角质层被侵蚀，暴露的表皮血细胞和上皮被大量弧菌感染和侵袭。在桃拉综合征过渡期，对虾淋巴器官的组织切片在HE染色后观察，可能外观正常。但如果应用TSV特异性的CDNA探针对这些切片进行免疫组织化学染色（ISH），就可以观察到大量的病毒聚集在淋巴小管的外周实质细胞内。③慢性期：该期病虾的组织病理变化不明显，仅可见大量的“类淋巴器官球体”（LOS）。类淋巴器官球体可能与成对淋巴器官的主体相连，或脱离形成异位的类淋巴器官体，位于血腔的局部区域（如心、鳃或皮下结缔组织中等）。类淋巴器官球体由淋巴器官细胞和血淋巴细胞呈球形堆积而成，但可根据其球形特征以及缺乏中心管（典型的淋巴器官小管），与正常淋巴器官进行区别。应用TSV特异性的CDNA探针进行免疫组织化学染色，这些“类淋巴器官球体”的部分细胞会呈现阳性反应，而其他靶组织细胞呈阴性反应。

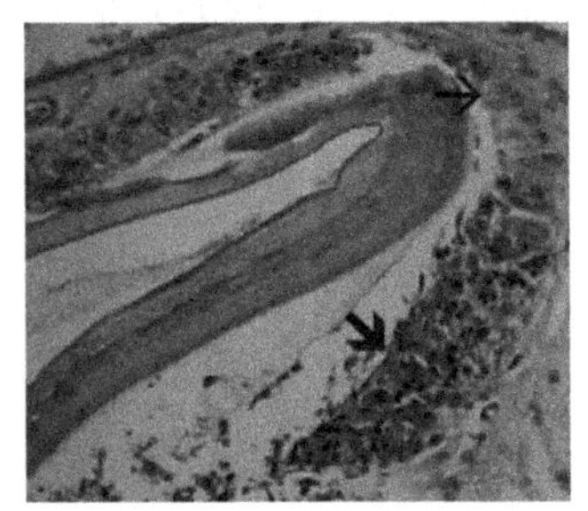

图2-14E 急性期病虾胃上皮细胞明显坏死

【流行情况】该病主要侵害凡纳滨对虾和细角对虾，对虾科滨对虾属所有成员均对本病易感。中国明对虾也对本病易感。凡纳滨对虾除卵、受精卵和虾幼体外，仔虾、幼虾及成虾等各期均对本病易感，主要感染14～40日龄、体重0.05～5g以下的仔虾，部分稚虾或成虾也容易被感染。对虾科其他属成员经直接攻毒也可感染，但一般不表现症状。细角对虾选择系对TSV（基因1型或A抗原型）有抵抗力。其他已报道TSV的自然感染或试验感染宿主有白对虾、南方对虾、斑节对虾、刀额新对虾、中国明对虾、日本囊对虾、褐对虾和桃红对虾。

目前，本病广泛流行于美洲和东南亚对虾养殖区。该病1992年首次发现于厄瓜多尔桃拉河地区，之后随染疫仔虾和亲虾贸易迅速传播到厄瓜多尔、秘鲁、哥伦比亚、洪都拉斯、危地马拉、萨尔瓦多、巴西、尼加拉瓜、伯利兹、墨西哥、美国等美洲各大虾类养殖地区。1999年中国台北地区从中南美洲进口凡纳滨对虾使该病传入，此后，随亲虾和仔虾的贸易传播到中国大陆、泰国、马来西亚、印度尼西亚等地。

该病发病急，死亡率高。一般发病虾池自发现病虾至对虾拒食人工饲料仅5～7d，10d左右大部分对虾死亡。部分虾池采取积极消毒措施后转为慢性病，逐日死亡，至收获时成活率一般不超过20%。本病主要通过健康虾摄食病虾、带病毒水源等方式水平传播；也可经海鸥等海鸟及划蝽科类水生昆虫携带病毒传播。携带病毒的亲虾也可能经垂直途径传播到后代，但目前尚无可靠证据。持续感染虾和终生带毒虾是传染源；染疫存活的凡纳滨对虾和细角对虾可终生带毒成为疾病传播者。

【诊断方法】

（1）初步诊断

仅急性期的病虾表现出行为的改变。急性期病虾呈现缺氧状态，常聚集在池塘边缘或水面等溶氧高的地方，会吸引大量的海鸟捕食。因此由垂死对虾吸引来的海鸟在虾池上空大量聚集，常可代表虾池内暴发了严重的流行病（通常是桃拉综合征或白斑综合征）。通常可以依据流行病学、临床特征和病理特征对急性期桃拉综合征作出初步诊断：病虾虾体全身淡红色、尾扇和游泳足鲜红色，游泳足或尾足边缘处上皮呈灶性坏死，常死于蜕皮期间，表现为软壳、空腹等特点。

过渡期病虾角质层上皮多处出现不规则黑化斑，血细胞聚集，软壳及虾红素不明显。慢性期一般无明显临床症状。

（2）实验室诊断和病原学鉴定

采集病虾10尾，健康虾150尾，按不同的大小或感染期取不同组织样品。其中，对虾幼体、仔虾取完整个体，幼虾和成虾取虾的头胸部，非对虾的甲壳类动物参照对虾的方法取样。非生物样品取0.1～0.5g。样品采集的要求参照SC、T 7202.1-2007《斑节对虾杆状病毒诊断规程第1部分：压片显微镜检查法）》附录B的规定或者按照OIE《水生动物疾病诊断手册》中的列表要求采样。

①生物诊断法：采用SPF凡纳滨对虾幼虾作为桃拉综合征病毒指示器，对疑似感染虾进行生物检测，具体方法有口服法和注射法。

口服法：该法比较容易操作，可用较小的SPF凡纳滨对虾幼虾进行试验。指示虾随机分为两组，其中感染组以剁碎的疑似感染虾样品饲喂，对照组以正常饲料饲喂，然后对两组虾进行临床观察和病理、组织病理学诊断。

注射法：将采集的可疑虾头或全虾样品与TN缓冲液或2%的无菌生理盐水按1∶2或1∶3混合匀浆，离心取上清液作为接种物，对指示虾进行肌内注射，然后进行临床观察和外观症状、组织病理学诊断。注射接种法宜采用较大的指示虾进行。

②免疫检测技术：采用斑点酶免疫反应（DBI），该法以感染虾或SPF虾血淋巴制取纯化病毒作为检测抗原，点加于MA-HA-N45反应板表面，干燥后，以磷酸盐缓冲液和含山羊血清与酪蛋白的吐温20进行阻断。用单抗TSV MAb 1A1 进行斑点酶免疫反应。其他抗体检测方法：包括利用TSV MAb 1A1单克隆抗体的间接荧光抗体法（IFAT）和免疫组化法（IHC）等。这些方法适用于组织印片、冰冻切片和脱蜡的固定组织样品及 Davidson's AFA 固定的组织样品中的病毒检测。

③分子检测技术：目前已开发有原位杂交实验（ISH）、逆转录聚合酶链反应（RT-PCR）和实时定量逆转录聚合酶链反应（Real-time quantitative RT-PCR）等方法。原位杂交实验是采用非放射性的以地高辛标记的DNA探针进行，敏感性高于传统的病理组织学诊断方法。逆转录聚合酶链反应法适用于对虾的各生活期、非对虾的生物和底泥等样品中TSV带毒情况的定性检测，以进行病原筛查和疾病的确诊，但该法单独使用时不适用于对病毒量、存在状态（玷污、携带和感染状态）或感染活性等的估测及宿主感染程度的评估。实时定量逆转录聚合酶链反应法具有快速、特异和敏感这些优点，对TSV基因组目标序列检测灵敏度大约为100个拷贝。

【防治方法】

预防措施

进行水体消毒，每10～15d（特别是在进水、换水后）应及时用漂白粉等含氯消毒剂消毒。调控水质，保持整虾池水质平衡及稳定。虾池pH一般维持在8～8.8，氨氮0.5mg/L以下，透明度维持在30～60cm。在养殖过程中，定期使用水质及底质改良剂，改良养殖池底质。特别是在养殖中后期，应用光合细菌、硝化细菌等微生态制剂的改良剂进行水质和底质改良。配合使用维生素、聚维酮碘等进行预防。也可以在饲料中添加生物活性物质或免疫促进剂，增强虾体非特异性免疫功能。

控制措施

可通过培育或引进抗病品种、切断传染源以及加强饲养管理等综合措施控制本病的暴发。对苗种场、良种场应实施防疫条件审核、苗种生产许可管理制度；加强疫病监测与检疫，掌握其流行情况。TSV检疫阳性结果的亲虾和商品养殖虾必须进行无害化处理，禁止用于繁殖育苗、放流或直接作为水产饵料使用。

六、黄头病（Yellow head disease，YHD）

2008年《中华人民共和国农业部公告》第1125号将其列为二类动物疫病。OIE将其列为必须申报的疾病。

【病原】黄头病毒（Yellow head virus，YHV），属单链RNA，通过电镜超薄切片观察，病毒粒子呈杆状，大小为（150～200）nm ×（40～50）nm，完整的病毒粒子横切显示电子密度高的核衣壳，直径为20～30nm，被三层囊膜所包围。病毒粒子存在于病虾的细胞质中，通过宿主细胞的细胞膜出芽而释放出来。目前黄头病毒的分类地位还未确定。

【症状及病理变化】黄头病能引起对虾迅速大量死亡，常见患病虾摄食量先增大然后突然停止，一般2～4d内就会出现头胸部发黄和全身发白的临床症状（图2-15A、B）。许多濒死虾聚集在池塘角落的水面，肝胰腺比正常虾软且发黄（图2-15C），与健康虾肝胰腺的褐色有明显区别。

黄头病毒主要侵染外胚层和中胚层起源的组织器官，可感染血淋巴、造血组织、鳃瓣、皮下结缔组织、肠、触角腺、生殖腺、神经束、神经节等，出现全身性细胞坏死。组织压片可观察到中度到大量球形强嗜碱性细胞质包涵体；血淋巴涂片可观察到中度到大量血细胞发生核固缩和破裂；组织切片可观察到坏死区域

图2-15A 病虾头胸部发黄

图2-15B 病虾体色发白

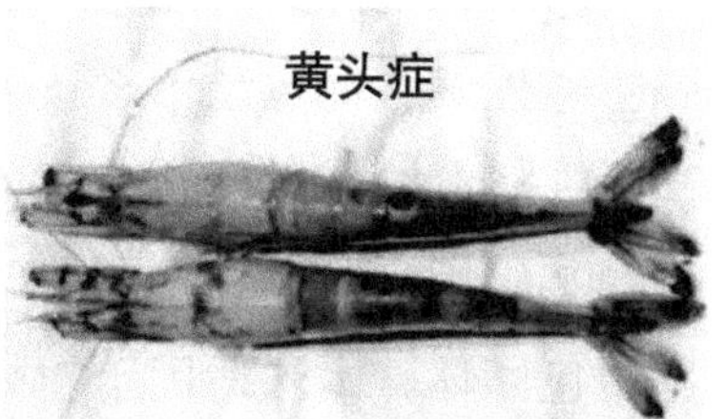

图2-15C 病虾肝胰腺发黄

有球形强嗜碱性细胞质包涵体，直径为2μm或稍小，胃皮下组织和鳃是观察特征性包涵体的最佳部位。

【流行情况】黄头病最先（1990年）在泰国东部和中部地养殖区的斑节对虾中出现，随后在印度、中国、马来西亚、印度尼西亚、菲律宾、越南等亚洲和美洲国家及地区流行和蔓延。自然或人工感染状态下，可感染斑节对虾、食用对虾、日本囊对虾、墨吉对虾、凡纳滨对虾、细角对虾、白对虾、褐对虾、桃红对虾、刀额新对虾、绿尾新对虾等多个对虾品种。斑节对虾为主要受感染者，可能是黄头病毒的自然宿主。自然状态下黄头病毒还可感染日本囊对虾、墨吉对虾、白对虾，试验感染条件下感染斑节对虾、凡纳滨对虾、细角对虾、褐对虾、桃红对虾、白对虾，引起较高死亡率。该病严重影响养殖约50～70d的对虾，感染后3～5d内发病率高达100%，死亡率达80%～90%。

朱罗罗等研究认为，我国养殖的中国明对虾、凡纳滨对虾、日本囊对虾以及罗氏沼虾中均检出了、YHV，而且在中国明对虾中的检出率最高，阳性也最强，说明中国明对虾是YHV的一个新发现的自然宿主。

水平传播是该病病原的主要传播方式。鸟类也是传播媒介之一，海鸥等鸟类摄食患病对虾，然后通过排泄物将病毒传播到邻近的池塘中去。

【诊断方法】根据流行病学、临床特征和病理特征可以作出初步诊断，确诊需通过实验室检验。

（1）样品采集

采集病虾10尾、健康虾150尾，按不同的大小或感染期取不同组织样品。其中，对虾幼体、仔虾取完整个体，幼虾和成虾取虾的头胸部，非对虾的甲壳类动物参照对虾的方法取样。非生物样品取0.1～0.5g。样品采集的要求参照SC/T7202.1-2007《斑节对虾杆状病毒诊断规程第1部分：压片显微镜检查法》附录B的规定或者按照OIE《水生动物疾病诊断手册》中的列表要求采样。

（2）组织及病理学检查

①组织压片的快速染色法：取濒死虾鳃丝或表皮用HE染色，观察细胞内球形强嗜碱性细胞质包涵体。该方法适用于对虾活体中的黄头病毒检测，但不适于非感染性病毒携带样品的诊断及对宿主进行组织病理学评价。

②组织病理学诊断：HE染色后观察各种不同组织的病理变化和强嗜碱性细胞质包涵体。本法适用于对虾感染黄头病毒初步诊断或未知疾病样品组织病理学评价，不适于非感染性病毒携带样品的检测。

③电镜诊断：可对病虾鳃、淋巴器官等的病毒粒子观察和确诊。

（3）病原学鉴定

①原位杂交法：用YHV特异性的地高辛标记的cDNA探针进行，敏感性比病理组织学诊断法高，适用于黄头病毒敏感宿主的感染程度及病毒扩增状况的评估和疾病确诊。

②RT-PCR检测法：通过RT-PCR检测YHV的特定基因。适用于对虾各个生活期及其他生物或底泥等样品的黄头病毒情况进行定性检测，也适合于病原筛查和疾病确诊。

④免疫检测技术：通过制备的抗黄头病毒特异性抗体来检测病毒。可取活虾血淋巴，采用Western blot、ELISA或免疫荧光等方法鉴定样品是否有黄头病毒感染，从而进行确诊。

【防治方法】

预防措施

对苗种场、良种场实施防疫条件审核、苗种生产许可管理制度。加强疫病监测与检疫，掌握流行病学情况。通过培育或引进抗病品种、切断传染源及加强饲养管理等综合措施控制本病。

控制措施

苗种繁殖场内YHV检疫阳性的亲虾和苗种应全部扑杀；病毒阳性的种用和商品养殖虾必须进行无害化处理，禁止用于繁殖育苗、放流或直接作为水产饵料使用。

七、传染性肌肉坏死病（Infectious myonecrosis，IMN）

【病原】对虾传染性肌肉坏死病毒（Penaeid shrimp infectious myonecrosis virus），通常被称为传染性肌肉坏死病毒（IMNV），属于整体病毒科（Totivirdae）中属地位未定成员。IMNV颗粒直径40nm，二十面体，无囊膜；病毒基因组为单节段双链RNA病毒（dsRNA），长度7560bp，有两个开放阅读框，分别编码衣壳蛋白和依赖RNA的RNA聚合酶。凡纳对虾是IMNV的主要宿主，病毒也可人工感染细角对虾和斑节对虾，巴西西北部地区的野生对虾可能是病毒的潜在宿主。目前病毒仅可通过发病虾获得，未找到对病毒敏感的培养细胞系。

【症状和病理变化】发病初期的病虾摄食减少或停食，反应迟钝，聚集在池塘角落，体色发白；病虾腹节发红，尾部肌肉组织呈点状或扩散的坏死，坏死先出现在腹节末梢和尾扇，移去腹节表皮可见白色或不透明的肌肉组织（图2-16A、B、C），部分虾还可出现微红色坏死区域；在网捕、喂食等刺激下，坏死症状虾

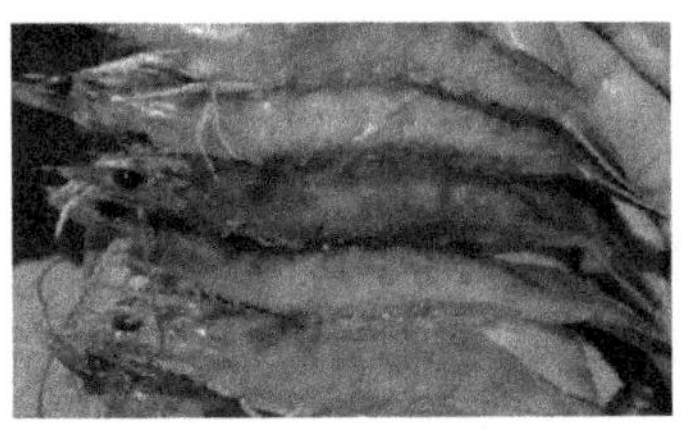

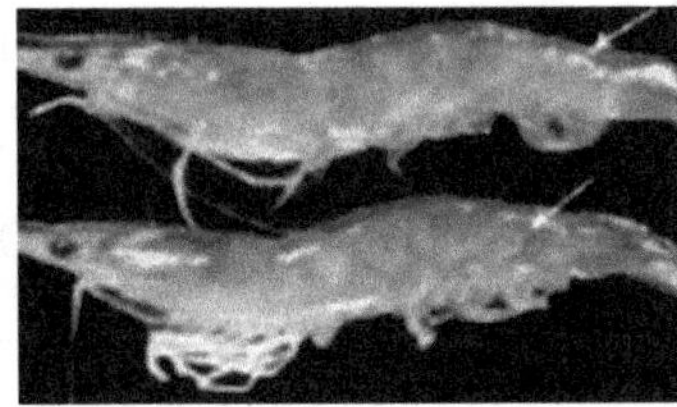

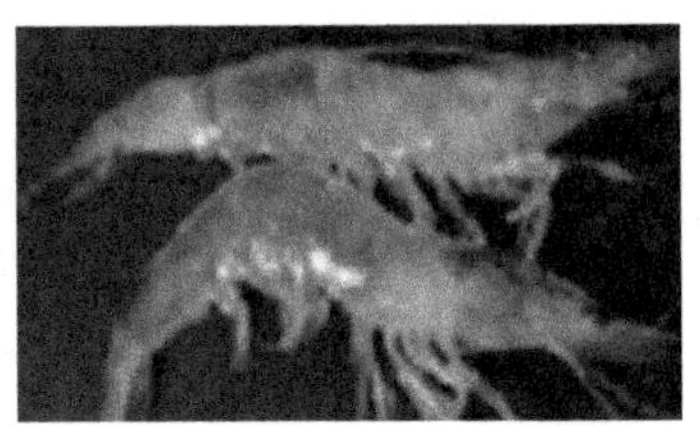

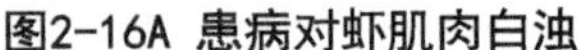

图2-16A 患病对虾肌肉白浊　图2-16B 患病对虾肌肉不透明　图2-16C 患病对虾尾节发红，肌肉不透明

可突然增多，喂食后出现持续死亡，淋巴器官明显增大，约为正常虾的3～4倍。

病毒可造成全身肌肉组织坏死，取病虾坏死肌肉部分制作压片，可观察到坏死和断裂的肌纤维；淋巴器官压片可观察到大量圆形细胞，正常淋巴器官的管状结构减少。

【流行情况】最早于2002年在巴西发现，目前该病主要发生于巴西西北部及南美洲，印尼的爪哇岛也有发现，其他国家和地区目前尚无该病的报道。IMNV主要感染凡纳对虾，病毒可感染成虾、仔虾以及苗种，主要感染60～80日龄的幼虾，通常6g以上的个体较易发病。IMNV也可通过人工感染方式感染细角对虾和斑节对虾；巴西西北部地区的野生对虾可携带病毒。疾病发生的季节较长，水温较高容易发生疾病，最适发病温度为30℃左右。通常情况下，病毒破坏全身肌肉组织，但病程缓慢，死亡率不高，患病养殖种群出现持续性死亡，严重时累计死亡率可高达70%～85%。2002年巴西养殖对虾暴发该病时造成了重大的损失，2003—2004年间该病造成了20000吨养殖虾的损失。病毒污染水体可水平传播疾病，健康虾残食发病虾时可受到感染。一般认为水温和盐度可影响疾病的发生，但缺乏明确的实验依据。

【诊断方法】

（1）初步诊断

凡纳对虾仔虾养殖过程出现长时间持续发病死亡，养殖虾出现停食、反应迟钝、聚集、体色发白时，应观察病虾腹节和尾部肌肉组织有无点状或扩散的坏死；移去腹节末梢和尾扇腹节表皮，观察是否存在白色或不透明肌肉组织；注意网捕、喂食等刺激后，坏死症状虾是否突然增多或喂食后是否出现持续死亡，若出现上述症状，可能发生本病，应进一步实验诊断。

（2）实验室确诊

采集病虾10尾，健康虾150尾，对幼体、仔虾取完整个体，幼虾和成虾取虾的肌肉。①组织及病理诊断取病虾坏死肌肉压片，观察有无坏死和断裂肌纤维；

取淋巴器官压片，观察是否存在大量圆形细胞；此外病虾坏死肌肉区域是否出现血淋巴细胞聚集、血淋巴细胞浸润肌肉组织等现象，若观察到上述现象要尽快检测鉴定是否发生本病感染。②病原鉴定可采用RT-PCR检测、核酸分子探针等进行检测。尚无血清学诊断。

在诊断中应注意IMN与罗氏沼虾肌肉白浊病相区别。

【防治方法】

预防

对苗种场、良种场实施防疫条件审核、苗种生产许可管理制度。加强疫病监测与检疫，掌握流行病学情况。特别要对南美或东南亚引种的养殖场，要采用RT-PCR、核酸探针法等技术严格进行病毒检疫，避免引进带病毒亲体。通过培育或引进抗病品种，提高抗病能力。采用不带病毒的SPF苗种和种虾是唯一有效的控制方法，另要坚决杜绝病虾进入未发病区域，切断传染源。加强饲养管理，降低发病几率。

处理

无疫区内禁止检疫阳性亲虾和苗种的引入。疫区内发病亲虾和苗种应扑杀并消毒。检疫阳性亲虾或苗种应在本地使用，禁止用于繁殖育苗、放流或直接作为水产饵料使用。

划区

根据水域和流域的自然隔离情况划区，并实施划区管理。

第三章

细菌性疾病

第一节 病原细菌概述

细菌是一类体积微小、结构简单、细胞壁坚韧的原核微生物。细菌的大小通常以微米（μm）作为计量单位，必须借助光学显微镜才能观察。不同种类的细菌大小不一，绝大多数细菌直径为0.2～2μm，长度为2～8μm。细菌的大小因生长繁殖的阶段不同而有所差异，也可受环境条件影响而改变。

细菌的形态基本上为球状、杆状和螺旋状。球状的细菌称为球菌（Coccus），根据其相互联结的形式又可分为：单球菌、双球菌、四联球菌、八叠球菌、链球菌和葡萄球菌等。杆状的细菌称为杆菌（Bacillus），常有短杆状、棒杆状、梭状、分枝状。螺旋状的细菌称为螺旋菌（Spirilla），包括菌体有一弯曲，呈逗点状或香蕉状的弧菌（Vibrio）、菌体有数个弯曲的螺菌（Spirillum）和呈多个螺旋形的螺旋体（Spirochaeta）。

细菌的结构包括基本结构和特殊结构，基本结构指细胞壁、细胞膜、细胞质、核质、核糖体、质粒等各种细菌都具有的细胞结构；特殊结构包括荚膜、鞭毛、菌毛、芽孢等仅某些细菌才有的细胞结构。

和其他生物分类一样，细菌的分类单元也分为七个基本的分类等级（rank或category）或分类价元，由上而下依次是：界、门、纲、目、科、属、种。在分类中，若这些分类单元的等级不足以反映某些分类单元之间的差异时也可以增加“亚等级”，即亚界、亚门等。还可以在科（或亚科）和属之间增加族和亚族等级。在细菌的分类中，还常常使用一些非正式的类群术语，如亚种以下常用培养物（Culture）、菌株（Strain）、居群（Population）和型（Form或Type）；种以上常使用群（Group）、组（Section）、系（Series）等类群名称。

细菌的命名采用拉丁双名法，每个菌名由两个拉丁单词组成。前一单词为属名，用名词，第一个字母大写；后一单词为种名，用形容词，小写。中文的命名次序与拉丁文相反，种名在前，属名在后。例如*Staphylococcus aureus*，金黄色葡萄球菌。在前后有两个或数个学名排在一起，且在其属名相同的情况下，后一学名中的属名可缩写成一个大写字母加上一点的形式，如*Staphylococcus aureus*可缩写成*S.aureus*。有时泛指某一属细菌，不特指其中某个菌种，或种名还未确定时，可在属名后加sp. 如Staphylococcus sp. 表示葡萄球菌属中的某一细菌，属名后加spp. 则表示该属的某些细菌。

（一）细菌生长繁殖的条件和方式

细菌生长繁殖的基本条件包括：充足的营养物质、合适的酸碱度、适宜的温度和必要的气体环境。

1．营养物质

营养物质包括供给细菌所需要的碳源、氮源、水、无机盐和必要的生长因子。

2．酸碱度

大多数病原菌生长最适宜的酸碱度为7.2～7.6，个别细菌需要在偏酸或偏碱的条件下生长。有些细菌在代谢过程中发酵糖类产酸，不利于细菌生长，因此在培养基中应适当加入缓冲物质。

3．温度

细菌生长的最适温度因菌种而异，按对温度要求的不同可将细菌分为嗜冷菌、嗜温菌和嗜热菌。多数病原菌为嗜温菌，在15～40℃均能生长。

4．气体

主要是氧气和CO_2。多数细菌在代谢过程中需要CO_2，但在分解糖类时产生的CO2即可满足需要，且空气中还有微量CO_2，所以不必额外补充。

5．氧气

不同细菌在其生长时对氧气有不同的要求，通常可将其分为4类：

（1）专性需氧菌（obligate aerobe）：必须在有氧环境中生长，因其具有完整的呼吸酶系统，可将分子氧作为受氢体。

（2）微需氧菌（micro aerophilic bacterium）：适于在氧浓度较低的环境中生长，最适氧条件为5%～6%，氧压＞10%时对其有抑制作用。

（3）兼性厌氧菌（facultative anaerobe）：在有氧或无氧环境中均能生长，但以有氧条件下生长较好。

（4）专性厌氧菌（obligate anaerobe）：只能在无氧环境中生长。

（二）细菌的生长繁殖规律

细菌的繁殖方式是无性二分裂法（Binary fission）。在适宜条件下，多数细菌分裂一次仅需20～30min。若将一定数量的细菌接种于适宜的液体培养基中，在不补充营养物质或移去培养物，保持整个培养体积不变的条件下，以时间为横坐标，以菌数为纵坐标，根据不同培养时间里细菌数量的变化，可以做出一条反映细菌在整个培养期间菌数变化规律的曲线，称为细菌的生长曲线（Growth curve）。生长曲线可人为分为4个时期：

1．迟缓期（Lag phase）

该时期为细菌适应环境和繁殖的准备阶段。此期中细菌体积增大，代谢活跃，但不分裂，菌数不增加。

2．对数生长期（Logarithmic growth phase）

该时期的细菌生长迅速，以恒定的速率分裂繁殖，菌数以几何级数增长，此期细菌的形态、染色性、生理活性等都比较典型，对环境因素的作用较为敏感，进行细菌性状的研究或作药敏试验等多采用此期细菌。

3．稳定期（Stationary phase）

该时期的细菌生长速率逐渐下降，死亡率渐增，细菌繁殖数与死亡数趋于平衡，活菌数保持相对稳定。

4．衰亡期（Decline phase或Death phase）

该时期的细菌死亡数大于增殖数，活菌急剧减少，细菌死亡自溶后总菌数也开始下降。

（三）细菌的侵袭力

病原菌突破宿主防线，并能在宿主体内定居、繁殖、扩散的能力，称为侵袭力。细菌通过具有黏附能力的结构如菌毛黏附于宿主的消化道等黏膜上皮细胞的相应受体，于局部繁殖，积聚毒力或继续侵入机体内部。细菌的荚膜和微荚膜具有抗吞噬和体液杀菌物质能力，有助于病原菌在体内存活。细菌产生的侵袭性酶亦有助于病原菌的感染过程，如致病性葡萄球菌产生的血浆凝固酶有抗吞噬作用；链球菌产生的透明质酸酶、链激酶、链道酶等可协助细菌扩散。

（四）细菌毒素

细菌毒素按其来源、性质和作用不同可分为外毒素（Exotoxin）和内毒素（Endotoxin）。

1．外毒素

细菌在生长过程中合成并分泌到胞外的毒素，或存在于细胞内当细菌溶解后才释放出来的毒素，称为外毒素。外毒素通常为蛋白质，可选择作用于各自特定的组织器官，其毒性作用强。

2．内毒素

内毒素即革兰氏阴性菌细胞壁脂多糖（LPS），于菌体裂解时释放，作用于白细胞、血小板、补体系统、凝血系统等多种细胞和体液系统。各种革兰氏阴性菌的内毒素作用相似，且没有器官特异性。

（五）细菌的感染途径

细菌的感染途径来源于宿主体外的感染称为外源性感染，主要来自患病机体及健康带菌（毒）者（Carrier）。而当滥用抗生素导致菌群失调或某些因素致使机体免疫功能下降时，宿主体内的正常菌群可引起感染，称为内源性感染。病原体一般通过以下几种途径感染：

1．接触感染

某些病原体通过与宿主接触，侵入宿主完整的皮肤或正常黏膜引起感染。

2．创伤感染

某些病原体可通过损伤的皮肤黏膜进入体内引起感染。

3．消化道感染

宿主摄入被病菌污染的食物而感染。

（六）细菌的致病性

细菌的致病性是对特定宿主而言，能使宿主致病的病原菌与不使宿主致病的非致病菌（Nonpathogen）二者之间并无绝对界限。有些细菌在一般情况下不致病，但在某些条件改变的特殊情况下亦可致病，称为条件致病菌（Opportunistic pathogen）或机会致病菌。

病原菌侵入宿主后，由于病原菌、宿主与环境三方面力量的对比，通常会出现以下几种结局：

1．隐性感染（Inapparent infection）

如果宿主免疫力较强，病原菌数量少，毒力弱，感染后对机体损害轻，不出现明显临床表现称为隐性感染。隐性感染后，可使机体获得特异性免疫力，亦可携带病原菌成为重要传染源。

2．潜伏感染（Latent infection）

如果宿主在与病原菌的相互作用过程中保持相对平衡，使病原菌潜伏在病灶内，一旦宿主抵抗力下降，病原菌将大量繁殖就会致病。

3．带菌状态

如果病原菌与宿主双方都有一定的优势，病原被限制于某一局部且无法大量繁殖，两者长期处于相持状态，就称带菌状态。宿主即为带菌者。带菌者经常或间歇排出病菌，成为重要传染源之一。

4．显性感染（Apparent infection）

如果宿主免疫力较弱，病原菌入侵数量多，毒力强，使机体发生病理变化，出现临床表现称为显性感染或传染病。

按发病时间的长短可把显性传染分为急性传染和慢性传染。前者的病程仅数日至数周，后者的病程往往长达数月至数年。

按发病部位的不同，显性传染又分为局部感染（Local infection）和全身感染（Systemic infection）。全身感染按其性质和严重性的不同，大体可以分为以下四种类型：

（1）毒血症（Toxemia）：病原菌被限制在局部病灶，只有其所产的毒素进入全身血流而引起的全身性症状，称为毒血症。

（2）菌血症（Bacteremia）：病原菌由局部的原发病灶侵入血流后传播至远处组织，但未在血流中繁殖的传染病，称为菌血症。

（3）败血症（Septicemia）：病原菌侵入血流，并在其中大量繁殖，造成宿主严重损伤和全身性中毒症状，称为败血症。

（4）脓毒血症（Pyemia）：一些化脓性细菌在引起宿主败血症的同时，又在其许多脏器中引起化脓性病灶，称为脓毒血症。

第二节　细菌性鱼病

一、弧菌病（Vibriosis）

【病原】弧菌属（*Vibrio*）的一些种类，常见的有鳗弧菌（*V.anguillarum*）、副溶血弧菌（*V.parahaemolyticus*）、溶藻胶弧菌（*V.alginolyticus*）、哈维氏弧菌（*V.harveyi*）、创伤弧菌（*V.vulnificus*）、灿烂弧菌（*V.splendidus*）、杀鲑弧菌（*V.salmonicida*）、海利斯顿氏菌（*V.pelagius*）、美人鱼弧菌（*V.damsela*）、奥氏弧菌（*V.ordalii*）、费氏弧菌（*V.fischeri*）、鲨鱼弧菌（*V.carchariae*）以及最小弧菌（*V.mimicus*）等多种弧菌，均可以引起鱼类病害。

弧菌病的病原主要是鳗弧菌。关于鳗弧菌的研究报告很多，但是对该菌性状的描述有些小的差别。其主要性状为革兰氏阴性，有运动力，短杆状，稍弯曲，两端钝圆，大小均为（0.5～0.7）μm×（1～2）μm。以单极生鞭毛运动（图3-1A、B），有的一端生两根鞭毛或更多根鞭毛。没有荚膜，不抗酸，属兼性厌氧菌。在普通琼脂培养基上形成正圆形、稍凸、边缘平滑、灰白色、略透明、有光泽的菌落。对2，4—二氨基—6，7—二异丙基喋啶（2，4—diamino—6，7—diisopropyl ptevidine，O/129）敏感。但是从香鱼上分离出来的菌株对O/129不敏感。氧化酶阳性。在TCBS培养基上易生长，生长温度为10～35℃，最适温度为25℃左右；生长盐度（NaCl）为0.5%～6%，甚至7%，最适盐度为1%左右。生长pH为6～9，最适pH为8。

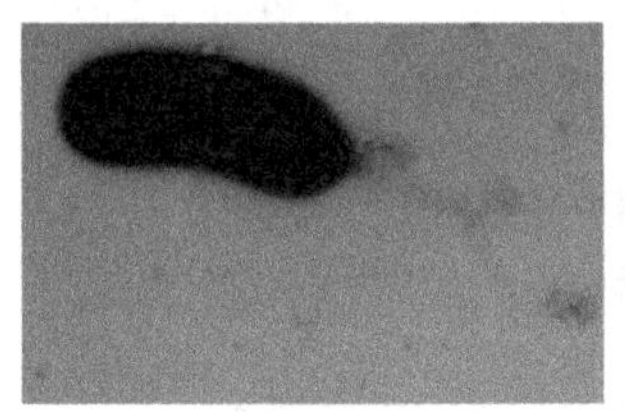

图3-1A 鳗弧菌

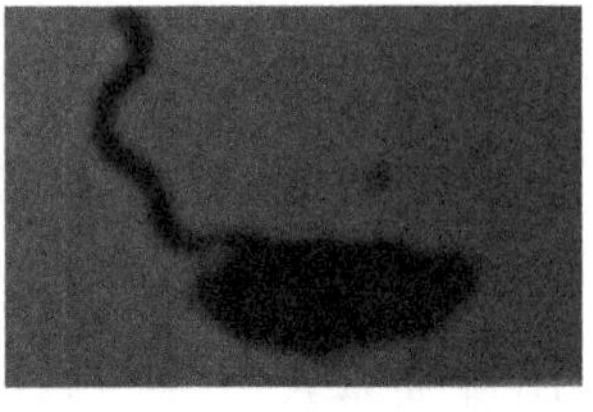

图3-1B 创伤弧菌

溶藻弧菌为革兰氏阴性菌，弯杆状，没有荚膜，不形成芽孢。通常在固体培养基上以单极生鞭毛运动。在IP培养基上27℃培养24h，菌体大小为（0.6～0.9）μm×（1.2～1.5）μm，菌落直径2mm左右，TCBS培养基上菌落呈黄色。溶藻弧菌感染的宿主十分广泛，早在1973年Biake就证实该菌对人类有致病作用，是沿海地区食物中毒和腹泻的重要病原菌，同时它还能引起许多海水养殖品种的疾病，南美白对虾、文蛤、鲈鱼、真鲷、点带石斑鱼、黑鲷、大菱鲆、牙鲆等都可被感染。

根据林克冰等（1999）的报道，哈维氏弧菌是引起大黄鱼弧菌病的病原菌之一；从病鱼中分离到的哈维氏弧菌端生单鞭毛，菌体大小为（1.1～2.3）μm×（0.4～0.6）μm，在营养琼脂上菌落呈圆形、灰色，在TCBS培养基上菌落呈黄色，氧化酶反应呈阳性，对O/129敏感，葡萄糖氧化发酵。

灿烂弧菌可以分为生物Ⅰ型和生物Ⅱ型，两种生物型都具有致病性。莫照兰等（2003）把从孵化14d患腹水症的牙鲆苗中分离的病原菌鉴定为灿烂弧菌生物Ⅱ型，人工感染实验证实它对牙鲆苗具有很强的致病性；病原菌革兰氏染色阴性，杆状，有1根很长的极生单鞭毛，菌体大小为（0.1～1）μm×（1.8～2）μm。在2216E培养基上培养24h的菌落呈圆形、半透明，直径约1mm，在TCBS培养基上的菌落呈黄色，直径约2mm，对弧菌抑制剂O/129（150μg/ml）敏感，发酵葡萄糖不产酸、不产色素。

【症状和病理变化】弧菌病的症状既与不同种类的病原菌有关，又随着患病鱼的种类不同而有差别（图3-1C、D、E、F、G、H）。比较共同的病症是体

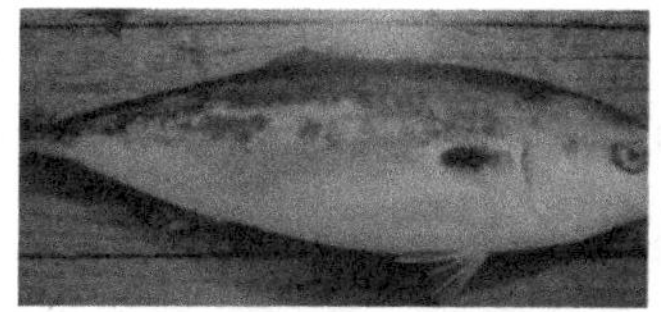
图3-1C　感染鳗弧菌的黄尾鰤体表溃疡

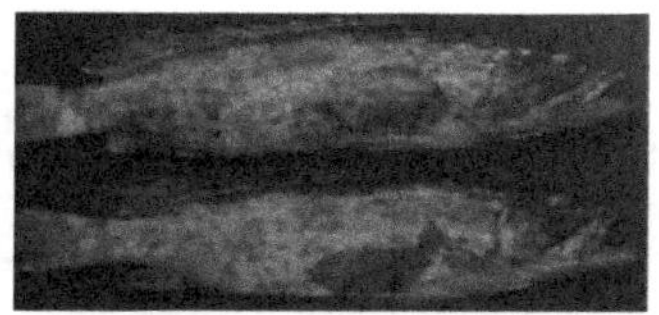
图3-1D　副溶血弧菌和溶藻胶弧菌感染引起的石斑鱼败血症

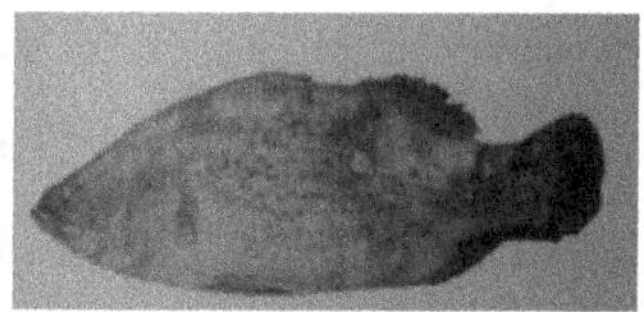
图3-1E　感染弧菌的尖尾鲈患出血性败血症

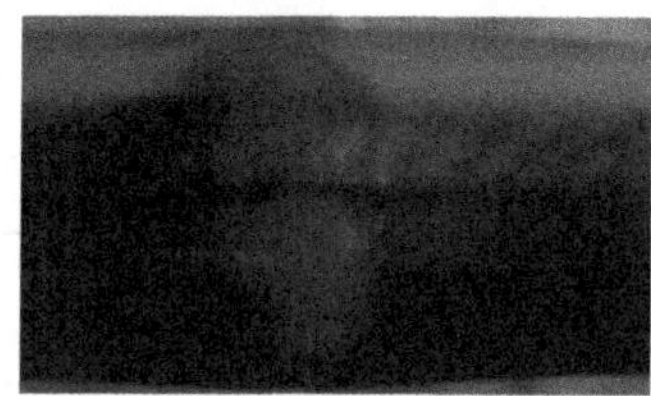
图3-1F　感染弧菌的鳗鲡皮肤发红、肿胀

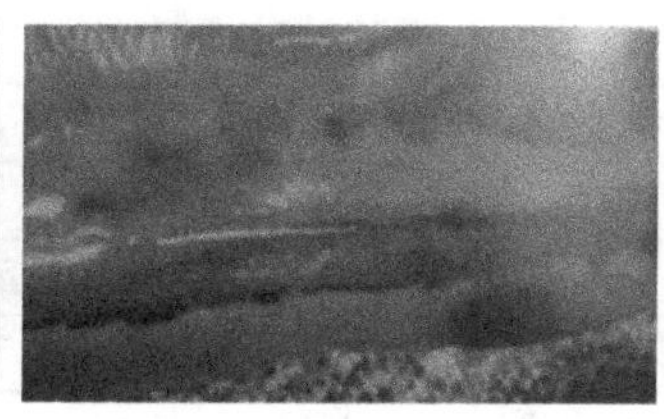
图3-1G　感染弧菌的大西洋鲑肌肉溃疡

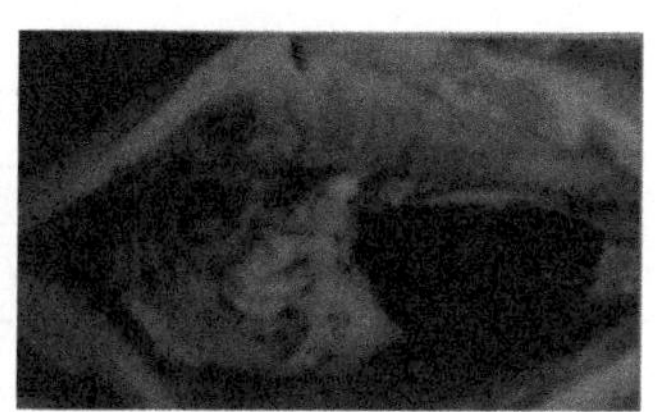
图3-1H　感染弧菌的银鲑脾脏肥大，肠道和腹腔出血

表皮肤溃疡。感染初期，体色多呈斑块状褪色；食欲不振，缓慢地浮游于水面，有时回旋状游动。中度感染时，鳍基部、躯干部等发红或出现斑点状出血。随着病情的发展，患部组织呈出血性溃疡，有的鳞片脱落，吻端、鳍膜烂掉，眼内出血，肛门红肿扩张，常有黄色黏液流出。牙鲆、真鲷、黑鲷等苗种期感染后，可使病鱼胃囊特别膨大，出现“腹胀满症”，甚至使腹壁胀破胃囊突出至体外。牙鲆仔鱼期感染，患病群体往往聚集于水池的侧壁或池角处，不摄食，活力下降并出现“肠道白浊症”。随着病情发展，白浊的肠道萎缩，腹部下陷而死亡。此外，有的病鱼鳃褪色呈贫血状或形成腹水症等。鲑科鱼类或香鱼等，在稚鱼期发生弧菌感染时，往往尚未显示症状时便出现大量死亡。

【流行情况】弧菌在海洋环境中是最常见的细菌类群之一，广泛分布于近岸及海口海水、海洋生物的体表和肠道中，是海水和原生动物、鱼类等海洋生物的正常优势菌群。

弧菌是目前被研究较多、了解较为清楚的海洋细菌，其分类学研究进展较快，被研究和描述的弧菌种类也越来越多。1974年，第8版《伯杰氏细菌学鉴定手册》收录和描述的弧菌有5种，到1984年《伯杰氏系统细菌学手册》所收录的弧菌就达到20种，1994年第9版《伯杰氏细菌学鉴定手册》收录的弧菌种类为34种，其中包括将被归为另一新属利斯顿氏菌属（Listonella）的3种弧菌以及新归入弧菌属的原柯玮尔氏菌属的2种菌。另外，第9版《伯杰氏细菌学鉴定手册》还将已经命名了的鲨鱼弧菌（*V. carchariae*）重新归为哈维氏弧菌（*V. harveyi*）。近年来又有部分新种陆续在国际系统细菌学委员会（ICSB）　所主办的权威刊物

《国际系统细菌学杂志》和《系统和应用微生物学》上发表，并得到细菌国际命名委员会正式承认。截至1995年初，已经被正式命名的弧菌种类已达37种（包括Listonella属的3个种）（表3-1）。随着细菌分离技术的不断进步和发展，每年都有不少新的菌种被承认和正式命名，或者被重新命名或更名，因此，目前弧菌的种类肯定已经超过37种。

表3-1 弧菌的种类名称

拉丁名	中文名	拉丁名	中文名
V. aestuarianus	河口弧菌	*V. ordalii*	病海鱼弧菌
V. alginolyticus	溶藻胶弧菌	*V. fluvialis(biovar Ⅰ，Ⅱ)*	河弧菌
V. anguillarum	鳗弧菌	*V. foetus-ovis*	绵羊胎儿弧菌
V. campbelli	坎贝氏弧菌	*V. furnissii*	费氏弧菌
V. cholerae(non-O1)	非一O1霍乱弧菌	*V. gazogenes*	产气弧菌
V. cincinnatiensis	辛辛那提弧菌	*V. hadaliensis*	赫达利弧菌
V. costicola	肋生弧菌	*V. harveyi(V.carchariae)*	哈维氏弧菌
V. damsela	美人鱼弧菌	*V. hollisae*	霍氏弧菌
V. diazotrophicus	双氮养弧菌	*V. ichthyoenteri*	鱼肠弧菌
V. fischeri	雀鲷弧菌	*V. logei*	火神弧菌
V. marinus	海产弧菌	*V. pelagius(biovar Ⅰ，Ⅱ)*	海弧菌
V. malliterrfgnei	地中海弧菌	*V. penaeicida*	杀对虾弧菌
V. metschnikovii	梅氏弧菌	*V. proteolyticus*	解蛋白弧菌
V. mimicus	最小弧菌	*V. psychroerythrus*	噬冷红弧菌
V. natriegens	漂浮弧菌	*V. salmonicida*	杀鲑弧菌
V. nereis	沙蚕弧菌	*V. splendidus(biovar Ⅰ，Ⅱ)*	灿烂弧菌
V. nigripulchritudo	黑美人弧菌	*V. tubiashii*	塔氏弧菌
V. orientalis	东方弧菌	*V. vulnificus(biovar Ⅰ，Ⅱ)*	创伤弧菌
V. parahaemolytius	副溶血弧菌		

海洋弧菌是海洋生物体表和体内微生物区系中的优势菌群，在世界各沿海地区，因为食用海鲜尤其是贝类造成人类消化道等疾病的现象时有发生，因此，弧菌对人类健康的危害受到人们广泛的重视，世界各国对于海产品的进出口以及食品卫生检疫都有相当严格的标准。副溶血弧菌、霍乱弧菌、创伤弧菌和溶藻胶弧菌对人类具有致病性，可以导致人类发生严重的腹泻等消化道疾病、创伤感染或败血症。1994年出版的《伯杰氏细菌学鉴定手册》（第9版）列举了12种与人类临床疾病有关的弧菌。

弧菌是条件致病菌，海水养殖鱼类弧菌病的发生与弧菌数量密切相关，各种鱼类感染弧菌的数量，超过相应的阈值就会暴发弧菌病。在养殖生态环境中，大部分弧菌是无害的，甚至某些弧菌对于鱼、虾等还是有益的，可以促进养殖动物的生长、增强其抗病力，只有少数弧菌对养殖动物有较强的致病性。弧菌病害的发生，往往是由于外界环境条件的恶化、致病弧菌达到一定数量，以及因某种因素造成养殖动物本身抵抗力降低等多方面相互作用的结果。

弧菌病是海水鱼类最常发生的细菌性疾病，该病在全球范围内广泛发生，其暴发性流行不仅给从事海水养殖鱼类、贝类及甲壳类等经济动物的企业造成巨大的经济损失，还导致野生的海水鱼类、贝类及甲壳类的大量死亡，因此，对该类疾病的研究一直备受国内外研究工作者的关注，是海水养殖鱼类病害的主要研究领域之一。迄今已有分离报道的致病性弧菌达10多种（表3-2）。

表3-2 致病弧菌及其感染疾病

致病菌	疾病	感染对象	主要症状	流行区域
鳗弧菌	弧菌病	海水鱼类、对虾	败血症	世界范围
创伤弧菌	弧菌病	鳗鲡、对虾、鱼类	体表发炎、出血	西班牙、亚洲
河弧菌	体表溃烂病	尖吻鲈	体表溃烂	中国
哈维氏弧菌	弧菌病	对虾、高体鰤	体表发炎、充血	亚洲
溶藻胶弧菌	弧菌病	贝类、对虾、海水鱼	溃疡、烂鳍	世界范围
副溶血弧菌	弧菌病	虾、蟹、贝、石斑鱼	体表发炎、充血	世界范围
最小弧菌	弧菌病	真鲷	体表发炎、充血	日本、中国
雀鲷弧菌	弧菌病	海水鱼类	体表发炎、充血	世界范围
病海鱼弧菌	弧菌病	海水鱼类	败血病	世界范围
杀鲑弧菌	弧菌病	鲑鱼	败血症	英国、挪威
杀对虾弧菌	弧菌病	对虾	体表发炎、充血	日本、中国
竹筴鱼弧菌	弧菌病	竹筴鱼	体表发炎、充血	日本
鱼肠道弧菌	弧菌病	牙鲆	体表发炎、充血	日本、中国

弧菌属细菌中约有一半左右随着其环境条件或宿主体质和营养状况的变化而成为养殖鱼类、贝类等水产动物的病原菌。流行季节，各种鱼虽有差别，但在水温15～25℃时的5月末至7月初和9—10月是发病高峰期。鲕鱼发病期是5月末至7月上旬的初夏和9—10月的初秋，水温为19～24℃；真鲷的发病期为6—9月25℃左右的高水温期和11月至下年3月15℃左右的低水温期；鲑鳟鱼类和大菱鲆发病的水温为10～16℃；鲆科、鲽科和鳗科鱼类发病的水温为15～16℃以上。

鳗弧菌是研究最早的病原弧菌，早在1893年，意大利的Canestrini首次成功地分离到鳗鲡红瘟病（Red pest disease）的病原菌，并将其命名为鳗芽孢杆菌

（*Bacillus anguillarum*）。1909年，Bergeman从瑞典沿海养殖的患赤斑病的鳗鲡中将其分离到病原菌，并更正鳗芽孢杆菌这一种名，在Bergman手册中将其命名为鳗弧菌，一直沿用至今。Nybelin等（1935）将鳗弧菌分成3个生物型，鳗弧菌生物A、B、C型。此后，Larsen等（1979）在此基础上增加了2个生物型，即鳗弧菌生物D、E型。鳗弧菌能引起世界范围内的50多种海淡水养殖鱼类及其他水产养殖动物发生弧菌病。大多数海水养殖鱼类对该菌敏感，鲆鲽类、鲑鳟类、鲷类、香鱼、鳗鲡、鲫鱼、竹筴鱼等都可受其害。野生的、蓄养的、养殖的或运输途中的鱼类都可发生弧菌病。这种传染病在世界上分布很广，温带和亚寒带都常发生。

鳗弧菌为条件致病菌之一，平时在海水和底泥中都可发现，在健康鱼类的消化道中也是微生物区系的重要组成部分，但是一旦条件适宜时就会成为致病菌。因此，由鳗弧菌引起的传染病必定有诱发原因存在。例如：捕捞、运输、选择等过程中操作不慎，使鱼体受伤；或放养密度过大与水质不良等环境因素降低了鱼的抵抗力；或投喂氧化变质的饲料，使鱼的消化道或肝脏受到损害，弧菌自肠黏膜的损伤处侵入组织等。感染途径主要为经皮感染，其次为经口感染。

【诊断方法】从有关症状可进行初步诊断。确诊应从可疑病灶组织上进行细菌分离培养，使用TCBS弧菌选择性培养基。现已有鳗弧菌单克隆抗体、溶藻弧菌单克隆抗体、创伤弧菌单克隆抗体、杀鲑弧菌（*V. salmonicida*）单克隆抗体等，可采用间接荧光抗体（IFAT）技术和ELISA免疫检测，对上述弧菌引起的弧菌病进行早期快速诊断。分子生物学PCR技术在某些情况下也可应用于对弧菌病的检测。

【防治方法】

预防措施

（1）弧菌是广泛存在于水环境中的条件致病菌，正常状态下不引发疾病，其致病性受宿主生理状况及环境条件等多种因素的影响。当鱼体处于水质不良因素的强烈刺激、机械损伤、寄生虫感染等应激状态时容易引发疾病。因此在养殖过程中应改善养殖条件，合理安排养殖密度；及时清除池底污物，经常换水保持养殖环境清洁；操作过程中防止鱼体受伤；发现病鱼要及时隔离清除，防止疾病蔓延。

（2）免疫增强剂以及疫苗是防治鱼病的安全有效的方法。在免疫增强剂方面，有报道表明使用壳多糖、肽聚糖、生长激素、转铁蛋白等可以提高虹鳟的非特异性免疫功能，从而提高鱼体对鳗弧菌的抵抗能力；使用酵母葡聚糖可以明显提高大西洋鲑抗鳗弧菌的能力。

（3）在疫苗研制方面，日本、美国和欧洲各国已有商品化的鳗弧菌疫苗用于预防香鱼、鲑科鱼类等海水鱼类的弧菌病。Bricknell等（2000）研制的鳗弧菌疫苗可以提高大西洋庸鲽的抗病能力；注射法使用疫苗对欧洲鲑鱼的鳗弧菌及杀鲑弧菌病有较好的控制作用；Joosten等（1997）制备了口服微胶囊鳗弧菌疫苗，可以有效地预防草鱼以及鳟鱼的鳗弧菌感染。我国肖慧等（2003）对从鲈鱼中分离到的鳗弧菌进行全细胞灭活疫苗的研制，确定以0.5%（v/v）的福尔马林溶液在28℃下处理48h为最佳的灭活条件，经浸泡免疫和注射免疫后，可明显提高血清中的抗体凝集效价和鱼体免疫保护力。刘国勇等（2002）用3种不同方法制备了灭活的哈维氏弧菌菌苗，并对用不同方法制备的菌苗对异育银鲫的免疫效果进行了比较研究。黄辨非等（2002）用从哈维氏弧菌以及鳗弧菌、副溶血弧菌中提取的粗脂多糖作为免疫原，对同腹异育银鲫表现出较强的免疫原性，证明在脂多糖上存在保护性抗原。

治疗方法

（1）投喂磺胺类药物饵料，将磺胺甲基嘧啶制成药饵，第1天每千克鱼用药200mg，第2天以后减半，连续投喂7～10d。

（2）投喂抗菌素药饵，例如土霉素，将其制成药饵，每千克鱼每天用药70～80mg连续投喂5～7d。

（3）在口服药饵的同时，用漂白粉等消毒剂全池泼洒，视病情用1～2次，可以提高防治效果。

（4）对于灿烂弧菌的药物治疗，Angulo等（1994）报道用氟甲喹拌入饲料中投喂，每千克鱼每天投喂30mg，可以有效地降低由灿烂弧菌引起的死亡。

二、牙鲆腹水病

【病原】牙鲆腹水病病原体有两种：一种为嗜水气单胞菌（*Aeromonas hydrophila*），另一种为迟钝爱德华氏菌（*Edwardsiella tarda*）。将分离的菌株用营养琼脂培养菌落呈圆形，表面光滑湿润，呈乳白色，中央略隆起，有光泽，边缘整齐。菌体短杆状、无芽孢、无荚膜、单个或两个相连，极生单鞭毛、有动力，革兰氏染色呈阴性（图3-2A）。

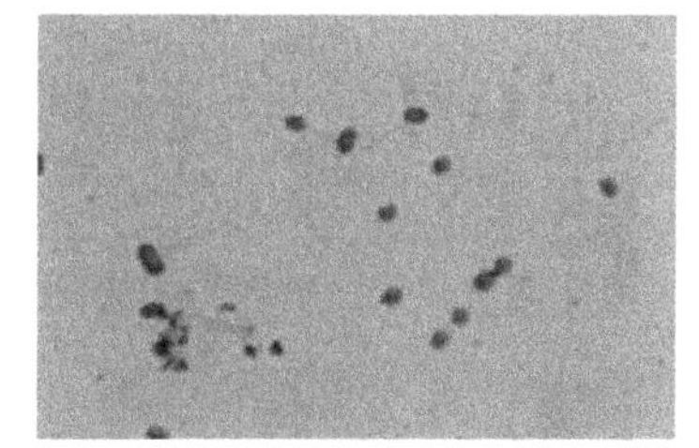

图3-2A 牙鲆腹水病病原菌

【症状和病理变化】病鱼腹部膨胀，内有大量腹水（图3-2B、C）。有的病鱼各鳍基部、口部、鳃盖后部及躯体表面出血或溃疡。病鱼消化道内无食物，充满浅黄色黏液，并有少许白色黏性团块。肝脏呈浅红或鲜红色，有明显的出血症状。胆囊大，肾脏有不同程度的水肿，有白色结节（图3-2D）。常有病鱼的肠道从肛门脱出（图3-2E）。病理变化，病鱼鳃小片部分腐烂脱落（图3-2F）；肠道黏膜下层腐烂，肠绒毛脱落（图3-2G）；肝细胞广泛空泡变性（图3-2H），部分肝细胞坏死（图3-2I）；肾实质变性，肾间质广泛坏死（图3-2J）；脾脏有溶血现象（图3-2K）。

图3-2B 患病牙鲆腹部膨胀

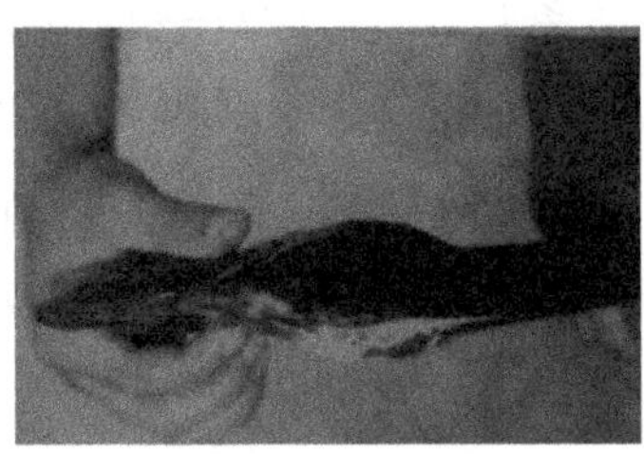

图3-2C 患病牙鲆腹部膨胀，充满腹水

图3-2D 患病牙鲆肾脏充满白色结节

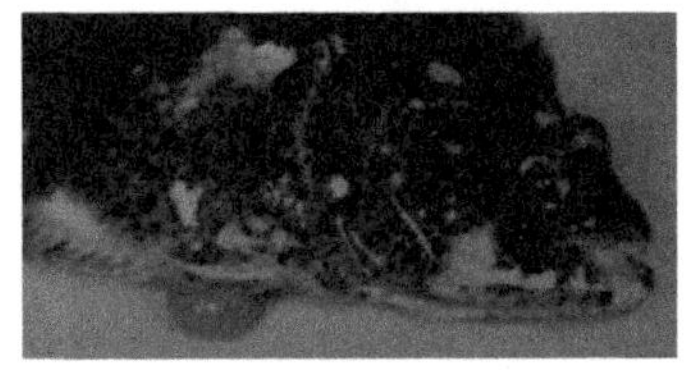

图3-2E 患病牙鲆肠道被腹水压迫，从肛门挤出

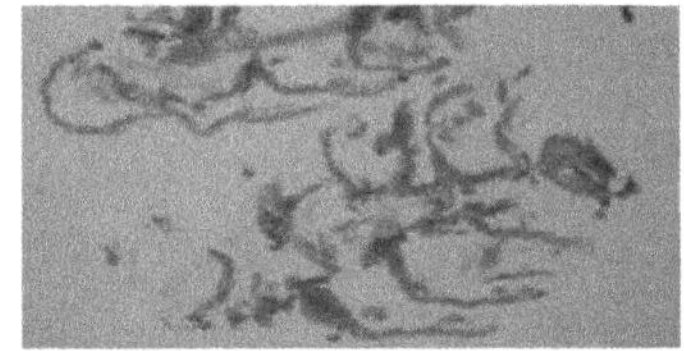

图3-2F 患病牙鲆鳃小片脱落

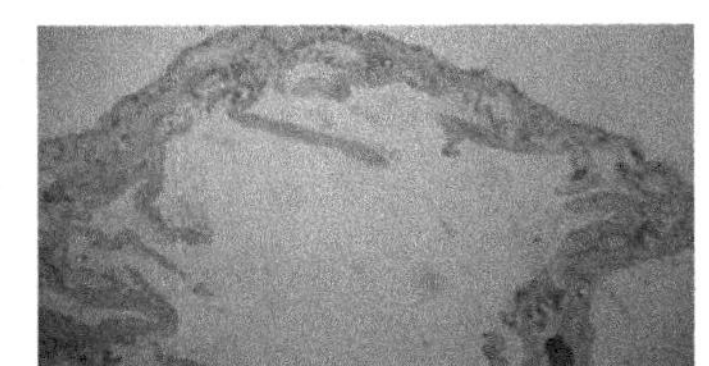

图3-2G 患病牙鲆肠道黏膜下层脱落

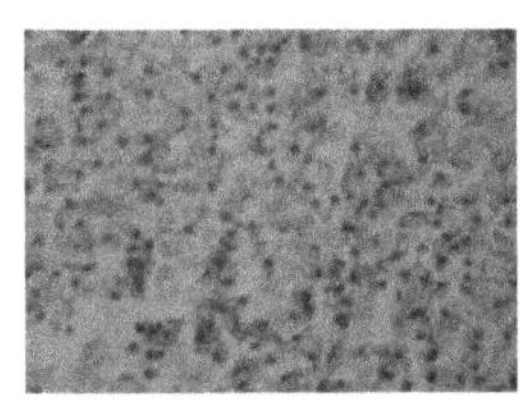

图3-2H 患病牙鲆肝脏广泛空泡变性

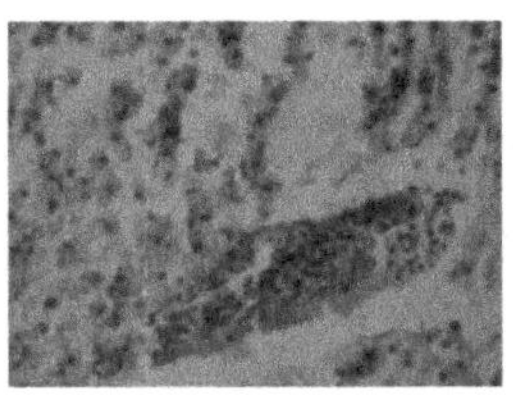

图3-2I 患病牙鲆肝细胞坏死

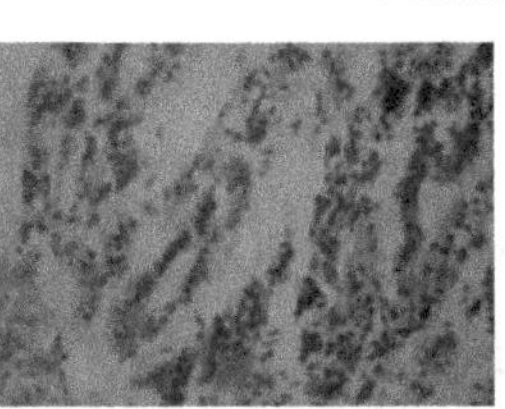

图3-2J 患病牙鲆肾实质变性、肾间质广泛坏死

图3-2K 患病牙鲆脾脏溶血

【流行情况】牙鲆腹水病从几厘米的稚鱼到成鱼都有发生。从目前情况看，该病流行范围很广，几乎国内所有牙鲆养殖场都不能幸免。在水温17℃以上，养殖密度过大，摄食过量的鱼群容易发生，日死亡率在0.2%~1%，而且往往表现为急性型，清晨清池后到下午便有部分鱼腹部膨起，并大部分在当日死亡。在水温超过20℃时，死亡率会急剧增加。牙鲆腹水病引起的疾病死亡还有长期连续死亡

的特点，有的养殖场从苗种入池开始一直到冬季，死亡一直没有停止过，从而造成了巨大的损失。

【诊断方法】根据症状结合镜检。

【防治方法】

预防措施

（1）首先是对养殖用水的处理。这一点最为重要。否则即使其他措施做得很好或投喂多种药物也无济于事。养殖用水必须严格砂滤，除去各种寄生虫，如车轮虫、刺激隐核虫等。因为寄生虫会损伤鱼的体表，为细菌的感染提供途径。同时养殖用水最好用紫外线或臭氧装置进行消毒，如无此设备则可先将经砂滤的海水注入蓄水池中，全池泼洒各种氯制剂进行消毒（如漂白粉、二氧化氯、二氧异氰尿酸钠等），经充分曝气或中和余氯后再进入养殖池。

（2）投喂饵料必须洁净。摄食一些野杂鱼是此病的传播途径之一，因此投喂人工配合的饵料相对安全一些。

（3）在此病流行季节，尤其是高水温时期，切勿使鱼饱食，同等条件下，饱食鱼类对疾病的抵抗力会更弱。夏季高水温期不能追求鱼的生长速度。

（4）人工清池或更换网箱时要尽量避免鱼体受伤，操作后要用抗生素进行药浴，以防出现伤口被病原菌继发感染。

（5）养殖用水盐度不能过低。很多养殖场为避免夏季水温过高而大量兑入地下淡水，致使养殖用水盐度低于1.8%以下。低盐度水中养殖的牙鲆更易感染此病。

（6）放养密度切勿过大，尤其在高水温期，随着牙鲆的生长要及时分池或分箱。过高密度下养殖的牙鲆对各种疾病的抵抗力均会下降。

（7）疾病流行季节要经常投喂药饵。药物种类有氟苯尼考等。药饵的投喂要注意以下几点：①投喂药饵时要适当减少饵料投喂量，以使鱼能顺利吃光药饵。②每次投喂药饵要持续3～5d，如果偶尔只投喂一天药饵不能起到明显作用。③投喂药饵时要各种药物轮换使用，切勿长期投喂一种药物，否则病原菌一旦产生抗药性，则起不到预防作用，同时导致日后对疾病的治疗也会更加困难。

（8）一旦发现病鱼要马上捞出隔离，否则会很快传染给其他健康的鱼。

治疗方法

治疗方法有以下几点，需结合起来使用：

（1）对水的处理需要更为严格，方法参照预防措施。

（2）尽可能降低养殖用水的水温，低水温可使发病率和死亡率都有所降低。

（3）严格控制投饵量，使鱼处在70%的饱食状态。

（4）降低养殖密度，减少鱼的应激性刺激。

（5）投喂药饵进行治疗。如药饵为氟苯尼考，则用药量为每天每千克鱼投放饵料2～5g，连续投喂7d以上。投喂药饵的注意事项同预防措施。

（6）如为陆上工厂化养殖，在投喂药饵的同时可结合全池泼洒二氧化氯2～3ppm，可以提高治疗效果。

（7）如水中寄生虫数量较多，则应及时使用福尔马林或氯制剂予以杀灭。

三、假单胞菌病（Pseudomonasis）

【病原】假单胞菌在海、淡水鱼类上已发现2种：荧光假单胞菌（*Pseudomonas fluorescens*）和恶臭假单胞菌（*P.putida*）。属假单胞菌科（*Pseudomonadaceae*），菌体短杆状，两端圆形，大小为（0.3～1）μm×（1～4.4）μm，一端有1～6根鞭毛；有运动力；革兰氏染色阴性；无芽孢，氧化酶和过氧化氢酶阳性，葡萄糖氧化分解不产气荧光假单胞菌在King培养基B上产生绿色荧光色素。发育的温度为7～32℃，最适温度为23～27℃。发育的盐分为0%～6.5%，最适盐分为1.5%～2.5%。发育的pH为5.5～8.5。这两种菌的区别是在明胶穿刺液化实验中，荧光假单胞菌为阳性，恶臭假单胞菌则为阴性。

【症状和病理变化】海水鱼类感染此病的主要症状是皮肤褪色、鳃盖出血、鳍腐烂等，有少数在体表形成含有脓血的疖疮或溃疡；肠道内充满淡土黄色但直肠部为白色腐烂状黏液；肝脏暗红色或淡黄色，幽门垂出血（图3-3A、B、C、D、E）。在低水温期的病鱼有腹腔积水。

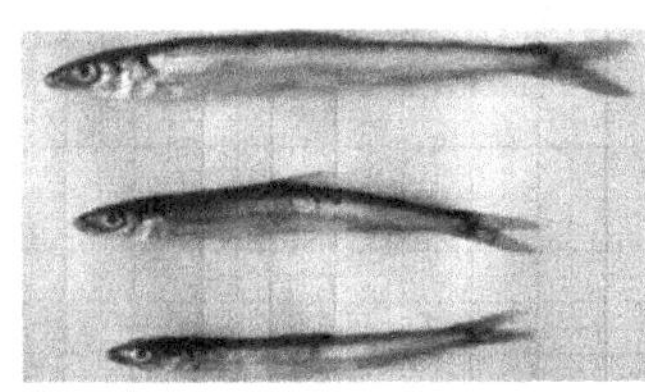

图3-3A 患病香鱼鳃盖、鳍基部、体侧出血

图3-3B 患病海鲷眼眶、吻部出血

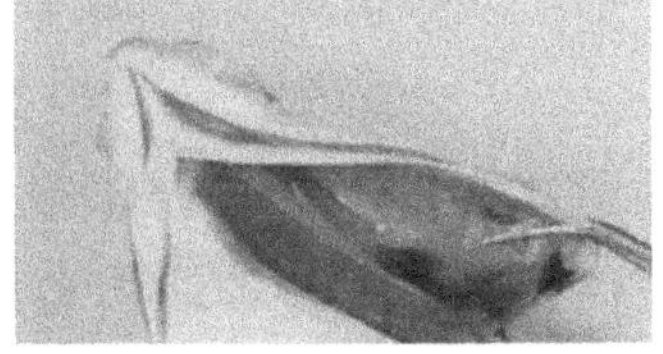

图3-3C 患病海鲷鳃盖内侧出血

图3-3D 患病海鲷脑部充血发红

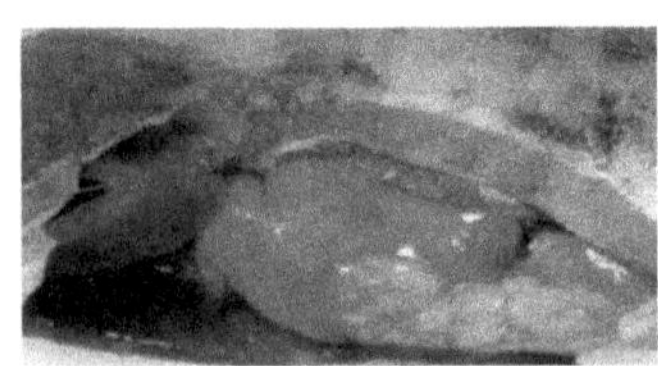

图3-3E 患病真鲷肝脏轻度充血

荧光假单胞菌可引起淡水鱼类赤皮病，病鱼体表出血发炎，鳞片脱落，鳍基或整个鳍充血，鳍腐烂，常烂去一段，鳍

条间的软组织常被破坏，使鳍条呈扫帚状，称“蛀鳍”，继发水霉感染；有时鱼上下颌及鳃盖充血发炎，鳃盖内表面皮肤常被腐蚀成一圆形或不规则形透明小窗，俗称“开天窗”；鲤科鱼类感染恶臭假单胞菌引起白云病，患病鲤鱼体表附着白色黏液物，严重时好似全身布满一片白云，尤以头部、背部及尾鳍处明显，故有“鲤白云病”之称。病鱼鳞片基部充血，鳞片脱落（图3-3F），鱼不吃食，游动缓慢，不久死亡。

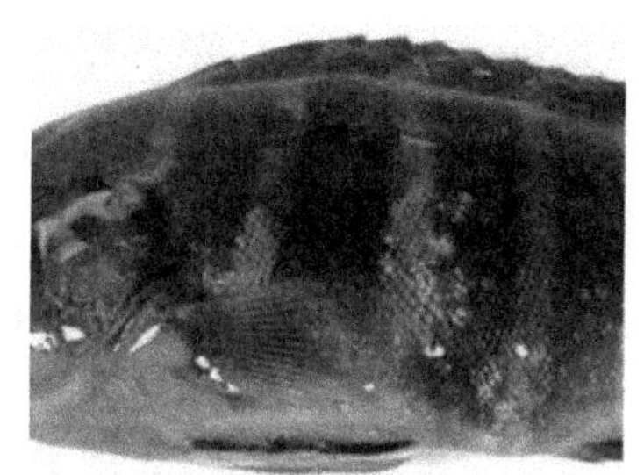

图3-3F 患病真鲷鳞片脱落

【流行情况】假单胞菌病流行地区比较广，世界各地的温水性或冷水性的海、淡水鱼都可能患病。养殖的真鲷、黑鲷、鲻、梭鱼、牙鲆、鲈、石斑鱼等均已发现曾感染此病。诱发该病的环境因素是水质不良或放养密度过大；操作不慎鱼体受伤，也会引起继发性感染。本病全年可见，但以夏初至秋季发病较为严重。鲷类和牙鲆在冬季室内越冬期发病较多。

【诊断方法】根据体表症状及流行情况进行初步诊断。确诊必须取少许病灶组织（最好是肾、脾组织）在TSA培养基上接种，进行细菌分离、培养和鉴定。间接荧光抗体（IFAT）技术和ELISA方法已被用于快速检测鱼类的假单胞菌病；采用细菌16SrRNA基因保守区特异性引物，以荧光假单胞菌为研究对象，建立一种通用引物PCR（Universal primer polymerizetion，UPPCR）技术配合单链构象多态性（SSCP）分析即UPPCR-SSCP技术，和配合限制性片段长度多态性（RELP）及UPPCR-RELP技术鉴别由荧光假单胞菌引起的假单胞菌病。

【防治方法】

预防措施

预防措施主要是保持饲养环境的清洁，避免放养密度太大和投饵太多。

治疗方法

（1）同弧菌病。

（2）四环素，每天每千克鱼用药75～100mg，制成药饵，连续投喂5～7d。

四、爱德华氏菌病（Edwardsiellosis）

【病原】在1994年出版的第九版《伯杰氏鉴定细菌手册》中，爱德华氏菌属被归属于肠杆菌科（*Enterobacteriaceae*），记述有迟钝爱德华氏菌（*E.tarda*）、鲇鱼爱德华氏菌（*E.ictaluri*）和保科爱德华氏菌（*E.hoshinae*）共3个种。迟钝爱德华氏菌（*Edwardsiella tarda*），属肠杆菌科（*Enterobacteriaceae*）、爱德华氏菌属

（*Edwardsiella*）。菌体短杆状，革兰氏染色阴性，具有周鞭毛，有运动力，大小（0.5～1）μm×（1～3）μm，无荚膜，不形成芽孢。兼性厌氧，接触酶阳性、氧化酶阴性，还原硝酸盐为亚硝酸盐。在普通琼脂培养基上发育，菌落较小，25℃培养24h后形成直径1mm左右的灰白色、有光泽的正圆形菌落。生长需要维生素和氨基酸。发育的温度为15～42℃，最适温度为28～37℃，但鲇鱼爱德华氏菌喜较低的温度。发育的pH为5.5～9，pH在4.5以下及9以上不生长。在普通液体培养基中盐浓度为0%～3%时均能生长，在低盐条件下生长繁殖更快些，一部分菌株在盐浓度为3.5%时也能发育。

鲇鱼爱德华氏菌是该属细菌中较难养的，在培养基平板上生长较缓慢，常需培养约48h才能形成直径1～2mm，圆形、光滑、边缘整齐、稍隆起的无色小菌落；尽管爱德华氏菌的生化特性都是在37℃培养时最为明显，但鲇鱼爱德华氏菌则更喜欢较低的温度，最适温度一般为25～30℃，在37℃时生长缓慢或完全不能生长，尤其是运动力，只有在约28℃时才能表现出来且是微弱的；该菌为爱德华氏菌中生化活性最低的一个种，但它们是同源的，尚未发现明显的生物型变种。

【症状和病理变化】迟钝爱德华氏菌可感染多种海水鱼类，在不同患病鱼中症状不同。如养殖牙鲆稚鱼表现为腹胀，腹腔内有腹水，肝、脾、肾肿大、褪色，肠道发炎，眼球白浊等；幼鱼表现为肾脏肿大，并出现许多白点，腹水呈胶水状。鲻鱼（*Mugil cephalus*）生病时，腹部及两侧发生大面积脓疡，脓疡的边缘出血，病灶因组织腐烂，放出强烈的恶臭味，腹腔内充满气体使腹部膨胀。真鲷、锄齿鲷、鲕等表现为肾、脾上有许多小白点。日本鳗鲡（*Anguilla japonica*）发生此病的症状分为以侵袭肾脏为主的肾脏型和以侵袭肝脏为主的肝脏型。肾脏型的病鱼肛门红肿，以肛门为中心的躯干部呈现丘状突起，附近区域有块状出血并软化，肾脏和脾脏有许多小白点状的病灶；肝脏型病鱼的主要症状是前腹部肝区部位肿大，肝脏发生脓疡，严重时肝区腹部皮肤软化、溃疡穿孔，肝脏外露。两型的共同特征是体侧皮肤形成出血性溃疡，各鳍出血、发红。锄齿鲷（*Evynnis japonica*）发生此病的症状是皮肤发生出血性溃烂，脾和肾上有许多小白点，不过从白点中分离出的病菌与迟钝爱德华氏菌略有差别。美国河鲶（*Ictalurws punctatus*）发生此病的症状是体侧及尾柄肌肉组织腐烂，病灶处因腐烂而充满气泡肿大，故有气肿性腐烂病之称。大菱鲆爱德华氏菌呈现出急性和慢性两种感染形式。急性感染的大菱鲆表现为体表皮下充血、脓样发炎，肾脏肿大、坏死等临床特征，这与迟钝爱德华氏菌感染其他鱼类的表现是一致的。然而慢性感染的大菱鲆有其独特的临床表现，例如身体后半部变黑等症状在其他鱼类中没有发现。有研究表明，迟钝爱德华氏菌的最适生长温度是28～37℃，当养殖温度升高到20～25℃时，迟钝爱德华氏菌的毒性能够得到较大提高。而大菱鲆的养殖温度一般控制在15～20℃。由此初步推断，由于大菱鲆养殖水温相对较低，使得迟钝爱德华氏菌的繁殖与毒力受到影响，这可能是大菱鲆迟钝爱德华氏菌病更多地表现为慢性感染形式的原因之一。

组织病理学研究发现，迟钝爱德华氏菌导致的病理变化广泛，受损组织不仅为肾脏而且涉及脾脏、肝脏、肠、鳃和皮肤等多种组织器官，属于全身性感染（图3-4A、B、C、D、E、F）。感染早期，以渗出性炎症和单核巨噬细胞增生为特点；而中后期感染多以巨噬细胞极度增生和形成肉芽肿为病变特征。类似的组织病理变化特点在感染迟钝爱德华氏菌的大口黑鲈、牙鲆、罗非鱼、鲶鱼和斑马鱼的组织病理学研究中也均有发现。在病理分析中发现，几乎所有病鱼的肾脏都明显肿大，这一现象与Miyazaki等和Darwish等报道的其他感染爱德华氏菌的鱼类表现是一致的。肾脏的病理表现是慢性感染期以增生性炎症为主，表现为单核巨噬细胞增生，增生常呈弥漫性，使肾脏内出现大量巨噬细胞浸润现象。巨噬细胞浸润灶内常见有大量迟钝爱德华氏菌。对于急性感染病鱼的肾脏，当病原菌进入组织后，引起局部组织变性坏死，发生渗出性炎症反应，渗出性炎症反应一般出现在感染早期。随着病程的发展，巨噬细胞开始增生，并且吞噬细菌，吞噬细

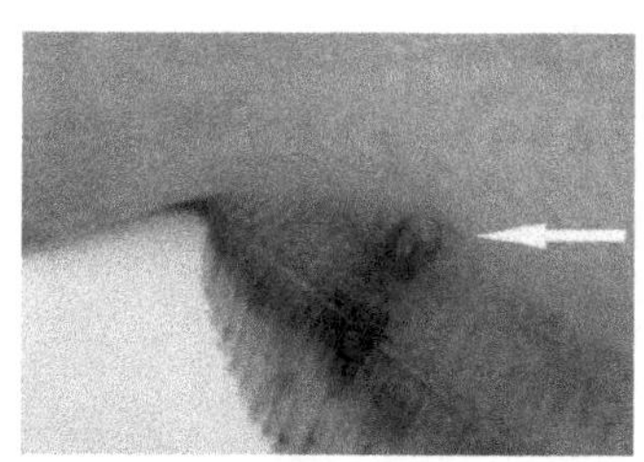
图3-4A　急性感染的病鱼体表有脓状肿

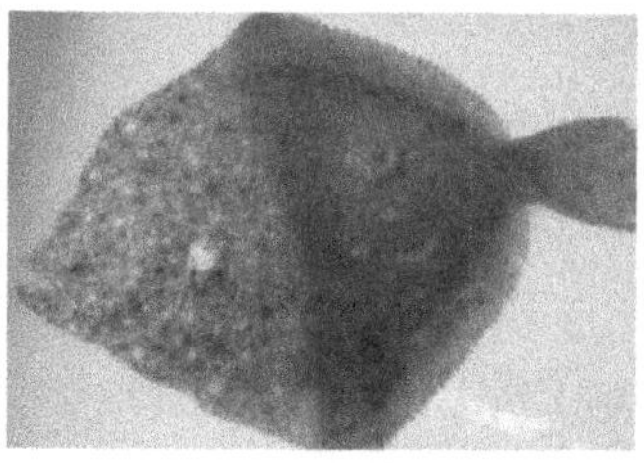
图3-4B　慢性感染的病鱼表现出“阴阳鱼”的特点

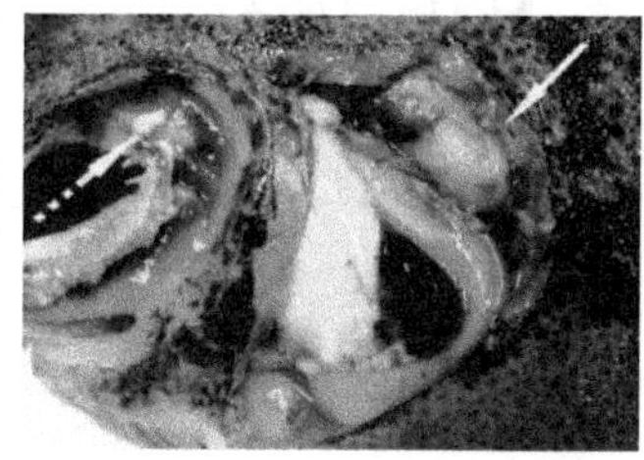
图3-4C　慢性感染的病鱼肾脏肿大、变白

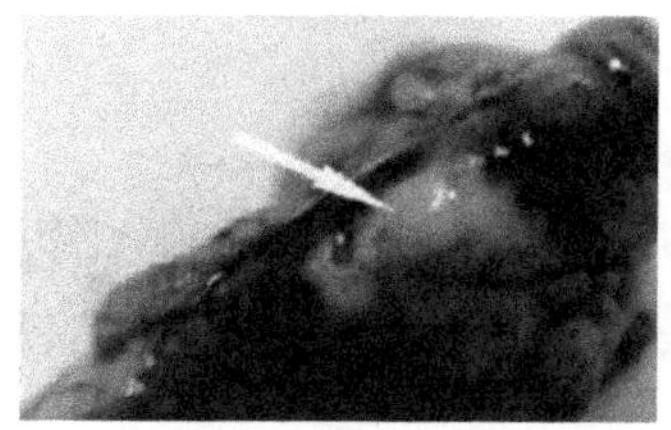
图3-4D　肿大的肾脏中有数个白色黍粒状结节

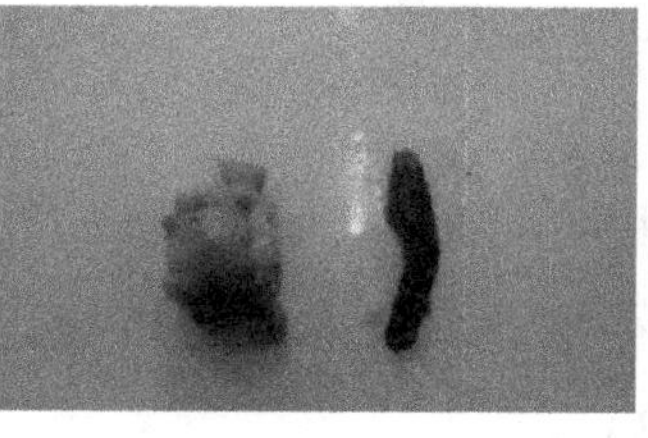
图3-4E　病原肾脏与健康鱼肾脏的对比

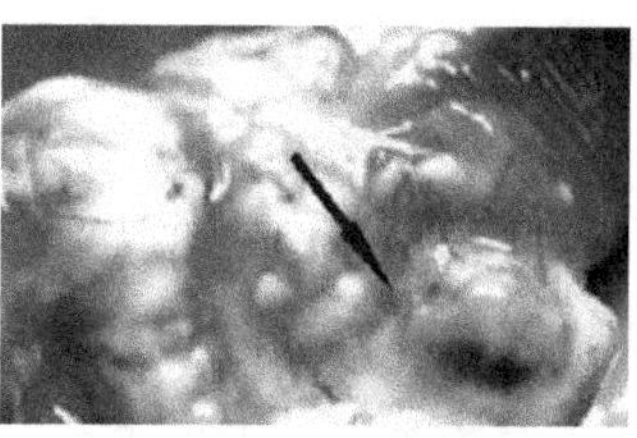
图3-4F　病鱼鳃丝极度膨大，有白色结节

菌后的巨噬细胞变成上皮样细胞聚集增生，呈环形分布，产生肉芽肿结构。早期的肉芽肿中心见有大量坏死的巨噬细胞和细菌菌体，而成熟的肉芽肿中心则被增生的成纤维细胞所取代，产生典型的、轮廓分明的肉芽肿结构，使得病变部位的肾小球和肾小管均被许多肉芽肿所取代。肉芽肿的外层为成纤维细胞增生区，肉芽肿进一步纤维化，最后造成肾脏组织的干酪化。

【流行情况】迟钝爱德华氏菌流行于夏、秋季节，是条件致病菌，在养鳗池水和底泥中一年四季都可找到。其宿主范围广泛，除海水养殖鱼类外，淡水养殖的鳗鲡、罗非鱼、虹鳟、斑点叉尾鮰和金鱼等多种鱼类都容易感染。日本养殖的牙鲆、真鲷、锄齿鲷和鲕鱼等经常发生此病，尤其是牙鲆对迟钝爱德华氏菌具有较高的敏感性，极易被侵染。该病是日本养殖牙鲆幼鱼及日本鳗鲡最为严重的疾病，可引起大量死亡。工厂化养殖的大菱鲆易感染，当养殖水温较高时（20℃以上），表现为急性型；当养殖水温低于19℃时，表现为慢性型。

【诊断方法】可根据各种患病鱼的症状，作出初步诊断。确诊应从可疑患鱼的病灶组织分离病原菌进行培养和鉴定。迟钝爱德华氏菌与鲇鱼爱德华氏菌没有血清学交叉反应，因此可以用血清学方法完成快速诊断。已能用福尔马林灭活全菌细胞（FKC）、细菌胞外产物（ECP）为抗原免疫兔获得特异性的抗血清（Mekuchi T．，1995；熊清明，2001）；也可用抗迟钝爱德华氏菌单克隆抗体（金晓航，2000）做玻片凝集试验，间接荧光抗体（IFAT）技术和ELISA来确诊。

【防治方法】

预防措施

同弧菌病。

治疗方法

（1）用浓度为1～1.2mg/L漂白粉全池泼洒。

（2）四环素，每天每千克鱼用药50～70mg，制成药饵，连续投喂7～10d。

（3）大菱鲆患病后，用10mg/L氟苯尼考药浴6h，连续3d；同时用6～8g/kg氟苯尼考饵料拌饵投喂，7d一个疗程。

五、大菱鲆白斑病

【病原】可能为枯草芽孢杆菌（Vibrio subtilis）。菌落近圆形，白色，48h后表面有皱褶，凸起，边缘不整齐，呈波浪形，能运动，革兰氏染色为阳性杆状菌，具有鞭毛（图3-5A、B）。

目前关于枯草芽孢杆菌的报道大多数是作为益生菌应用于水产养殖中，而

Y.G.Wang（2000）曾报道枯草芽孢杆菌能够引起虾的白点病，在表皮白点处有大量的细菌聚集并侵蚀着表皮，表皮的破裂口处有大量的血细胞流失并形成富有营养的新表层，为细菌的生长提供了丰富的营养，更易于细菌生长。当此层沉淀到一定厚度，使表层变色形成白点，并逐步蔓延增大侵蚀周围表层形成更大的白点。据报道，枯草芽孢杆菌能够分泌蛋白酶、淀粉酶、葡聚糖酶和脂肪酶等，这些酶可能也能够分解大菱鲆体表的角质层使其表面形成空洞，易受其他病菌的感染，其致病机理还有待进一步的研究。因此，在水产养殖过程中要谨慎使用枯草芽孢杆菌，其使用的浓度范围及适用的对象还需进一步探讨。

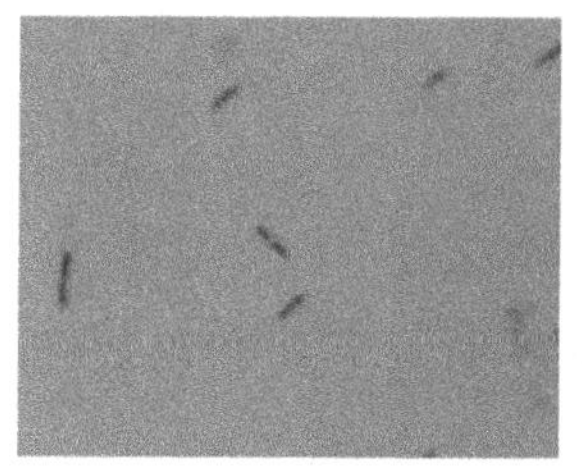

图3-5A　病原菌革兰氏染色照片

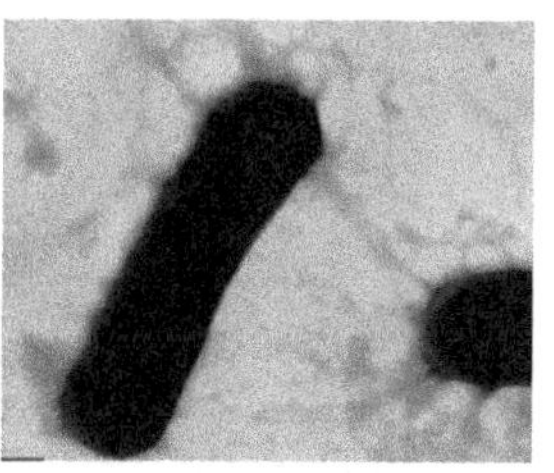

图3-5B　病原菌电镜照片

【症状和病理变化】病症先从小棘刺开始，首先是1～3个棘刺变浊白，棘刺周围组织也逐步感染发白，形成豆粒大小的白点，白点可以增大，有时达到玉米粒大小，严重时体表出现几十个白点，与棘刺分布排列相似。白点是皮肤溃烂变白而致，白点周围与正常组织间有不太明显的充血炎症现象。有时变白的皮肤组织与棘刺因腐烂而散失，露出皮下肌肉（有时鳃盖可烂透成洞，可见鳃丝）。鳍部及腹面未见白点病灶，但病鱼的吻部上下颚软组织充血红肿，也会有溃烂变白，咽腔多不发红。白点周围有时由细菌感染向皮肤扩展成为指印或更大的白浊区域，极少连成片，多呈白浊色，也有略充血及溃疡之状（图3-5C）。死亡之前，鱼体色变暗红，呼吸加快，活力弱不摄食，散群上浮游动。

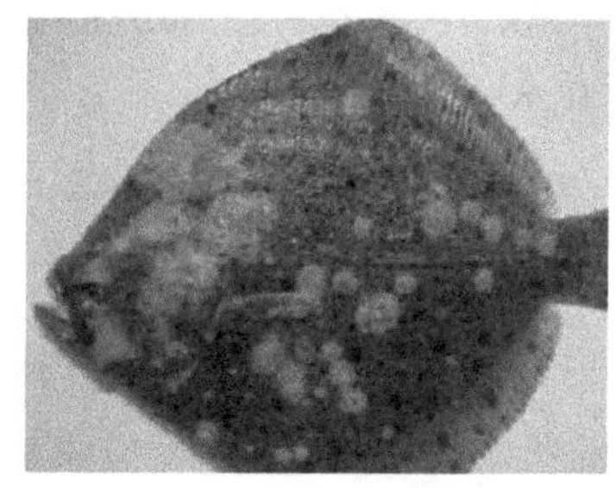

图3-5C　患病大菱鲆外观症状

【流行情况】2008年在我国山东省养殖的大菱鲆中发现该病，在蓬莱、日照、胶南等地养殖的大菱鲆不同程度地暴发了棘源性白斑病。此病主要感染体长10cm以上，体重在0.20kg以上的大菱鲆，4个月左右达到感染后期，数天内病症蔓延较快，死亡率达到100%。到目前为止，并未发现鱼苗患有此病，这种疾病在国内外属首次发现，未有相关报道。

【诊断方法】根据外观症状及流行情况进行初步诊断，确诊需要进行实验室病原培养、分离纯化及人工感染。

【防治方法】

预防措施

改善养殖环境，包括控制好养殖密度，保持养殖池清洁，注意定期分池倒池，定期使用二氧化氯等消毒剂对养殖设施消毒。

治疗方法

病原菌的敏感药物未知。发病后及时隔离病鱼，使用二氧化氯对池水消毒处理。可尝试使用土霉素、氟苯尼考等拌饵投喂。

六、大菱鲆突眼病

【病原】迟钝爱德华氏菌（*E.tarda*）。用TSB固体培养基于28℃下培养48h后，菌落呈圆形，边缘整齐，中等大小（1～2mm），中央隆起，光滑湿润；经革兰氏染色镜检为革兰氏阴性菌，呈杆状；做磷钨酸负染色电镜标本后，置透射电子显微镜下观察见为杆状，没有鞭毛（图3-6A、B）。温度梯度试验结果显示，菌株在4～10℃能够生长，在25～32℃范围内生长最好，在42℃以上不能生长；能生长的盐度浓度范围是0%～4%；pH梯度生长范围是5.5～9.5，在pH为7.5时生长最好。

可能为酪（铅）黄肠球菌（*Enterococcus casseliflavus*）。株菌在TSB培养基中生长缓慢，于28℃培养48h后，菌落呈中等大小（1～2mm），中央隆起、光滑湿润、边缘整齐的菌落，具有α-溶血性。水浸片显微观察未发现该菌株有明显的运动性。经革兰氏染色镜检为革兰氏阳性菌（图3-6C、D），圆球或椭圆形的成对排列，无鞭毛。

图3-6A 病原菌电镜照片

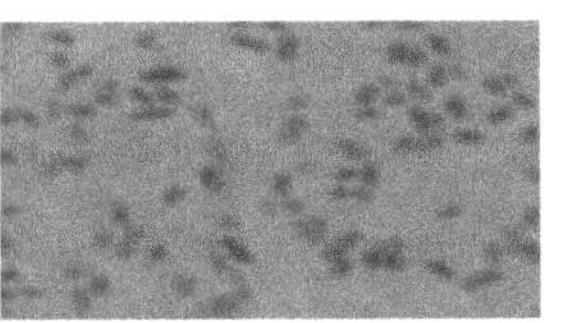

图3-6B 病原菌革兰氏染色照片

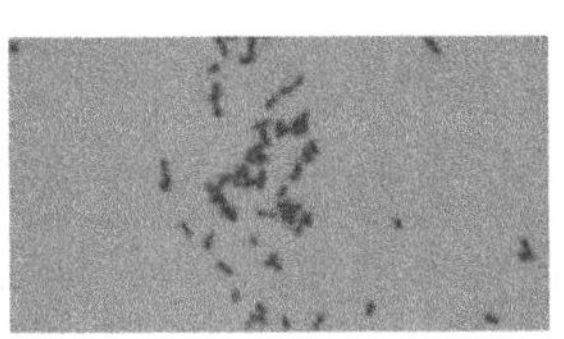

图3-6C 病原菌革兰氏染色照片

图3-6D 病原菌革兰氏染色照片

【症状和病理变化】由迟钝爱德华氏菌引起的疾病其症状为体色发黑，眼眶周围组织充血发红、浮肿（图3-6E、F）。内部解剖发现，肝脏已经萎缩，且肝内有大量的积水现象，鳃绝大多数充血，也有个别贫血现象（图3-6G），有些鳃的顶部已经溃烂（图3-6H）。

由酪（铅）黄肠球菌引起的疾病以单眼或双眼鼓起为主要特征。患眼病的病

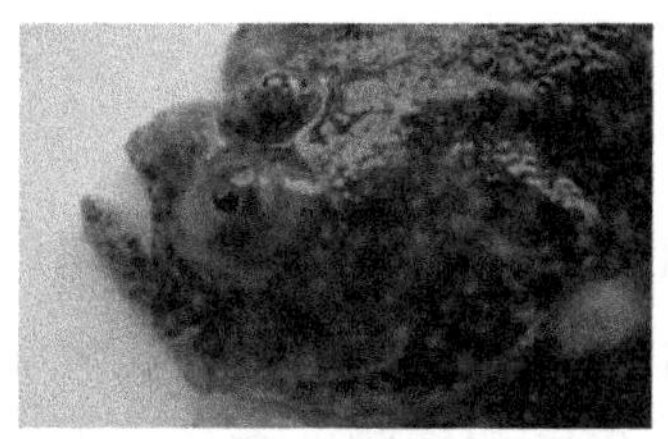

图3-6E　患病大菱鲆（*E. tarda*）单眼突起

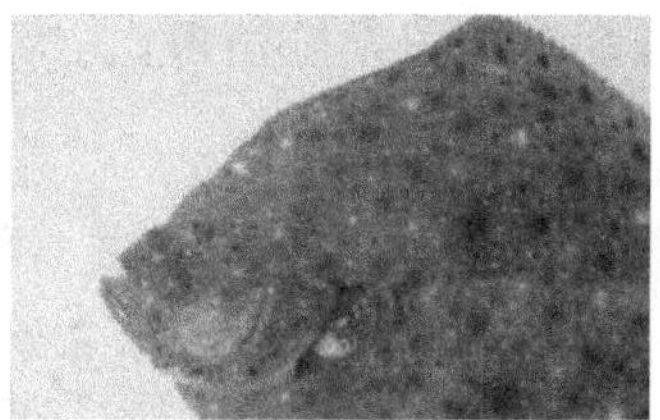

图3-6F　患病大菱鲆（*E. tarda*）单眼突起

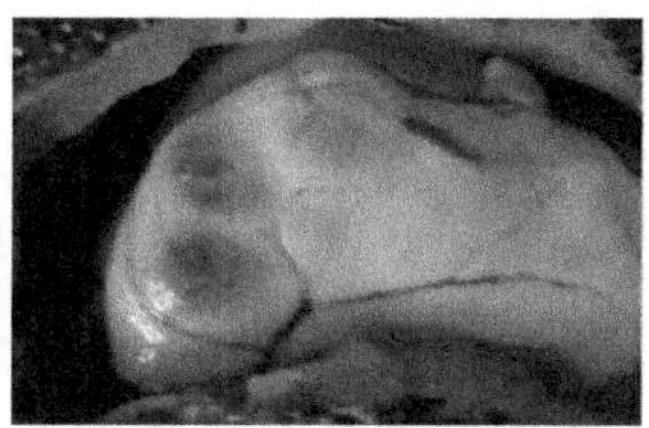

图3-6G　患病大菱鲆（*E. tarda*）肝脏充水、肠道变薄

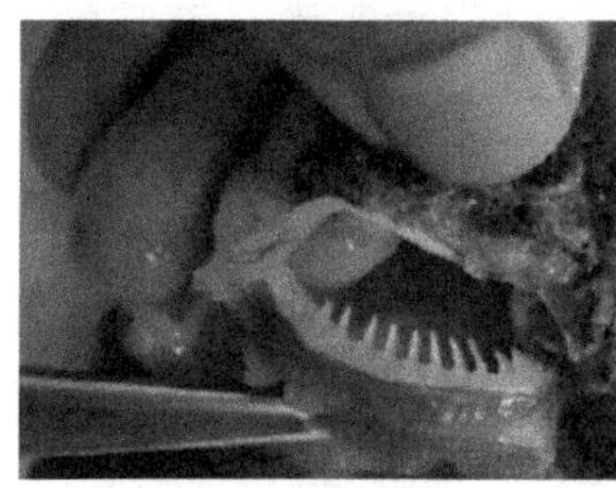

图3-6H　患病大菱鲆（*E. tarda*）鳃贫血、溃烂

图3-6I 患病大菱鲆（*Enterococcuscasseliflavus*）双眼鼓起

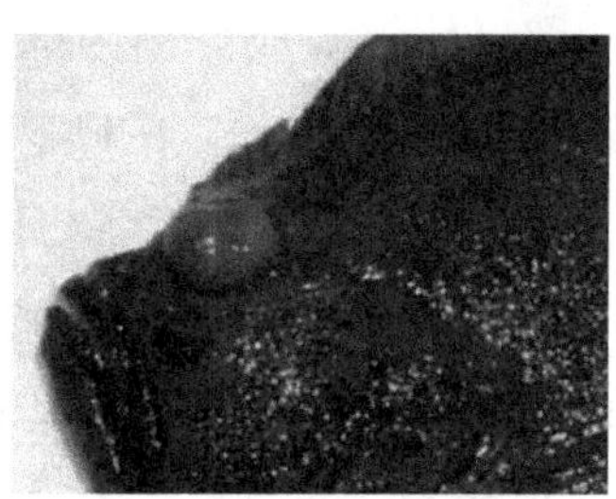

图3-6J　患病大菱鲆（*Enterococcus casseliflavus*）单眼突起膨胀

鱼单眼或双眼凸起（图3-6I、J），其眼眶周围组织充血、浮肿，呈现淡红色，随着病情的进一步发展，鱼眼会发生爆裂、出血，眼已失去了正常的组织结构，视网膜和脉络膜等眼部重要组织发生坏死，崩解，眼眶周围组织出血，结缔组织普遍发生炎性水肿；病鱼上颌部发生肿大，充血发红；鳃盖区域也往往伴有充血发红现象，严重者会出现多处出血斑；病鱼有腹水现象，同时肝脏、肾脏、鳃、脾脏等器官组织都有明显的病变。

【流行情况】该病在2008年对我国北方养殖大菱鲆疾病进行的流行情况调查中发现。经人工注射感染试验，此株菌的半致死量LD50为 1.35×10^{5}CFU/mL，高浓度（1.34×10^{9}CFU/mL）注射后15d内全部死亡；中浓度注射只有部分死亡；低浓度（1.41×10^{3}CFU/mL）注射没有造成死亡，但注射部位均有脓肿现象。实际生产中，全年可发病，夏季多见。该病在养殖大菱鲆的苗期、养成期及亲鱼期都有发现，感染率一般不高，发病率在0.2%～0.5%，死亡率为10%～20%。

【诊断方法】根据外观症状及流行情况进行初步诊断，确诊需要进行实验室病原培养、分离纯化及人工感染。

【防治方法】

预防措施

改善养殖环境，包括控制好养殖密度，保持养殖池清洁，注意定期分池倒池，定期使用二氧化氯等消毒剂对养殖设施消毒。

治疗方法

药敏实验结果显示，迟钝爱德华氏菌菌株对菌必治、先锋IV、先锋V、先锋VI、氟罗沙星等抗生素非常敏感，而对一些抗生素如萘啶酸、头孢他啶、吡哌酸、庆大霉素等不敏感。生产中可考虑使用令迟钝爱德华氏菌敏感性高的抗生素拌饵投喂。

酪（铅）黄肠球菌菌株对绝大多数抗生素不敏感，只对强力霉素、萘啶酸、先锋V等抗生素有一定的敏感性。生产中可考虑使用强力霉素药浴或拌饵投喂。

七、大菱鲆白便病

【病原】迟钝爱德华氏菌（Edwardsiella tarda）野生型，革兰氏阴性菌、呈杆状；传统生化测定显示，该菌株不液化明胶；赖氨酸、鸟氨酸、精氨酸脱羧酶均呈阳性；不能利用丙二酸盐为唯一碳源，发酵葡萄糖，不发酵蔗糖、山梨醇、L-鼠李糖和L-阿拉伯糖等多数糖类。将病原菌株接种在TSA培养基上，28℃培养24h后观察发现，该菌生长缓慢，菌落较小，直径为0.5～1mm，圆形，边缘整齐，湿润，全缘，半透明，表面光滑，无色或灰白色；大小为1μm×（1.5～2）μm，多数单个分散排列，有时成对，无芽孢生成；染色电镜观察菌体两端钝圆，具有周生鞭毛（图3-7A）。继续培养48h后，菌落直径增大多在1.3mm左右。

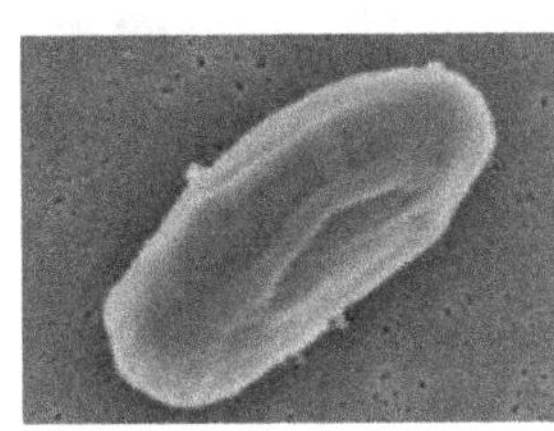

图3-7A 野生型迟钝爱德华氏菌

【症状和病理变化】患病初期病鱼无明显症状，仅食欲下降；随着病情的发展，病鱼的摄食量会大幅度降低或不摄食，对外界刺激不敏感，病鱼体色发生明显变化，部分鱼体色发黑，部分鱼体色变浅，病鱼不再安静聚群伏在池底，有时全池布满鱼，有时病鱼在水的中层或上层缓慢游动；严重时在发病鱼池的池底可见成条或成块的白色粪便。解剖观察发现病鱼鳃丝颜色基本正常，部分有贫血现象（图3-7B），多数病鱼鳃黏液过多；肝脏大小及颜色基本正常，但部分有线状充血；肾脏颜色略淡，体积较正常略大；脾脏颜色偏淡，体积无明显变化；胆囊部分有肿大现象。主要病变器官是肠道，尤其是中肠和后肠；肠壁明显变得薄而透明，部分鱼体肠壁有充血现象，肠内充满淡黄色液体和白色粪便，有时中肠和后肠被水样物及白便涨的很粗；急性感染时在病鱼胃部可见少量未完全消化的食物，多数病鱼肠道完全没有食物（图3-7C、D、E、F）。以中后肠为主要病灶，肠道黏膜层发生崩解、坏死、脱落等不同程度的病变（图3-7G），这一结果也正反映了解剖症状中肠壁变得薄而透明的现象，而脱落的肠道黏膜极有可能就是构成白便的主要组成部分。患病鱼体的部分内脏器官出现了溶血现象，包括肝脏、肾脏、脾脏等各大重要器官；个别鱼的鳃小片还有上皮细胞增生现象。这些病变现象都可能导致各器官功能的受损，情况严重时或者各器官综合作用引发了患病鱼的死亡。

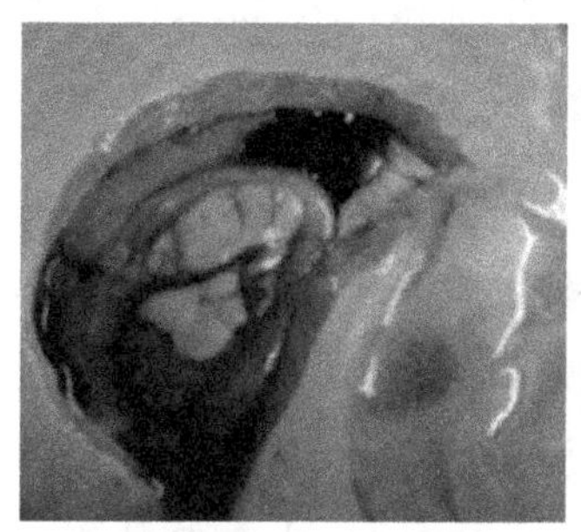
图3-7B 患病大菱鲆胆囊肿大

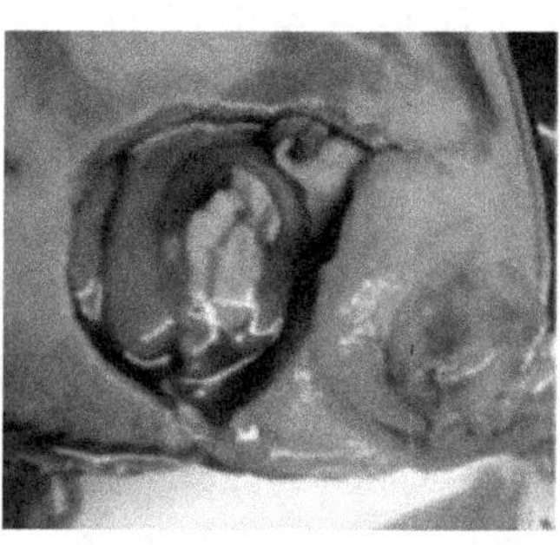
图3-7C 患病大菱鲆肠壁明显变得薄而透明

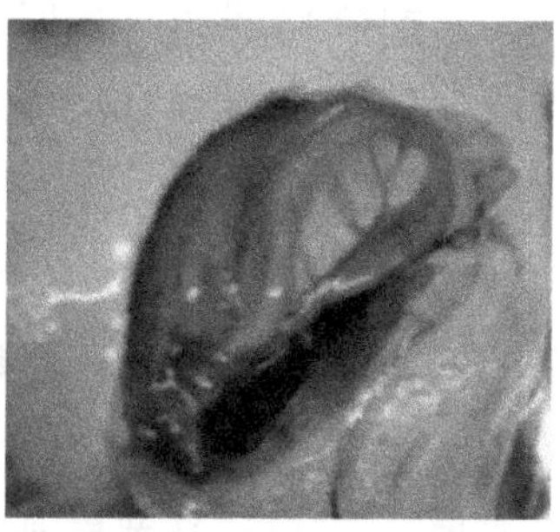
图3-7D 患病大菱鲆肠道充满淡黄色液体

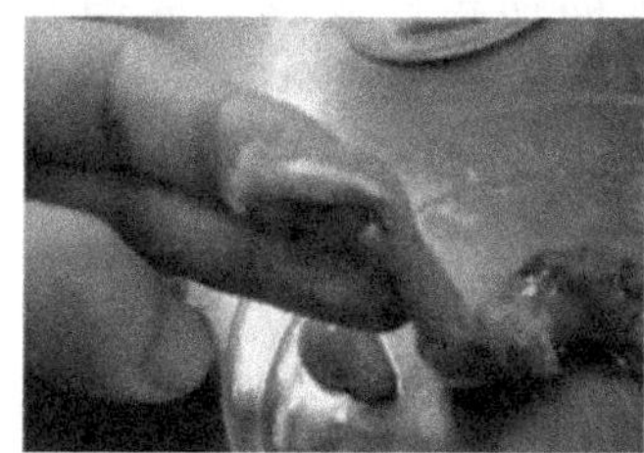
图3-7E 患病大菱鲆肠道有白色粪便

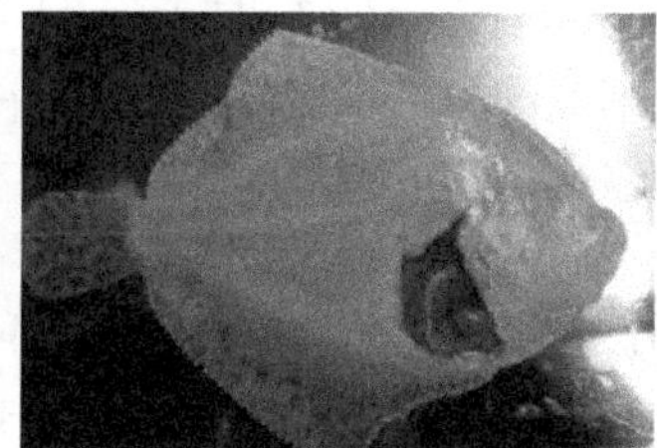
图3-7F 回感实验的大菱鲆，明显可见肠道中的白色粪便

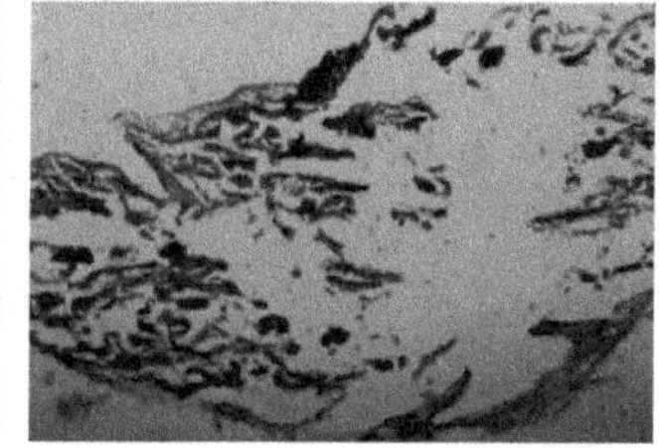
图3-7G 患病大菱鲆中肠黏膜下层腐烂脱落

【流行情况】根据我们对河北省内及邻近地区沿海的六家大菱鲆养殖场进行的调查结果发现，白便病在我省大菱鲆养殖过程中已成为最常见也是造成经济损失最严重的疾病之一，尤其在每年的6—10月。水温越高、流换水量越小、养殖密度越大则该病的病情越严重。该病极具传染性，且死亡率非常高，如果控制不力，日死亡率可达0.5%～1%，累积死亡率可达30%以上。将分离的病原人工感染健康的牙鲆苗种（7～8cm），同样可以获得白便的症状（图3-7H、I），因而，该病有

图3-7H 回感实验的牙鲆，明显可见肠道中的白色粪便

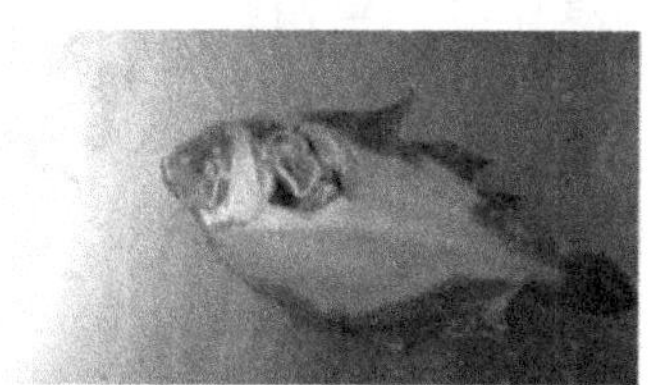
图3-7I 回感实验的牙鲆，肠道中充满白色粪便

可能在工厂化养殖牙鲆中发生，值得注意。

【诊断方法】根据外观症状及流行情况进行初步诊断，确诊需要进行实验室病原培养、分离纯化及人工感染。

【防治方法】

预防措施

（1）保持良好的养殖环境

大菱鲆白便病发病时间往往是夏季中后期，这与此时鱼的体质不佳有关，因此保持优良养殖环境是预防此病发生的根本。良好环境的控制需要从四个方面着手：

①控制适宜的养殖密度。养殖密度过低浪费水体；养殖密度过高则易使水质变差，增加鱼的非应激性刺激，使鱼长期处于紧张状态。因此要适时分池，控制好养殖密度。可按70%左右养殖面积率放养，其中，放养面积率（%）＝鱼体平均面积（cm^2）×放养尾数÷养殖池的池底面积（cm^2）×100%；大菱鲆体重与身体面积的关系：A=102.5W+3595（A：鱼身体面积（mm^2），W：体重（g）。

②在水温较高的季节（水温高于18℃时），适当增加流换水量。水温高于18℃时，大菱鲆处于生长高温期，虽然摄食基本正常，但此时免疫力较差，容易感染疾病。此时的流换水量最好在每天4～5个循环。

③适时倒池。倒池时间间隔应该与实际生产情况相符，在养殖密度大、流换水量小、池底池壁不洁净、饵料中脂肪含量高、清扫池底频率低（每天清扫池底一次）及水中有机物含量高等情况下应该缩短倒池间隔，相反情况下可适当延长倒池间隔。一般情况下，每隔一个月倒池一次。

④清扫池底。这项工作是保持大菱鲆健康生长所需清洁环境的根本。实际工作时需注意将池底、池壁和充气管均清洗干净，尤其当投喂脂肪含量高的冰鲜杂鱼时，此时清洗池壁往往比清扫池底更重要。此外，可根据流换水量来制定清扫池底的频率，因为清扫池底时会对大菱鲆造成刺激，因此清扫频率过高往往会适得其反。当饵料中脂肪含量不高、流换水量较理想或水温较低时可考虑每天清扫池底一次；相反情况下应该考虑每天清扫池底两次。也有特殊情况，山东某些养殖场流换水量达到每天10～12个循环，不清扫池底，但每隔半月倒池一次。

（2）控制好饵料

饵料的种类和投喂对防治大菱鲆白便病来说至关重要。从防治此病角度出发，应该尽量选择配合饲料，鲜活饵料虽然可达到更快生长目的，但既不利于预防此病，也不利于治疗此病（难于制作药饵）。此外，在水温较高时务必控制饵料的投喂量，当水温高于18℃时，投喂量需要控制在70%左右为宜。饱食状态下，鱼的抵抗力更低。

治疗方法

（1）投喂药饵

试验表明，药浴在防治白便病中只能起辅助作用，根本的治疗需要药物进入鱼的血液循环，使鱼体内药物达到一定血药浓度。在治疗试验中发现，当病鱼能够摄食时，可不必药浴，直接投喂药饵即可取得良好治疗效果；相反，当疾病较严重、鱼不再摄食时，需耗费更多药物以加大药浴浓度和药浴时间，且病情很难控制。因此，此病的治疗最好在患病初期鱼能够摄食时，此时可投喂特制的药饵：每千克饵料加入6～8g药物，以鸡蛋清为黏合剂混拌均匀，阴干后投喂，每天两次，连续投喂6d为一疗程。在投喂3d时通常症状基本消失，但此时最好继续投喂满一个疗程，以免病原出现耐药性和疾病复发。当病鱼不能摄食时，需要使用上述药物组方进行药浴，以10g/L浓度的药物药浴6～8h，每天一次，连续3d，当病鱼恢复摄食时即开始投喂药饵，方法同上。药浴时间不能太短，否则容易产生耐药现象。

（2）养殖用水的消毒处理

基础试验研究发现，此病的病原菌主要来源于自然海水，因此在采取防治措施的同时需要对进入养殖车间的养殖用水进行消毒处理。经试验结果表明，采用二氧化氯对养殖用水进行消毒最为适宜。可在采取适当治疗措施的同时，使用二氧化氯，以1g/L的浓度处理养殖用水，此药物浓度下，对不同规格的大菱鲆（5～600g）均无不良影响，同时可杀灭水中绝大多数细菌，对此病的防治有明显辅助作用，是不可或缺的。

八、半滑舌鳎皮肤溃疡病

【病原】 到目前为止，研究人员已经对半滑舌鳎皮肤溃疡病进行了广泛的探究，但是，其病原认定存在一定分歧，徐晓丽等从溃疡病半滑舌鳎体表病灶、肝脏和肾脏分离得到2株优势菌株，经16SrDNA序列分析鉴定为牙鲆肠弧菌（*Vibrio ichthyoenteri*）和哈维氏弧菌（*V. harveyi*）；陈政强等从患有严重溃疡病的半滑舌鳎病灶中分离出4种优势菌，人工感染后确认其中哈维氏弧菌和轮虫弧菌（*V. rotiferianus*）均为溃疡病病原；陈君从感染“皮肤溃疡病”的半滑舌鳎体表病灶处分离出两株优势度较高的细菌，分别对其进行了生理生化试验及

16SrDNA分析，结果显示两株细菌分别为灿烂弧菌（*Vibrio splendidus*）和哈维氏弧菌（*Vibrio harveyi*）（图3-8A、B）。除了弧菌外，还有报道认为半滑舌鳎溃疡病与美人鱼发光杆菌杀鱼亚种（*Photobacterium damselae subsp. piscicida*）和鳗利斯顿菌（*Listonella anguillarum*）的感染密切相关。周红霞等认为半滑舌鳎溃疡病病原为杀鲑气单胞菌（*Aeromonas salmonicida*）。从不同研究者的研究结果推测该病在不同养殖地区的病原菌可能为不同种，也存在多种病原菌混合感染的可能。

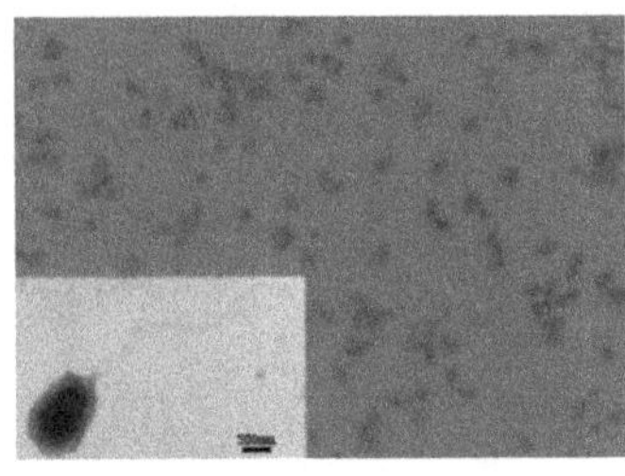

图3-8A 灿烂弧菌革兰氏染色照片

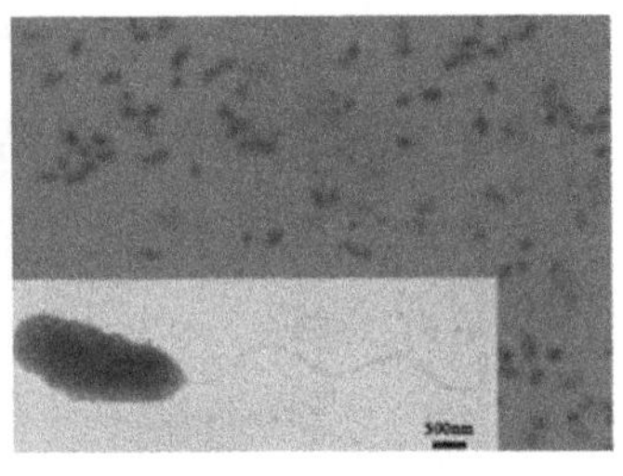

图3-8B 哈维氏弧菌革兰氏染色照片

【症状和病理变化】发病初始，病鱼一般在背部形成小面积白色斑点，随着病情的发展白色面积逐渐扩大，并开始充血发红，部分鱼还有烂尾现象。至后期则出现严重溃疡并发生死亡，溃疡部位的鳞片脱落，表皮坏死，肌肉充血溃烂；严重时，溃疡面加大，出现大面积的肌肉坏死，骨骼露出（图3-8C、D、E、F、G、H、I）。病鱼的活力明显减弱，不爱游动，几乎不摄食。解剖后肉眼观察，肠胃内一般无食物，各内脏器官病变的临床特征不是特别明显。水浸片镜检体表溃疡

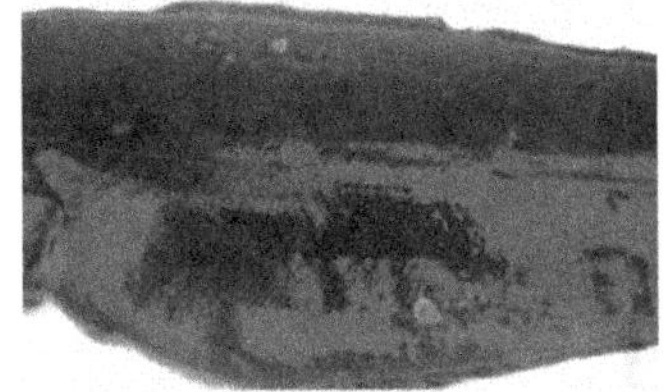

图3-8C 病情较轻的半滑舌鳎

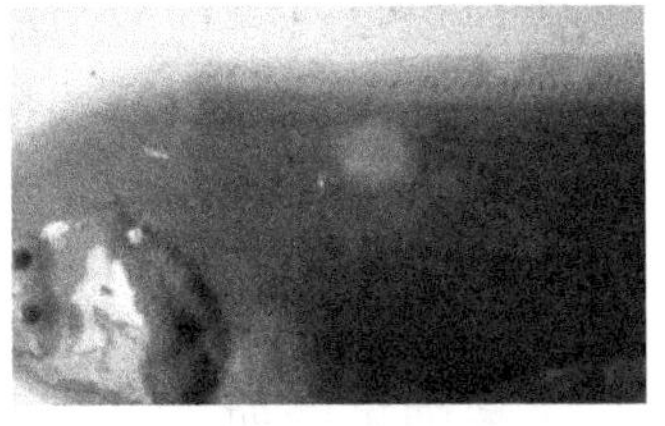

图3-8D 分离病原菌回感的半滑舌鳎

图3-8E 病情较为严重的半滑舌鳎

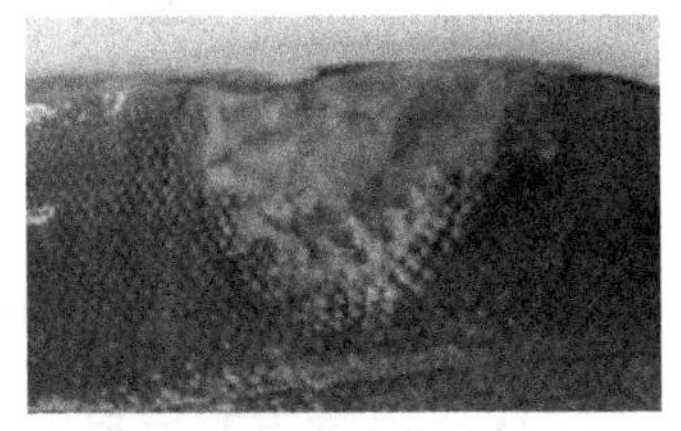

图3-8F 表皮溃疡后肌肉继续溃烂

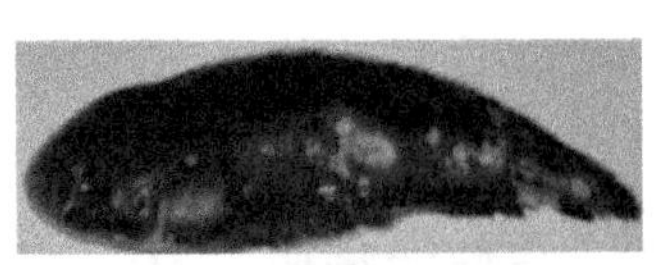

图3-8G 与“脓肿病”症状相似的病鱼

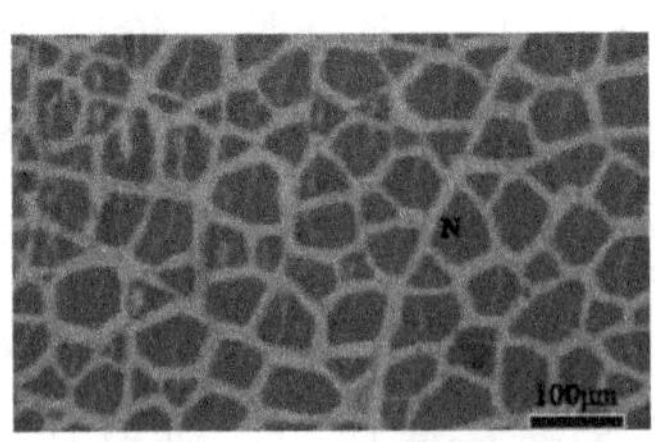

图3-8H 正常半滑舌鳎骨骼肌横切

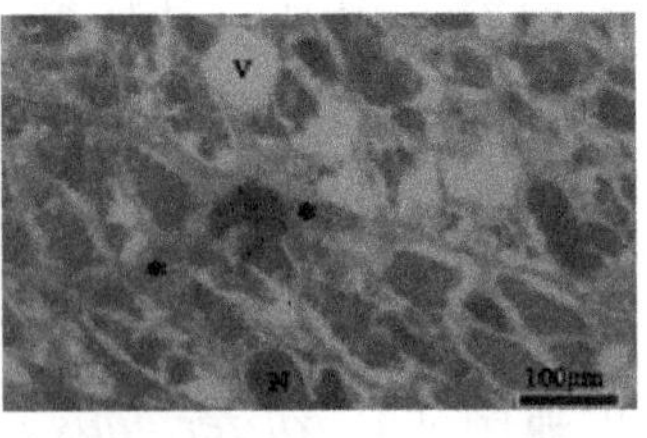

图3-8I 患病半滑舌鳎骨骼肌浆化

的病灶可发现有大量细菌。

【流行情况】养殖半滑舌鳎的皮肤溃疡会出现在半滑舌鳎养殖的各个时期，该病病情较轻时对半滑舌鳎生长的影响较小，一般轻度患病个体能正常的进行摄食；但随着病情加重，常会出现大面积的溃烂，不仅大大增加了半滑舌鳎被其他细菌感染的几率，更影响了半滑舌鳎商品鱼的销售。该病传播迅速、死亡率高，根据初步的调查结果和养殖经验来看，该病在鱼体表出现机械损伤的时候最易感染。由于半滑舌鳎背部布满细小的鳞片，在运输、倒池操作或养殖密度过高的情况下相互之间极易造成擦伤，从而形成体表的机械损伤引，发细菌的继发感染。

【诊断方法】根据外观症状及流行情况进行初步诊断，确诊需要进行实验室病原培养、分离纯化及人工感染。

【防治方法】

预防措施

预防该病除了做好养殖环境的定期消毒和清池吸污、加大换水量、及时隔离病鱼等基本措施外，规范的运输、卫生管理和精细化的操作也是避免该病发生的有效手段。

治疗方法

陈君对灿烂弧菌进行了药敏实验，表明该病原菌对菌必治、萘啶酸、头孢他啶、头孢唑林、佛罗沙星、新生霉素、头孢唑肟、氨苄青霉素、头孢氨噻肟和氟苯尼考较为敏感；对哈维氏弧菌进行了药敏实验，表明该病原菌对氟罗沙星、乙酰螺旋霉素和氟苯尼考敏感。周红霞对杀鲑气单胞菌进行了药敏实验，表明该病原菌对环丙沙星、氯霉素、美洛培南、头孢曲松、庆大霉素、头孢吡肟、恩诺沙星和诺氟沙星等8种抗生素敏感，而对硫酸新霉素、利福平、氟苯尼考、土霉素、氨苄西林、磺胺甲噁唑等6种抗生素具有抗性，尤其是对氨苄西林和磺胺甲噁唑耐药性强。

考虑到不同地区、不同养殖场所分离的病原菌差异显著且对各种抗菌药的敏感性差别较大，因而很难确定一个或几个通用药物。在治疗该病时建议在消毒池水的同时使用具有协同作用的2种或2种以上抗菌药同时拌饵投喂；另外，有条件的养殖场在用药前最好进行药敏实验。

九、半滑舌鳎腹水病

【病原】到目前为止，研究人员对半滑舌鳎腹水病的病原认定存在一定分歧。陈君等认为其病原菌为鳗利斯顿氏菌（*Listonella anguillarum*），在TSB平板上培养呈圆形不透明的米黄色菌落，表面及边缘光滑湿润，在28℃下生长速度较快；在TCBS平板上培养显示为圆形黄色菌落。经革兰氏染色后观察发现，该菌显示为革兰氏阴性短杆菌（图3-9A）；电镜下可明显见到有极生单根鞭毛。生理生化试验结果显示该细菌对于鸟氨酸和赖氨酸脱羧酶、酚红、吲哚以及一部分的糖和糖苷酶都显示为阴性。

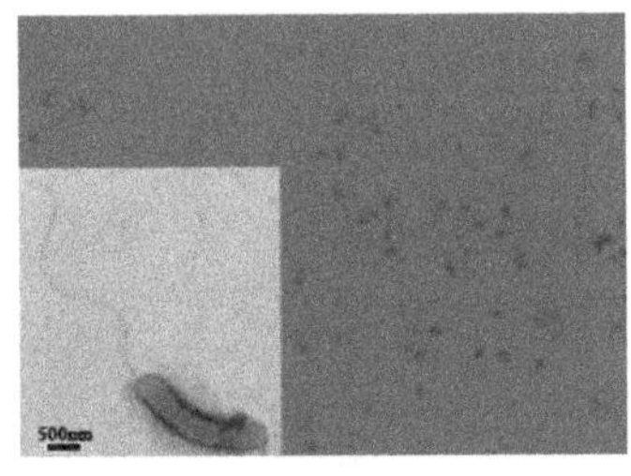

图3-9A 鳗利斯顿氏菌革兰氏染色及电镜照片

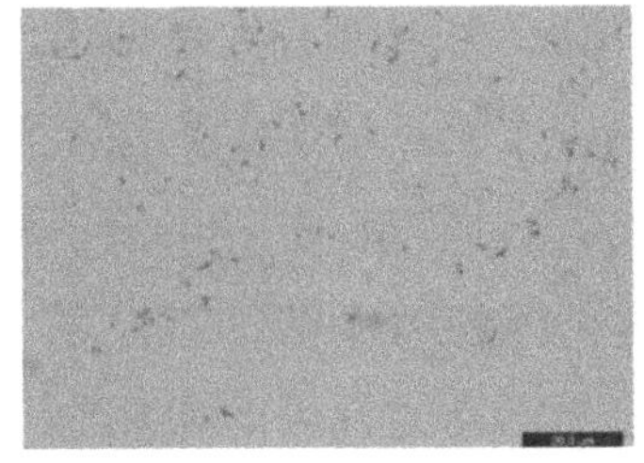

图3-9B 副溶血弧菌革兰氏染色照片

胡璇等认为该病病原菌为副溶血弧菌（*Vibrio parahaemolyticus*），该菌为革兰氏阴性（图3-9B），弧状，单鞭毛，杆状、散在（个别成双）、无芽孢、大小为在（0.3～0.8）μm×（1～2）μm。在2216E海水琼脂培养基上培养的菌落边缘较整齐、隆起、光滑、湿润、不透明、直径在2mm左右。生理生化试验结果显示该菌为发酵型，氧化酶、淀粉酶、明胶酶呈阳性，精氨酸双水解酶、β-半乳糖苷酶为阴性，柠檬酸盐利用为阴性，VP试验为阴性，不产生H_2S，利用葡萄糖产酸，不利用肌醇、鼠李糖、蔗糖、蜜二糖，在不含NaCl胨水中不生长，1%NaCl 胨水、6%NaCl胨水中能生长，42℃生长。

【症状及病理变化】患腹水病半滑舌鳎最典型的临床症状表现为腹部隆起，（图3-9C、D）打开腹腔后发现病鱼腹腔内有大量无色或淡黄色的液体，严重的病鱼整个腹腔由于大量积水而变成半透明状，部分消化道从泄殖腔中凸出（图3-9E）。病鱼一般呈全身弥散性充血而发红，解剖可发现内脏团各个器官均有较严重的病理变化（图3-9F）：肝胰脏充血、脾脏萎缩、胆囊颜色变成黄绿色、肾脏异常增大（图3-9G）。

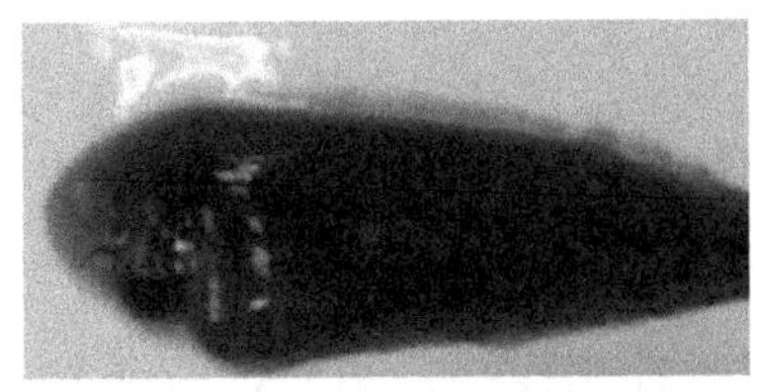

图3-9C 患病半滑舌鳎腹部隆起

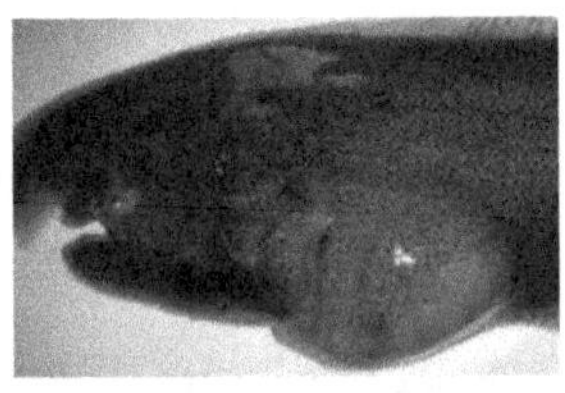

图3-9D 患病半滑舌鳎腹部异常膨大

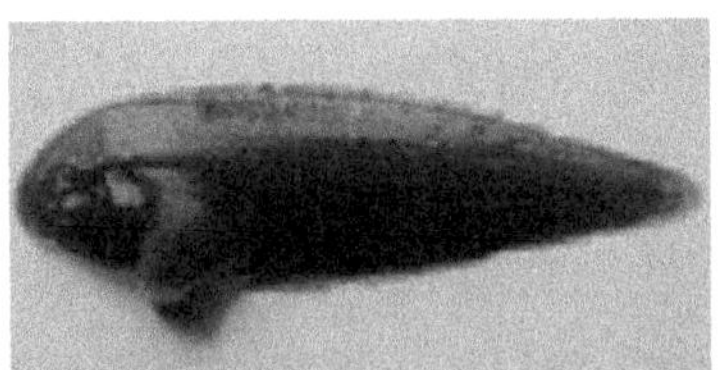

图3-9E 患病半滑舌鳎消化道从泄殖腔中凸出

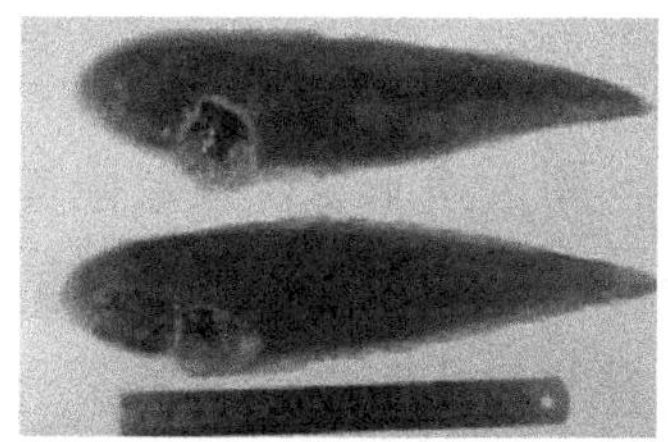
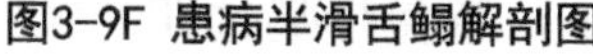

图3-9F 患病半滑舌鳎解剖图

图3-9G 患病半滑舌鳎肾脏膨大、有白色结节

患腹水症半滑舌鳎小肠绒毛杯形细胞膨胀变圆，肠绒毛不整齐、模糊不清、崩解甚至消失；肠绒毛中淋巴细胞和炎性细胞增多，部分肠绒毛上皮细胞变性坏死；肠黏膜上皮细胞出现坏死、脱落。黏膜层结构变疏松、萎缩并与黏膜固有层发生分离。肠壁黏膜下层及肌肉层结构松散，出现许多空泡（图3-9H、I）。肾小囊腔间隙增大；肾小球毛细血管扩张、充血；肾小管萎缩，甚至消失，肾小管上皮细胞水肿、变性，排列紊乱，细胞内出现空泡，细胞核溶解消失，细胞间隙不清晰，甚至只留下肾小管的轮廓；上皮细胞脱落、坏死，坏死物填充肾小管，形成坏死灶；肾间质淋巴细胞和白细胞大量增生，出现局灶性的大面积组织崩解和坏死。脾脏充血，大量的血细胞浸润，导致染色后脾脏着色较深，而且其内部细胞间显得过于致密，有结节，脾脏表面出现局部性的白斑（图3-9J）。

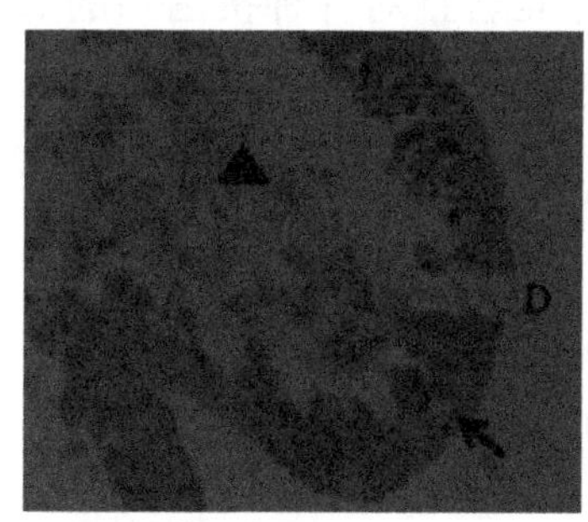

图3-9H 患病半滑舌鳎肠道黏膜下层脱落

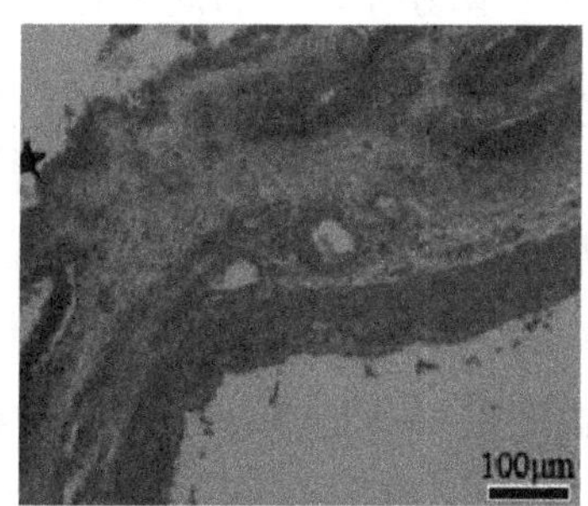

图3-9I 患病半滑舌鳎肠绒毛消失

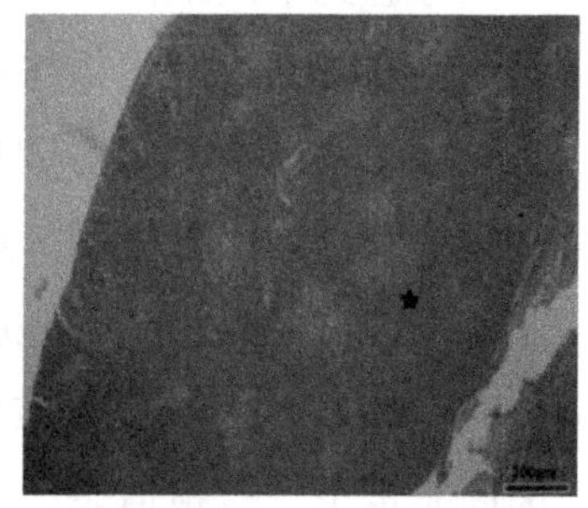

图3-9J 患病半滑舌鳎脾脏有结节

【流行情况】腹水病是半滑舌鳎养殖过程中最为常见的疾病之一。该病可感染各个养殖阶段的半滑舌鳎，感染率很高，传播迅速，但因各个时期鱼体规格大小不同而表现出不同的死亡率，其中仔稚鱼和10cm以下的苗种感染该病的累积死亡率可高达95%以上，造成严重的经济损失。该病的传播与水温关系密切，温度越高发病率与死亡率越高。

【诊断方法】根据外观症状及流行情况进行初步诊断，确诊需要进行实验室病原培养、分离纯化及人工感染。

【防治方法】

预防措施

预防该病除了做好养殖环境的定期消毒、清池吸污、加大换水量、及时隔离病鱼等基本措施外，规范的运输、卫生管理和精细化的操作也是避免该病发生的有效手段。从生产经验判断，腹水病的发生与饵料质量有着极为紧密的联系。为防止该病的发生，养殖过程中应加强生产管理和卫生操作，避免投喂过期的颗粒饵料、不新鲜的杂鱼等。苗种培育期间投喂的轮虫和卤虫要严格控制质量，并采取一定消毒工艺以杀灭细菌性病原；养成期投喂的饵料则要做到定时检测，从根本上杜绝病原细菌被带入养殖系统内。

治疗方法

陈君对鳗利斯顿氏菌进行了药敏实验，表明该病原菌对头孢他啶、克拉霉素、新生霉素、乙酰螺旋霉素较为敏感。胡璇等对副溶血弧菌进行了药敏实验，表明该病原菌对复方新诺明、先锋必、富达欣、麦迪霉素、左氟沙星、菌必治、强力霉素等43种药物高度敏感，对林可霉素敏感，对青霉素G、氨苄青霉素、羧苄青霉素、苯唑青霉素、杆菌肽、阿洛西林6种药物不敏感。

考虑到不同地区、不同养殖场所分离的病原菌差异显著且对各种抗菌药的敏感性差别较大，因而很难确定一个或几个通用药物。在治疗该病时建议在消毒池水的同时，使用具有协同作用的2种或2种以上抗菌药同时拌饵投喂；另外，有条件的养殖场在用药前最好进行药敏实验。

十、半滑舌鳎皮下脓肿病

【病原】初步推断该病属于细菌性病原的疾病，但目前对该病的具体诱发原因尚无定论。有报道表明疑似病原为波氏弧菌。

【症状和病理变化】患病半滑舌鳎幼体一般在水体表面无力地游动，不摄食，肠道内没有食物，且鱼体消瘦（图3-10A）。捞出水面观察可发现该病典型的临床特征是病鱼的体表背部和腹部最初出现局部隆起，并布满血丝，随着病情的发展，隆起的病灶组织逐渐扩大形成脓包，里面充满黄色的脓液，严重时脓包可遍及病鱼全身，用解剖刀将其划破有脓液流出（图3-10B）。通过水浸片的显

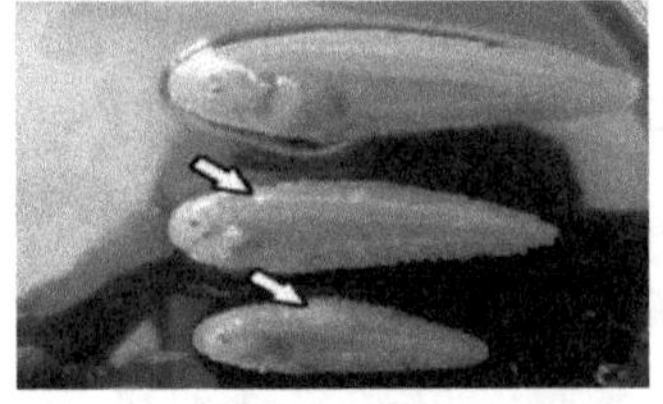

图3-10A 最上方为健康鱼苗，下方2条为患病个体

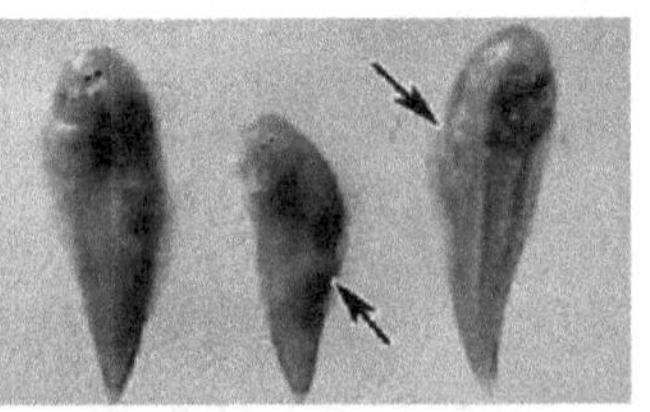

图3-10B 患病半滑舌鳎幼鱼（示有眼侧）

微观察，可发现皮下脓肿病灶组织处有非常大量的细菌。

【流行情况】皮下脓肿病在半滑舌鳎的人工养殖中并不多见，属于不常发生的一种细菌性疾病。该病主要感染体重50g以下的半滑舌鳎苗种，在苗种培育期发生机率相对较高，在舌鳎成鱼上未发现有该病发生及报道。

【诊断方法】根据该病的外观症状和流行情况可以初步诊断。通过水浸片的显微观察脓肿病灶组织处的脓汁，如果发现有非常大量的细菌，可以进一步确诊。

【防治方法】目前对该病的具体诱发原因尚无定论。通过养殖生产的经验来看，恶化的养殖水质环境以及长时间投喂不新鲜的饵料与该病的发生有着密切的联系。因此对该病要以预防为主，定期对养殖车间和工具进行消毒，保持养殖水体水质清洁以及严把饵料质量关都是避免该病发生的有效措施。另外，由于该病的临床症状非常明显，在养殖生产过程中容易发现病鱼并及时分拣、隔离。在防治措施得当的情况下，该病能够得到有效的控制。

十一、牙鲆仔稚鱼肠道白浊症

【病原】由弧菌（Vibrio）属一新种*Vibrio ichthyoenteri*感染引起。菌体稍弯，两端圆形，具有运动性（图3-11A）。

【症状和病理变化】病鱼停止摄食，腹部膨大，消化道内存有大量饵料，肠道呈白浊、不透明状（图3-11B）。活动能力下降，游动迟缓。随着病情的发展，体色变黑，消化管萎缩、瘦弱，腹部塌陷（图3-11C），随后死亡。解剖镜检发现肠道内有大量运动性杆菌，肠黏膜上皮细胞紊乱、脱落（图3-11D）。

【流行情况】该病多发生在孵化后30d左右，处于变态的仔、稚鱼上。在水温18～20℃营底栖生活后，患此病较少，但在变态前期发病一直会延续到营底栖生活后，而且在营底栖生活后仍不断死亡。一般是一旦发病，很快就会引起稚鱼死亡，3～5d时间全池鱼几乎会全部死

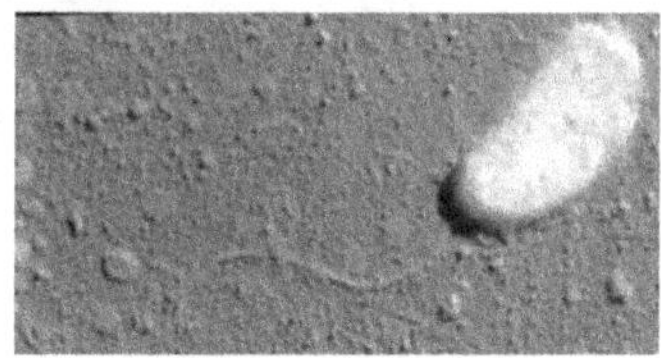

图3-11A　病原菌Vibrio ichthyoenteri

图3-11B　患病牙鲆稚鱼消化道白浊

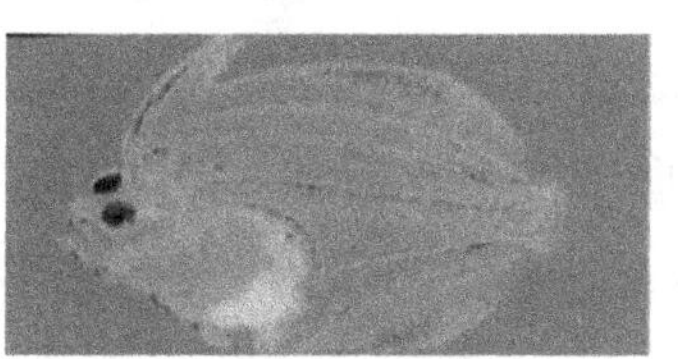

图3-11C　患病牙鲆稚鱼消化道萎缩，腹部塌陷

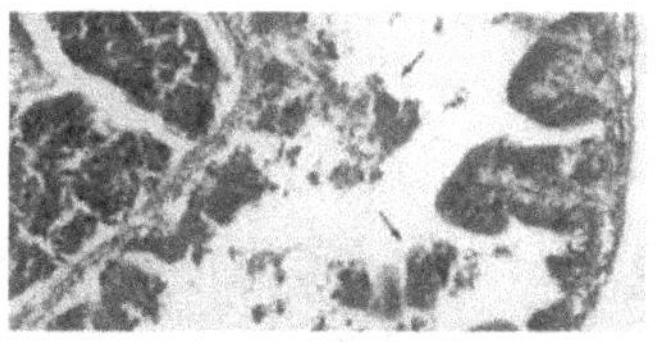

图3-11D　肠粘膜上皮细胞紊乱、脱落

亡。我国在牙鲆苗种培育时，曾在孵化后18d也发生该病。

【诊断方法】根据症状和流行情况即可做出诊断。

【防治方法】该病的感染源可能是投喂的轮虫、卤虫所携带。所以在培养轮虫或孵化卤虫时，要用活力强的小球藻。避免用太高的温度和太高密度培养轮虫、卤虫，培育水温高易发生该病。此外，保持环境清洁及合适的放养密度等也很重要。

十二、链球菌病（Streptococcosis）

【病原】病原有海豚链球菌（*Streptococcus iniae*）、无乳链球菌（*S. agalactiae*）、副乳房链球菌（*S.parauberis*）、格氏乳球菌（*Lactococcus garvieae*）等，属芽孢杆菌纲（Bacilli）乳杆菌目（Lactobacillales）链球菌科（Streptococcaceae），前3种为链球菌属（Streptococcus）成员，而最后1种为乳球菌属（*Lactococcus*）成员。海豚链球菌是一种世界性分布的常见病原，因其感染宿主广、传染性强、死亡率高等特点，给水产养殖业造成巨大损失。

海豚链球菌最早是由Pier和Madin（1976）从亚马逊淡水河豚（*Inia geoffrensis*）损伤的皮下组织中分离鉴定获取的，故由此而得名。菌体卵圆形，有荚膜，β溶血阳性，大小约为0.7μm×1.4μm，革兰阳性，无运动力。生长温度为10～45℃，最适温度为20～34℃；生长盐分为0%～7%，最适盐分为0%；生长pH为3.5～10，最适pH为7.6。细菌在脑心浸液培养基（BHI）中生长缓慢，24～48h内仅长成白色、边缘平整的小菌落（图3-12A、B）。

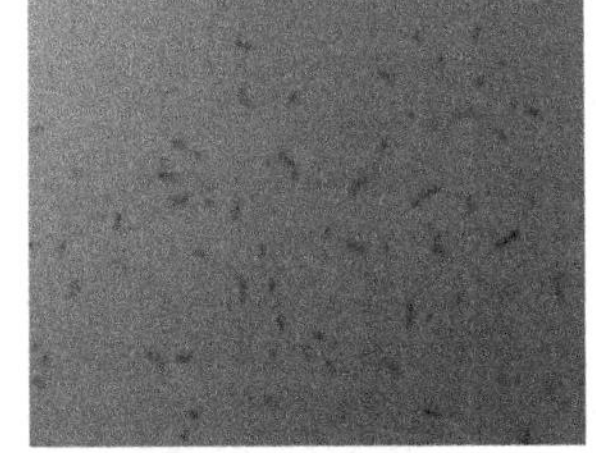
图3-12A 链球菌光学显微镜照片

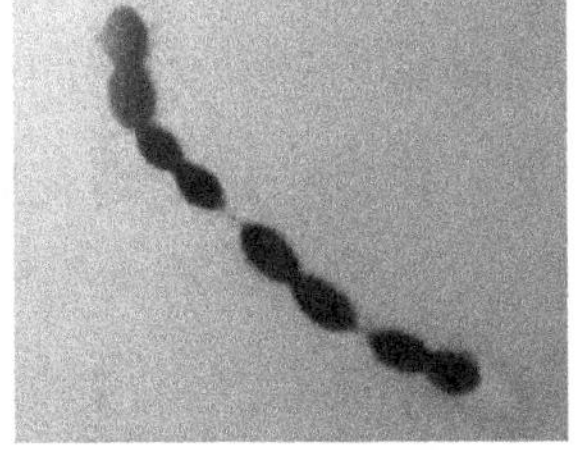
图3-12B 链球菌电镜照片

【症状和病理变化】病鱼体色发黑，吻端发红，体表黏液增多，失去食欲，静止于水底，或离群独自漫游于水面，有时旋转游动后再沉于水底。最明显的症状是病鱼眼球突出，其周围充血，鳃盖内侧发红、充血或强烈出血（图3-13C、D、E）。在夏季高温时期这些症状发展迅速。在水温比较低时，除出现以上主要症状外，各鳍均发红、充血或溃烂，体表局部特别是尾柄往往溃烂或带有脓血的疖疮。解剖病鱼，幽门垂、肝脏、脾脏、肾脏或肠管均有点状出血。肝脏因出血和脂肪变形而褪色，甚至组织破损；肾脏肾小球及黑色素巨噬细胞中心以及肾小管间质组织侵染细菌并大量繁殖引起肾脏肿大、坏死；中肠道上皮的固有层破

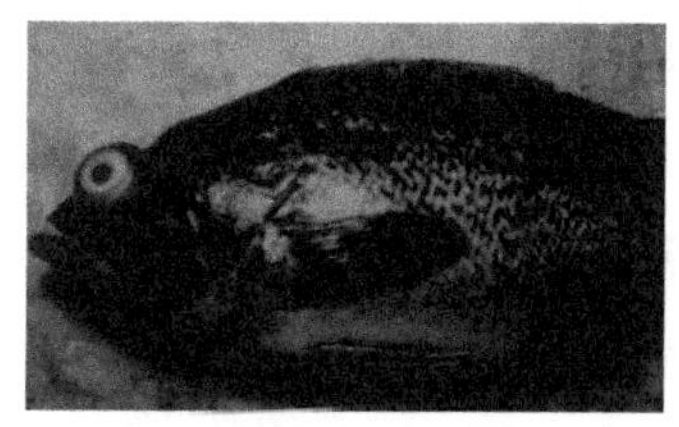

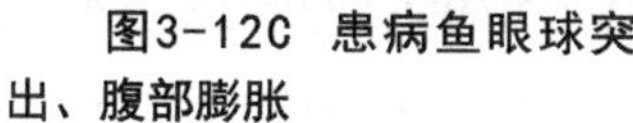

图3-12C　患病鱼眼球突出、腹部膨胀

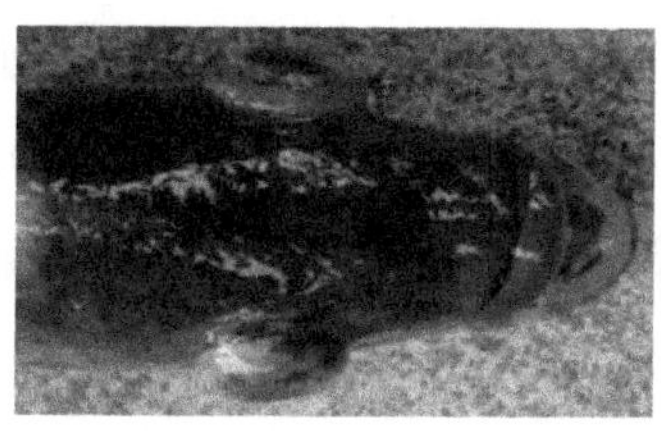

图3-12D　患链球菌病的病鱼眼球明显突出

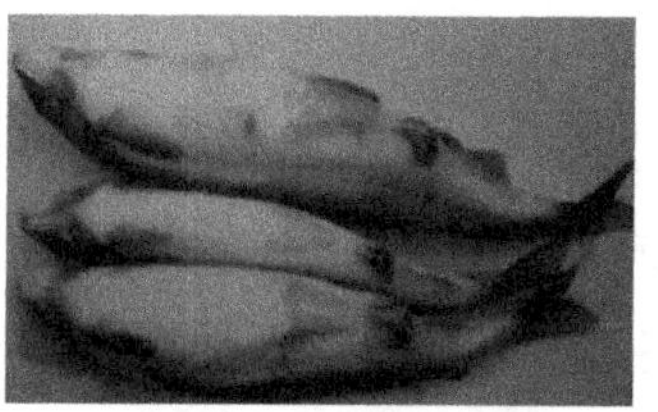

图3-12E　患病香鱼鳃盖充血、肛门发红隆起

损，引起肠炎，肠绒毛的基部在革兰氏染色时可看到聚集的菌落。病原菌如侵染脑，可引起脑组织血细胞浸润，出血。

红鳍东方鲀患病，在无并发症而慢性长期发生场合，患病鱼游动迟缓，鱼体瘦弱，典型外部症状为体色发黑乃至鳍发黑；头部和背部局部白浊，乃至大部分白浊，背部局部糜烂，乃至大片糜烂，鳍糜烂。在与冈本导沟吸虫病并发场合，患病鱼游动缓慢，极度消瘦，极端贫血，外部症状为体色多发黑，腹部多膨胀，鳃褪色，乃至灰白。在与屈挠杆菌病急性并发场合，患鱼漂浮水面，外部症状为体色发黑，腹部膨胀，鳍糜烂，吻糜烂，体表局部糜烂。病鱼内部症状主要在于肠道松弛，并多见积水，肾脏发软，并多见液化。

患病大菱鲆摄食不良，游动迟缓。外部主要症状在于体色发黑或发红，鳃盖或无眼侧多出血或溃疡，鳍出血，眼球突出、白浊、出血。内部主要症状在于肝褪色、发灰、发脆，腹腔多有积液，肠道多松弛。

患病牙鲆摄饵不良，游动迟缓，静伏至死。外部主要症状在于体色发黑，眼球突出、白浊、出血，头部、上下颚、鳃盖部和鳃盖内侧发红。内部主要症状在于肝淤血、褪色、发黄，脾、肾、胆肿大，肠道发红，腹腔积水。

【流行情况】海豚链球菌主要分布在温带和热带养殖的温水鱼类中，已有23个国家报道了鱼类链球菌病，有22种野生或养殖鱼类感染过此病。链球菌不仅发现于海水养殖的杜氏鰤（*Seriola dumerili*）、日本竹筴鱼（*Trachurus japonica*）、缟鲹（*Caranx delicatissimus*）、条石鲷（*Oplegnathus fastiatus*）、牙鲆（*Paralichth oleruaceus*）、真鲷（*Chrysophrys major*）、黑鲷（*Sparus macrocephalus*）、红鳍东方鲀（*Fugu rubripes*），也发现于半咸水及淡水养殖的鳗鲡（*Anguilla iaponica*）、香鱼（*Plecoglossus altivelis*）、虹鳟（*Salmo gairdneri*）、银大麻哈鱼（*Oncorhynchus mykiss*）及尼罗罗非鱼（*Tilapia nilotica*）等。尤其值得指出的是，链球菌有时与其他病原性细菌特别是鳗弧菌、爱德华氏菌形成混合感染，造成严重危害。

该病全年都可发生，但7—9月高温期容易流行，水温降至20℃以下时则较少发生。疾病常呈急性型，在高水温季节，病鱼死亡高峰期可持续2～3周。低水温季节，该病可呈慢性，死亡率较低，但持续时间长。链球菌病理论上可以发生于各种规格的鱼上，但实际上体重大于100g的鱼更易感。链球菌为典型的条件致病菌，平常生存于养殖水体及底泥中。在富营养化或养殖自行污染较为严重的水域中，此菌能长期生存。当养殖鱼体抵抗力降低时，易引发疾病。该病的发生与养殖密度大、换水率低、饵料鲜度差及投饵量大密切相关。

在我国，养殖红鳍东方鲀链球菌病最早于2000年春季在大连确认于室内水槽越冬养殖1龄鱼。之后，在大连，该病陆续于2002年春季发现于室内水槽越冬养殖1龄鱼和2龄鱼，并发现于室内水槽培育1月龄稚鱼，于2002年夏秋季发现于海面网箱养殖1～3龄鱼，于2002年秋季发现于池塘培育出池后转放到海面网箱暂养的当年鱼，于2002年冬季发现于室内水槽越冬养殖当年鱼。迄今，红鳍东方鲀链球菌病已见全年发生，并危害各龄养殖红鳍东方鲀。在多数病例中，链球菌病往往与盾纤虫病、冈本异沟吸虫病并发，有时与屈挠杆菌病并发。在链球菌病慢性发生情况下，每月死鱼数量通常不大，但死亡接连不断。在链球菌急性发生情况下，尤其在与盾纤虫病、冈本异沟吸虫病或屈挠杆菌病并发情况下，日死亡率可能很高，短期内可能造成大批死亡。

【诊断方法】

（1）初步诊断

根据鱼在水面作螺旋状或旋转游动，身体呈“C”形或“逗号样”弯曲，慢性感染的鱼眼球突出、混浊等症状做出初步诊断。

（2）实验室诊断

目前尚无该病检测的国家、行业标准，可参考《OIE水生动物疾病诊断手册》有关章节。进一步诊断需从病灶组织分离细菌，进行细菌学鉴定。病鱼的脑和头肾是海豚链球菌主要侵袭组织，也是病原采集的主要器官。

海豚链球菌呈革兰染色阳性、过氧化氢酶阴性、无运动性、对万古霉素敏感、VP反应阴性、七叶甙阴性，山梨醇产酸，MRS产气，在含6.5%NaCl肉汤中45℃条件下生长，LAP和CAMP试验阳性，不具有Lancefield B群链球菌特异性抗原，海豚链球菌在绵羊血琼脂平板溶血。

随机扩增多态性DNA技术（RAPD）、限制性内切酶片段长度多态性技术（RFLP）、扩增片段长度多态性技术（AFLP）、全基因组DNA-DNA杂交技术、多聚酶链式反应技术（PCR）均可用于鱼类链球菌鉴定和分析，用ITS rDNA设计引物，PCR检测海豚链球菌具有高度的特异性和敏感性。

【防治方法】

鱼类链球菌病属于条件性传染性疾病，该病的发生主要归因于饲养环境恶化和饲养管理不当。无论是海面网箱养殖红鳍东方鲀，还是陆上水槽养殖牙鲆，水体溶氧偏低或放养密度偏大均易诱发链球菌病发生，并加剧链球菌病危害。

预防措施

在饲养方面，无论是海面网箱养殖，还是陆上水槽养殖，合理调整放养密度、适量投喂优质饲料、及早捞出死鱼病鱼均至关重要。在陆上水槽养殖场合，应该加强水体交换，确保饲养环境清洁。免疫方面，对于牙鲆β溶血性链球菌病，福尔马林灭活疫苗注射接种效果在日本已得到实验证明。

治疗措施

由海水养殖鱼类所分离的链球菌菌株多对大环内酯类、青霉素类、氯霉素类、头孢霉素类、四环素类抗生素呈现高或较高感受性。在日本对于牙鲆β溶血性链球菌病，虽说红霉素具有良好疗效，但是作为牙鲆链球菌病治疗用药尚未认可，现在多使用土霉素类药剂。

十三、诺卡氏菌病

【病原】卡姆帕其诺卡氏菌（*Nocardia kampachi*）、鱼诺卡氏菌（*Nocardia seriolae*）菌体分枝丝状，无运动力，革兰氏阳性。培养后发育初期为无横隔的菌丝体，以后逐渐变为长杆状、短杆状以至球形，有时产生空气菌丝（图3-13A、B）。

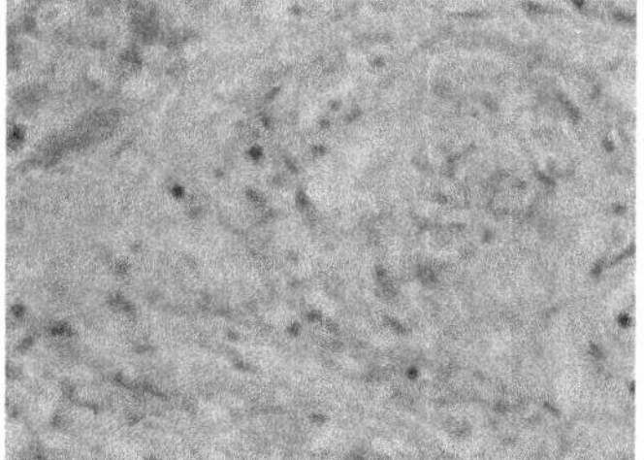

图3-13A 胰腺结节内的细菌

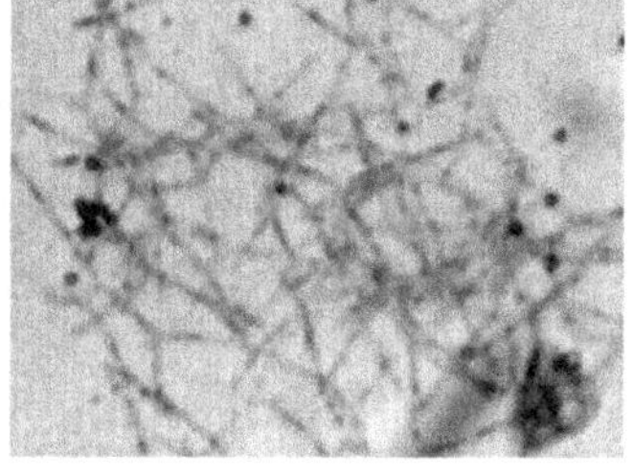

图3-13B 病灶内观察到的分支细菌，呈抗弱酸性

【症状和病理变化】病鱼大体上分为躯干结节型和鳃结节型两类。

躯干结节型：在躯干部的皮下脂肪组织和肌肉发生脓疡，外观上则膨大突出成为许多大小不一、形状不规则的结节（图3-13C），或叫作疖疮。剖开疖疮后流出白色或稍带红色的脓汁，这是腐烂的肌肉或脂肪组织并混有血球和诺卡氏菌形成的。在病灶的周围多数有成层的纤维芽细胞。心脏、脾脏、肾脏、鳔等处也有结节（图3-13D）。在所有的病灶处都有炎症反应。

鳃结节型：在鳃丝基部形成乳白色的大型结节，鳃明显地褪色（图3-12E）。内脏各器官也出现结节，特别容易发生在2龄　的鳔内。鳃结节型多发生在冬季。

图3-13C 躯干结节型

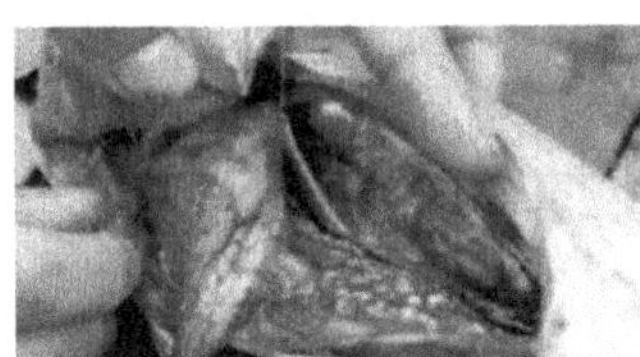
图3-13D 脾脏、肾脏形成栗状结节

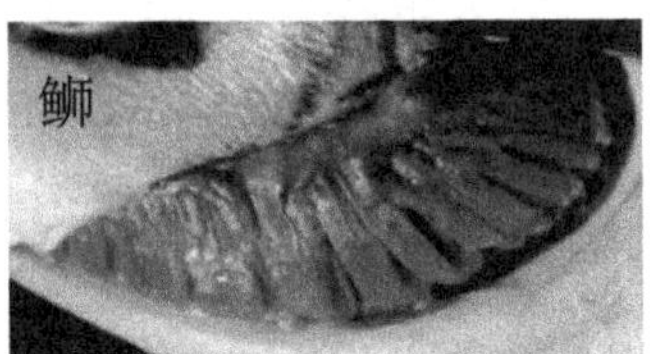

图3-13E 鳃结节型

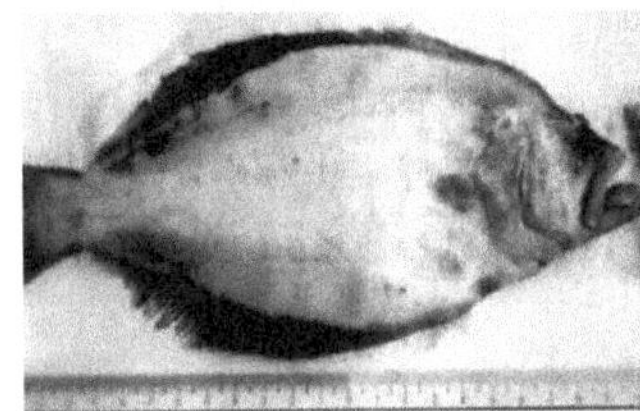
图3-13F 患病牙鲆无眼侧

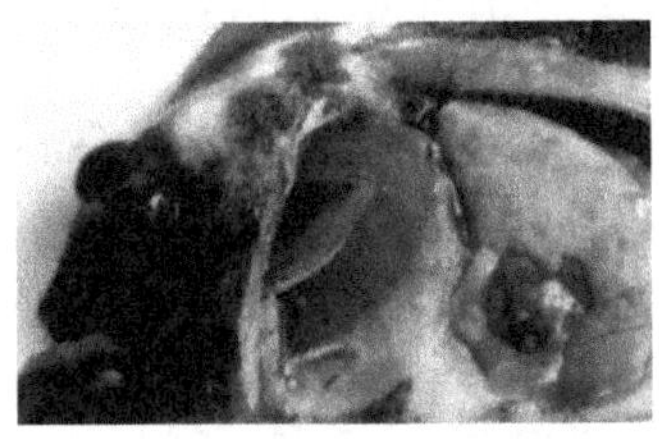
图3-13G 患病牙鲆脾脏白色结节

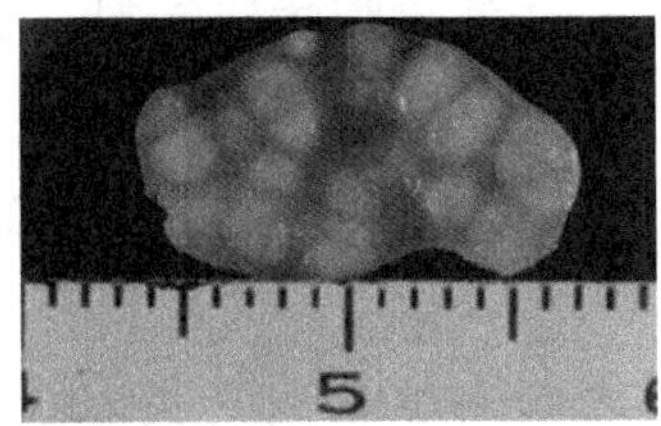

图3-13H 患病牙鲆肾脏白色结节

患病牙鲆体表有点状出血斑，小而隆起的脓肿。有时口唇部糜烂。解剖观察，本病的典型症状是脾脏和肾脏上有白色的结节病变，有时在鳃和心脏上也出现白色结节（图3-13F、G、H）。

【流行情况】此病主要危害养殖鰤，当年鱼和2龄鱼均可受感染。流行季节从7月份开始，一直持续到第二年2月份，流行高峰期为9—10月。该病在日本养殖鰤鱼地区广泛流行，我国福建、广东沿海养鰤地区可能成为疫区。牙鲆患病表现为病情发展缓慢，但长期连续死亡，累计死亡率达15%。

该菌在海水中2d内死亡，在养殖场附近的海水中能生存1周左右，在富营养化的海水中可能生存更长时间。

【诊断方法】从病鱼结节处取少许脓汁制成涂片，进行革兰氏染色，镜检发现有阳性的丝状菌，基本可以确诊。

【防治方法】

预防措施

投饵勿过量，避免养殖水体富营养化或残饵堆积。早期发现病鱼，及时清除，防止病情蔓延。

治疗方法

（1）土霉素，每天每千克鱼用药70～80mg，制成药饵，连续投喂5～7d。

（2）四环素，每天每千克鱼用药75～100mg，制成药饵，连续投喂10～14d，

（3）链霉素，每天每千克鱼用药50～75mg，制成药饵，连续投喂20d以上。

（4）在口服药饵的同时，用漂白粉等消毒剂全池泼洒，视病情用1～2次，可以提高防治效果。

十四、牙鲆腹部胀满症

【病原】由于其症状各不相同，是否由同一种病因引起还不清楚。可经常分离出弧菌属致病菌溶藻弧菌（*Vibrio alginolyticus*），但不同病例其菌种也不同，所以究竟是哪种弧菌引起的还不清楚。

【症状和病理变化】最典型的症状是腹部明显胀满（图3-14A）。患病的仔、稚鱼胃囊膨大，稚鱼浮在水面打转，消化道内充满气泡或水样的东西（图3-14B）。消化道内有的充满未消化的轮虫、卤虫无节幼体等饵料。从外部可见呈淡黄色或赤褐色，腹部胀满程度各不相同，有的可见到肠道萎缩等难以判断的情况，也有的肠内充满透明的液体，其中有轮虫游动等。从组织学上观察主要呈肠道黏膜上皮细胞坏死。

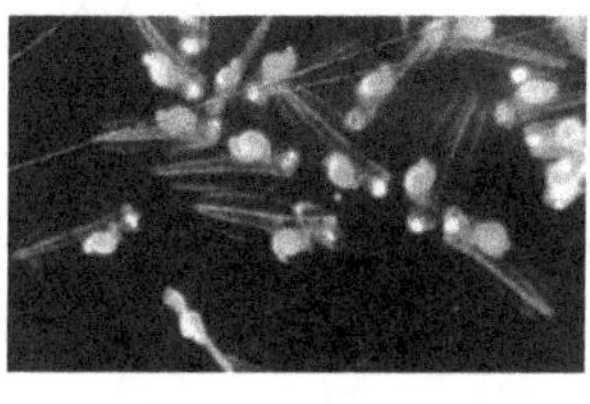

图3-14A　腹部胀满的牙鲆仔鱼

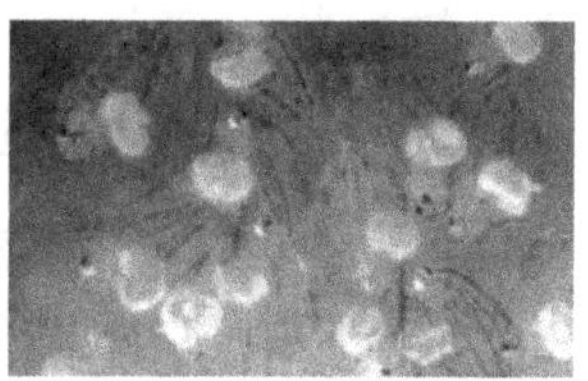

图3-14B　患病仔鱼消化道中充满大量未消化的饵料

【流行情况】该病多发生在牙鲆苗种培育期，孵化后20日龄左右、全长6～10mm。发病率高，几乎所有的池都有不同程度的发病。患病时期不同，其死亡率也不同，通常在早期仔、稚鱼发病死亡率高。水温越高病情越严重。

【诊断方法】可根据症状及流行情况进行初步诊断。

【防治方法】早期发现异常鱼，勤流换水，对培育用水消毒，保持水环境清洁。饵料投喂前用抗菌药药浴，对抑制该病的发生有一定的效果。 通过非病原微生物来控制饵料的细菌丛和向微粒子配合饵料转换被认为是有效的，但尚未达到实用化。

十五、屈挠杆菌病（Flexibacteriasis）

【病原】又称烂尾病（Tail-rot disease），病原为沿海屈挠杆菌（*Flexibacter maritimus*）和柱状屈挠杆菌（*F.columnaris*）。菌体呈弯曲的长杆状或丝状，大小为0.5μm×（2～30）μm，革兰氏阴性，无鞭毛，在固体物上能滑行运动。专性需氧，在嫌气条件下不发育。

沿海屈挠杆菌为牙鲆致病菌，该病也称为牙鲆滑行细菌病（图3-15A）。

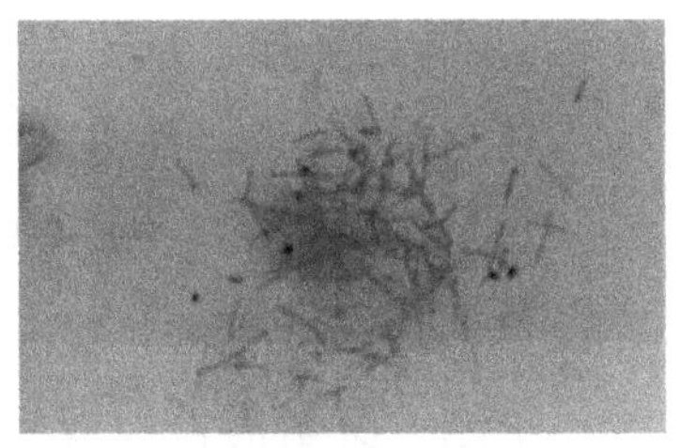
图15A 病原菌在琼脂培养基上形成的菌落

柱状屈挠杆菌是淡水鱼类和半咸水鱼类柱状病（Columnaris disease）的病原菌，其同义名有柱状杆菌（*Bacillus columnaris*）、柱状软骨球菌（*Chondrococcus columnaris*）和柱状嗜纤维菌（*Cytophaga columnaris*）。本菌在含0.5%NaCl的噬纤维菌培养基（Cytophaga agar）、蛋白胨酵母培养基、Chase培养基、Shieh培养基、改良Shich培养基以及Liewes培养基中均生长良好，形成黄色、扁平、表面粗糙、中间卷曲、边缘呈树枝状的菌落，黏附于琼脂上。在液体培养基中静止培养时，在液体表面形成黄色有一定韧性的膜，震荡培养时则浑浊生长。生长温度为5～35℃，少数菌株在37℃时也能生长，最适温度为20～25℃。生长pH为6.8～8.3，最适pH为7.5，生长盐浓度为0%～0.5%，在含1%以上的NaCl培养基中不生长。氧化酶、细胞色素酶、接触酶均为阳性，产H_2S，还原硝酸盐、液化明胶。

沿海屈挠杆菌可引起海水养殖鱼类的烂尾病，培养基中最少加30%的海水才能发育生长，KCl、NaCl、Ca^{2+}、Mg^{2+}可促进生长，SO_4^{2-}对其有轻微的抑制作用。在含70%海水的噬纤维菌培养基平板上，25℃培养2～3d，形成扁平的、薄膜状的、淡黄色边缘不规则的菌落，黏附于琼脂上。在液体培养基中静止培养时，在液体表面形成薄膜。生长温度为15～34℃，最适温度为30℃；发育的pH为6～9，pH为7左右时最适。接触酶、细胞色素酶、硝酸盐还原均为阳性，不产生H_2S，液化明胶，溶解爱德华氏菌和嗜水气单胞菌。

【症状和病理变化】淡水鱼类由柱状屈挠杆菌引起柱状病，病鱼鳍、吻、鳃或体表形成黄白色小斑点并逐渐扩大，病变周围的皮肤充血、发炎。病菌在真皮组织上生长繁殖，引起真皮坏死，使鳞片脱落、形成溃疡。从鳍端开始，鳍条逐渐腐烂。鳃黏液增多，鳃丝腐烂成扫帚状。此病多在20℃以上时发生，15℃以下停止流行。

沿海屈挠杆菌主要侵染真鲷、黑鲷、鲈鱼等，被感染的鱼体表、鳍局部发红、出血，随着病情发展形成溃疡；严重患鱼，唇部、鳃盖、体侧面、腹部及尾柄等处的皮肤溃疡或腐烂，有的尾鳍坏死断掉，出现烂尾。1～2龄鱼在冬季低水温期的症状与稚鱼稍有不同，头部、躯干、鳍等处都发红、出血，甚至形成溃疡，有时鳃盖或鳃瓣腐烂。在所有病灶内都可看到长杆菌，但是与其他外部细菌性疾病的情况一样，患部经过一定时间后，原发性的细菌就被继发性感染的细菌所取代。

牙鲆患病时，稚鱼期体表和鳍无症状，只是吻端部出现糜烂、发红、缺损等，放养密度高时，群体发病；成鱼的主要症状是烂鳃（图3-15B），从盛夏到秋300g以上的成鱼容易患病，病鱼在水面摇摇晃晃漂游，摄食不良，在池底栖息散乱。一般在感染初期体表患部呈白浊，创面较小。不久白浊部位扩大，真皮露出、发红，继而体表表皮脱落、糜烂，部分溃疡、坏死（图3-15C）。背鳍、尾鳍溃烂，出现残缺烂尾，黏液过多，烂鳃（多为大个体鱼），但病鱼仍具有相当的活力。病症恶化的个体，多数腹面发红、充血、体色变黑等。解剖观察，没有发现内脏器官有特别异常。

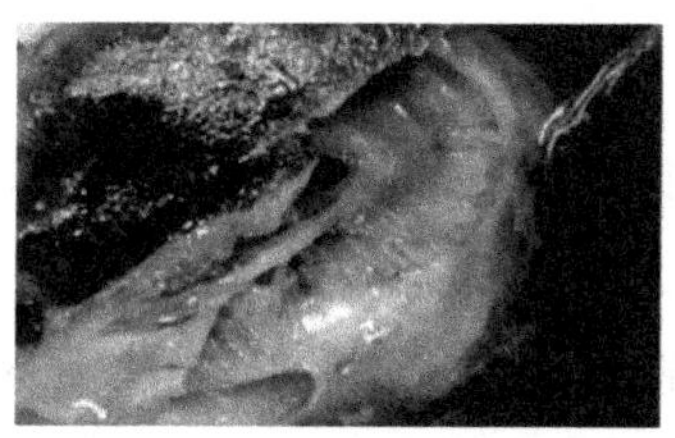

图3-15B 患病牙鲆鳃溃烂

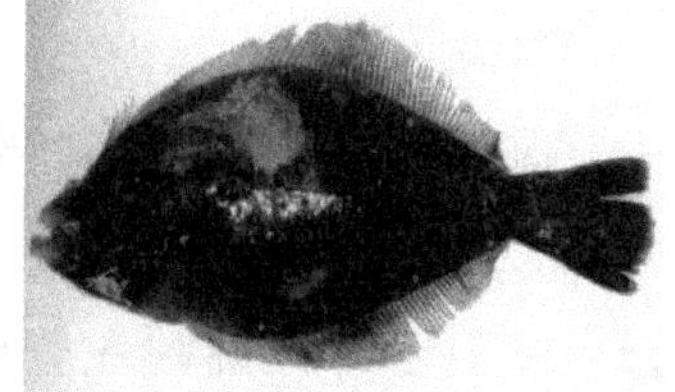

图3-15C 患病牙鲆体表出现擦痕和溃烂

【流行情况】柱状屈挠杆菌流行范围广，可侵染斑点叉尾鮰、鲤、鲫、鳗鲡、罗非鱼、虹鳟、褐鳟、美洲红点鲑等10科36种淡水鱼类，是对美洲斑点叉尾鮰养殖业危害较大的一种流行病。海水养殖鱼类侵染屈挠杆菌多见于冬季和早春，水温12～15℃时可出现发病高峰，感染的鱼类主要是1～2龄的真鲷、黑鲷、黄鳍鲷、鲈、尖吻鲈，以及用海水养殖的大麻哈鱼和硬头鳟等。在放养密度过高、有机碎屑丰富的水体中也常见此病。

牙鲆患病时流行情况：多发生在水温13～20℃时期，水温为14～18℃时是发病的高峰期；水温在20℃以上，发病率急剧下降。在水温上升期（春），水温接近18℃多发该病。多集中在10cm左右的稚鱼上，主要感染3～15cm的稚、幼鱼。发病时期相当长，最近发现在全年都可能发生该病。从夏到秋大半是成鱼出现烂鳃症状。发生该病的鱼日死亡率在0.1%，虽然不会一下大量死亡，但会持续死亡。

【诊断方法】根据外观症状可初步诊断。确诊应做进一步细菌分离、培养。通过从海水鱼类屈挠杆菌病灶部位取样，在显微镜下观察，如发现大量可弯曲的长杆状细菌，将其涂布于含70%海水的噬纤维菌琼脂上，25℃培养2～3d，可见扁平的、边缘不规则、淡黄色的菌落形成，基本可诊断。Bader等（2003）报道，提取致病性柱状屈挠杆菌染色体DNA的16SrRNA基因，克隆测序，作为PCR特异性引物，该引物具有1193bp的DNA片段。建立的PCR检测技术对由柱状屈挠杆菌引起的斑点鮰尾鮰柱状病具有较高灵敏度。

【防治方法】

预防措施

保持养殖水体清洁，控制放养密度（室内越冬池，每立方米水体勿超过15kg鱼体）。

对于牙鲆来说，在养殖过程中因稚鱼期互相残食、倒池、换网、选别、波浪等伤及鱼的体表、鳍、吻端等成为该菌感染入侵的门户。所以在饲养过程中要防止鱼体受伤，尽量不使鱼体表黏液脱落。该病是接触传染，所以要尽早发现，将病鱼捞出隔离。隔离后部分症状轻的个体还会痊愈。另外要掌握合适的饲养密度，提高换水率，投喂品质好的饵料等。

治疗方法

（1）磺胺类药物，第1天每千克鱼用200mg，第2天以后减半，制成药饵，连续投喂7～10d。当有弧菌混合感染时，可用三氯醋酸钠药浴同时按0.5g/kg体重投喂OTC（土霉素），连续投喂5d；有寄生虫混合感染时，要驱虫后再治疗该病。

（2）提高养殖水温到20～25℃可预防海水养殖鱼类屈挠杆菌病的发生。

十六、巴斯德氏菌病（类结节症）（Pasteurellosis）

【病原】美人鱼发光杆菌杀鱼亚种（*Photobacterium damsela subsp. piscicida*），即以前报的杀鱼巴斯德氏菌（*Pasteurella piscida*）。革兰氏阴性，短杆状或球杆菌，大小为（0.6～1.2）μm×（0.8～2.6）μm，无运动力，不形成芽孢（图3-15A）。在脑心浸液琼脂培养基或血液琼脂培养基上（含食盐1.5%～2%）发育良好，但在普通琼脂培养基上发育不好。在脑心浸液琼脂培养基上生成的菌落呈正圆形、无色、半透明、露滴状，有显著的黏稠性。在McConky培养基上发育，但在SS琼脂培养基和BTB琼脂培养基上不发育，为兼性厌氧菌。发育的温度为17～32℃，最适温度为20～30℃；发育的pH为6.8～8.8，最适pH为7.5～8；发育的盐度为0.5%～3%，最适盐度为2%～3%。

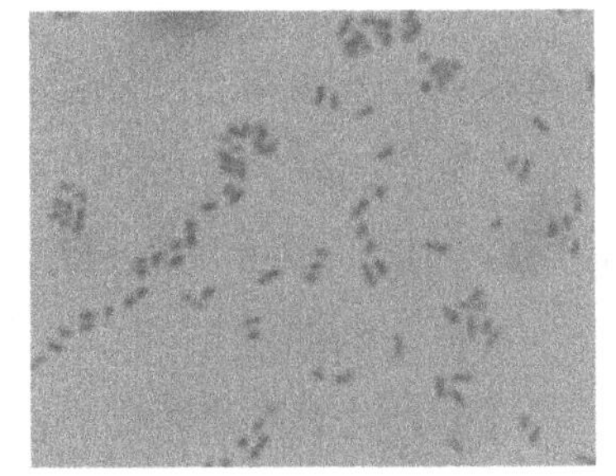

图3-15A 非运动性杆菌

刚从病鱼上分离出来的菌有致病性，但重复地继代培养后，致病性迅速下降以致消失。该菌在富营养化的水体或底泥中能长期存活。

【症状和病理变化】患病鱼反应迟钝，体色变黑，食欲减退，体表、鳍基、尾柄等处有不同程度充血，严重者全身肌肉充血。离群独游或静止于网箱或池塘的底部，继而不摄食，不久即死亡。解剖病鱼，肾、脾、肝、胰、心鳔和肠系膜等组织器官上有许多小白点，白点有的很微小，有的直径大至数毫米，多数为1mm左右，形状不规则，多数近于球形。白点是由巴斯德氏菌的菌落外面包围一层纤维组织形成的。在完全封闭的白点中，细菌都已死亡；在尚未包围完全的白点中则为活菌。病鱼的血液中有许多细菌。肾脏中白点数量很多时，肾脏呈贫血状态；脾脏中白点数量多时，肿胀而带暗红色；血液中菌落数量多时，在微血管内形成栓塞（图3-15B、C、D）。病鱼内脏中的白点类似于结节，因此，日本养殖的鰤巴斯德氏菌病，也叫作类结节症。

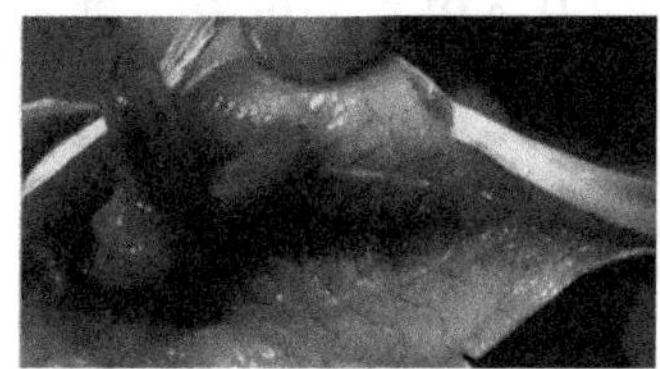

图3-15B 患病黄尾鰤的肾脏和脾脏中有小白点

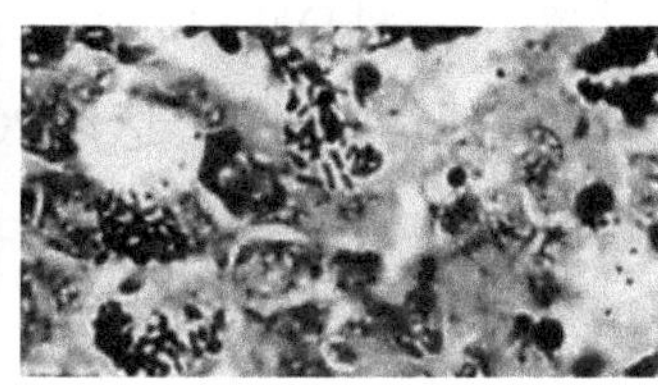

图3-15C 患病黄尾鰤的肾脏中有细菌滋生

图3-15D 患病黄尾鰤脾脏中形成结节

牙鲆患病的主要症状为：患病初期阶段，病鱼体色变黑，在水面摇摇晃晃地无力游动。在与弧菌混合感染后出现背鳍和腹鳍基部的表皮脱落和出血等（图3-15E）。大部分患病鱼除体色变黑外，没有明显的外观症状。解剖观察内脏，其肝脏有褪色现象，脾脏，肾脏出现结节（图3-15F、G），其摄食量没有明显变化。

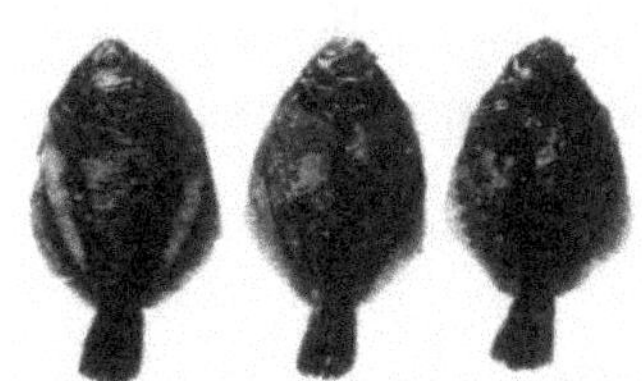

图3-15E 患病牙鲆体色发黑，背鳍和腹鳍基部有擦痕和出血

图3-15F 患病牙鲆肝脏褪色，但未出现结节现象

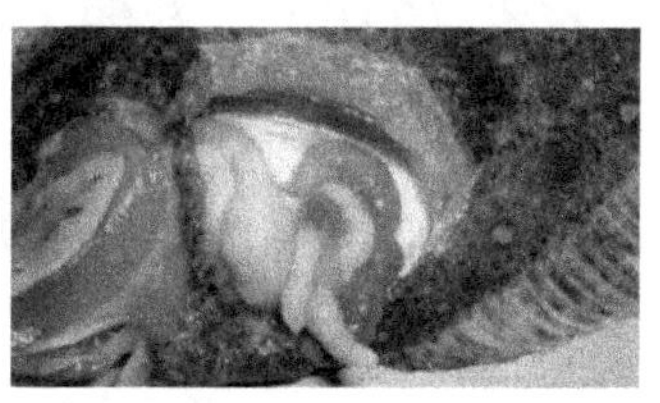

图3-15G 患病牙鲆脾脏、肾脏出现结节

【流行情况】此病1969年首次在日本发现，对日本鰤养殖业危害较大，发病率和死亡率都很高。主要危害养殖鰤的幼鱼，2龄以上的大鱼也可被感染。流行季节从春末到夏季，发病最适水温是20～25℃，一般在温度为25℃以上时很少发病，温度20℃以下不生病。秋季即使水温适宜时也很少出现此病。

养殖的黑鲷、真鲷、金头鲷（*Sparus aurata*）、牙鲆、塞内加尔鳎（*Solea senegalensis*）、黄带拟鲹（*Pseudocaranx dentex*）、海鲈（*Dicentrarchus labrax*）、

美洲狼鲈（*Morone americanus*）和条纹狼鲈（*M.saxatilis*）均可被感染。黑鲷幼鱼患此病时死亡率高达90%。该病多发生在秋季培育的全长为19cm左右的牙鲆幼鱼上。该病在夏季水温20℃以上时流行。日死亡率在0. 1%左右。

【诊断方法】从肾、脾等内脏组织中观察到小白点，基本可以诊断。但要注意与诺卡氏菌病和鱼醉菌病的区别。主要从病原菌形态特征区别，也可以从症状上区别，巴斯特氏菌病在肌肉中没有病原菌寄生，因此没有白点；在肝、肾等的寄生，也不会出现肥大或肿胀。制备病灶处压印片，如发现有大量杆菌可作出进一步诊断。

荧光抗体法可作出早期诊断；一种DNA自由扩增（ILAPI）的PCR方法已被用来检测巴斯德氏菌特异性基因片段并克隆，运用PCR对巴斯德氏菌病进行早期快速诊断。

【防治方法】

预防措施

保证水源清洁，养殖期间应经常换用新水或保持流水式，避免养殖水体富营养化，勿过量投饵或投喂腐败变质的生饵。牙鲆患病后适当降低养殖水温，当水温降到20℃以下时，病情会逐渐缓解。

治疗方法

该菌对氨苄青霉素（ABPC）、恶喹酸（OA）、氟甲喹抗感染药（Fv）、甲砜霉素（THI）、盐酸土霉素（OTC）等都有很高的感受性。尤其对氨苄青霉素有显著效果，也可用盐酸土霉素治疗。可采用四环素或氨苄青霉素，每天每千克鱼用药20～50mg，制成药饵，连续投喂5～7d。

第三节 细菌性虾病

一、幼体弧菌病（Vibriosis of larvae）

【病原】从患病幼体分离出的弧菌有：鳗弧菌（*Vibrio anguillarum*）、海弧菌（*V.Pelagius*）、溶藻酸弧菌（*V.alginolyticus*）和副溶血弧菌（*V. parahaemolyticus*）。除了弧菌以外，还有假单胞菌（*Pseudomonas sp.*）和气单胞菌（*Aeromonas sp.*）。因为最为常见的是弧菌，所以统称为弧菌病。因病菌主要发现在血淋巴内，所以也叫作菌血病。上述各种病菌引起的症状、危害情况和防治方法等基本相同。

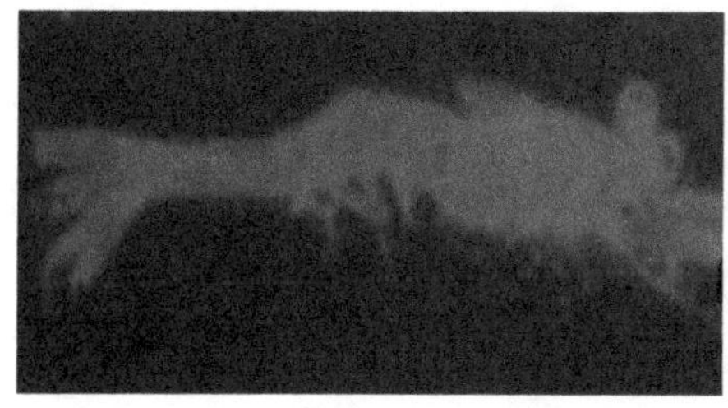

图3-16A　患弧菌病的对虾幼体失去透明度

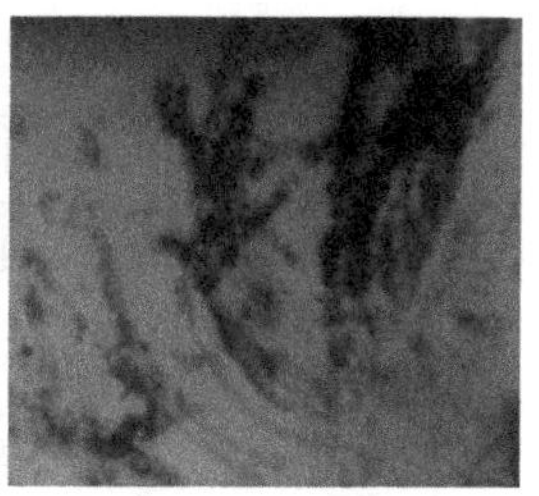

图3-16B　患病幼体附肢上有大量黏附物质

【症状和病理变化】患病幼体游动不活泼，趋光性差，病情严重者在静水中下沉于水底，不久就死亡。有些病情进展缓慢的幼体，在体表和附肢上往往黏附许多单细胞藻类、原生动物和有机碎屑等污物（图3-16A、B）。但是在急性感染中，体表一般没有污物附着，并且有污物附着者不一定就是弧菌病，必须按下列方法进行诊断。

【流行情况】对虾幼体的弧菌病是世界性的，我国沿海各地的对虾育苗场，无论哪种对虾的幼体从无节幼体到仔虾都经常感染弧菌病，但以蚤状幼体Ⅱ期以后发病率最高，这是因为从蚤状幼体Ⅱ期开始投喂人工饲料，残饵污染水体，滋生细菌所致。完全投喂活饵料的育苗池则发病率明显降低或不发病。

对虾幼体的弧菌病一般是急性型的，发现疾病后1～2d内就可导致几百万的幼体死亡，甚至使全池幼体死灭，造成重大经济损失。

【诊断方法】诊断时取游动不活泼或下沉水底的幼体置于载玻片上，加1滴清洁海水和盖玻片，在400倍显微镜下，可看到细菌在幼体体内各组织间的血淋巴中活泼游动，在样本身体比较透明的地方最容易看到。在糠虾幼体和仔虾阶段，幼体较大，透明度差，有时需要轻压盖玻片，甚至将幼体压破后才能看到细菌。

有时在患病后下沉的幼体中寄生有许多纤毛虫，这是在幼体的活动能力降低后，纤毛虫才钻入体内的，不是原发性病原。

【防治方法】

预防措施

此病关键在预防，一旦发病，后续治疗是非常困难的。引起发病的主要原因有两个：一是自然海水污染加重，水质恶化有愈发严重的趋势，从而导致病原菌的大量繁殖；另外一个是在对虾育苗中，水温高、苗种的密度大、代用饵料投喂过多，从而导致水质极易恶化，为病原菌的生长繁殖提供了条件，严重时整个育苗池就是一个大的细菌培养基。因此预防此病应从以下两个方面着手：

（1）育苗用水的严格预处理。对自然海水的预处理是从根本上杜绝病原菌进入育苗车间，因此也是最重要的一环。每个育苗场最好能够配备几个0.3km^{2}左右的虾塘作为海水处理池，先在处理池用消毒剂（如20～30mg/L漂白粉）对海水进行消毒，待药性消失后再使用；消毒后的海水需要进行砂滤，很多育苗场进行两次砂滤，将大的颗粒过滤掉，经过两次砂滤的海水通常很清澈；但当有机质含量较高时，经两次砂滤的海水也会显得很粘，因为细小的有机质颗粒无法被砂滤掉，此时需要将砂滤的海水再经过由活性炭及麦饭石（粒度为80～150目）制作的过滤设施过滤。由于活性炭及麦饭石具有许多分子孔隙，有良好的吸附性和离子交换性，对氨氮、有机物质和重金属离子等有害物质有明显的吸附和选择性离子交换能力，其对细菌的吸附能力也非常高，这样处理后的海水再进入育苗车间可杜绝病原菌的带入。

（2）育苗过程中的水质调控。南美白对虾育苗中应避免盲目追求高密度、高产量，无节幼体布苗时以30万只/m^{3}为宜；代用饵料应避免过量投喂，应勤观察残饵和粪便，做到勤投少投；育苗温度不能过高，高温能够缩短育苗周期，但水质不易控制，同时高温苗日后养殖成活率也不高；在育苗池水中接种有益的单细胞藻类，如金藻、角毛藻、海水小球藻等，单细胞藻类对弧菌有一定抑制作用，一般的对虾育苗场没有生物饵料培养车间，如不能得到大量人工培养的单细胞藻类，可投放浓缩海水小球藻，也能起到一定作用；育苗初期适量使用有益活菌制剂，如乳酸菌、芽孢杆菌等，使之成为优势菌群，它不但可以有效抑制弧菌的繁殖，还能降低水中氨氮、亚硝酸盐、硫化氢等有害成分（此时不能再使用消毒剂和抗菌素）；避免滥用药物（尤其是抗生素类药物），长期用药培养出的虾苗日后养殖成活率很低。发病后治疗的关键是早发现、早治疗，因此要求一定要勤观察，一旦发现个别病苗，应及时采取治疗措施。

治疗方法

（1）大量换水，然后全池泼洒抗菌素类药物。使用抗菌素时应注意避免耐药性的发生，即几种药物轮换使用，每次使用两种，但同一类别的药物不能同时使用，如土霉素和强力霉素同属于四环素类药物，其抗菌原理相同，细菌对其存在交叉耐药性，同时使用效果不好。

（2）在泼洒药物的同时，将耐热抗菌素（如土霉素等）按一定比例（一般为3～5g/kg饵料）混于鸡蛋中，蒸成蛋羹投喂，可连续投喂3d。

（3）把丁香、金银花等中药粉碎至100目，使用前开水浸泡，并加适量黏合剂，按比例喷洒于对虾颗粒饵料上，用于预防弧菌病，可明显改变对虾机体的免疫水平。

二、对虾肝胰腺坏死症 （Hepatopancreas necrosis syndrome，HPNS）

【病原】目前关于的HPNS病因还没有明确定论。多项研究显示，副溶血弧菌（*V.parahaemolyticus*）与HPNS的发生存在密切关系。Lightner等从患HPNS的病虾中分离出1株副溶血弧菌，经浸泡和投喂感染实验证明该菌可引起实验对虾100%死亡，受感对虾表现出HPNS典型症状，因而认为副溶血弧菌是引起HPNS的病原。最初研究认为副溶血弧菌的致病机制是携噬菌体感染的副溶血弧菌菌株经口传播并定植于对虾消化道，而后因其释放毒素引起组织损伤，造成对虾肝功能紊乱及消化系统障碍。进一步研究发现从患HPNS病虾中分离的副溶血弧菌菌株在毒力特性上存在着较大的差异，部分菌株回接感染可使健康对虾出现HPNS症状并引起死亡，而有的菌株虽然具有较高的致病力，但不能引起HPNS的典型症状，仅造成肝胰腺盲管上皮细胞脱落和胚胎细胞特异性空泡化，还有些菌株则表现出无明显致病力。通过对副溶血弧菌毒力差异株的全基因组测序比对分析发现，与非致病菌株相比，在可引起HPNS的菌株内均存在1个分子量约为69Kbp的质粒，该质粒带有与发光杆菌同源的昆虫相关毒素（PirA和PirB）的编码基因，而敲除该基因后可使致病菌株毒力丧失，说明该毒力因子是副溶血弧菌引发HPNS的关键。另有研究显示，从泰国患HPNS对虾分离的致病性副溶血弧菌在基因型与耐药性方面与非致病菌株均存在一定差异。此外，关于引起HPNS的原因还存在其他不同观点。有学者认为HPNS的发生可能是由多方面因素综合引起，当对虾养殖量超过环境容纳量或其他因素导致养殖生态系统失衡，从而诱发条件致病菌、有毒藻类和有害理化因子的产生，在以上因素的作用下引起对虾发病。还有研究显示，在患HPNS的对虾中可检测到对虾黄头病毒（Yellow head virus，YHV）新毒株，推测该病毒与HPNS存在密切联系。至今为止，关于引起对虾HPNS的原因在世界范围内还未有明确的定论。

国家虾产业体系认为，HPNS具体病因分为以下4种情况：

（1）虾苗携带病原数量多，导致投放池塘的虾苗死亡。

（2）养殖前期池塘发生有毒藻类增多或者大量藻类死亡，导致对虾大量死亡。

（3）养殖中后期（有时也发生在养殖前期），池塘水体有毒有害的理化因子超标，导致对虾中毒，随后继发病原性疾病。

（4）养殖中后期，池塘发生有毒有害藻类或藻类大量死亡，随后继发病原疾病。前两种情况一般被称为早期大量死亡综合征（EMS），后两种情况养殖者一般称其为“偷死病”。实际上，四种情况是养殖环境（包括藻类）胁迫和病原浸染共同作用的结果，统称肝胰腺坏死症。

【症状和病理变化】患病对虾常表现出嗜睡，厌食，生长缓慢，空肠空胃。甲壳变软、变深和有黑点出现，甲壳易从肌肉上剥离下来，有时病虾在水面旋转游动，后沉入底部，最终在池底死亡。虾体的变化呈现尾扇附肢发蓝—虾体发蓝—虾肉浑浊—虾体发白的特点。典型症状主要表现为肝胰腺发生显著萎缩（图3-17A、B），由于该病使肝胰腺呈白色或灰色（图3-17C），有时在肝胰腺中会出现黑点或黑色条纹（图3-17D），从病虾体内剥离的肝胰腺因组织发生纤维化病变，质地变硬，用拇指和食指难以碾碎。肝脏的变化按照白膜减少—白膜消失—颜色变浅—黄白—灰白—透明顺序发展。

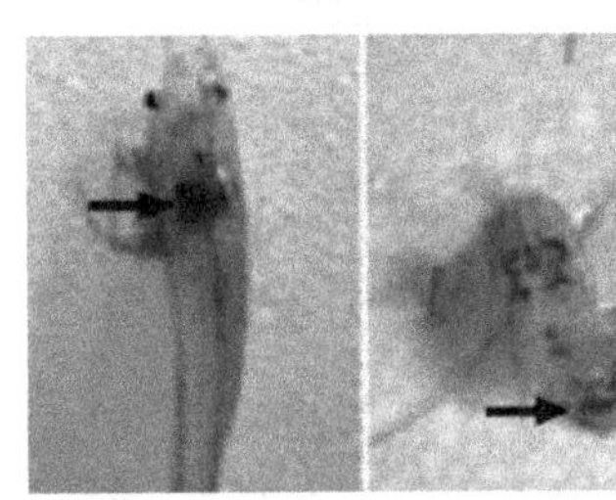

图3-17A 健康虾及其肝胰腺

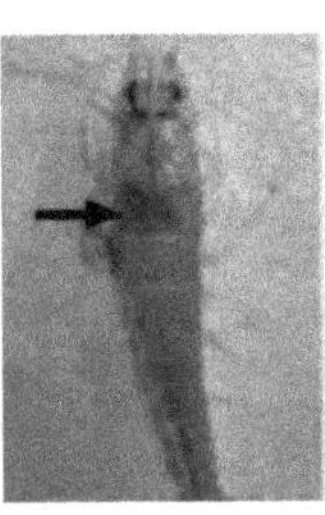

图3-17B 患病虾及其肝胰腺

图3-17C 患病虾肝胰腺颜色变浅（右为健康虾）

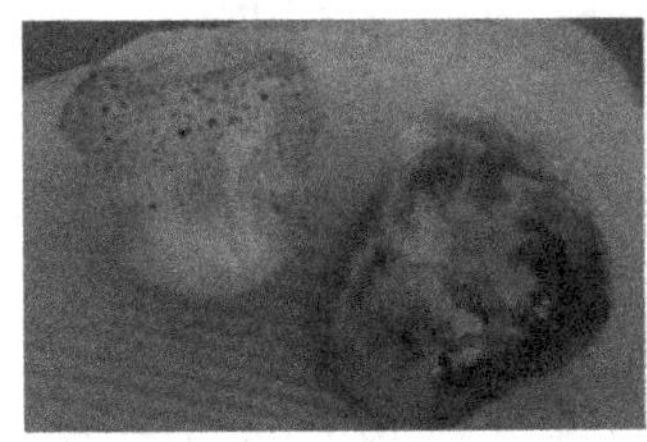

图3-17D 健康与患病虾肝胰腺对比（右为健康虾）

图3-17E 健康虾肝胰腺组织结构

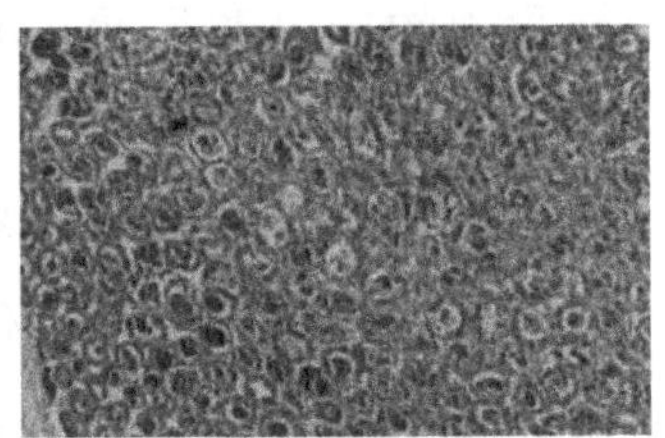

图3-17F 患病虾肝胰腺组织结构

病理组织切片观察发现患HPNS的对虾肝胰腺出现大面积坏死（图3-17E、F），肝胰腺盲管从中段到末端发生变性，盲管上皮细胞坏死、脱落，细胞核肿大，分泌细胞（S cells）、高嗜碱性细胞（H cells）和脂肪储存细胞（F cells）的细胞功能紊乱，胚细胞（E cells）有丝分裂能力显著降低，在后期肝胰腺盲管间或盲管内发生血细胞浸润，进而肝胰腺出现继发性细菌感染。

【流行情况】2010年，HPNS在越南、马来西亚以及我国南方对虾养殖地区出现，2011年上半年造成我国海南、广东、福建和广西80%对虾养殖场爆发该病病，且该病在接下来的时间里仍严重影响着我国对虾产量，给我国对虾养殖业健康发展带来威胁，因而受到人们密切关注。HPNS在越南引起湄公河三角洲养殖对虾发生大量死亡，随后造成薄寮省110km^{2}斑节对虾养殖场和朔庄省200km^{2}对虾养殖场受损，茶荣省约33亿尾对虾死亡。在马来西亚，HPNS首先发生于彭亨和费佛两地，并不断扩大至马来西亚其他养虾产区，造成其国内凡纳滨对虾产量从2010年的7万吨下降到2011年的4万吨。2012年在泰国湾东海岸养虾场发现此病，2013年泰国因受到HPNS的影响，第一季度对虾产量比2012年同期减产了约3万吨。据全球水产养殖联盟报道HPNS已给亚洲养虾产区造成了10亿美元的损失，而且该病的影响范围仍有进一步扩大的趋势。2013年5月在墨西哥西纳罗亚州和纳亚里特州也发现有该病发生。

HPNS多发于虾苗放养7～30d，该病病情发展十分迅速，死亡率和排塘率极高，从发现少量病虾到排塘时间最短的仅为2～3d。近年来的一些养殖实践表明，HPNS不仅感染虾苗，而且会使成体发病，甚至延伸到对虾的整个生命周期。通过对养殖户的调研发现，很多虾塘在虾苗放养45d以后才出现患病现象与以前的相关研究报道相一致。该病总体呈现的特点是快速死亡、“跳跳死”；幼虾死亡率为＞80%；成虾死亡率相对较低。

【诊断方法】可根据症状和流行情况进行初步诊断，确诊需要PCR测定PirVP毒力蛋白。

【防治方法】

（1）彻底清理池塘

由于凡纳滨对虾品种的引进、养殖时间的缩短、冬棚保温越冬对虾养殖技术的成熟等原因，一些不适合一年二茬的对虾养殖地区开展了一年二茬的养殖，适合一年二茬的对虾养殖地区，也缩短了单茬养殖时间，忽视了第一茬对虾养殖前池塘的清理，也没有时间进行或忽视了第二茬对虾养殖前池塘的清理，造成营养物的富集及有毒有害物质的累积，增加了池塘对对虾的环境胁迫。在养殖对虾前，一定要按照池塘清淤、洗塘、翻塘、晒塘、生石灰消毒、水体泡塘（泡后排水）等传统的处理技术进行池塘清理，时间一般需要30d左右（地膜池塘不用）。池塘清理的主要目的是减少池塘有机物及有毒有害物质的累积，降低环境胁迫对养殖对虾的影响。

（2）培水

有毒有害藻类和藻类大量死亡是导致养殖对虾死亡的原因之一，池塘过度施肥，容易产生过度的藻类（水色过浓，透明度低），尤其容易产生有毒有害藻类。管理措施不当和天气变化容易导致藻类大量死亡，对虾处于有毒有害藻类环境、摄食有毒有害藻类或摄食大量死亡藻类均会导致死亡。因此，放苗前培育的藻类不宜过多，水色不宜过浓，透明度为60～80cm（水深100～120cm）时比较合适，但不能见到池底。

（3）使用无特定病毒的虾苗，进行弧菌检测

国家虾产业技术体系经过5年多的检测跟踪，发现种苗检出比较多的病毒有WSSV和IHHNV。虾苗携带细菌数量与养殖早期种苗成活率有直接关系，也是养殖前期发生HPNS的原因之一，应该加强虾苗病原检测，具体要求为（1）WSSV、IHHNV、TSV、IMNV和YHV不得检出（应用PCR一步法检测技术、LAMP检测技术、荧光定量PCR检测技术）。（2）虾苗（全长＜0.5cm）用TCBS平板检测，弧菌（黄菌）含量不能超过30CFU/尾，副溶血弧菌（绿菌）不能超过3CFU/尾；虾苗（全长0.5cm～1cm）用TCBS平板检测，弧菌（黄菌）含量不能超过50CFU/尾，副溶血弧菌（绿菌）不能超过6CFU/尾；发光细菌不得检出。

（4）严格控制苗种数量

凡纳滨对虾HPNS的发生与种苗密度有直接关系，在相同种苗密度条件下，按照传统养殖管理技术，养殖生长快的品种与养殖普通品种，因单位时间投饵量不同，所造成的环境胁迫不同。按照现有市场上生长快品种的生长速度，养殖约70d，规格达到60～80尾/kg，普通品种养殖到规格60～80尾/kg，需要100d左右。按照饵料系数相同计算，如采用相同的投放密度和养殖管理措施，养殖到70d，养殖生长快的对虾品种池塘的环境胁迫约为养殖普通品种池塘的2倍左右，相当于比普通品种对虾密度提高了1倍左右。也就是说在封闭式对虾养殖模式（养殖期间只进水不排水）中，如果生长快品种投放5万尾/亩，实际上相当于投放了普通对虾种苗10万尾/亩的环境胁迫，这在生产中是行不通的。不同养殖池塘和养殖管理技术的环境调控能力明显不同。在养殖期间只进水不排放水的封闭式养殖模式环境调控能力最弱，养殖环境容纳量比较低；高位池塘环境调控能力较强，养殖环境容纳量比较高，其中2亩以下高位池塘的环境调控能力明显高于面积5亩以上池塘，单位面积养殖环境容纳量也高于面积5亩以上池塘。因此，不同养殖模式和养殖管理措施（如换水等），投放种苗的密度应该有较大差异。建议凡纳滨对虾虾苗的投放密度如下：①在封闭式养殖模式下，凡纳滨对虾普通品种（土苗和二代苗）放苗密度为3万～4万尾/亩，生长快的品种放苗密度为2～3万尾/亩。②在高位池养殖模式下，小于2亩的池塘，普通虾苗放苗密度为小于10万尾/

亩，生长快的品种放苗密度为小于7万尾/亩；5亩左右池塘，普通虾苗放苗密度为约7万尾/亩，生长快品种放苗密度为小于5万尾/亩；大于5亩的池塘，苗种密度需要相应减少。

（5）建议一茬养殖时间不少于100d

在环境容纳量许可的条件下，通过控制饵料投喂，延长养殖时间，可以提升对虾环境容纳量。如前所述，同样的种苗投放密度，在封闭式养殖模式中普通虾苗投放3万～4万尾养殖100d左右，规格达60～80尾/kg时，一般不会发生HPNS；而生长快的虾苗3万～4万尾/亩，一般养殖70d左右养殖规格达60～80尾/kg时，容易发生HPNS。主要原因：一方面是池塘水体有益微生物、藻类等可以消解一些有毒有害物质和营养盐（如氨态氮、亚硝基氮、硫化氢等），植食性鱼类通过摄食藻类、有机碎屑等减少水体的富营养化，时间越长消解有毒有害物质总量越多，而过高的种苗密度和大量投放饵料使池塘有益菌和藻类在短时间内无法消除有毒有害物质，增加了池塘环境对对虾的胁迫；另一方面是如果投苗密度过大，通过控制对虾饵料投喂量和延长养殖时间可以缓解环境胁迫。从这个角度来看，不同的对虾品种采取不同投放的密度是对虾养殖成功的关键。低养殖密度可以通过延长养殖时间增加环境容纳量而增加养殖量；如果养殖密度过高，也可以通过减少饵料投喂量延长养殖时间的措施，保持养殖量始终不超过环境容纳量，最终提高养殖产量。

（6）严格控制饲料投喂量

HPNS发生的主因是池塘内单位时间饵料投喂量过大和水质调控能力不能从根本上缓解池塘的环境胁迫，导致养殖对虾慢性中毒；同时，环境胁迫容易导致病毒、细菌等病原的感染，也会使非致病性病原在对虾体内繁生而转为致病病原，病原感染又降低了对虾对环境胁迫的抵抗能力。除了降低对虾养殖密度、延长养殖时间、提高养殖环境容纳量（添加益生菌、藻类、理化水质改良剂、植食性生物如鱼类、换水等）等措施外，还需要严格控制饵料投喂量，遵循少投饵料和延长养殖时间的原则。举例来说，在封闭式养殖池塘中，按照传统养殖技术，如果投放生长快的虾苗5万尾/亩和饵料系数按1.2计算，养殖到60～80尾/kg的养殖时间约为70d，每亩投放饵料约600kg；如果投放相同密度的普通虾苗，养殖到70d，每亩投放饵料约 300kg；为了缓解池塘的环境胁迫，在养殖过程中，应该在100d内投放饵料总量为600kg，而不是70d投放饵料总量600kg，无论是生长快的品种还是普通品种，600kg的饲料需要100d投完，而不是70d投完，要达到这个要求，养殖生长快的品种只能降低种苗放养密度。封闭式养殖模式和高位池养殖模式调控水质的能力不同，封闭式养殖模式因不具有排水能力，水质调控能力比较弱，高位池因具有全天候换水能力，水质调控能力比较强。即使同样是高位池养殖模式，不同面积的池塘调控能力也相差较大，面积越小，水质调控能力越强。因此，不同养殖模式、同一养殖模式不同养殖面积水质调控能力不同，投放苗种的数量也就不相同。饵料过量投喂是池塘环境胁迫的最主要原因，要改善环境，不但要控制苗种密度、调控水质，更要控制单位时间单位面积饵料的投喂量。

饵料投喂量规范：

①前20d严格固定投料量范围见表3-3。

放苗后一周内采用成活率测定网（放苗同时点数100尾放入成活率测定网，不用投喂，一周后取出点数计算成活率）检测对虾成活率。按照成活比率参照表3-3

表3-3 养殖前20d参考饵料投喂量

日龄	增加量（公斤\天\10万尾）			日投喂量（公斤\天\10万尾）			料型		
品种	凡纳滨对虾	斑节对虾	日本囊对虾	凡纳滨对虾	斑节对虾	日本囊对虾	凡纳滨对虾	斑节对虾	日本囊对虾
1	0	0	0	1.0	0.5	0.5	0	0	0
2	0.2	0.1	0.1	1.2	0.6	0.6	0	0	0
3	0.2	0.1	0.1	1.4	0.7	0.7	0	0	0
4	0.2	0.1	0.1	1.6	0.8	0.8	0	0	0
5	0.2	0.1	0.1	1.8	0.9	0.9	0	0	0
6	0.2	0.1	0.1	2.0	1.0	1.0	0	0	0
7	0.2	0.1	0.1	2.2	1.1	1.1	0	0	0
8	0.2	0.1	0.1	2.4	1.2	1.2	0+1	0	0
9	0.2	0.1	0.1	2.6	1.3	1.3	0+1	0	0
10	0.2	0.1	0.1	2.8	1.4	1.4	0+1	0	0
11	0.3	0.2	0.2	3.1	1.6	1.6	1	0+1	0+1
12	0.3	0.2	0.2	3.4	1.8	1.8	1	0+1	0+1
13	0.3	0.2	0.2	3.7	2.0	2.0	1	0+1	0+1
14	0.3	0.2	0.2	4.0	2.2	2.2	1	0+1	0+1
15	0.3	0.2	0.2	4.3	2.4	2.4	1	0+1	0+1
16	0.4	0.3	0.3	4.7	2.7	2.7	1	1	1
17	0.4	0.3	0.3	5.1	3.0	3.0	1	1	1
18	0.4	0.3	0.3	5.5	3.3	3.3	1	1	1
19	0.4	0.3	0.3	5.9	3.6	3.6	1	1	1
20	0.4	0.3	0.3	6.3	3.9	3.9	1	1	1

进行投料。举例：如果成活率为70%，则投料量按照表3-3中数据来以0.7计算。

如果水体透明度过低，原则上应该减少饵料投喂量，但不能少于50%。

②20d后测料时间和料台比例见表3-4。

表3-4 料型转换、料台量及测料时间参考表

日龄（天）	1	10	20	30	40	50	60	70	80	90	100	110	120	130	140
料型	0	0+1	1	1+2	2	2	2+3	3	3	3	3	3	3	3	3
料台量%	1.0	1.0	1.0	1.5	1.5	1.5	2.0	2.0	2.0	2.5	2.5	2.5	/	/	/
测料时间	/	/	/	2.0	2.0	1.5	1.5	1.5	1.5	1.0	1.0	1.0	1.0	0.14	0.45

至少每口池塘设定2个饲料观测台，分布在池塘的周边，最好在虾塘中间也设定1个，做到准确观测摄食情况和检查是否有死亡对虾。

投料量要参照水色、对虾肠道内含物的颜色和对虾活动状态以及气候、理化指标及时灵活调整投喂时间和投喂量。

③日本囊对虾养殖前45d，夜间投喂量占全天投喂量的70%～80%，潜砂之后白天不投喂。斑节对虾全程夜间投喂量占全天投喂量的60%～70%。凡纳滨对虾全程白天投喂量占全天投喂量的80%。日落前水体溶解氧最高时多投，凌晨溶解氧低时少投或不投。

④天气和理化指标异常时，停止投喂或投料量减半。结合对虾肠道内含物的颜色和对虾活动状态灵活调整。比如下一餐投料前肠道内含物为饲料或后半段为饲料，则减料；如果肠道内含物为底泥、藻类等物质，则加料。

（7）测水调水

一些水体理化指标代表着对虾环境容纳量的临界值。测定一些水体理化指标，为通过调控水质技术和控制饵料投喂量预防HPNS提供科学依据。水体总菌含量不小于10^7数量级，弧菌量不超过10^3数量级是比较理想的菌相。如果超出范围可采取如下措施：

①使用低剂量消毒剂（不伤藻类的）

连续3次杀灭弧菌后，24h内补充有益微生物。并且补充的有益微生物为多元化，迅速提高水体总菌含量，抑制弧菌反弹。

②减少饲料投喂量，加大换水量，然后采取补充有益微生物措施。

③乳酸菌、酵母菌等肠道有益菌发酵饲料24h以上，连续投喂一周以上，抑制对虾肠道内弧菌繁殖。

（8）蓝藻等有害藻类的监测调控

蓝藻等有害藻类是对虾HPNS发生的原因之一，防控蓝藻等有毒有害藻类也就成为防控HPNS的重要手段。

①源头控制。养殖前，池塘要彻底清淤消毒，杀灭池塘中的藻类；监测养殖水源水质，避免引入蓝藻、甲藻等有害微藻占优势的水源：水源颜色异常时（蓝绿

色、棕红色、水体泡沫多等）不进水；水源需过滤、沉淀、消毒后再使用。

②养殖池塘中优良微藻的培养与维护。养殖过程每隔7～10d定期施用芽孢杆菌，直到养殖结束；养殖过程出现水色太浓、微藻繁殖过多时施用光合细菌；养殖过程出现水体泡沫多、微藻繁殖不良时施用乳酸杆菌。

③养殖池塘中蓝藻等有害微藻的控制。发现颤藻、微囊藻等有害蓝藻数量增多，达到每毫升1×10^5个时，采取以下措施：适量换水；施用底质改良剂改良底质；施用络合剂缓解对虾应激；施用高浓度芽孢杆菌和高浓度光合细菌控制蓝藻的繁殖，若蓝藻数量较多，可相隔3d左右再施用，重复2～3次；施用无机营养素或者液体复合营养素培育新的优良微藻；施用偏硅酸钠（0.5ppm，药量约每亩500g）处理。

（9）HPNS 控制技术

过量投喂饲料是造成池塘环境胁迫的主要原因，减少投喂饲料和大量换水可以明显减少池塘的环境胁迫。一旦发生肝胰腺坏死症，应采取如下措施：立即停止饲料投喂，停止饲料投喂时间一般需要2～4d（根据水质和虾状况）；换水（根据水质指标），一次性换水30%～60%（换水后需要重新培育水质）；待水质改善和不再出现死虾后，可以重新投喂饲料，但一定要严格控制饲料投喂量，并监测水质情况。

总之，对虾的养殖量不能超过环境容纳量，环境容纳量与养殖模式、投饵量、养殖管理等直接相关，一方面是控制对虾的养殖量，即保证单位面积单位时间对虾养殖量不超过环境容纳量，如控制对虾密度、控制投喂量、延长养殖时间等方法；另一方面是提高池塘的环境容纳量，如增加池塘益生菌、调控藻类、调控水质、换水、混养植食性或摄食池底有机质的鱼类等。控制对虾养殖量的措施和提高池塘环境容量的技术都可以起到防控HPNS的作用。

三、红腿病（Red appendages disease）

【病原】已见报道的有副溶血弧菌（Vibro parahaemolyticus）、鳗弧菌（V.anguillarum）、溶藻弧菌（V.alginolyticus）、气单胞菌（Aeromonas）和假单胞菌（Pseudomonas）。

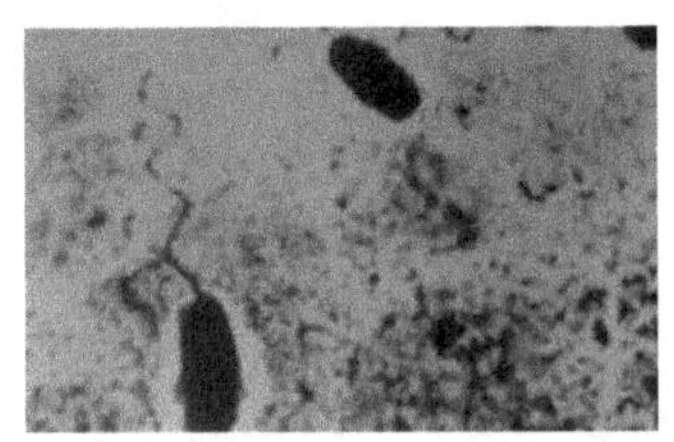

图3-18A 病原副溶血弧菌

鳗弧菌、副溶血弧菌、溶藻弧菌为革兰氏染色阴性杆菌，弧状、短弧状或杆状，极生单鞭毛，有动力，大小为（0.8～1.3）μm×（1.6～3）μm（图3-18A）。对O/129敏感，在

TCBS培养基上生长，过氧化氢酶阳性、氧化酶阳性，葡萄糖厌氧发酵，水解淀粉，液化明胶，对VP反应、阿拉伯糖产酸有变化。

嗜水气单胞菌也是革兰氏阴性菌，短弧状或杆状，大小为（0.5～0.7）μm×（0.8～1.5）μm，有动力，菌体两端钝圆，极生单鞭毛。

假单胞菌，革兰氏阴性菌，短杆状，两端圆形，极端1～3根鞭毛，有动力，无芽孢。

【症状和病理变化】主要症状是附肢变红色，特别是游泳足最为明显（图3-18B、C）；头胸甲的鳃区呈淡黄色或浅红色。病虾一般在池边缓慢游动或潜伏于岸边，行动呆滞，不能控制行动方向，在水中旋转或上下垂直游动，停止吃食，不久便死亡。

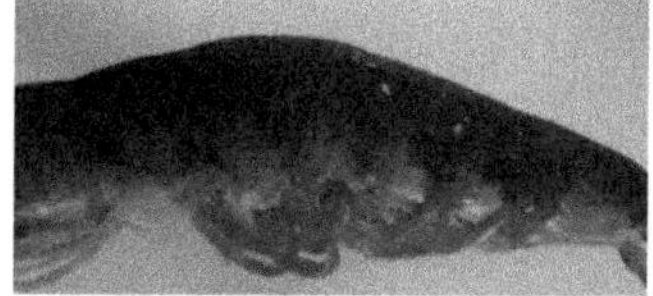

图3-18B 患病对虾游泳足发红

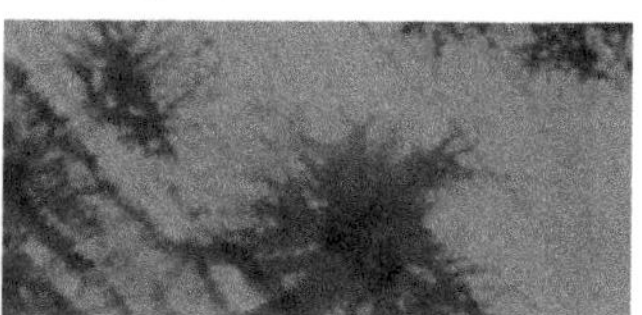

图3-18C 患病对虾游泳足红色素细胞扩张

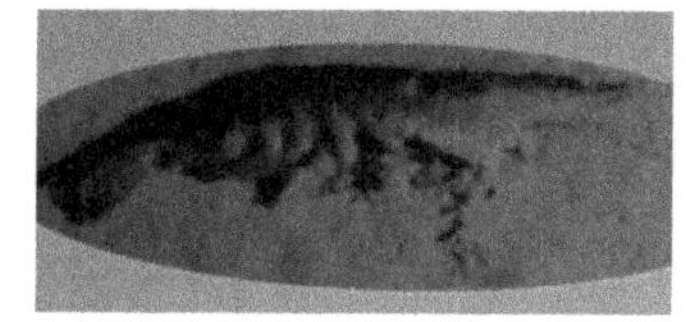

图3-18D 患病对虾鳃区发黄

图3-18E 患病对虾黄色素细胞扩张

解剖可见肠空，肝脏呈浅黄色或深褐色，肌肉无弹性，头胸甲的鳃区呈淡黄色（图3-18D、E）鳃丝尖端出现空泡。血淋巴变稀薄，血细胞减少，凝固缓慢或不凝固，心肝组织中有血细胞凝集的炎症反应。血淋巴、肝胰脏、心脏、鳃丝等器官组织内均可看到细菌。

【流行情况】全国养虾地区都有病例，发生在中国对虾、长毛对虾、斑节对虾、南美白对虾上，发病率和死亡率可达90%以上，是对虾养成期危害较大的一种病。流行季节为6—10月，8—9月最常发生，可持续到11月。有些虾池发病后几天之内几乎全部死亡。在越冬期的亲虾也常患此病，但一般不会发生急性大批死亡。

此病的流行与池底污染和水质不良有密切关系。

【诊断方法】一般靠外观症状就可初诊。但对虾在环境条件不利时，例如拥挤、缺氧等条件下，附肢也会暂时变红色，但鳃区不变黄色，并且在条件改善后很快就可恢复原状，因此，必须用下列方法确诊。

（1）在显微镜下检查血淋巴中是否有细菌活动。取血时可取有外观症状与病理变化的虾，用镊子从头胸甲后缘与第一腹节的连接处刺破，再用细的橡皮头玻璃吸管插入围心腔中取血液，滴到干净的载玻片上，盖上盖玻片进行镜检。

（2）用血清学方法，例如荧光检测技术或酶联免疫测定法（Enzyme Linked Immunosorbent Assay，ELISA）检测。

【防治方法】

预防措施

秋冬季清除池底淤泥，用生石灰、漂白精、漂白粉或其他含氯消毒剂消毒；夏秋高温季节，定期泼洒生石灰，可根据底质和水质情况调整用量。

治疗方法

（1）氟苯尼考0.05%～0.1%或土霉素0.2%混入饲料中，制成药饵，连续投喂5d左右。

（2）大蒜去皮捣烂，加入少量清水搅匀，按饲料重量的1%～2%拌入配合饲料中，待药液完全被吸入以后，就可投喂，连喂3～5d 。

（3）在口服上述药物的同时，用下列含氯消毒剂之一全池泼洒，以消灭池水和虾体表上的病菌，效果更好：①0.3～0.5mg/L的漂粉精；②0.2mg/L的三氯异氰尿酸（TCCA）；③1～2mg/L的漂白粉（含氯30%以上），④0.3～0.5mg/L的溴氯海因或二溴海因。

注意事项

（1）口服抗菌药物，必须连续服用1个疗程，不能间断。收虾前2周内应停止使用抗菌素，以免药物残留虾体内，影响食用者的健康。

（2）含氯消毒剂中所含的氯很不稳定，特别是漂白粉和漂粉精，在受到光、热、潮或暴露在空气中后，氯易挥发，使药物降低疗效或完全失效，所以应密封保存于阴凉干燥处。

（3）含氯消毒剂虽能杀灭病原菌，但对虾池中的浮游生物、底栖动物和有益的细菌也有杀害作用，而且氯会与水中的有机物质结合而失效，所以肥水池，可每天泼1次，连泼2d或隔1～2d泼1次；水色比较清瘦的池塘一般每隔7～10d泼1次。在虾池中混养贝类的池塘不宜泼洒消毒剂。

四、烂鳃病（Gill rot disease）

【病原】已见报道的病原有弧菌（*Vibrio spp.*）、假单胞菌（*Pseudomonas sp.*）、气单胞菌（*Aeromonas sp.*）等。

【症状和病理变化】病虾浮于水面，游动缓慢，反应迟钝，厌食，最后死亡，特别在池水溶解氧不足时，病虾首先死亡。病虾鳃丝呈灰色、肿胀，变脆，严重时鳃尖端溃烂，溃烂坏死的部分发生皱缩或脱落（图3-19A、B、C、D、E、F）。有的鳃丝在溃烂组织与尚未溃烂组织的交界处形成一条黑褐色的分界线。

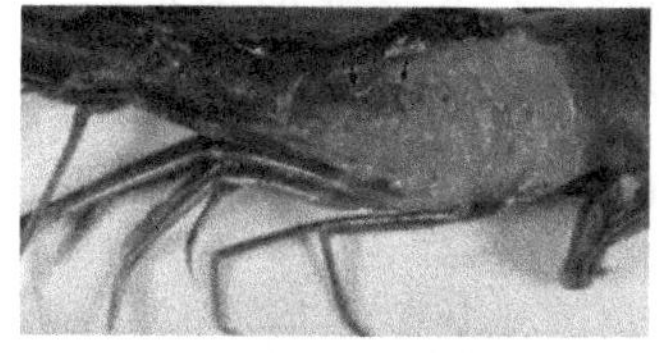
图3-19A 患病对虾鳃丝腐烂

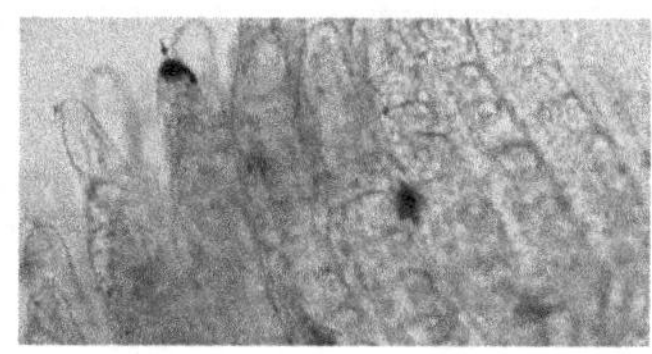
图3-19B 患病初期，只有少数鳃丝发黑

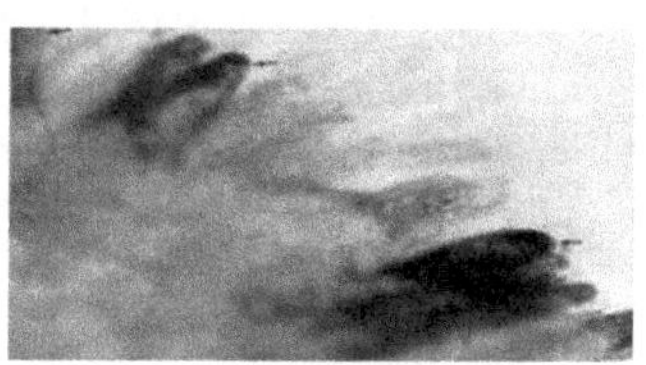
图3-19C 随着病情的发展，鳃丝逐渐变黑

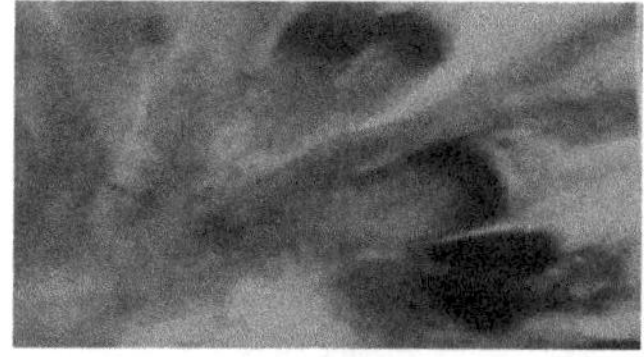
图3-19D 镜下腐烂的鳃丝

图3-19E 正常虾的鳃

图3-19F 患病对虾的鳃

镜检溃烂处有大量的细菌游动，严重者血淋巴中也有细菌，超薄切片可见在鳃丝的几丁质和表皮层中有许多细菌，菌体周围的组织被腐蚀成空斑。

【流行情况】发生在各种养殖对虾中，高温季节易发病，可引起对虾死亡。烂鳃病发病率较低，但已烂鳃的虾很少成活。

【诊断方法】剪取少量鳃丝，用镊子分散后做成水浸片，在低倍显微镜下观察溃烂情况，再用高倍镜观察鳃丝内的细菌。

【防治方法】同红腿病

五、瞎眼病（Eye rot disease）

【病原】养成期烂眼病是由非01群霍乱弧菌（*Vibrio cholerae* non-01）引起（郑国兴，1986）。该菌特征与01霍乱弧菌基本相同，但不被01霍乱弧菌多价血清凝集。菌体为短杆状，弧形，大小为（0.5～0.8）μm×（1.5～3）μm，单个，有时数个菌体联成S形，极生单鞭毛，能运动，革兰氏阴性（图3-20A）。生长的温度为20～45℃，最适温度为37℃；能在无盐蛋白胨水中生长，食盐浓度在0.5%～2%时生长最旺盛，5%时生长缓慢，6%以上不生长；pH为5～10都能生长，pH为8时生长最好。由这些生长条件可看出，该菌适于在低盐、高温、微碱性的水体中生长繁殖，这与该病流行的地区和季节有密切关系。

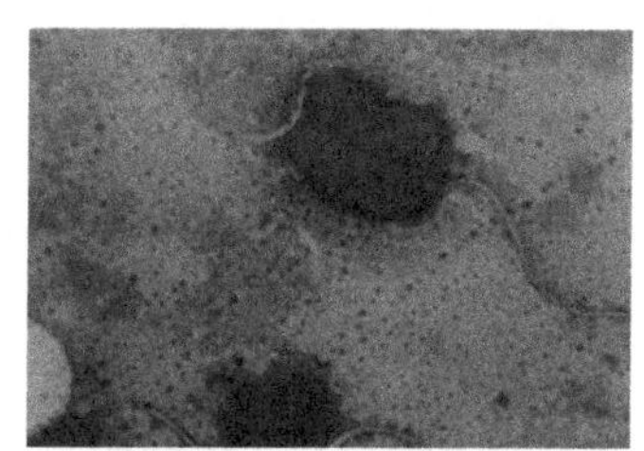
图3-20A 非01群霍乱弧菌

在越冬亲虾中烂眼病有两种病原：一种为细菌，一种为真菌，均未鉴定出属名和种名。

【症状和病理变化】在养成期间感染烂眼病的病虾伏于水草或池边水底，有时浮于水面旋转翻滚。患病初期眼球肿胀，逐渐由黑变褐，然后溃烂。溃烂一般从眼球前部开始，严重者眼球脱落，只剩下眼柄。细菌侵入血淋巴后，变为菌血症而死亡。

越冬亲虾的烂眼病一般发生在眼球的前外侧面，病虾游动缓慢或伏于水底，摄食困难，有的双眼一齐溃烂，有的仅一边的眼睛溃烂，严重者眼球脱落（图3-20B、C、D）。

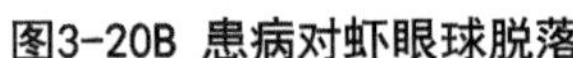

图3-20B 患病对虾眼球脱落

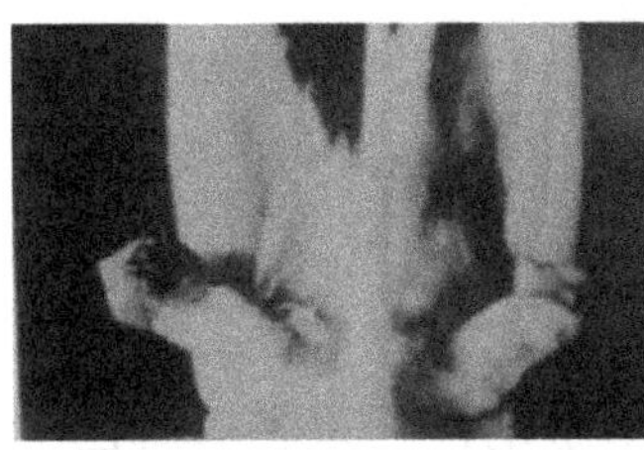

图3-20C 患病对虾右眼脱落

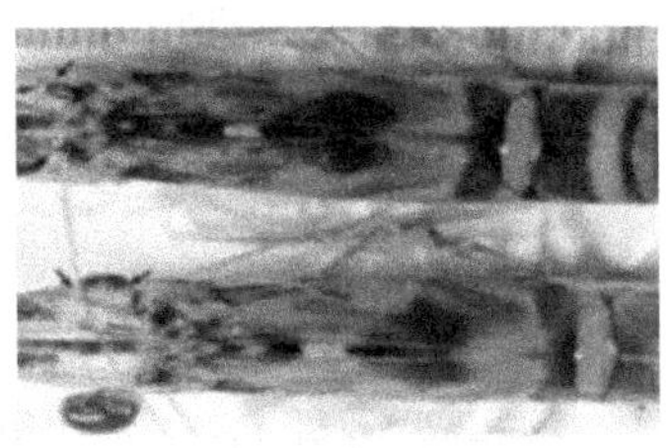

图3-20D 箭头显示瞎眼

显微镜下，眼球溃烂处的表面组织紊乱，小眼的界限不清，溃烂组织中含有大量细菌或真菌菌丝，有时真菌菌丝伸入视神经中。

【流行情况】烂眼病的分布地区很广，在养成期间几乎全国各地都有发生，发生季节为7—10月，但以8月最多，感染率一般为30%～50%，最高的可达90%以上。一般是散发性死亡，死亡率不太高，但严重影响生长，病虾明显小于同期的健康虾。越冬亲虾的烂眼病同样发生在全国各越冬点，感染率达90%以上，死亡率为40%～50%。

养成虾烂眼病的流行与池底没有清除淤泥或清淤不彻底有密切关系。越冬亲虾的烂眼病除了池底污浊以外，可能与因光线强使亲虾不停地沿池边游动，眼球摩擦受伤后，细菌或真菌侵入有关。

【诊断方法】肉眼观察眼球的颜色和溃烂情形，就可初诊。确诊需要刮取眼睛的溃烂组织和液体，直接在显微镜下检查，以确定病原是细菌还是真菌。

【防治方法】

预防措施

养成池在放养虾前要彻底清淤和消毒，养成期保持水质清洁。亲虾越冬池放养虾前要彻底洗刷消毒，越冬期经常吸除池底污物，并加强换水，控制光照以减少亲虾游动。

治疗方法

养成期的治疗与红腿病相同，但在初期可不用内服药，只泼洒含氯消毒剂。亲虾越冬期的烂眼病首先应分清病原。如果病原为细菌，全池泼洒含氯消毒剂或抗菌药3～5d即可。但要注意消毒剂和抗菌药物不能同时泼洒。如果病原为真菌，在亲虾越冬池中可用2～3mg/L的克霉灵或6mg/L的制霉菌素药浴，连用3d。

五、丝状细菌病（Filamentous bacterial disease）

【病原】丝状细菌最常见的为毛霉亮发菌（*Leucothrix mucor*），此外还有发硫菌（*Thiothrix sp.*）。

亮发菌属目前仅报告了这一种。菌体呈头发状，不分枝，基部略粗，尖端稍细，一般基部直径为2.5μm，尖端为1.5～2μm；长度在各菌丝中相差悬殊，从几微米一直到500μm以上；菌丝一般透明无色，但有时发现菌体内呈颗粒状，这可能是较老的菌丝。丝状细菌的繁殖方法是产生分生孢子（Conidium），在较老的菌丝上，特别在近尖端部分，生出许多横隔，横隔逐渐收缩，两隔间就成为一个分生孢子。分生孢子形成后，可以单个地离开菌丝，也可以几个分生孢子成为链状一同离开菌丝。分生孢子散入水中，遇到适宜的基物时，例如水生甲壳类的身体、幼体和卵等，就附着上去，发育成为新菌丝。

菌丝基部的附着处并无根状构造，但有黏液样物质介于菌丝和附着基物之间，这些物质被认为是细菌本身分泌的。

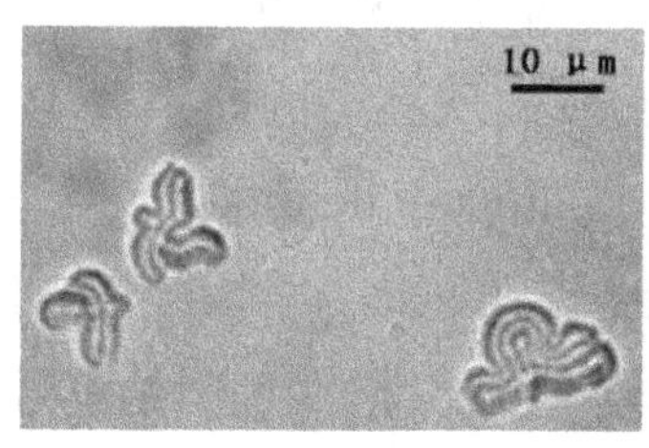

图3-21A　丝状细菌在固态培养基上的形态（1）

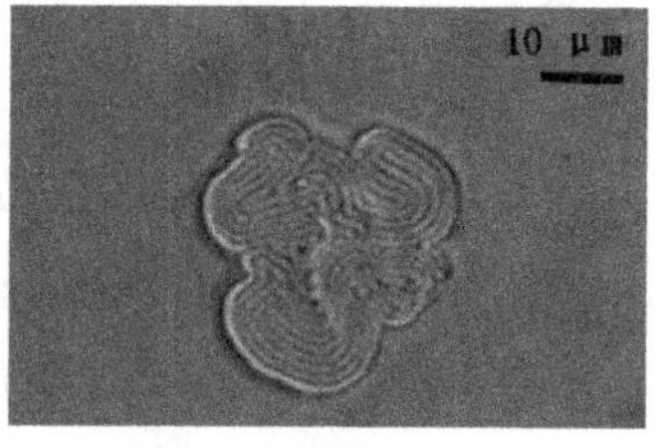

图3-21B　丝状细菌在固态培养基上的形态（2）

在固体培养基上培养的菌落非常特殊，菌丝弯曲呈指纹状，老的菌丝顶部形成许多分生孢子，分生孢子排列成链状，不能动（图3-21A、B）。

在液体培养基上，菌丝从液面下垂或附着在培养器的壁上，往往由许多长短不一的菌丝向四周伸出呈放射状。脱离菌丝的分生孢子在液体中能够滑行运动。

分离毛霉亮发菌最常用的培养基是普灵什姆（Pringsheim）培养基。该培养基有液体和固体两种。液体培养基的配方为：胰蛋白胨0.49g，牛肉膏0.29g，醋酸钠0.29g，海水1000mL，pH为8～8.3。固体培养基为上述配方加2%的琼脂制成。也可用含营养成分较高的培养基：胰蛋白胨1g，酵母膏1g，琼脂15g，蒸馏水500mL。分离时将附有菌丝的对虾鳃丝放在培养基上，最初只有杂菌生长，约两周以后丝状细菌才长出（Harold等）。

毛霉亮发菌是革兰氏阴性菌，绝对需氧，最适生长温度为25℃左右，能忍受的最高温度为35℃，0℃时只能生存1～2周。但有些生长在热带的菌株，则适温范围很窄，在15℃以下就不能生长。此菌必须在有氯化钠的水中才能生长，最适的氯化钠浓度为1.6%，浓度在2%～3.5%时仍可生长。

发硫菌的外形和繁殖方法与亮发菌很相似，但在菌丝细胞质内有许多含硫颗粒。菌丝有横隔，菌丝外有一层纤维质鞘。它是一种专性化能营养生物，所需的能量是来自H_2S的氧化，因此，它的生长发育依存于CO_2、O_2和H_2S，所以在做人工纯培养时很难成功。

【症状和病理变化】丝状细菌附着在对虾的卵、各期幼体、成虾的鳃和体表各处（图3-21C、D），它仅以宿主作为生活基地，用黏液样物质黏附在宿主上，并不侵入宿主组织，不会从虾体上吸取营养成分，也未看到宿主组织对丝状细菌的附着有明显的反应，因此不属于寄生物，应属于体表附着物（Epibiont）或外共栖生物（Ectocommensal）。但是有人认为亮发菌内有一种内毒素，属于脂多糖（Lipopolysaccharide）类，可能对于虾体有毒害作用。当其附着在对虾鳃上时对于虾的危害性最大，往往附生的数量很多，成丛的菌丝布满鳃丝表面，菌丝之间还往往黏附着许多原生动物、单细胞藻类、有机物碎屑或其他污物，因而使鳃的外观呈黑色。但在显微镜下检查时鳃丝组织一般并不变黑，仅有少数病例鳃丝内部有棕色点。鳃丝外观的黑色是菌丝间的黏附物造成的，这些菌丝和黏附的污物阻碍了水在鳃丝间的流通，隔绝了鳃丝与水的接触，妨碍了对虾的呼吸，同时细菌和污物也消耗氧，这是引起对虾死亡的主要原因。另外，在体表和鳃上附着丝状细菌数量很多的虾往往蜕皮困难，引起死亡。这可能是因为丝状细菌对于蜕皮有机械阻碍，并且对虾在蜕皮时需氧比平时多，但细菌阻碍了氧的供应所致。

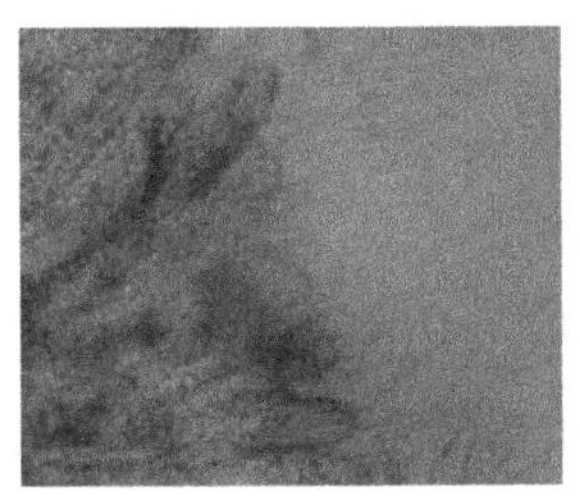

图3-21C 鳃丝上的丝状细菌

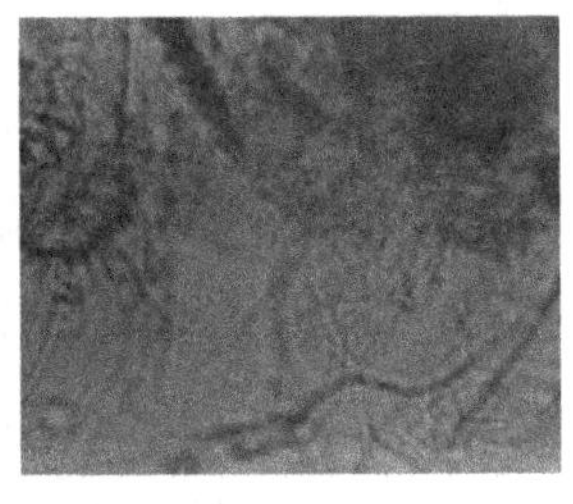

图3-21D 鳃丝上丝状细菌放大图

卵膜表面上有丝状细菌附着时，卵一般会停止发育最终死亡，最终幼体上附着丝状细菌数量很多时，往往游动迟缓甚至沉于水底，停止发育，蜕皮困难，最后死亡。但是，现在在对虾的工厂化育苗中，虾卵和幼体上大量附着丝状细菌的情况较为少见。

【流行情况】丝状细菌不仅附着在各种对虾及其各个生活时期，而且在海水鱼类的卵上，其他虾、蟹等多种海产甲壳类的各个生活阶段以及海藻上都可发现，分布的范围几乎是世界性的。在我国广西的长毛对虾、广东的墨吉对虾以及沿海各省市的中国对虾上都已发现该细菌，可见全国养虾地区无处不有，并且有些地方也引起了对虾的死亡。

丝状细菌的发生与养虾池中的水质和底质有密切关系。池水和底泥中含有机质多时最易发生。因此，丝状细菌也可作为水环境污染的指标。

丝状细菌往往与钟虫、聚缩虫等固着类纤毛虫和壳吸管虫、莲蓬虫等吸管虫类同时存在，这就更加重了它的危害性。

丝状细菌的发生没有明显的季节性，从春季对虾产卵时开始，一直到秋末冬初对虾收获时止都可发生，但主要发生在8—9月的高温季节。

【诊断方法】虾卵和幼体患病时将其整体做成水浸片在显微镜下镜检。养成期的虾和越冬亲虾患丝状细菌病时，主要剪取一部分病虾鳃丝做成水浸片镜检。丝状细菌的菌体较大，一般在低倍镜下就可看到，但要确诊必须在高倍镜下仔细观察菌丝的构造。

【防治方法】

预防措施

主要是保持水质和底质清洁，即在放养以前要彻底清除池底淤泥并消毒，在养殖期间饲料要营养丰富，投饵适当，促使对虾正常蜕皮和生长，蜕皮时丝状细菌就可随着老的甲壳一起蜕掉。另外，放养密度切勿过大，要经常换水。

治疗方法

对虾幼体丝状细菌病的治疗方法：对虾幼体一般承受了药物的有效浓度，所以最好的方法是大量换水，并多喂适口饲料，促使病虾尽快生长蜕皮。全池泼洒浓度为0.5mg/L的漂粉精，或0.5～0.7mg/L的高锰酸钾，有一定疗效。

养成期的丝状细菌病治疗方法：①全池泼洒茶籽饼使池水成10～15mg/L浓度，促使对虾蜕皮，蜕皮后要大换水。②全池泼洒浓度为5mg/L的高锰酸钾，6h后大量换水。

不能用促蜕皮的方法治疗封闭式纳精囊亲虾的丝状细菌病。

据Lightner（1988）报道，美国用一种螯合铜除藻剂艾夸特灵（Aquatrine），在水槽和水道中使用，以0.1mg/L的浓度流水药浴24h，或以0.2～0.5mg/L的浓度，静水治疗4～6h。Egusa用1mg/L氯化铜对控制丝状细菌也有效。

六、对虾白便病

【病原】引发对虾“白便”的可能因素包括：（1）细菌感染。病原为副溶血弧菌、哈维氏弧菌、创伤弧菌等致病菌。（2）藻毒素。对虾摄食了一些死亡，集结的有害藻类或大型的藻类。（3）寄生虫。感染“虾肝肠胞虫”。（4）水质恶化。氨氮、亚硝酸盐等有毒物质严重超标。（5）霉菌毒素。饲料中霉菌毒素超标。（6）滥用药物。滥用抗生素、消毒剂、杀虫剂均能导致对虾肝胰脏出现不同程度的损伤，导致肝功能障碍。（7）过量投喂。长时间投料比过高（过量投喂）造成的肝胰腺、肠道长期过重的消化负荷。（8）其他因素。苗场标苗期间使用过伤害肝胰脏的产品，比如过量的抗生素。

【症状和病理变化】发病虾的初期症状不明显，只是吃料慢，投喂量在下降，随后越来越多的虾吃料变慢甚至不吃料，虾身瘦弱（壳肉分离），且伴随游塘及偷死（虾肠道发红或肠道有白色脓状物）。池塘下风口水面可见漂浮的白色粪便，发病虾出现肠道不饱满（“断肠”）、空肠现象（图3-22A、B），肠道内有白色的脓状物，肝胰脏也开始萎缩，最终逐渐死亡。

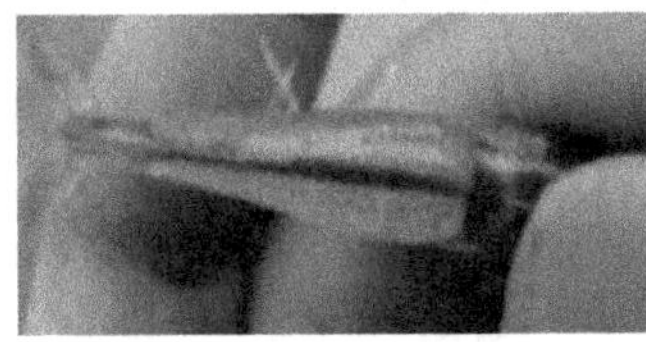

图3-22A 患病对虾肠道发红

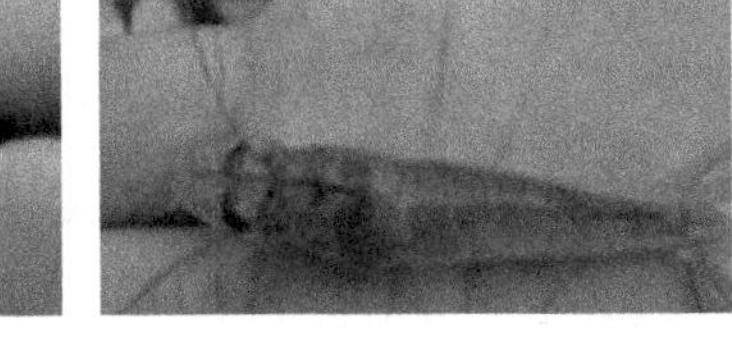

图3-22B 患病对虾空肠空胃

发病虾粪便细长呈白色（如棉线），有黏性，浮在水面，大量聚集有恶臭味散发。典型的肠道病理变化为肠壁细胞增生、黏膜上皮畸变脱落、肠道逐渐发空变白、肝胰腺体萎缩。脱落的腺管上皮、肠道黏膜上皮和增生细胞随粪便排出，形成“白便”附着在料台上或者漂浮于水面（图3-22C、D、E）。

“白便”的主要成分为肝脏排出的病变组织、黏液和毒液，肠道脱落的黏膜

图3-22C 发病池塘水面发粘，有白便

图3-22D 对虾排出的白便

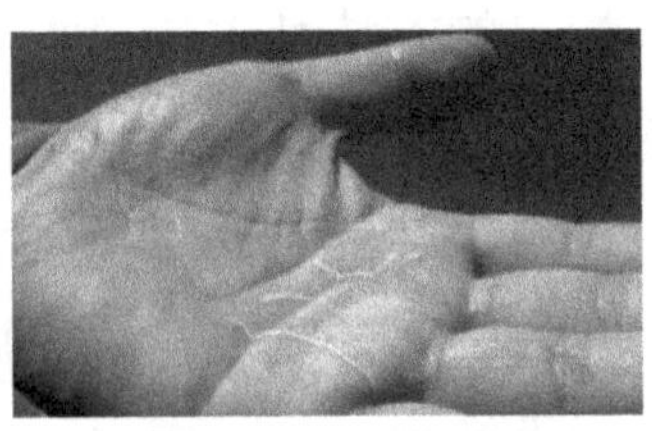

图3-22E 对虾白便

以及一些正常的粪便成分，所表现的“肠炎”症状是基于肝胰脏病变后的表现。

【流行情况】2009、2010年在华南对虾土塘养殖过程中出现，当时发病率低，危害小，通过常规的水质调节、内服清热解毒和保肝类中药或直接使用抗生素就可以治愈，因此没有引起大家的关注。2011年白便病开始蔓延，对虾白便病在南方大面积爆发，包括广东、福建等地，而且一旦出现“白便”现象，几天之后对虾就会出现空肠、空胃、游塘等症状，继续恶化则出现趴边“偷死”。

2012年华北一些地区开始出现白便，不过也是一些小范围爆发。2013、2014年在天津的宝坻、武清、宁河等地大面积出现对虾白便病，有的防治不及时也造成了很大损失。发病时间北方主要是在7、8月，正是对虾吃料比较多的时间。

【诊断方法】根据症状和流行情况初步诊断。

【防治方法】

（1）停料1～2d：停料或者减料有助于病虾体内毒素的排泄。一般用于处理中毒性的肠炎比较多，如果体内细菌多的话可以通过停料排掉一部分出来。注意：若是底物中毒或藻中毒所致的白便不能停料，只减量不减餐。可以把料降到5～6成或者7成左右，但餐数不能减。如果塘底的污染物黑臭了，污染物比较多，裸藻、甲藻、蓝藻甚至死掉的硅藻比较多的时候不能停料，因为停料后虾会吃更多这些有毒物质，中毒更深，不能缓解。

（2）停料时就开始改底：只要有白便则底质肯定会差，一般在出现白便前质地就会变差。因为病虾在产生白便之前消化吸收就出问题了，自然塘底就会恶化得比较快，所以一般停料的时候就要改底。改底的方法：2次氧化配1次生物分解：氧化相隔8～12h一次，然后隔12～24h后再配一次生物分解改底，如果氧化剂含量比较高，比如超过硫40%～50%的，那就只能24h候之后再用生物分解。生物分解一般用兼性芽孢或者粪链球菌为主，因为它们在塘底恶化的时候能比较快的处理塘底的毒素。如果只是塘底恶化的话，比如说硅藻死藻或绿藻死掉引起的白便，改完底病虾可能就好了。

（3）用药：在塘底底质改良后才开始减料用药，一般是减3～5成的料量。用药分几个步骤：

①盐+小苏打+生姜+微量元素（各0.5kg拌10～20kg饲料）配合内服或外用。这个拌喂量相对比较大，尤其微量元素的拌喂量非常大，每餐都拌，连续喂1～2d就够了，正常是每天要喂2餐，最好是3餐若是每天喂3餐，正常1d基本上就能有效果，如果要保险一点的话就喂2d。如果病虾吃料已经慢得很厉害了，基本

上不吃料了，就需要外用：一亩水体加入盐5kg+小苏打2.5kg+生姜1.5kg+微量元素0.5kg。一般泼一次之后看看吃料情况，没有缓解再泼，连续处理2d就够了，然后再拌喂。这里使用的盐+生姜+小苏可以排毒，如果是明显的中毒性肠炎，比如说藻毒素、氨氮、亚硝酸、硫化物、底物中毒、藻中毒引起的白便，用这个方法基本就能缓解很多。

②拌喂：水溶性多维+虾青素（海洋红酵母）+粪链球菌或乳酸菌或强耗氧型芽孢，这个配方的作用是解毒和促消化。多维和虾青素是解毒的药物，可增加免疫力，多维最好用水溶性多维。活菌的选择面很广，粪链球菌或乳酸菌或强耗氧型芽孢都可以，乳酸菌比较多，粪链球菌市面上好的不多但也有，芽孢必须用强耗氧型的芽孢，这三个菌的作用是以菌抑菌，乳酸菌和粪链球菌产生酸，达到抑菌的效果，强耗氧型的芽孢可以达到杀菌的效果，它的抑菌效果比前面两种厉害。肠道是个密闭的环境，配方中的活菌都是专性需氧菌，它们把肠道里面的溶氧耗掉之后，弧菌和大肠杆菌就会明显消亡，所以能够达到很好的消灭体内弧菌的作用，对细菌性的肠炎有比较明显的效果，尤其是对付营养中毒的肠炎有比较明显的效果。正常情况下一般到这一步，80%～90%的病虾的白便症状就已经得到缓解了，如果没有得到缓解，就要去看水和质底有没有调好。

③调理肝脏：保肝中药（双黄连（保肝）/龙胆泻肝散（保肝清肝）/黄连解毒散（保肝清肝）+三黄散（杀菌）+多糖，每餐都喂，连喂4～5d，基本上肝脏能够得到调理，细菌性的白便症状也能得到缓解。用完后仍有红肠红身的，可接着拌喂芽孢+蛭弧菌+EM菌3d，基本上能够得到明显的好转。这一步基本上很少用到，一般出现白便症状半个月以上才会用得上，在近几年的实际案例中的病虾用前面两步就处理好了，第三步一般是在白便好转后用于巩固治疗效果。

七、甲壳溃疡病（Shell ulcer disease）

【病原】从病灶上分离出多种细菌，隶属于弧菌、假单胞菌、气单胞菌、螺菌（*Spirillum*）、黄杆菌（*Flavobacterium*）等。甲壳溃疡病的病因可能有下列4种：

（1）上表皮先受到机械损伤，具有分解几丁质能力的细菌从伤口侵入，引起溃疡。这也是我国对虾在越冬期间患甲壳溃疡病的主要原因。

（2）先由其他细菌破坏了上表皮，然后具有分解几丁质能力的细菌再侵入。

（3）由营养不良引起的。这一点在龙虾的甲壳溃疡病中已有证明。

（4）由环境中的某些化学物质例如重金属引起的。

【症状和病理变化】病虾的体表甲壳发生溃疡，形成黑褐色的凹陷，周围较

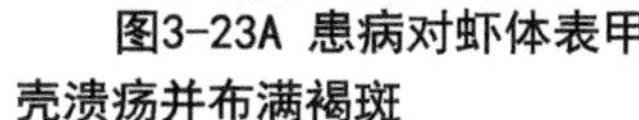

图3-23A 患病对虾体表甲壳溃疡并布满褐斑

图3-23B 患病对虾游泳足溃疡形成黑色斑点

图3-23C 患病对虾体侧有黑色斑点

浅，中部较深（图3-23A、B、C）。肉眼看去对虾体表有许多黑褐色点，所以也叫作黑斑病或褐斑病。病虾呈黑褐色是由于虾体为了抑制细菌的侵入在伤口周围沉积黑色素形成的。越冬期的亲虾，除了体表的褐斑以外，附肢和额剑也烂断，断面也呈黑褐色。溃疡多数为圆形，但也有长形或不规则形。溃疡发生的部位不固定，躯干上和附肢上都可发生，但以头胸甲和第1～3腹节的背面及侧面较多。

溃疡的深度未达到表皮者，在对虾蜕皮时就随之蜕掉，在新生出的甲壳上并不留痕迹。但如果溃疡已深达表皮层之下，在蜕皮时往往在溃疡处的新壳与旧壳发生黏连，使蜕皮困难，严重者细菌侵入甲壳以下的内部组织，引起对虾死亡。

【流行情况】甲壳溃疡病在我国的越冬亲虾中最为流行，危害性也较大，其诱发原因主要是在捕捞、运输、选择等过程中操作不慎，使虾体受伤，或是亲虾在越冬期间跳跃碰撞受伤后有分解几丁质的细菌或其他病菌乘机侵入，引起溃疡，因而使越冬亲虾陆续死亡，积累死亡率可高达80%以上。该病的发病季节一般在越冬的中后期，即1—3月份。

在我国池塘养殖的对虾中甲壳溃疡病也偶有发生，但一般发病率很低，危害性不大。在天津地区的养虾场，曾有较多的对虾发生过褐斑病，一般发生于8月份。

何伟贤等报道，三疣梭子蟹也可患甲壳溃疡病，该病主要流行于成蟹以及越冬蟹中，当池塘底质发黑、淤泥多时易发生。病蟹甲壳、背甲、胸板上有数目不定的黑褐色溃疡性斑点，腹面尤为常见。早期病蟹腹部出现一些褐色斑点，斑点中心部位稍凹，呈微红褐色。至晚期，溃疡的斑点扩大，互相联结形成大斑，中心处有较深的溃疡，边缘变为黑色。此病一般不会引起死亡，但可继发性感染其他细菌或真菌，引起病蟹死亡。

【诊断方法】一般根据外观症状就可初诊，但要注意与维生素C缺乏病的区别。维生素C缺乏病的症状是黑斑位于甲壳之下，甲壳表面光滑，并不溃烂。要确诊还需要用镊子刮取黑斑处的物质做成水浸片在显微镜下检查。

【防治方法】

预防措施

养成期甲壳溃疡病的预防，主要是保证饲料营养齐全，水质不受重金属离子污染，池水定期用含氯消毒剂消毒。越冬亲虾的预防，主要是在操作过程中严防亲虾受伤。

治疗方法

在养成池中甲壳溃疡病的治疗可用治疗红腿病的方法治疗，越冬亲虾的治疗可采取下列方法：

（1）福尔马林全池泼洒，浓度为20～25mg/L，泼一次或隔1～2d再泼一次。

（2）土霉素2.5mg/L的浓度，每隔24h泼一次，连续泼洒5～7次。

（3）在用1法或2法的同时，将土霉素混入饲料中投喂，每千克饲料加0.5～1g药物，日投饲量为虾体重的10%，连续投喂1～2周。

八、荧光病（Fluorescent disease）

【病原】弧菌。有报道称是哈维氏弧菌（*Vibrio harveyi*），革兰氏阴性杆菌，菌体为短杆状，略为弯曲，极生单鞭毛运动，不发光，氧化酶阳性，发酵葡萄糖产酸，TCBS平板上生长呈蓝绿色。也有报道称是荧光假单胞菌（*P.Fluorescens*）和灿烂弧菌（*Vibrio splendidus*）。

【症状和病理变化】发病初期幼体活动能力下降，游于水的中下层，糠虾及仔虾弹跳无力，趋光性差或呈负的趋向性，摄食量减少或不摄食；身体发白，尤其是头胸部呈乳白色。濒死或死亡的幼体在夜间或黑暗处会发荧光，荧光的亮度随发病的程度及幼体大小而不同。发病早期看不到荧光，当幼体处于濒死状态，即可见微弱的荧光，幼体死亡后发荧光最强，可持续十多个小时，直到尸体分解后才看不到荧光。成体发病先是在鳃及头胸部、腹部的腹面发荧光，严重时全身均发荧光，病虾的触须断裂，缓慢游于水面池边，反应迟钝，行为异常，继而伏低或侧卧，无抗逆流能力，随波逐流，最后虾体频频抽动，沉底死亡。镜检可见体内充满细菌。

将濒临死亡的仔虾在显微镜下检查时发现是病虾本身发光（无论在水中或离开水都一样），在病虾上找不到夜光虫，可发现在幼体头胸甲下、鳃部、肝胰腺、消化道乃至肌肉有大量的细菌在活动。成虾在黑暗中可见局部或全身发光，肌肉发白，镜检发光部位可见大量细菌。

【流行情况】自1986年以来，我国南方沿海的许多对虾育苗场几乎年年发生该病，几天内能使池虾死亡率达80%～90%，甚至全部死亡。该病发病急，传播快，致死率极高，防治十分困难，特别是对虾幼体发光病，是危害较大的爆发性流行病。感染严重时，仔虾尸体、丰年虫或仔虾都会发光，在3～5d内死亡率可达100%，给育苗场造成重大的经济损失。

对虾幼体发病多在5—7月，尤以5—6月雨季为发病高峰期，因雨后陆地上大量有机物会被冲入海中，当天晴时水温升高至28～30℃，这些有机物会促进病原菌繁殖，感染对虾幼体引起发病；此外，对虾幼体密度大，附肢残缺、畸形体弱的容易发病。死亡的幼体除少数发现有少量丝状细菌、钟虫及聚缩虫外，没有其他寄生物。成虾发病多在养成中、后期，在池中有机质较多的7—9月高温季节，少数在10月份仍可发现有病虾，成虾发病率较低，且多为慢性型，当与红腿病、丝状细菌、累枝虫、壳吸管虫等病并发时，则病情加重，死亡率增大。

泰国、菲律宾、印度尼西亚、印度、我国台湾等地区也经常发生此病。

【诊断方法】根据症状和流行情况作初步诊断。结合镜检，在400倍以上的显微镜下可观察到染病虾苗体内细菌活动，在相对较透明的区域内呈显性可视。荧光假单胞菌呈短杆状，两端钝圆，端生鞭毛1～6根，菌体活动能力强；哈维氏弧菌亦呈短杆状，有的略有弯曲，具极生鞭毛，菌体活动能力较弱。二者在育苗池中的适温范围以27℃为界，27℃以下荧光假单胞菌多发，27℃以上哈维氏弧菌多发。确诊使用间接ELISA技术检测。

【防治方法】

Leano等研究了发光弧菌的种群分布，发现哈维氏弧菌的分离率最高，达27.9%。一般来说，不同的地域、养殖环境和虾龄都可能影响发光性弧菌的种群比例。据报道，盐度的降低能明显增强哈维氏弧菌的毒力，因此，发光病多发生于雨季。这对于我国南美白对虾在苗种淡化期间发光病的暴发有重要启示。虽然哈维氏弧菌对多种抗生素敏感，但生产上发光病发生后用药物控制很难奏效，因为发现疾病时被感染的病虾已近25%。最近，国外已经有通过有益微生物改善水质从而降低发光细菌数量的成功例子。此外，对水体和饵料的日常管理也非常关键，如Lavilla-Pitogo认为，确保养殖水体中发光细菌的数量在10^2CFU/mL以下，可预防对虾发光病的发生。

2002年，刘问等对引起浙江某苗场凡纳滨对虾发光病的一株哈维氏弧菌进行药敏实验，结果得出其对链霉素敏感，对氟哌酸中度敏感；邓传燕等研究认为该病原对菌必治、复方新诺明、先锋必、亚胺培南、舒普深等12种药物敏感，对青霉素G、氨苄西林、米诺环素、米罗沙星等35种药物有抗性，表明这几年以来引起凡纳滨对虾虾苗发光病的哈维氏弧菌的耐药性范围逐步扩大。

有研究表明，哈维氏弧菌喜营养，大多分布于富营养化的水域中，是表层沉积物中发光细菌的主要品种；Shilo通过实验也证实了在丰富营养中，该菌比P.leiognathi 等细菌具有更强的竞争力。所以说水环境恶化是导致虾育苗爆发发光病的重要原因。在育苗中，由于盲目追求产量效益，一味增加放苗密度，大量投饵，导致残饵大量沉积，育苗环境严重营养化，细菌大量繁殖。由于水质恶化、生态平衡失调，哈维氏弧菌成为优势菌，并使得对虾体质及抗病力下降，病原体乘虚而入，最终导致流行病全面暴发。科学管理，合理投饵，避免水质败坏对于防治对虾发光病十分重要。

此外，可参考对虾幼体菌血病的防治方法，可用1～1.5mg/L的二氧化氯或25mg/L的甲醛泼洒。

第四节　细菌性参病

一、海参腐皮综合征

【病原】有关腐皮综合征的研究主要集中在病原学方面。Becker等最早报道了皮肤溃烂病，认为该病的发生是多种事件（如寄生虫感染）和多种致病因子（包括细菌）共同作用的结果。王印庚等报道了腐皮综合征的病原，但发现腐皮综合征的病原在不同地区和发病参龄间存在差异，而且该病并非单一的病原感染，灿烂弧菌（*Vibrio splendidus*）和假交替单胞菌（*Pseudoalteromonas nigrifadens*）均可引发该病；溶藻弧菌（*V.alginolyticus*）、杀鲑气单胞菌（*Aeromonas salmonicida*）、中间气单胞菌（*A.media*）、海弧菌生物变种I（*V. pelagius biovar I*）*V.cyclitrophicus*、哈维氏弧菌（*V.harveyi*），*V. tasmaniensi*、*Photobacterium sp.* 和腊样芽抱杆菌（*Bacillus cereus*）等均可引发该病，或单一感染或多重感染。此外，病毒也可能是该病的病原。

【症状和病理变化】初期感染的病参多有摇头现象，口围部出现局部性感染，表现为触手黑浊，对外界刺激反应迟钝，口围肿胀、不能收缩与闭合，继而大部分海参会出现排脏现象；中期感染的仿刺参身体收缩、僵直，体色变暗，但肉刺变白、秃钝，口腹部出现小面积溃疡，形成小的蓝白斑点；感染末期病参的病灶扩大、溃疡处增多，表皮大面积腐烂，最终导致死亡，海参溶化为鼻涕状的胶体（图3-24A、B、C、D）。因该病的表观症状复杂，并且患病仿刺参均呈现表皮溃烂等特点，故将其命名为“腐皮综合征”。

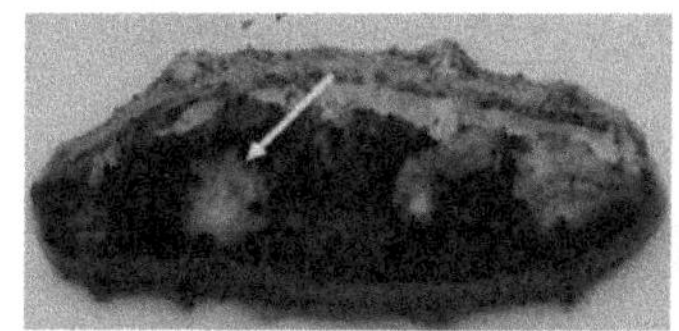

图3-24A　患病海参，箭头示腐烂部位

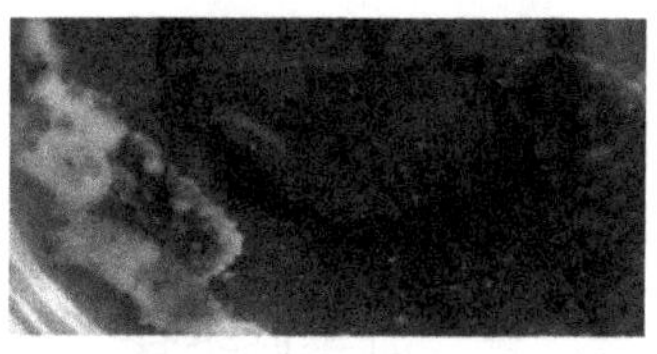

图3-24B　患病海参腐烂处在水中呈白色

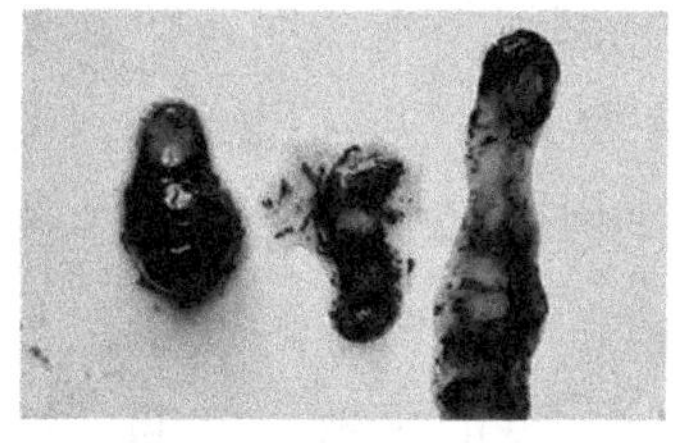

图3-24C　患腐皮综合征的幼参

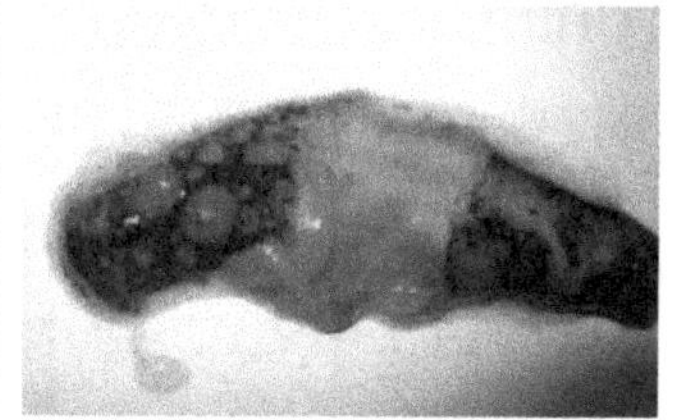

图3-24D　患病海参肉刺已完全腐烂

【流行情况】该病及其相关的疾病（具有典型的皮肤溃烂特征）的爆发具有全球性。该病一般在1—3月份养殖水体温度较低时（8℃以下）出现发病高峰期，表现为感染率高，传染速度快，死亡率高。一旦发病，很快蔓延全池，死亡率高达90%。越冬保苗期幼参和养成期仿刺参均可被感染发病，但幼参的感染率、发病率、死亡率都要高于成参。

【诊断方法】根据症状及流行情况进行初步诊断，由于该病的病原较多，因而很难快速确定准确病原；将腐烂处制成水浸片镜检，判断是否有寄生虫感染，为防控该病提供依据。

【防治方法】

防治措施

（1）购买参苗时应实施种苗健康检查措施。通过肉眼检查选择体表无损伤、肉刺完整、身体自然伸展、活力好、摄食能力强、所排粪便较干呈条状的参苗为佳。有条件者可采用显微观察和微生物分离等手段确认其健康程度。

（2）投放苗种的密度适宜，保持良好的水质和底质环境。

（3）采取“冬病秋治”策略，入冬前后定期施用底质改良剂以氧化池底有机物，杀灭病原微生物，改善海参栖息环境；同时趁海参能够摄食时投喂专用抗菌药物，使海参在冬季时体内积累一定药物浓度以达到抗病效果，使海参安全越冬。

（4）巡池观察海参活动状态、体表变化、摄食与粪便情况、池底清洁状况，定时测量水质指标和生长速度。发现海参患病后，应遵循“早发现，早隔离，早治疗”的原则，及时将身体已经严重腐烂的个体拣出后进行掩埋处理；未发病和病轻的个体可用氨基糖苷类抗菌素，以药浴和口服同时进行治疗。

（5）有锅炉或地下水条件时，可提温保苗，保持较高的温度（14℃以上），提高海参摄食与抗病能力。

二、刺参肠炎病

【病原】哈维氏弧菌（*Vibrio harveyi*）。在TCBS培养基上的菌落形态为圆形，半透明，菌落光滑，中心部呈乳白色，菌落大小为 1～1.2 mm，菌苔呈米黄色；In-2 的优势度为 20%；在TCBS培养基上的菌落形态为圆形，菌苔与菌落均为透明至半透明，菌落≤1mm，浅白色，表面光滑，圆润，边缘不规则，染色阴性（图3-25A）。

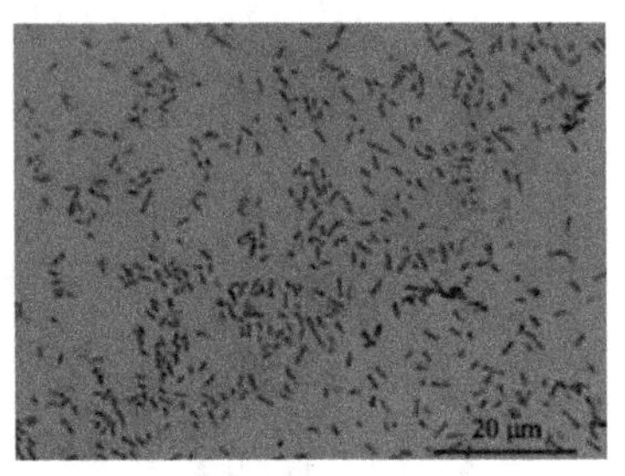

图3-25A 病原菌革兰氏染色图

【症状及病理变化】刺参“肠炎病”的症状表现为摄食能力差、生长速度缓慢、附着力弱，苗种大部分脱落于池底，波纹板附着基上附着数量较少，发病率达到90%以上，但无化皮死亡现象。解剖观察后发现，刺参肠道内食物不连续，肠腔内有大量黄白色黏液或者脓状物质，肠道壁变脆、韧性差且易断裂（图3-25B、C、D）。显微镜下，在肠道水浸片中存在大量细菌。

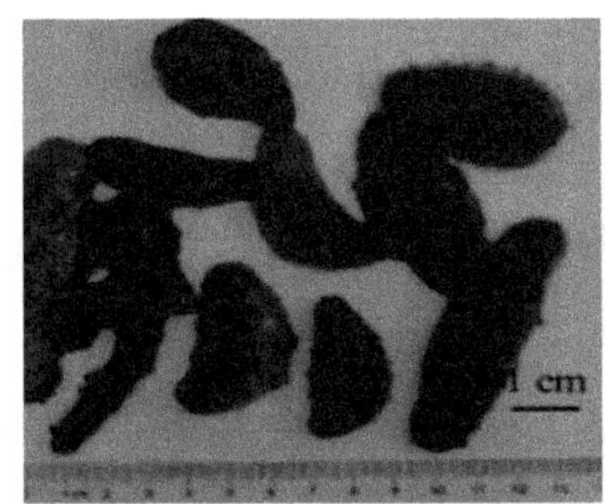

图3-25B 患病刺参外观

图3-25C 正常刺参解剖图

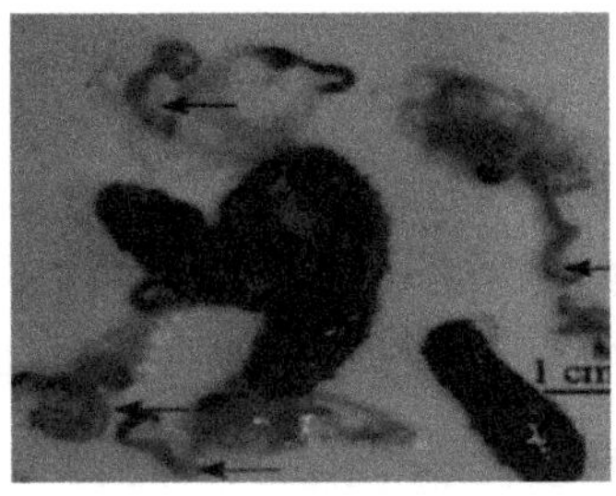

图3-25D 患病刺参解剖图（箭头示患病部位）

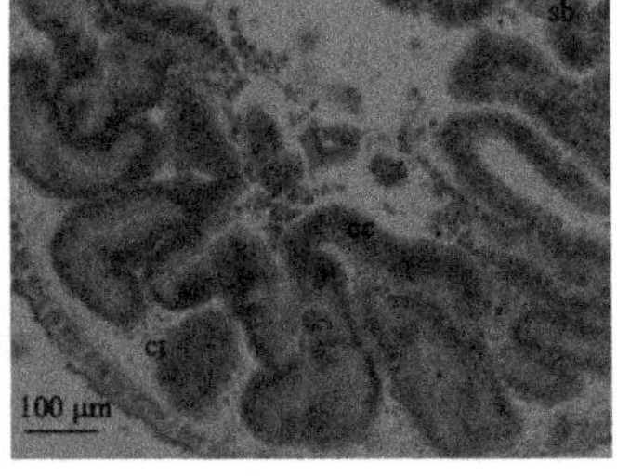

图3-25E 患病刺参肠道切片图

组织病理学观察显示，患病刺参肠腔游离面的绒毛膜散乱，分泌消化酶的能力减弱，染色较浅，消化道的粘膜层和黏膜下层发生组织分离，结缔组织层增生，外层肌肉层发生溃散，并且结缔组织与肌肉层分离较明显（图3-25E）。

【流行情况】该病发生在刺参保苗期，推测饵料所用藻粉是病原菌的主要来源，病原菌随着饲料投喂过程被引入养殖系统。

【诊断方法】根据症状和流行情况进行初步诊断。

【防治方法】刺参养殖系统包括养殖池水源水、养殖池水、附着基沉积物、干海泥和藻粉等部分，养殖系统污染是疾病发生和传播的重要原因。有研究对养殖系统进行了细菌学分析，通过各系统细菌总量和优势菌形态特征对比发现，藻粉、养殖池水和附着基沉积物中细菌菌量非常高，且优势菌特征与致病菌相同，可以推测饵料所用藻粉是病原菌的主要来源，病原菌随着饲料投喂过程被引入养殖系统。因此，在养殖期间，提供优质饵料是预防该疾病的重要措施；经常清理池底并保证水质清新，切断病原引入和传播途径是预防疾病发生的重要途径。

该菌对氯霉素、头孢三嗪、四环素、氧氟沙星、头孢他啶、环丙沙星、罗美沙星、氟罗沙星、阿奇霉素、新生霉素、强力霉素和氟苯尼考12种抗菌素高度敏感；实际生产中使用氟苯尼考药浴效果较好。

第四章

真菌性疾病

第一节 病原真菌

真菌（Fungus）是一类具有典型细胞核，不含叶绿素和不分根、茎、叶的低等真核生物。它们主要有以下特点：不能进行光合作用；以产生大量孢子进行繁殖；一般具有发达的菌丝体；营养方式为异养吸收型；陆生性较强。真菌的种类繁多，形态各异、大小悬殊，细胞结构多样，多数对动物、植物和人类有益，少数有害的称为病原性真菌。

一、真菌的形态与结构

（一）真菌的形态

真菌比细菌大几倍至几十倍，用光学显微镜放大100～500倍就可看清。真菌分单细胞真菌和多细胞真菌两大类型。单细胞真菌的细胞呈圆形或椭圆形，称酵母菌（Yeast）。多细胞真菌可生成菌丝（Hyphe）和孢子（Spore），交织成团，称丝状菌（Filamentous fungus）或霉菌（Mold）。

菌丝生长并分支，形成菌丝体（Mycelium），部分伸入被寄生物体或培养基中吸取和合成营养物质以供生长的菌丝称为营养菌丝，另一部分向空中生长的，称为气生菌丝，产生孢子的气生菌丝称为生殖菌丝。菌丝可有多种形态：螺旋状、球拍状、结节状、鹿角状和梳状等，不同种类可有不同形态的菌丝，成为分类的依据。

（二）真菌的结构

菌丝按结构可分为无隔菌丝与有隔菌丝两类。无隔菌丝的菌丝中无横隔将其分段，整条菌丝就是一个多核的单细胞。有隔菌丝的菌丝中在一定间距有横隔膜，将菌丝分成一连串的细胞，隔膜中有小孔，可允许胞质流通。大部分致病性真菌为有隔菌丝。

孢子分有性孢子与无性孢子两大类。病原性真菌的孢子绝大多数是无性孢子。

二、真菌的分类

目前真菌的分类仍以形态特征和有性生活史作为分类的依据。真菌分类系统很多，目前各国广大真菌分类学者普遍采用的是Ainsworth（1973）的真菌分类系统。该系统把真菌分为黏菌门和真菌门两大门，并把真菌门再分成五个亚门，即鞭毛菌亚门、接合菌亚门、子囊菌亚门、担子菌亚门、半知菌亚门。

鞭毛菌亚门和接合菌亚门为低等真菌，其营养菌丝体是无隔膜的，完整的隔膜仅见于繁殖结构；无性繁殖通过形成孢子囊，有性繁殖则通过形成接合孢子。子囊菌亚门和担子菌亚门有较复杂的菌丝体和复杂的、有穿孔的隔膜，为高等真菌，子囊菌亚门产生无性的分生孢子和有性的子囊孢子；担子菌亚门中的真菌几乎不产生无性孢子，而是在复杂的子实体上形成棒形的担子，在担子上产生有性孢子。半知菌亚门为更高等的真菌。

每一亚门真菌又分为若干纲，其结尾的字母为-etes，例如，担子菌纲（*Basidiomycetes*），纲中又分若干亚纲或目，以-ales结尾，其下又分属和种。

三、真菌的生长繁殖

真菌的生长繁殖与细菌有相同的一面，另有其独特之处。丝状真菌的生长繁殖的能力很强，可通过断裂繁殖、无性孢子繁殖和有性孢子生长繁殖。菌丝如果断裂成断片，这些断片又可长成新的菌丝，这个过程称为断裂繁殖。

一般菌丝生长到一定阶段先产生无性孢子，进行无性繁殖，到后期，在同一菌丝体上产生有性繁殖结构，形成有性孢子，进行有性繁殖。

无性繁殖是指不经过两性细胞的结合，只是营养细胞的分裂或营养菌丝的分化而形成两个新个体的过程。

有性繁殖是指经过两个不同性细胞结合而产生新个体的过程。丝状真菌的有性繁殖复杂而多种多样，但一般都经过质配（Plasmogamy）、核配（Karyogamy）和减数分裂（Meiosis）三个阶段。有性繁殖方式因菌不同而异，有的丝状真菌以直接结合的方式进行有性繁殖，而大多数丝状真菌则是由菌丝分化形成特殊的性细胞相互交配，然后形成有性孢子。丝状真菌有性孢子的特征常作为分类的依据。

四、真菌的致病性

不同种类的真菌以不同形式致病。

（1）致病性真菌感染：主要是外源性真菌感染，可引起皮肤、皮下和全身性真菌感染。组织胞浆菌（Histoplasma）等致病真菌侵袭机体，遭吞噬细胞吞噬后，不被杀死而能在细胞内繁殖，引起组织慢性肉芽肿炎症和坏死。

（2）条件致病性真菌感染：主要是内源性真菌感染。有些真菌是机体正常菌群的成员，致病力弱，只有在机体全身与局部免疫力降低或菌群失调情况下才引起感染。

（3）真菌性中毒：有些真菌在粮食或饲料上生长，人、动物食用后可导致急性或慢性中毒，称为真菌中毒症（Mycotoxicosis）。引起中毒的可以是真菌本身有毒，但主要是真菌生长后产生的真菌毒素。

第二节 虾蟹真菌性疾病

一、对虾卵和幼体的真菌病（Mycosis of shrimp egg and larvae）

【病原】病原属于真菌门（*Eumycophyta*）、卵菌纲（*Oomycetes*）、链壶菌目（*Lagenidiales*）、链壶菌科（*Lagenidiaceae*）中的链壶菌属（*Lagenidium*），离壶菌科（*Sirolpidiaceae*）中的离壶菌属（*Sirolpidium*）及水霉目（*Saprolegniales*）、海壶菌科（*Haliphthoraceae*）中的海壶菌属（*Haliphthoros*）。这3种病原都寄生在对虾的卵或幼体内，但在稚虾及成虾上均未发现。

链壶菌的菌丝有不规则的分枝，不分隔，许多弯曲，直径为7.5～40μm。菌丝吸收虾体营养，发育很快，不久就可充满宿主体内。当宿主中的营养物质被吸收殆尽时，靠近宿主体表的菌丝就形成游动孢子囊的原基，有隔膜与菌丝的其他部分分开，并生出一条排放管（Discharge tube），排放管穿过宿主体表伸向体外。排放管长37～500μm，直径为4～10μm，顶端形成一个直径为22.5～72.5μm的球形顶囊（Vesicle）。游动孢子囊原基中的原生质通过排放管流到顶囊中，在顶囊中形成许多游动孢子，并在其中剧烈游动，最后把顶囊壁冲破，逸出到水中。游动孢子，肾脏形，大小为8.7μm×12μm，从侧面凹中生出两条鞭毛。游动孢子在水中游动片刻后，即附着到对虾卵或幼体上，停止活动，失去鞭毛，生出被膜，成为休眠孢子。休眠孢子经过短时间的休眠后，即向宿主体内萌发成为发芽管，管的末端变粗，伸长后即成为菌丝（图4-1A）。

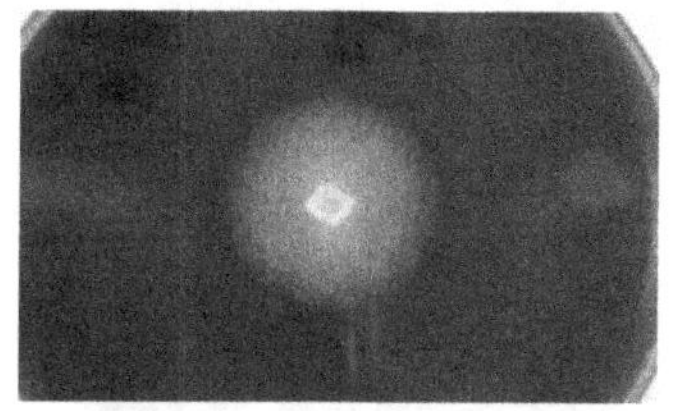

图4-1A链壶菌在PYGS琼脂培养基上

像链壶菌这样，菌丝的任何部分都可形成游动孢子囊的，叫作整体产果；整个生活史中只有一次形成游动孢子的，叫作单游性孢子。

离壶菌与链弧菌的主要区别在于游动孢子在游动孢子囊内已充分形成，然后通过排放管，从管端的开孔放出于宿主体外，不形成顶囊（图4-1B）。

海壶菌游动孢子的形成和放出与离壶菌相同，但游动孢子为多游性，即第一休眠孢子生成第二游动孢子及第二休眠孢子，第二休眠孢子再生成第三、甚至第四游动孢子和休眠孢子。最后一次休眠孢子向宿主体内长出很细的发芽管，在发芽管的末端膨大成为菌丝体。菌丝的形态与链壶菌相似，但较老的菌丝由于细胞质浓缩而变为许多段，每段具有浓密的细胞质，大小和形状不一致，呈球形、长形或管形，往往有隆突，各段相连成念珠状，每段都可形成游动孢子囊。

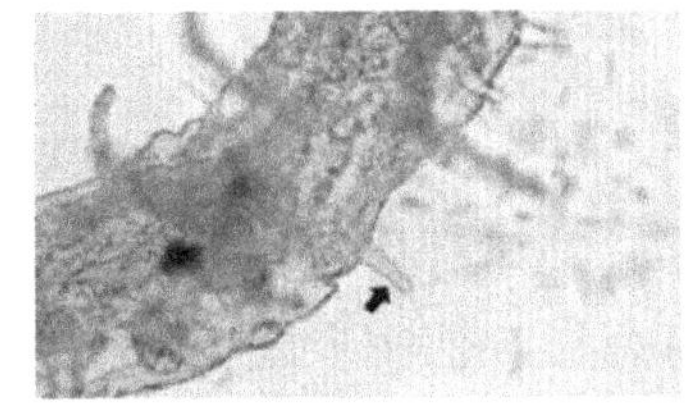

图4-1B 离壶菌游动孢子囊内形成的游动孢子从放出管前端游向水中

【症状和病理变化】链壶菌、离壶菌和海壶菌都可寄生在虾卵和各期幼体内，但未曾在成虾上发现。这3种菌所引起的症状和病理变化基本相同，受感染的对虾幼体，开始时游动不活泼，之后下沉于水底，不动，仅附肢或消化道偶尔动一下；受感染的卵很快就停止发育。一般在发现疾病后24h以内，受感染卵和幼体就会大批死亡，并在已死的宿主体内充满了菌丝（图4-1C、D、E、F、G、H、I、J）。

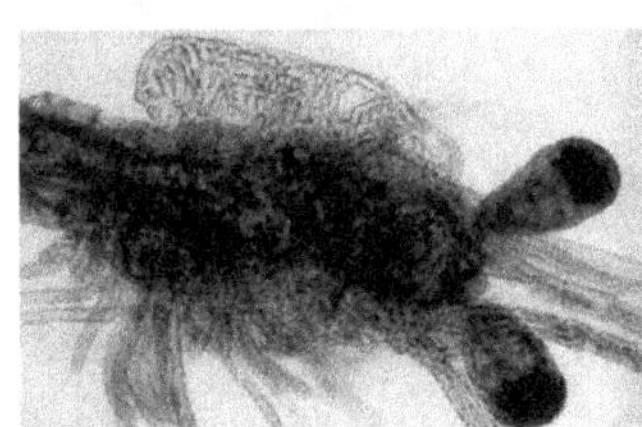

图4-1C 虾糠虾幼体内充满菌丝，部分菌丝伸展到体外

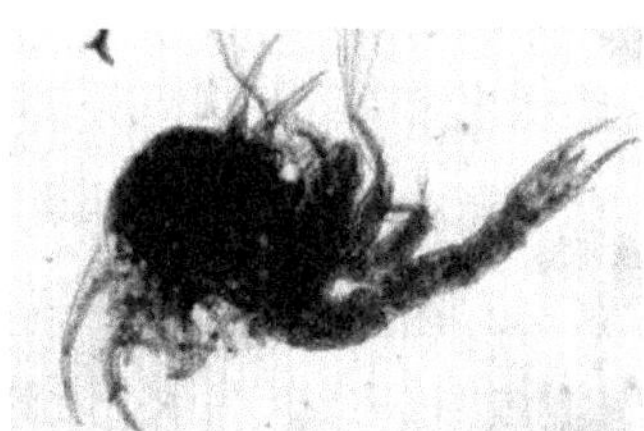

图4-1D 虾蚤状幼体内充满真菌菌丝

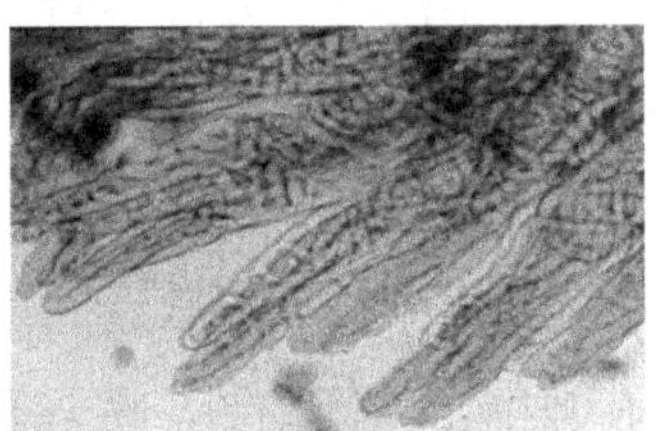

图4-1E 虾附肢中充满菌丝

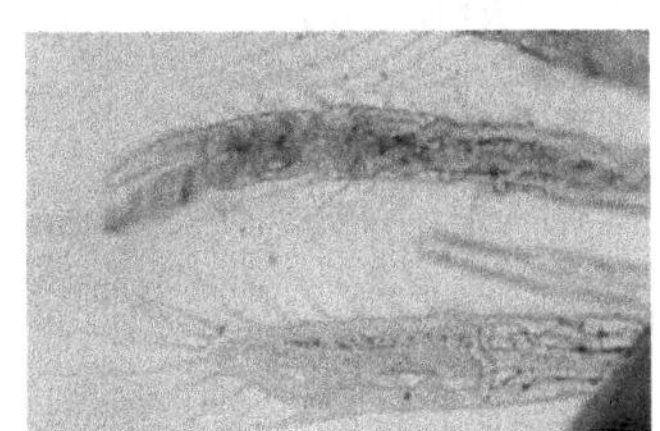

图4-1F 部分菌丝伸展长出虾附肢外

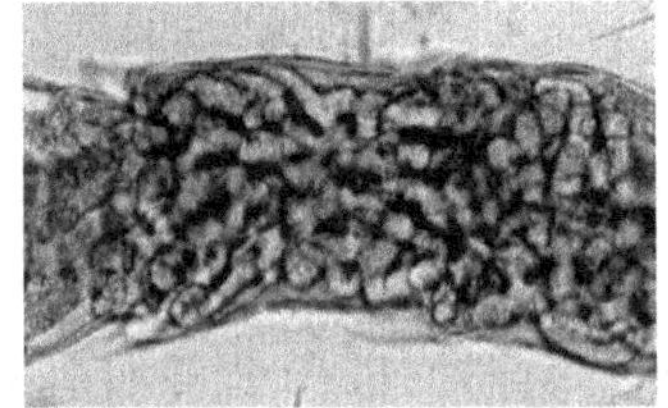

图4-1G 链壶菌在虾体内的形态

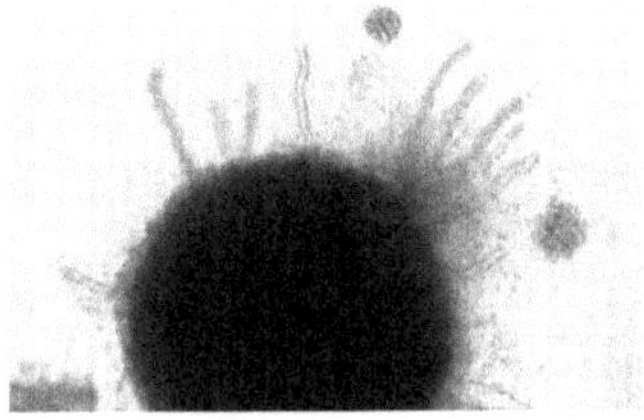

图4-1H 感染离壶菌的虾卵

【流行情况】链壶菌、离壶菌和海壶菌在世界上的分布地区和宿主范围都很广，进行腐生生活。因此，几乎世界各地养殖的各种虾、蟹类和其他甲壳类的卵和幼体上都可发现这几种真菌，但成体只能是带菌者，可将真菌传播至其卵和幼体，成体本身不会发生疾病，即菌丝不能生长在成体的内部。

对虾的卵和各期幼体都可被感染，但最容易受害的是蚤状幼体和糠虾幼体，感染率高达100%，受感染的卵和幼体都不能存活。在育苗池中发生疾病后如果不及时治疗，在24～72h内，可使全池幼体死亡。从此病育苗期间的发病率、感染率和死亡率来看，其危害性仅次于对虾幼体的弧菌病（菌血病）。

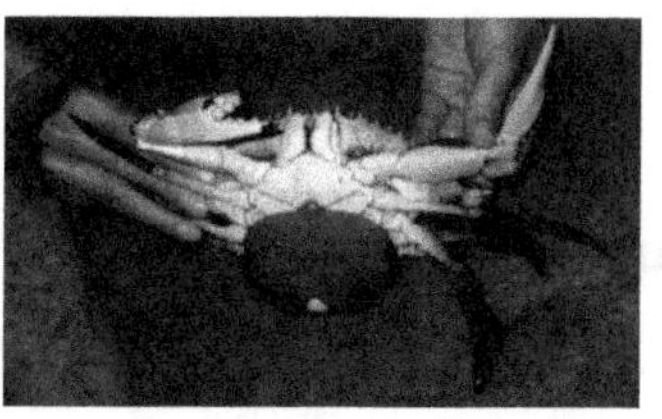

图4-1I 三疣梭子蟹被感染后卵呈黄褐色

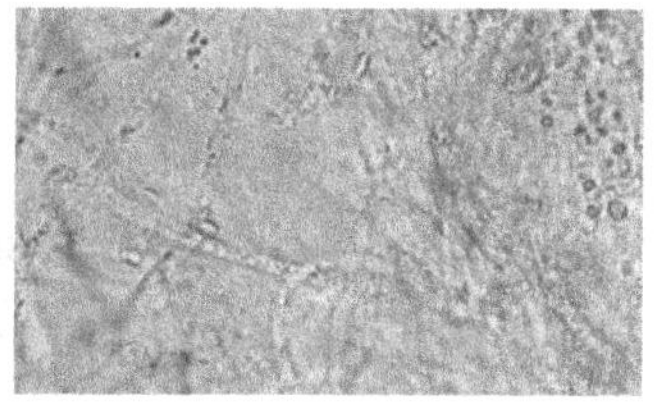

图4-1J 虾体内无横隔的菌丝

【诊断方法】将卵或游动不活泼的幼体做成水浸片，用显微镜检查，很容易看到菌丝，特别是在头胸甲的边缘和附肢等比较透明的地方最容易观察到。但在糠虾幼体期和仔虾期，因为虾体变大变厚特别在头胸部的中部，透明度很小，必须轻压盖玻片，将标本压薄，然后仔细观察才能看到。如果要鉴定真菌的属名和种名，必须用显微镜观察孢子的形成方法和排放管的形态。检查时可以取患病的幼体直接观察，也可以将患病幼体直接放入PYG培养基（胰蛋白陈5g，酵母粉2.5g，葡萄糖1g，海水1000mL，调整pH为7，另外，每毫升培养基加青霉素500单位、链霉素500μg，以抑制细菌的繁殖）或其他类似的真菌培养基中在25℃下培养。将培养基放入培养皿中比在试管中容易培养，这可能与培养皿中氧气充足有关。这些培养物在培养基上，一般不形成排放管和游动孢子，只长菌丝。将培养的菌丝移入无菌海水（过滤或煮沸后冷却）中，过些时间后就可形成游动孢子和排放管。如果直接镜检带菌的幼体，对未形成游动孢子和排放管者，也可以采用此法处理。

【防治方法】

预防措施

（1）育苗前池塘应彻底消毒，特别是已经发生过真菌病的育苗池，当再次使用前更应严格消毒。

（2）产卵亲虾在产卵前先用2～3μg/L的亚甲基蓝浸洗24h。

（3）进入育苗池的水应先进行沙滤。

（4）在发病池塘使用过的工具必须消毒以后才能再用于其他池塘。

治疗方法

（1）用60mg/L的制霉菌素全池泼洒。

（2）据Lightner（1988）的报道，用浓度为0.01～0.1mg/L的氟乐灵（Treflan，Trifuralin）全池泼洒有效。注意事项：氟乐灵是一种除草剂，为橙黄色结晶，不溶于水，必须先溶于丙酮，然后加水稀释后再使用。市售商品也有溶解的液体。

二、镰刀菌病（Fusariumsis）

【病原】镰刀菌（*Fusarium*）属于真菌界（Myceteae）、无鞭毛门（Amastigomycota）、半知菌亚门（Deuteromycotina）、半知菌纲（Deuteromycete）、丛梗孢目（Moniliales）、瘤座孢科（Tuberculariaceae）。

镰刀菌的菌丝呈分枝状，有分隔。生殖方法是形成大分生孢子（Macroconidia）、小分生孢子（Microconidia）和厚膜孢子（Chlamydospore）。其最主要的特征是大分生孢子呈镰刀形，有1～7个隔壁。小分生孢子为椭圆形或圆形。厚膜孢子只在条件不良时产生，常出现在菌丝中间或大分生孢子的一端，圆形或长圆形，有时4～5个连在一起。大、小分生孢子和厚膜孢子在条件适宜时均能发芽并发育成为新菌丝体。镰刀菌的有性生殖尚未发现。

在中国对虾上已鉴定出4种镰刀菌：腐皮镰刀菌（*F.solani*）、尖孢镰刀菌（*F.oxysporum*）、三线镰刀菌（*F.tricinoturn*）、禾谷镰刀菌（*F.graminearum*）。其形态特性见图（4-2A、B、C、D、E）。

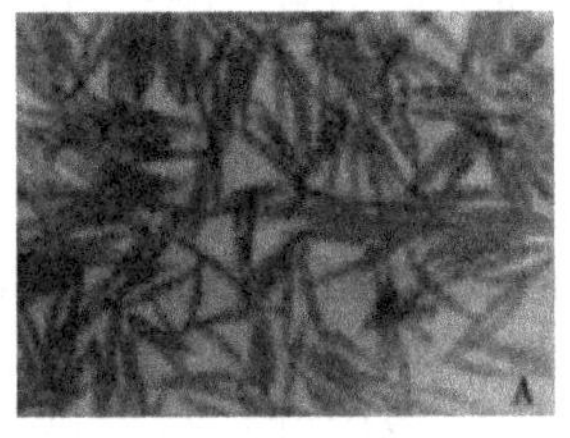

图4-2A 禾谷镰刀菌大分生孢子

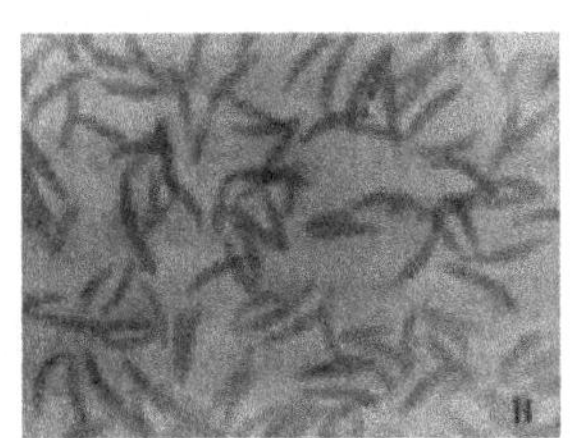

图4-2B 三线镰刀菌大分生孢子

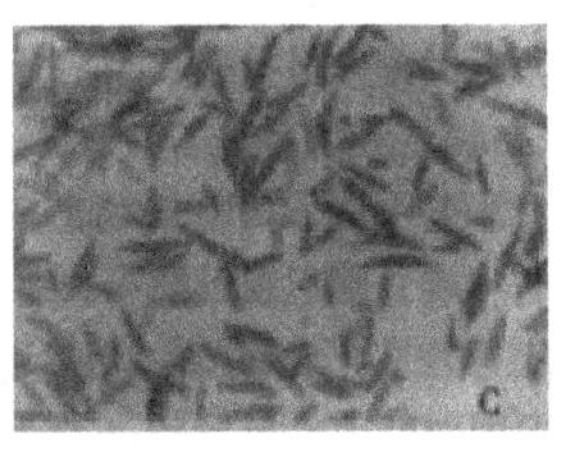

图4-2C 腐皮镰刀菌大分生孢子

图4-2D 尖孢镰刀菌大、小分生孢子（PSA培养基不含NaCl）

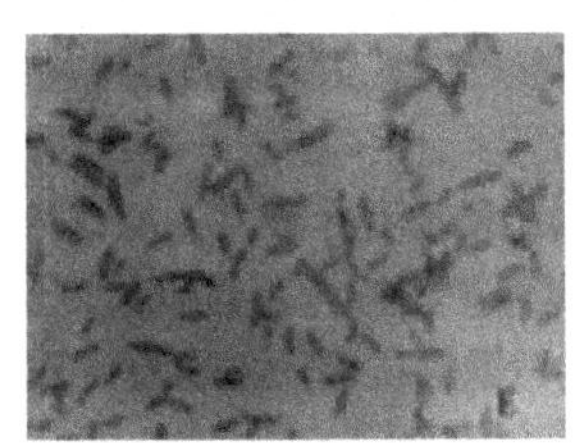

图4-2E 尖孢镰刀菌大、小分生孢子（PSA培养基不含Nacl（12%）

镰刀菌属包括的种很多，同一种的形态变异较大，所以分类鉴定比较困难，应当非常慎重。镰刀菌的分离培养是将病灶处的组织碎片接种在真菌培养琼脂上，在25～28℃下培养，一般在24h后开始生长。最初形成的菌落为白色棉花状，2～3d后菌落的中心出现色素。菌落表面有许多水滴，镜检这些水滴中可看到许多分生孢子。培养1d后可产生小分生孢子，2～3d后可产生大分生孢子。长时间培养或环境条件不良时（例如温度低或培养基干燥）会产生厚膜孢子（图4-2F）。

分生孢子对环境的适应性很强。以禾谷镰刀菌为例，pH低于3高于12时，分生孢子不能生活；pH为4和11时，分生孢子能萌发出菌丝，但生长很差，不能产生分生孢子；pH为5～10时镰刀菌能很好地生长和繁殖。镰刀菌对NaCl含量的适应范围很广，Nacl含量在0%～10%的都可生长，以0%～5%时生长最好，可产生大量分生孢子；MACL为6%～7%时能生长，但产生分生孢子很少；8%～10%时，分生孢子仅能萌发出菌丝，但不产生分生孢子。分生孢子在海水中温度为-5℃时可存活150d；25℃时可存活300d；35℃可存活180d；5℃和10℃时450d后尚存活。在阳光照晒的干燥条件下，分生孢子可存活140d。

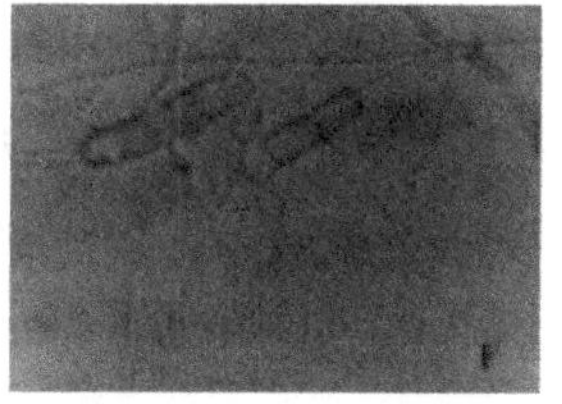
图4-2F　镰刀菌的厚膜孢子

在越冬亲虾上还发现有尚未鉴定的其他真菌，所形成的症状和危害情况与镰刀菌基本相同，但发现有性生殖时期。

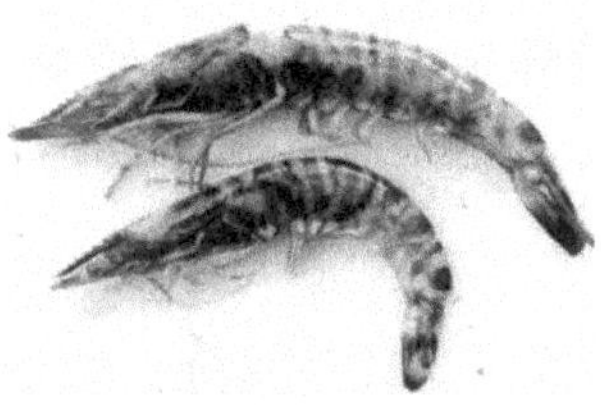
图4-2G　腐皮镰刀菌引起鳃变黑

图4-2H　虾头胸甲鳃区黑化，甲壳碎裂脱落

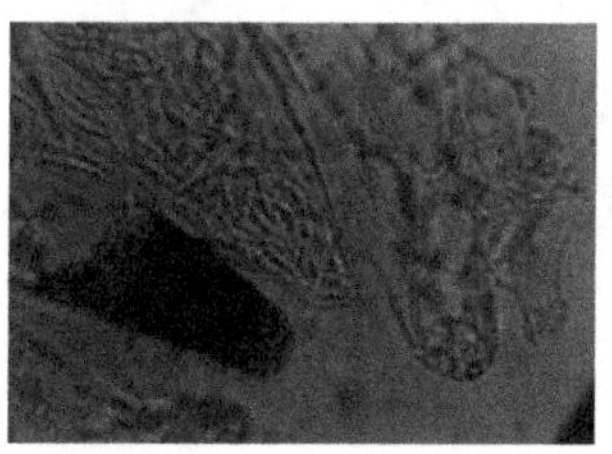
图4-2I　鳃组织内充满菌丝，有的黑化

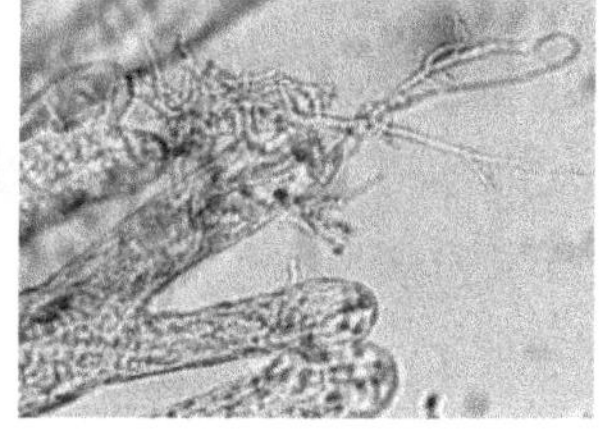
图4-2J　菌丝伸出到鳃丝外部

【症状和病理变化】镰刀菌寄生在鳃、头胸甲、附肢、体壁和眼球等处的组织内，其主要症状是被寄生处的组织因有黑色素沉淀而呈黑色。镰刀菌在日本对虾的鳃部寄生，引起鳃丝组织坏死变黑（图4-2G）；中国对虾的鳃感染镰刀菌后，有的鳃丝变黑，有的鳃丝虽充满了真菌的大分生孢子和菌丝，但不变黑，有的中国对虾越冬亲虾头胸甲，鳃区感染镰刀菌后，甲壳坏死、变黑、脱落，如烧焦的形状（图4-2H）。黑色素沉淀是对虾组织被真菌破坏后的保护性反应。在组织切片中可看到变黑处是由许多浸润性的血细胞、坏死的组织碎片、真菌的菌丝和分生孢子组成的（图4-2I、J）。在对虾体表甲壳表皮下层中的菌丝周围通常由许多层变黑的血细胞形成被囊；在内表皮中往往有大量菌丝存在，但没有形成被囊；上表皮一般完全被破坏。

镰刀菌寄生处除了对组织造成严重破坏以外，还能产生真菌毒素，使宿主中毒。

【流行情况】镰刀菌是对十足目甲壳类的一种危害性很大的病原，其宿主的种类和分布的地区很广，在海水和淡水中都存在。1985年冬季在我国有些地区人工越冬的中国对虾亲虾曾因此病引起大批死亡。此病是一种慢性病，在养成期的对虾上尚未发现有此病发生。

日本养殖的日本对虾自1968年发现镰刀菌病后，经常发生此病，造成重大损失（Egusa等，1972）。

美国的加州对虾对镰刀菌病最敏感，感染率有时高达100%，死亡率有时高达90%，其次为蓝对虾和万氏对虾（Lightner，1984）。

镰刀菌为一种典型的机会病原，即对虾由于创伤、摩擦、化学物质或其他生物的伤害后，病原才能趁机侵入，逐渐发展成为严重的疾病，引起宿主的大批死亡。

上述镰刀菌的种都是陆生植物例如马铃薯、甘薯、番茄、香蕉、梨、甘蔗等农作物的病原。海产甲壳类的病原是否由陆地传入尚未证实。

【诊断方法】因为镰刀菌的症状有时与褐斑病相近，也与黑鳃病相似，因此，单从外观症状不易确诊。必须从病灶处取受损害的组织做成水浸片，在显微镜下检查是否有镰刀形的大分生孢子才能确诊。有时在显微镜下只看到菌丝，看不到大分生孢子时，可用真菌培养基（PSA培养基：土豆浸出液500mL，蔗糖20g，琼脂20g，蒸馏水500mL，pH=6.5，青霉素和链霉素或庆大霉素少许，以抑制细菌的生长）培养，形成大、小分生孢子，并产生褐色、黄棕色、红色或紫色色素可确诊为镰刀病。

【防治方法】

预防措施

（1）对虾在放养前池底应彻底消毒。烟井、江草（1978）报告用浓度6.9mg/L的二氯异氰尿酸钠（Sodium dichloroisocyanurate）在10min内可将分生孢子全部杀死。日本鹿儿岛的几家养虾场在发生镰刀菌病后用此法消毒虾池，第二年均未发生此病。

（2）亲虾入池前应消毒。

（3）池水入池前应经过沙滤。

（4）严防亲虾受伤。

治疗方法

目前尚无有效药物可以治疗镰刀菌病。在感染的初期，可用制霉菌素。

三、三疣梭子蟹“牛奶病”

【病原】假丝酵母菌属酵母菌（*Candida oleophila*），在葡萄糖-酵母膏-蛋白胨液体培养基中生长，在25℃条件下培养3d，可见细胞呈球形、近球形或卵圆形，有些细胞稍弯曲（图4-3A）。球形细胞直径为（2.1～5.2）μm，卵圆形细胞大小为（2.3～7.8）μm×（1.3～6.5）μm。细胞大多单个或成对排列，多边芽殖。培养液表面有菌膜，管底有菌体沉淀。葡萄糖-酵母膏-蛋白胨琼脂培养基上的菌落呈乳白色，蜡状，表面光滑，中央稍隆起，边缘整齐。在加盖玻片的马铃薯葡萄糖琼脂培养基上培养，可形成原始型的假菌丝，但不形成真菌丝。在葡萄糖-酵母膏-蛋白胨琼脂培养基上不产生掷孢子。在McClary和YM培养基上不能形成子囊和子囊孢子。氮源同化不利用硝酸钾、亚硝酸钠，利用赖胺酸和硫酸铵。

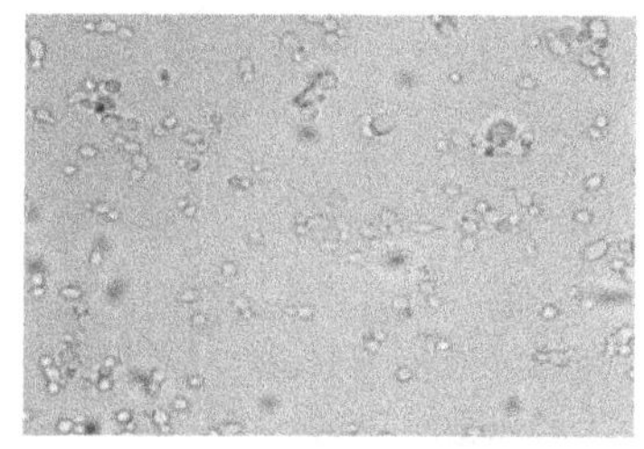
图4-3A　分离的酵母菌病原（×1000）

其他特征为能水解尿素；25℃～30℃生长；在无维生素培养基中生长；在10%NaCl、5%葡萄糖及YNB的培养液中生长；重氮基蓝色B盐显色反应（DBB显色反应）阴性。

【症状和病理变化】濒死病蟹表现出明显的症状，如蟹体消瘦、肌肉萎缩。若横切步足，在断口处有乳白色的液体流出，步足甲壳内肌肉基本液化。打开蟹盖，盖内亦有大量乳白色液体，而正常梭子蟹甲壳腔内的血淋巴为透明蓝青色。乳白色液体内均能检出满视野单一形态不同于血淋巴的微生物（图4-3B、C、D、E）。肌肉、心脏、肝胰脏等部位也能分离到同一类微生物，该微生物较细菌大，大小为（2.3～7.8）μm×（1.3～6.5）μm，多数呈卵圆形，细胞大多单个或成对排列，多边芽殖。

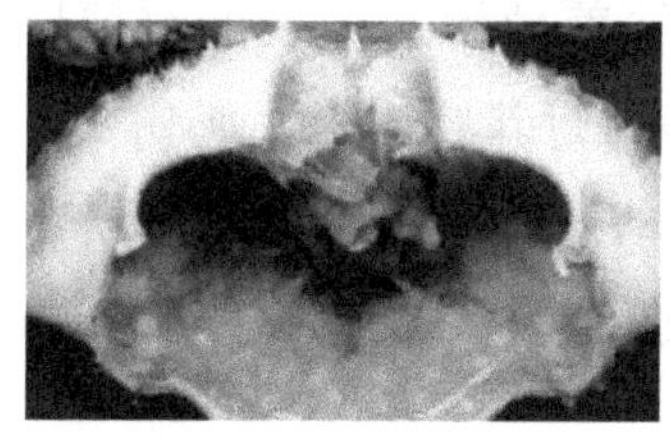
图4-3B　正常梭子蟹揭下的蟹盖

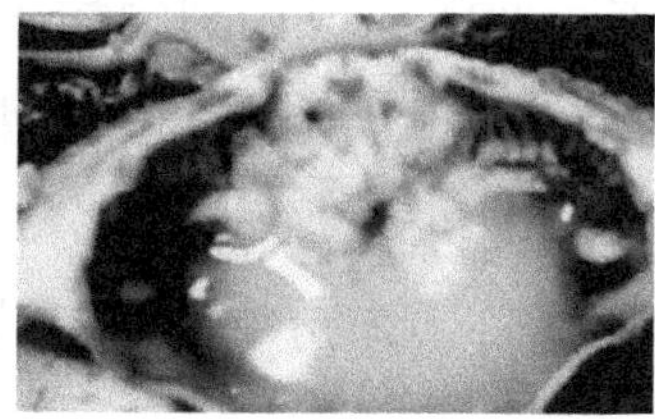
图4-3C　感染酵母菌的梭子蟹揭下的蟹盖，示乳白色

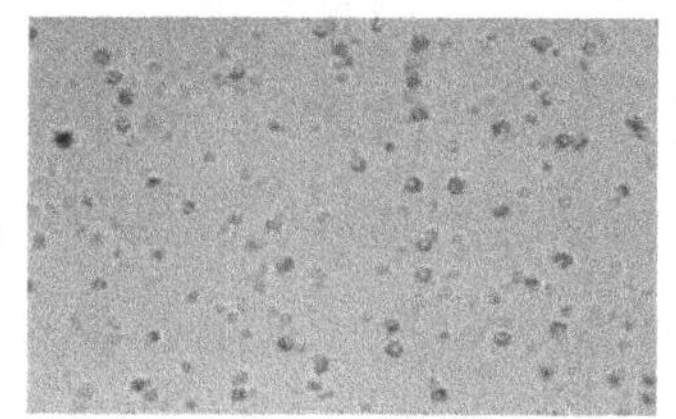
图4-3D　正常蟹壳内体液涂片（×1000，无酵母菌，有较多数量的血淋巴细胞）

肝胰脏管柱状上皮细胞呈空泡变性，在肝管的管腔中，可见坏死物，管腔缩

小或阻塞，肝管间的血隙及结缔组织间充满酵母菌团块（图4-3F、G）。鳃薄板细胞水肿变形，鳃薄板血管中含有大量酵母菌块（图4-3H）。心肌纤维弯曲、断裂和局部坏死，其间有大量酵母菌（图4-3I）。肌肉呈不同程度的变性，肌肉组织横纹消失，局部坏死溶解，坏死区内有大量酵母菌体（图4-3J）。

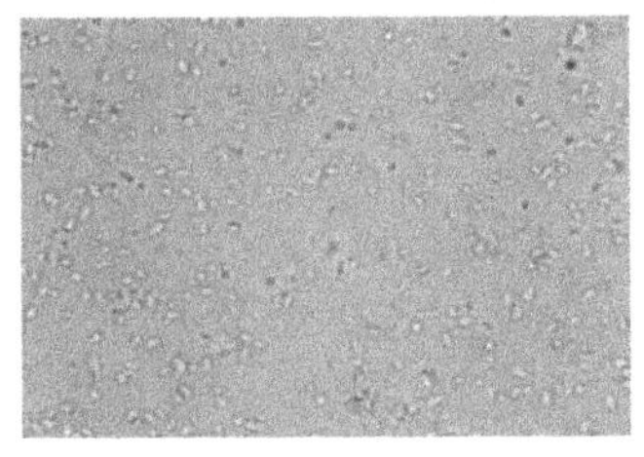

图4-3E 发病蟹壳内乳白色体液涂片（×400，满视野为酵母菌）

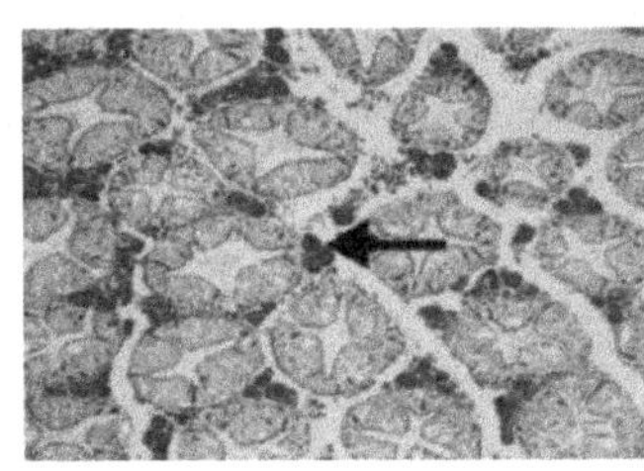

图4-3F 箭头示肝管间的血隙及结缔组织间充满酵母菌团块（×400）

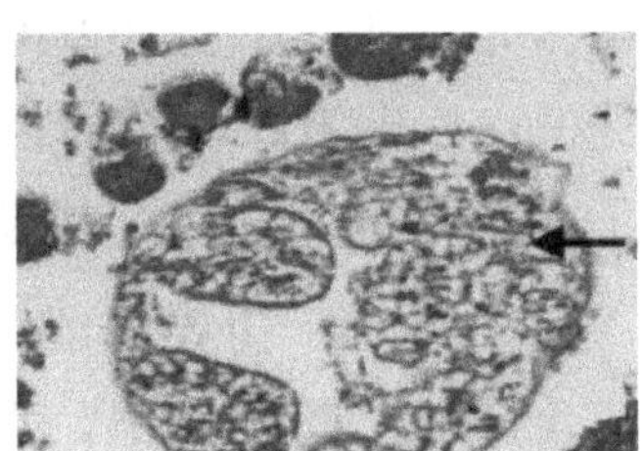

图4-3G 箭头示肝管上皮细胞界线模糊，细胞核坏死、消失（×1000）

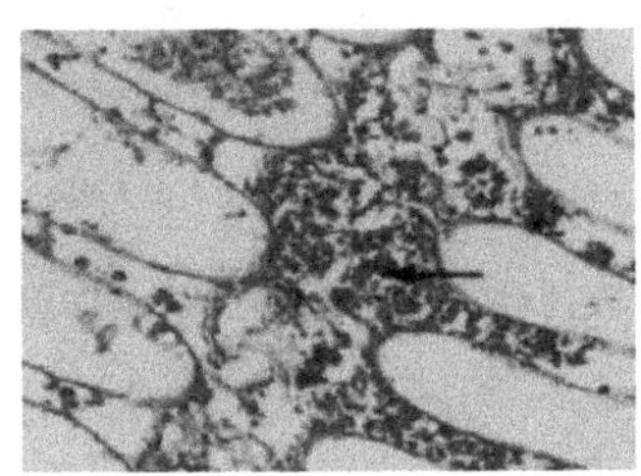

图4-3H 鳃组织细胞肿大，箭头示鳃腔内充满酵母菌（×400）

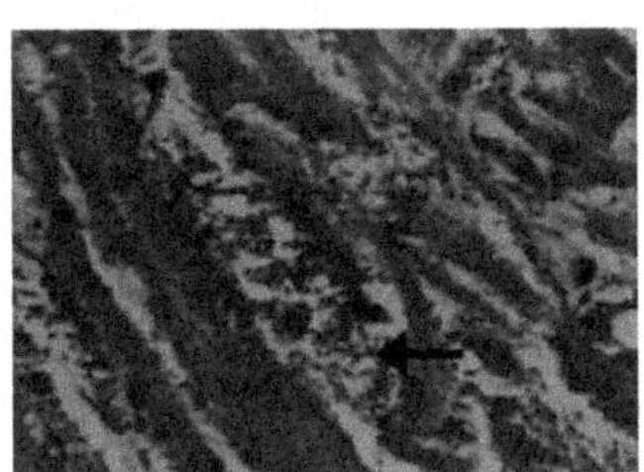

图4-3I 心肌纤维断裂和局部坏死，箭头示心肌纤维间充满酵母菌（×400）

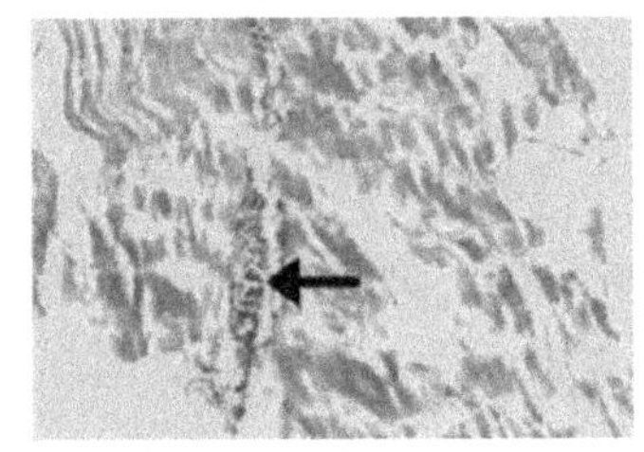

图4-3J 横纹肌纤维变性，局部坏死溶解，箭头示酵母菌侵袭（×400）

【流行情况】“牛奶病”是近年来梭子蟹养殖过程中发生危害较大的一种爆发性流行病，因感染的蟹血淋巴变为浊白牛奶状，养殖户称之为“牛奶病”。在20世纪初便有此症状的病蟹被发现，由于养殖密度较稀，此病流行范围不广，没有引起养殖户和科研工作者的重视。近年来随着养殖规模的不断扩大、密度的提高和环境条件的日益变差，此病已成为制约梭子蟹养殖快速发展的重要因素。2003—2007年，浙江省舟山市万亩养殖梭子蟹主要为暂养感染“牛奶病”，发病率达到30%以上，某些养殖池死亡率几乎达100%，造成了极大的经济损失。2012—2017年，京津冀地区养殖的三疣梭子蟹大规模爆发该病，造成巨大损失，很多养殖池塘在7月初即清塘。

【诊断方法】该病的诊断可以从两个方面考虑：

（1）如果病情严重时可以通过上述病蟹的外观症状进行判断，同时从蟹的围心腔内抽取血淋巴，用细针挑动血淋巴直至挑出血丝（挑出血丝所用时间为血淋巴凝固时间），与健康蟹进行比对，患该病的病蟹血淋巴凝固时间明显延长。

（2）当蟹患病初期外观症状不明显时则需要借助显微镜观察血淋巴，将血淋巴抽出与少量10%甲醛混匀进行固定（最好进行吉姆萨染色），盖上盖玻片，400倍镜下观察，可见血淋巴密度较正常相比明显下降，而卵圆形虫体充满视野。由于虫体的大小与蟹的血淋巴相似，因此这种诊断需要依靠经验判断。如果血淋巴内有假丝酵母菌则相对容易判断，在1000倍镜下观察，该真菌呈大小为2～5μm的卵圆形球状体，比血淋巴细胞明显偏小，细胞大多单个或成对排列，易于判断。

【防治方法】

（1）把好蟹种关，尽量挑选大规格、健壮的蟹种。在发病蟹池中，大规格健壮蟹对该病具有明显抗病力，发病几率明显低；而瘦弱、小规格的蟹则大多会被感染。这种病与某些暴发性病毒性或细菌性疾病不同，一般发病率在20%～30%，且发病后病蟹可存活10～20d，因此体质强壮的蟹具有明显优势。

（2）放养蟹种前蟹池要严格、彻底清淤消毒。该病原的生活史尚不清楚，有可能以类似“厚垣孢子”的形式存在于底泥中，第二年复发，彻底清塘可以消除这种隐患。另外底泥中存在小型野生甲壳类生物，这些生物可能成为该寄生虫的中间寄主或传播媒介。池底淤泥过多还会严重影响养殖水环境，消耗池水中的溶氧，造成氨氮、亚硝酸盐等有害物质增多，降低蟹的体质。因此清淤要尽量彻底，清淤后使用生石灰或漂白粉消毒，可考虑进一步使用茶籽饼（$20g/m^3$）杀死野生甲壳类生物。现实中有些养殖池属承包性质，承包者由于费用原因不愿清淤，这对预防该病非常不利，而实际上发病池塘也大多是清淤不彻底的老化蟹池。

（3）进水时严格过滤，防止媒介生物进入蟹池。蟹池进水时很多天然野生生物会随水流进入蟹池，这些生物有可能成为该寄生虫的中间寄主或传播媒介，需要严格过滤以切断可能的传染源。过滤可采用60目网袋，网袋要尽量做得大一些，可使用1m×1m×8m的网袋，网目太密或网袋太小容易堵塞。进水后放养前可考虑使用生石灰或漂白粉消毒池水，5～7d后放试水蟹试水，安全后再放养蟹种。

（4）保持良好水质环境，避免应激性刺激。好的水质环境可以提高蟹的体质，增强其抗病力，而应激性刺激会使蟹的体质下降，从而易感染各种疾病。保持养殖水环境的良好和稳定要从几个方面考虑：①要保持一定水深。蟹池平均水深应在1.5m以上，水太浅时水环境会随天气变化而快速变化，尤其在高温时节或突降暴雨等情况下更是如此。②维持良好水色。好的水色意味着好的养殖环境，以茶褐色、淡绿色或黄绿色为好；要尽量避免出现红褐色、蓝绿色、白浊色或土黄色等不良水色。可通过及时换水和施肥等措施来调节水色。③保持盐度稳定，最好在25左右。三疣梭子蟹的最佳生长盐度为25，尽量不要低于20或高于40，否则蟹的代谢会受到影响。而病原对低盐度更不适应，低于18时此病很少发生，因此采用低盐度更有利于对该病的预防。实际生产中很多蟹池的盐度偏高，尤其是使用大型池子养蟹，池水盐度需要重点考虑。④保持水中充沛的溶氧。这是维持良好水环境的根本，较高含量的溶氧可以提高蟹的体质，抑制厌氧菌的繁殖，避免有害物质的产生。要正确使用增氧机，可考虑定期使用片剂增氧剂，如片剂过碳酸钠、片剂过氧化钙等，它们可以沉入池底缓释氧气，从而保障底层水的溶氧量。⑤定期使用底质改良剂如沸石粉等，用于改善池底环境。微生态制剂在理论上和实验室条件下有明显改良水质作用，但生产实际中由于水环境不同往往作用不明显，可根据当地实际情况酌情考虑。

（5）饵料问题。目前三疣梭子蟹的专用配合饲料还不够成熟，尚有待于进一步研究，实际生产中多采用投喂鲜活饵料。使用鲜活饵料时一定要保证新鲜，投喂前最好使用淡水浸泡消毒。很多小型虾蟹体内可以检测到病原，而实验证实该病可以经口感染，投喂含该寄生虫的饵料可以使健康蟹患病，要避免饵料成为该病的传染源。此外应定期在饵料中添加维生素C和免疫多糖，提高蟹的体质，增强蟹的抗应激能力和抗病力。

（6）严禁滥用药物，尤其是对三疣梭子蟹较为敏感的药物。乱用、滥用药物会导致病原耐药性增强、蟹的体质下降及破坏养殖水环境等一系列问题。目前哪些药物对病原较为有效还不清楚，这种情况下应把重点放在维护良好水质环境上。一般养殖户都知道有些药物如有机磷渔药、菊酯类渔药在养殖甲壳类时是坚决不能使用的，实际还有些药对三疣梭子蟹也非常敏感而不宜使用，如硫酸铜和硫酸锌。也有些药物对三疣梭子蟹来说较为安全，可以考虑常用，如二氧化氯和二溴海因。当然还要对症用药，尽量少用药物。此外，在蟹池适当投放水泥管、石块等隐蔽物可以给蟹蜕壳时提供隐藏场所，有利于减少互残；一旦发现在蟹池浅水区有病蟹时要及时捞出，防止传染。

总之，在目前对三疣梭子蟹“牛奶病”的研究现状下，只有采取综合预防措施，保持良好养殖环境，提高三疣梭子蟹自身体质，才能有效避免此病的发生。

第五章

寄生虫性疾病

第一节 病原寄生虫

一、寄生的概念

生存于自然界的有机体，对环境条件的需求取决于有机体的不同种类、不同生活方式和不同的发育阶段。有机体种类繁多，它们的生活方式极为复杂，其中有些有机体在其某一部分或全部生活过程中，必须生活于另一生物之体表或体内，依靠夺取该生物的营养而生存，或以该生物的体液及组织为食物来维持自身的生存并对该生物产生危害作用，此种生活方式称为寄生生活。凡营寄生生活的生物都称为寄生物。寄生物包括植物性寄生物及动物性寄生物。植物性寄生物大多属于病毒、细菌、真菌等。动物性寄生物依生物进化的程度而言，皆属于低等动物，故一般称为寄生虫。营寄生生活的动物称为寄生虫，被寄生虫寄生而遭受损害的动物称为寄主。

（一）寄生虫种类

寄生虫在自然界寄生的方式很多，一般可分为下列几种类型：

1．按寄生虫寄生的性质分

（1）兼性寄生，亦称假寄生。营兼性寄生的寄生虫，在通常条件下过着自由生活，只有在特殊条件下（遇有机会）才能转变为寄生生活。例如，马蛭与小动物相处时和欧洲蛭一样营自由生活，当它和大动物相处时就营寄生生活。

（2）专性寄生，亦称真寄生。寄生虫部分或全部生活过程从寄主身上取得营养，或更以寄主为自己的生活环境。专性寄生从时间的因素来看，又可分为暂时性寄生和经常性寄生。

①暂时性寄生，亦称一时性寄生。寄生虫寄生于寄主的时间甚短，仅在获取食物时才寄生。如鱼蛭吸食鱼的血液。

②经常性寄生，亦称驻留性寄生。寄生虫的一个生活阶段、几个生活阶段或整个生活过程必须寄生于寄主。经常性寄生方式又可分为阶段寄生和终身寄生。

阶段寄生：寄生虫仅在发育的一定阶段营寄生生活，它的全部生活过程由营自由生活和寄生生活的不同阶段组成。如中华鱼蚤仅雌性成虫寄生在草鱼鳃上营寄生生活，其余都营自由生活。

终身寄生：寄生虫的一生全部在寄主体内度过，它没有自由生活的阶段，所以一旦离开寄主，就不能生存。如秉志锥体虫寄生在鱼蛭的肠内和鲫鱼的血液中。

2．按寄生虫寄生的部位分

（1）体外寄生。寄生虫暂时地或永久地寄生于寄主的体表者。寄生在鱼的皮肤、鳍、鳃等处的寄生虫均属体外寄生，如小瓜虫和锚头鱼蚤寄生在鱼的皮肤和鳃上。

（2）体内寄生。是指寄生虫寄生于寄主的脏器、组织和腔道中者。如九江头槽绦虫寄生在草鱼肠内。

此外，在寄生虫还有一种特异的现象—超寄生，即寄生虫本身又成为其他寄生虫的寄主。如三代虫寄生在鱼体上，而车轮虫又寄生在三代虫上。

（二）寄主种类

1．终末寄主

寄生虫在成虫时期或有性生殖时期所寄生的寄主，称为终末寄主或终寄主。

2．中间寄主

寄生虫在幼虫期或无性生殖时期所寄生的寄主，称为中间寄主。若幼虫期或无性生殖时期需要两个寄主时，最先被寄生的寄主称为第一中间寄主；之后寄生的寄主称为第二中间寄主。

3．保虫寄主

寄生虫主要寄生于某种动物，在一定条件下可寄生于另一种动物体内且对其无明显危害，但这种动物常成为其他动物感染寄生虫的间接来源，故站在寄生虫学的立场可称这种动物为保虫寄主或储存寄主。如华枝睾吸虫的成虫寄生于人、猫、狗等肝脏的胆道内，其幼虫先寄生于长角豆沼螺的体内，其后又寄生在淡水鱼体内，则螺为其第一中间寄主，淡水鱼为第二中间寄主，人、猫、狗皆为其终末寄主；而站在人体寄生虫学的立场上，猫及狗又是保虫寄主。因此，要彻底消灭某种寄生虫病，除消灭中间寄主外，还必须消灭保虫寄主中的寄生虫，否则保虫寄主随时可以把自身的寄生虫传播开来。在鱼类中，有些寄生虫原来对草鱼是严重的致病者，但转移到鲢、鳙鱼体上时，并不使寄主发生疾病。鳃隐鞭虫是草鱼鳃病中危害严重的一种寄生虫，但在冬、春两季常常大量寄生在鲢、鳙的鳃耙上，在这种情况下，鲢、鳙成为鳃隐鞭虫病的保虫寄主。众所周知，我国鱼类养殖一般采取鲢、鳙、草鱼、青鱼等多种鱼类适当搭配的混合饲养方式。因此，为了防止这种疾病的“保虫寄主”起传播作用，在放养前必须仔细检查，并严格地实施鱼体消毒处理，这对于疾病的预防具有特别重要的意义。

二、寄生虫的感染方式

寄生虫感染的方法甚多，其中主要的有以下两种：

（一）经口感染

具有感染性的虫卵、幼虫或胞囊，随污染的食物等经口传入所造成的感染称为经口感染。如艾美虫、毛细线虫均借此方式侵入鱼体。

（二）经皮感染

感染阶段的寄生虫通过寄主的皮肤或黏膜（对鱼类来说还有鳍和鳃）进入体内所造成的感染称为经皮感染。此种感染一般又可分为两种：

1．主动经皮感染

感染性幼虫主动地由皮肤或黏膜侵入寄主体内。如双穴吸虫的尾蚴主动钻入鱼的皮肤造成的感染。

2．被动经皮感染

感染阶段的寄生虫并非主动地侵入寄主体内，而是通过其他媒介物之助，经皮肤将其送入体内所造成的感染，称为被动经皮感染。如秉锥体虫须借鱼蛭吸食鱼血而传播，即属此种方式。

三、寄生虫、寄主和外界环境三者间的相互关系

寄生虫、寄主和外界环境三者间的相互关系十分密切。寄生虫和寄主相互间的影响是人们经常可以见到的，它们相互间的作用往往取决于寄生虫的种类、发育阶段、寄生的数量和部位，同时也取决于寄主有机体的状况；而寄主的外界环境条件，也直接或间接地影响着寄主、寄生虫及它们间的相互关系。

（一）寄生虫对寄主的影响

寄生虫对寄主的影响有时很显著，可引起寄主生长缓慢、不育、抵抗力降低，甚至造成寄主大量死亡；有时则不显著。寄生虫对寄主的影响，可归纳为以下几个方面：

1．机械性刺激和损伤

寄生虫对寄主所造成的刺激及损伤的种类甚多，是最普遍的一类影响。如鲺寄生鱼体，用其倒刺及口器刺激或撕破寄主皮肤，因而使寄主极度不安，常在水中狂游或时而跳出水面。机械性损伤是一切寄生虫病所共有的症状，仅是在程度上有所不同而已，严重的可引起组织器官完整性的破坏、脱落、形成溃疡、充

血、大量分泌黏液等病变，甚至损伤神经、循环等重要器官系统，还可引起病鱼大批死亡，如双穴吸虫急性感染。

2．夺取营养

寄生虫在其寄生时期所需要的营养都来自寄主，因此寄主的营养或多或少地被寄生虫所夺取，这对寄主本身造成或多或少的损害；但其后果仅在寄生虫虫体较大，或寄生虫数量较多时才明显表现出来。如寄生在鲟鱼鳃上的一种单殖吸虫（*Nitzschia situriionis*），每只虫每天要从鲟鱼体上吸血0.5mL，在严重时，一尾鲟鱼鳃上寄生300～400只虫，这样鲟鱼每天损失的血液达150～200mL之多，因而鲟鱼鱼体很快消瘦。

3．压迫和阻塞

体内寄生虫大量寄生时，对寄主组织造成压迫，引起组织萎缩、坏死甚至死亡，此种影响以在肝脏、肾脏等实质器官为常见。如寄生在鲤科鱼类体腔内的双线绦虫，可引起内脏严重萎缩，甚至死亡。当寄生虫的数量很多而又寄生在管道器官内，则可发生管道器官阻塞，如九江头槽绦虫的大量寄生，可引起夏花草鱼肠管的阻塞；有时虽然寄生虫的数量不很多，但由于刺激了中枢神经，引起痉挛收缩，也可发生阻塞现象。

4．毒素作用

寄生虫在寄主体内生活的过程中，其代谢产物都排泄于寄主体内，有些寄生虫还能分泌出特殊的有毒物质，这些代谢产物或有毒物质作用于寄主，能引起中毒现象。如鲺的口刺基部有一堆多颗粒的毒腺细胞，能分泌毒液；寄生在草鱼鳃上的鳃隐鞭虫分泌的毒素可引起溶血。

5．其他疾病的媒介

吸食血液的外寄生虫往往是另一些病原体入侵寄主的媒介，如鱼蛭在鱼体吸食鱼血时，常可把多种鱼类的血液寄生虫（如锥体虫）由病鱼传递给健康鱼。

（二）寄主对寄生虫的影响

寄主机体对寄生虫的影响问题比较广泛而复杂，目前关于这方面的研究还不多，其影响程度如何尚难以估计，现简单叙述几点：

1．组织反应

由于寄生虫的侵入而刺激了寄主，引起寄主的组织反应，表现为寄生虫寄生的部位形成结缔组织的胞囊，或周围组织增生、发炎、以限制寄生虫的生长，减弱寄生虫附着的牢固性，削弱其对寄主的危害，有时甚至能消灭或驱逐寄生虫。

例如，四球锚头鱼蚤侵袭草鱼鳃部时，寄主形成的结缔组织包囊将虫体包围，不久虫体即死亡消灭。

2．体液反应

寄主受寄生虫刺激后也能产生体液反应。体液反应表现为多样性，如发炎时渗出的体液，既可稀释有毒物质，又可增加吞噬能力，肃清致病的异物和坏死细胞。但在体液反应中主要作用为产生抗体，形成免疫反应。

有机体不仅对致病微生物会产生免疫，对寄生原虫、蠕虫、甲壳类等也会产生免疫的能力，不过一般较前者为弱。

3．寄主年龄对寄生虫的影响

随着寄主年龄的增长，其寄生虫也相应发生变化。某些寄生虫的感染率和感染强度随寄主年龄增长而递减，如寄生在草鱼肠内的九江头槽绦虫，其感染率和感染强度随寄主年龄的增长而降低。因为草鱼在鱼种阶段以浮游生物（九江头槽绦虫的中间寄主为剑水蚤）为食，1龄以上的草鱼则主要以草为食。另一些寄生虫的感染率和感染强度随寄主年龄递增，其主要原因是由于寄主食量增大，所食中间寄主增加；对体外寄生虫而言，则是由附着面积增大及逐年积累，以及幼体和成体生态上的差别所引起，如寄生在长尾大眼鲷的大眼鲷匹里虫和寄生在对虾的对虾特汉虫，均随寄主年龄增长而增加。还有一些寄生虫与寄主年龄无关，它们多为无中间寄主的种类，如鲤科管虫、显著车轮虫和鲩指环虫等，这些寄生虫也是最早感染寄主的种类，常会引起鱼苗、鱼种发病而成批死亡。

4．寄主食性对寄生虫的影响

水产动物与寄生虫在生物群落中的联系，除了外寄生虫和通过皮肤而进入寄主的内寄生虫之外，皆通过食物链得以保持，因此寄主食性对寄生虫区系及感染强度起很大作用。根据食性的不同，可将鱼类分为温和性和凶猛性两类：第一类主要是以水生植物及小动物为食；第二类则以其他鱼类和大动物为食。因此，它们的寄生虫区系成分有显著差别。例如，草鱼为温和性鱼类，因此就没有以其他鱼类为中间寄主的寄生虫；鳜鱼则为凶猛性鱼类，故有以其他鱼类为中间寄主的寄生虫，如道佛吸虫等。

5．寄主的健康状况对寄生虫的影响

寄主健康状况良好时，抵抗力强，不易被寄生虫侵袭，即使感染，其强度小，病情也较轻，如多子小瓜虫很难寄生到强壮的鱼体上去，即使寄生了，也很容易中途夭折；反之，抵抗力弱的鱼，则易受寄生虫侵袭，且感染强度大，病情也较严重。

（三）寄生虫之间的相互作用

在同一寄主体内，可以同时寄生许多相同或不同种类的寄生虫，处在同一环境中，它们彼此间不能不发生直接影响，它们之间的关系表现为对抗性和协助性两种。这些也都影响着寄生虫的区系。例如，寄生在鱼鳃上的钩介幼虫和单殖吸虫、甲壳类三者之间互有对抗作用。因此，通常在有钩介幼虫寄生时，单殖幼虫和甲壳类就很少再有寄生；反之，亦然。而寄生在鲤鱼鳃上的伸展指环虫和坏鳃指环虫则具有协助性。

（四）外界环境对寄生虫的影响

寄生虫以寄主为自己的生活环境和食物来源，而寄主又有自己的生活环境，这样对寄生虫来说，它具有第一生活环境（寄主有机体）及第二生活环境（寄主本身所处的环境）。因此，外界环境的各种因子，无不直接或通过寄主间接地作用于寄生虫，从而影响寄主健康状况。

第二节 鱼类寄生虫性疾病

一、鱼波豆虫病（Ichthyobodiasis）

【病原】鱼波豆虫最早的分类为漂游口丝虫（*Costia necatrix*），后随着从多种淡水鱼类上发现了鱼波豆虫的寄生，又将其分类为漂游鱼波豆虫（*Ichthyobodo necator*）。作为较晚被发现的海水鱼类寄生虫病原体，大多数波豆虫种根据不同寄主，分类为种名未定鱼波豆虫（*Ichthyobodo sp.*）。迄今为止共发现了9种鱼类波豆虫病病原寄生虫，挪威3种，美国东部2种，巴西1种，日本1种，1种同时见于希腊和新加坡，还有1种在南非、美国东部和日本都有发现。

飘游鱼波豆虫（*Ichthyobodo necator*），属于动基体目、波豆科。虫体从侧面观呈梨形、卵形或近似圆形；从侧腹面观，略似汤匙。偏于侧面的一边有1鞭毛沟，鞭毛沟前端有1个由2颗基粒组成的生毛体，由此长出2根鞭毛，沿鞭毛沟伸向体后而游离（图5-1A、B）。胞核1个，呈圆形，位于虫体的中部或稍前，核膜内周缘排列着大小不同而略有规则的染色质粒，中间有1个相当粗大、呈粒状结构的核内体，核内体与周围染色质粒之间有少许放射状的非染色质丝。虫体大小为（5.5～11.5）μm×（3.1～8.6）μm。离开寄主组织自由游泳的个体，好像飘在流水中的树叶，不能主动地活动，经相当时间后，恢复正常状态的虫体才以曲折的路径缓慢地游动前进，因其鞭毛不适于游动，所以虫体离开宿主6～7h后即死亡（图5-1C）。

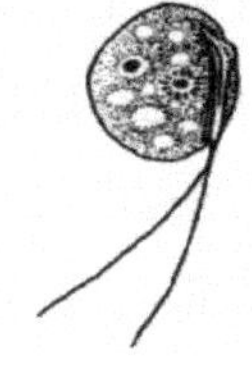

图5-1A 鱼波豆虫手绘图

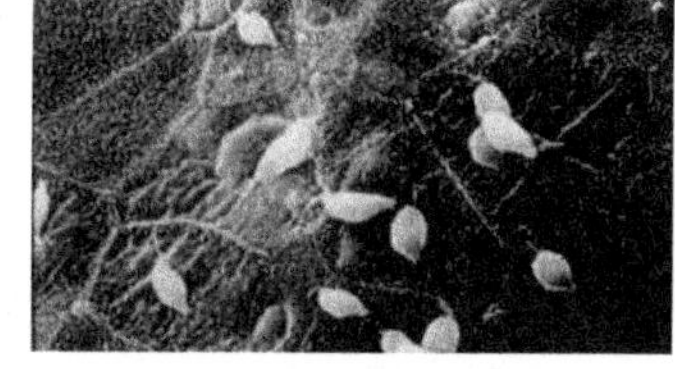

图5-1B 寄生在鱼体表的波豆虫呈纺锤形

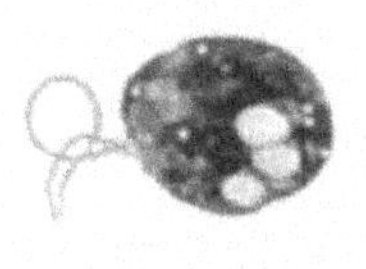

图5-1C 离开鱼体的波豆虫呈卵圆形

通过纵二分裂进行繁殖。在检查时常可看到4根鞭毛的个体，其中2根较长、2根较短。根据多数学者的见解，认为这是分裂的情况，2根短鞭毛是新长出来的，因飘游鱼波豆虫在条件适宜时繁殖很快，故常见到正在分裂中的四根鞭毛的个体；但也有些学者认为这是正常现象（图5-1D、E、F）。

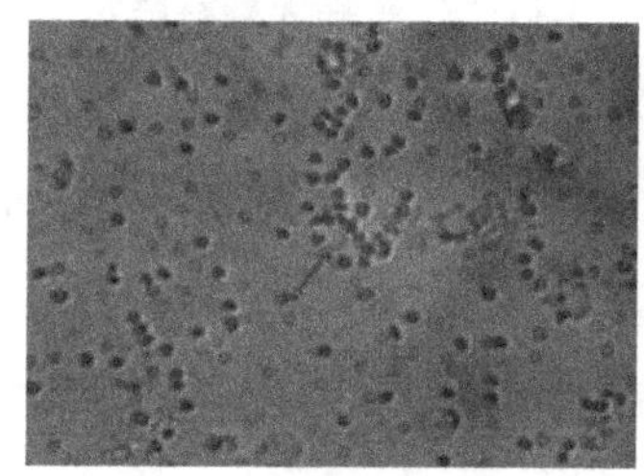

图5-1D 波豆虫显微照片（×200）

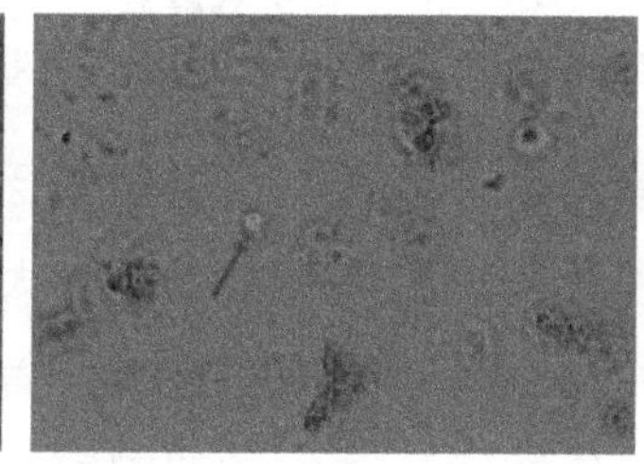

图5-1E 波豆虫显微照片（×1000）

图5-1F 波豆虫电镜照片（×5000）

【症状和病理变化】感染鱼波豆虫病的鱼类早期没有明显症状，当病情严重时，病鱼离群独游，游动缓慢，食欲减退，甚至不吃食，最终因呼吸困难而死。病鱼皮肤及鳃上黏液增多，寄生处充血、发炎、糜烂（图5-1G、H）。当2龄以上大鲤鱼患病严重时，可引起鳞囊内积水、竖鳞等症状。

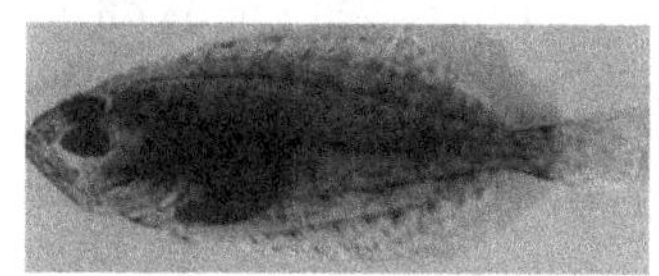

图5-1G 患病牙鲆被虫体刺激后产生大量黏液，导致体表白浊

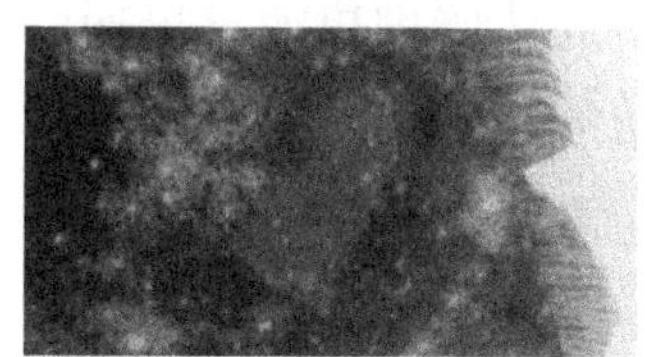

图5-1H 患病牙鲆体表出现溃疡并伴随出血

大菱鲆患病，病鱼最初表现为摄食减少，随之即完全停止摄食（不超过8h），病鱼体色明显变淡；在4～5个循环量/天的流水情况下，池水开始变黏且有时出现絮状物（病鱼受刺激分泌大量黏液所致）；随后病鱼开始躁动不安，不再安静伏底及聚群，多数鱼开始不断游动，伏底鱼也不能正常趴伏，鱼的无眼侧不能全

部紧贴池底而呈鱼头鱼尾上翘状；濒死及死亡鱼体表有大量黏液，同时体色出现明显变化，出现大块不规则白斑（图5-1I）。解剖观察，病鱼鳃丝色泽呈暗红色且明显肿大，呈淤血状；内部器官变化不明显，其中肠道无食物也无腐烂症状，肝脏有时有线状充血但不明显，肾脏、脾脏、胆囊及心脏等器官无论色泽或体积均无明显外观症状（图5-1J）。显微镜观察，取鳃丝上黏液制作水浸片400倍镜下观察，可见视野中有大量虫体活泼游动，同时还有部分鱼血细胞夹杂其间（图5-1K）；取鱼体表黏液制作水浸片400倍镜下观察，可见视野中有大量虫体活泼游动，同时还有部分鱼表皮碎屑悬浮在水浸片中；尾静脉取血400倍镜下观察，未发现虫体。

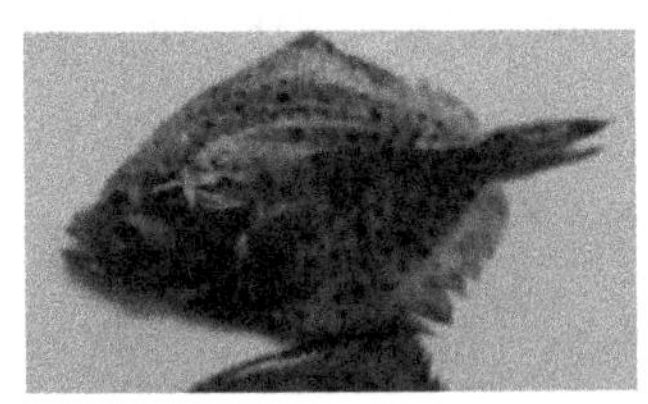

图5-1I 患病大菱鲆苗种外观症状，鱼体表出现白色斑块

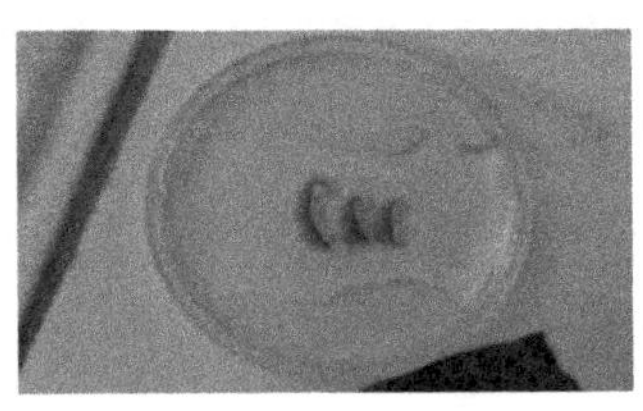

图5-1J 患病大菱鲆鳃，局部充血

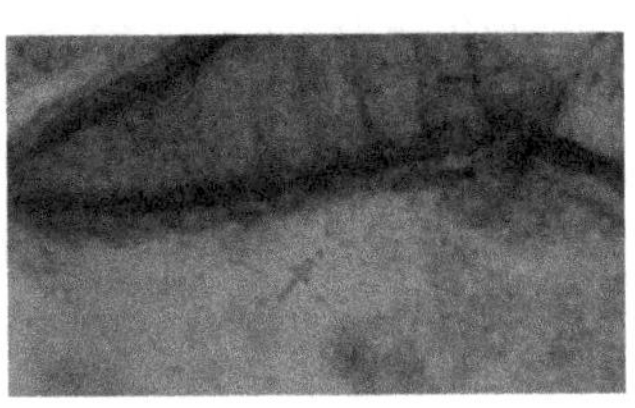

图5-1K 患病大菱鲆鳃水浸片观察，箭头示虫体

【流行情况】国内外都有流行，鱼类波豆虫病广泛见于欧洲、北美洲和亚洲淡水鱼类，而海水鱼类鱼波豆虫病较多见于太平洋和大西洋亚寒带至热带海域。海水野生鱼类确认发生过鱼波豆虫病的国家有挪威、美国、葡萄牙、乌拉圭、日本、英国、加拿大。海水养殖鱼类确认发生过的国家目前有英国、挪威、美国、西班牙、日本、澳大利亚、加拿大和中国。

确认感染鱼波豆虫病的野生海水鱼类包括欧洲黄盖鲽、黑线鳕、夏令牙鲆、麻哈鲑、美洲冬鲽、舌齿鲈等总计15种鱼类；确认感染鱼波豆虫病的海水养殖鱼类包括大西洋鳕、金头鲷、舌齿鲈、红鳍东方鲀、斑石鲷、大西洋鲑、许氏平鲉、大菱鲆、大西洋庸鲽和牙鲆。

淡水养殖中，我国自南至北均有鱼波豆虫病危害。病原繁殖适宜温度为12～20℃，一般流行于春秋两季，广东、广西则以冬末春初最为流行。该寄生虫危害各种温水及冷水性淡水鱼，尤以鲤和鲮的鱼苗为严重。鱼的年龄越小越敏感，放养后3～4d的鱼苗或从鱼卵孵出6～8d的鱼苗即可受害，且病程短，发现病原体2～3d后，病鱼即开始大量死亡。在鱼种阶段，春花最易受害，因经过越冬后鱼体质衰弱（尤其是北方越冬期长），抵抗力差，且此时的水温又适合鱼波豆虫大量繁殖。2足龄以上的大鱼，一般不引起死亡。

海水养殖中，我国所养殖的大菱鲆曾被感染。该病病情发展极快，从发现病症开始到全池鱼感染不超过36h，属急性型疾病，如未采取有效措施，从病鱼出现明显症状到死亡不超过48h，且死亡率呈不断增长趋势，第1天死亡率在0.5%左右，第2天则达到20%左右，死亡呈暴发趋势。

【诊断方法】用显微镜进行检查，发现有大量鱼波豆虫寄生，结合症状及流行情况，即可作出诊断。

【防治方法】

预防措施

在工厂化养殖大菱鲆过程中，该病原的大量繁殖并引起疾病应与养殖池清池不彻底及分池倒池时对养殖池消毒不彻底有关，因此从预防鱼波豆虫病角度看，应该加强这两个方面工作的力度。

治疗方法

（1）淡水池塘养殖，全池泼洒硫酸铜，使池水中硫酸铜浓度为0.5～0.7mg/L。

（2）海水池塘养殖，用淡水浸洗3～5min或全池泼洒硫酸铜，使池水中硫酸铜的浓度为0.8～1.2mg/L

（3）工厂化养殖大菱鲆过程中，双氧水对鱼波豆虫有一定杀灭作用但不够彻底，由于要考虑鱼本身对双氧水的耐受性，所以不能再加大用药剂量或延长浸泡时间，即双氧水是不适宜用于治疗大菱鲆鱼波豆虫病的；硫酸铜、硫酸亚铁合剂对大菱鲆有明显的摄食抑制影响（硫酸铜会严重影响鱼肠道酶活性），因此也不适合使用；“250ml/m^3福尔马林＋35g/m^3盐酸土霉素浸泡病鱼2h”的方案对治疗鱼波豆虫病非常有效，且对大菱鲆没有损伤，可以放心使用。

二、淀粉卵涡鞭虫病（Amyloodiniosis）

【病原】眼点淀粉卵涡鞭虫（*Amyloodinium ocellatum*），属肉足鞭毛门（*Sarcomastigophom*）、鞭毛亚门（*Mastigophora*）、植鞭纲（*Phytomastigophorea*）、腰鞭目（*Dinoflagellida*）、胚沟科（*Blastodiniidae*）。该科所包含的属和种不多，寄生在养殖鱼类上的有2个属：卵涡鞭虫属（卵甲藻属）（*Oodinium*）和淀粉卵涡鞭虫属（*Amyloodinium*）。有些人认为这类生物应属于植物界的甲藻门，叫作卵甲藻。现在多数学者，特别是鱼病学家都将它们归于原生动物的鞭毛虫类。卵涡鞭虫属寄生在淡水鱼类上，虫体内缺乏淀粉粒，成虫用固着盘吸附在鱼体上。淀粉卵涡鞭虫属寄生在海水鱼类上，虫体内含有淀粉粒，成虫用假根状突起固着在鱼体上。

寄生期的虫体是营养体（Trophozoite，Trophont），在初期呈梨形，到后期则近似于球形，大小通常为20～150μm，最大的达350μm。在一端形成具有假根状突起的附着器（也叫作足部），用以附着到鱼体上。原生质中有许多淀粉粒；胞核在中央，大小为5～15μm，一般不易看清。虫体表面有明显的细胞膜。在靠近假根状突起处有一个长形的红色眼点，有一条口足管（Stomopode tube）。营养体成熟后或在病鱼死后，缩回假根状突起，离开鱼体，落入水中，分泌出一层纤维质形成胞囊，虫体在胞囊内用二分裂法反复进行多次分裂，最后形成256个具2根鞭毛、大小为9～15μm、无色、有横沟和纵沟的涡孢子（Dinospore，Tomont）（图5-2A、B、C、D）。已形成的涡孢子冲出胞囊，在水中游泳，这时具有涡鞭虫的形态。当涡孢子遇到宿主鱼就附着上去，去掉鞭毛，生出假根状突起，再成为营养体，开始其寄生生活，营养体则完全没有涡鞭虫的特征。

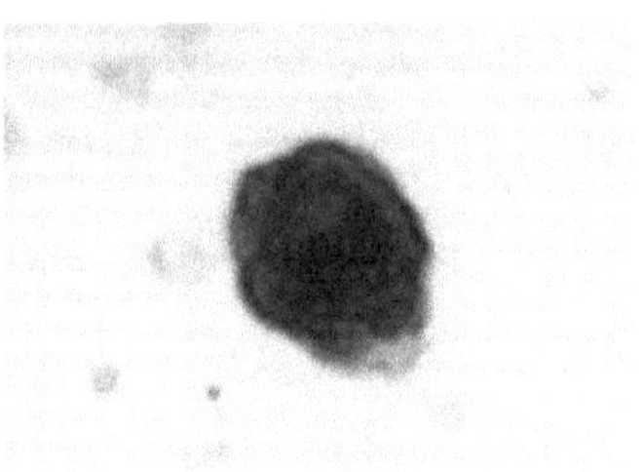

图5-2A 刚脱离鱼体的眼点淀粉卵涡鞭虫营养体，可看到其根部

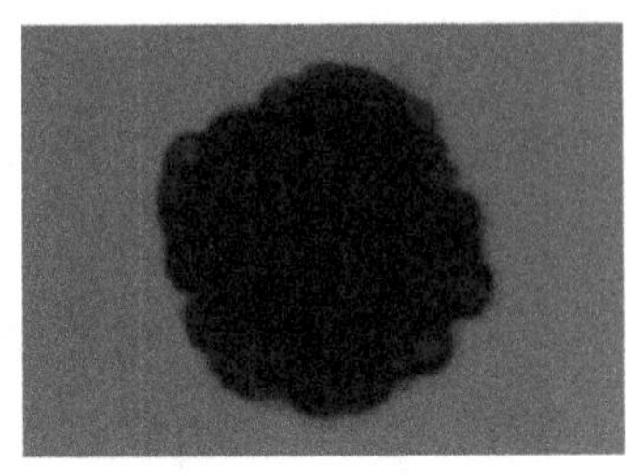

图5-2B 虫体在胞囊内分裂256细胞期

图5-2C 涡孢子

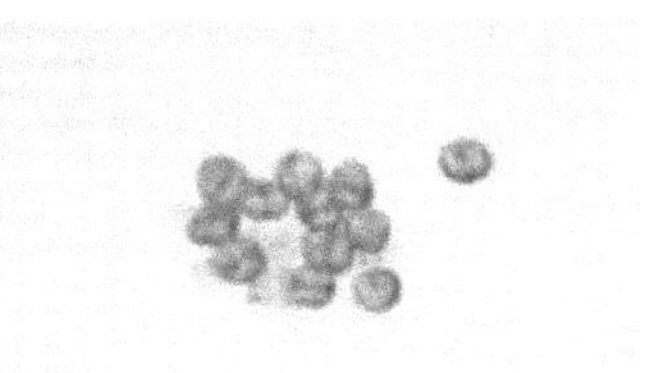

图5-2D 进入游离的涡孢子阶段

营养体形成包囊后，在水温23～27℃，pH为7.3～7.6时对其分裂有利。水温在10℃以下不分裂，10～20℃分裂非常缓慢，20～25℃时分裂较快，在25℃以上时3d以内就可分裂成256个游泳子，在海水比重为1.012～1.021并溶解有大量的硝酸盐时对游泳子的发育有利。

【症状和病理变化】淀粉卵涡鞭虫的营养体主要寄生在鱼类的鳃上，其次是皮肤和鳍，严重感染的鱼肉有许多肉眼可见的小白点。病鱼游动缓慢，无力地浮游于水面，呼吸加快，鳃盖开闭不规则，口常不能闭合，有时喷水，或向固体物上摩擦身体，鱼体瘦弱，鳃呈灰白色，最终因呼吸困难而死。有少数病例，发现虫体寄生在咽喉的黏膜下组织或肌肉中，甚至发现于肾脏或肠系膜等处。

虫体用假根状突起插入宿主的上皮细胞中用以固着其身体，现在还不能证明假根状突起有摄食的作用，摄食是通过口足管进行。但假根状突起可严重伤害鱼的上皮细胞，使被寄生的细胞发生变性，周围的细胞浑浊肿胀、增生，组织发炎、出血，甚至坏死崩落。在鳃上的虫体附着在鳃小瓣之间，寄生数量很多时成为淡灰色团块。虫体周围的鳃小瓣上皮增生、愈合，将虫体包围起来，严重者组织崩坏，软骨外露，呼吸机能发生障碍，随即死亡（图5-2E、F、G、H、I、J、K、L）。有时病鱼会继发性感染细菌或真菌。

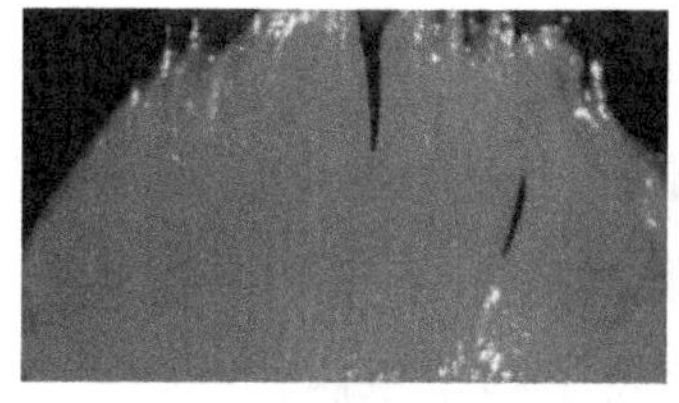
图5-2E　鱼的鳃上有许多小白点

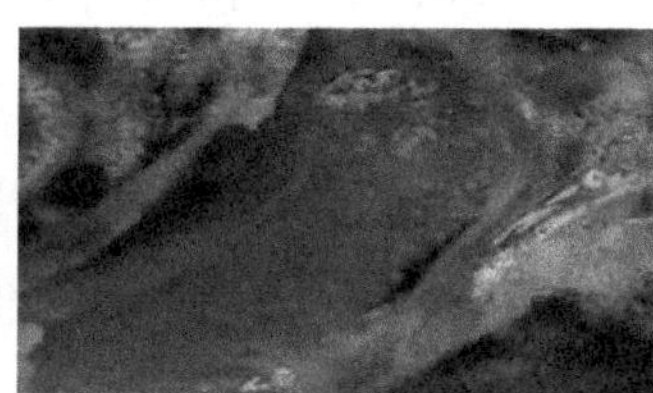
图5-2F　患有卵鞭虫病的斑石鲷（鳃上有白点）

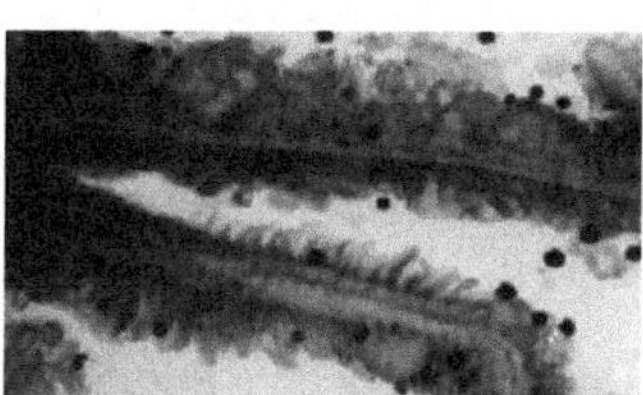
图5-2G　寄生在鱼鳃上的虫体（×10）

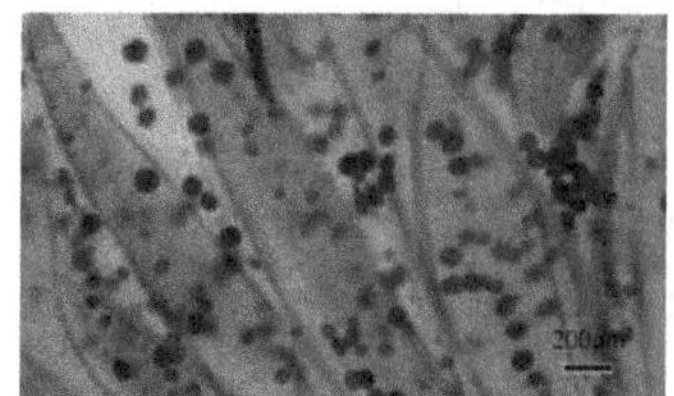

图5-2H　患病斑石鲷鳃上的虫体（×10）

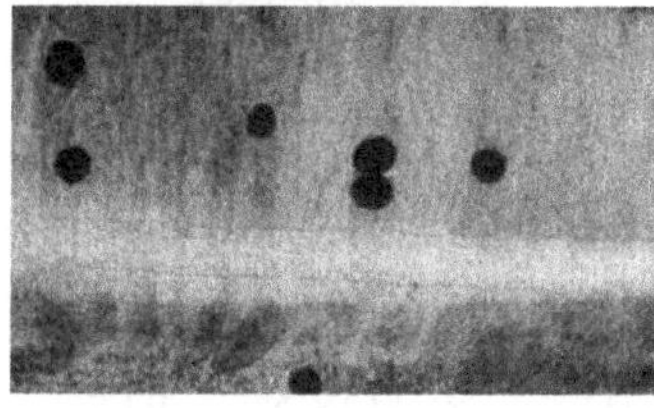
图5-2I图示寄生在鳃上的虫体（×40）

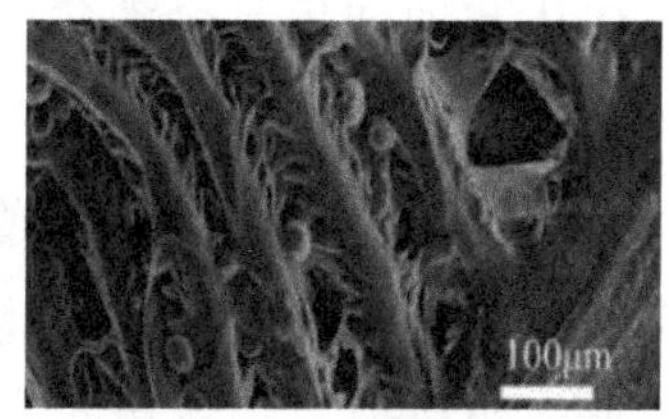

图5-2J　扫描电镜下虫体附着在鳃上

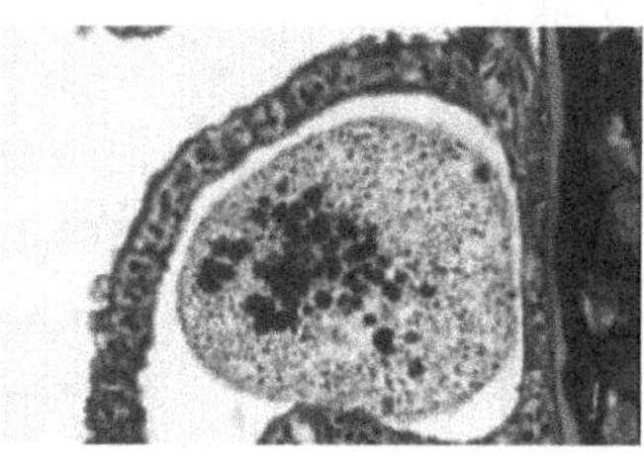
图5-2K　图示病理组织中被吉姆萨染色的虫体，内含多个淀粉颗粒

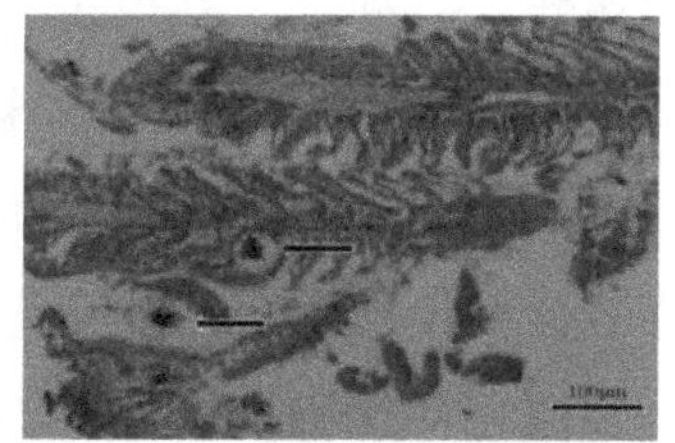
图5-2L　患病鱼鳃的病理切片

【流行情况】淀粉卵涡鞭虫呈世界性分布，能侵害多种海水或半咸水鱼类，对宿主无专一性。眼点淀粉卵涡鞭虫宿主范围很广泛，是少数的几种既可以侵染软骨鱼又可以侵染硬骨鱼类的寄生虫之一，几乎可以侵染其生活环境下的所有鱼类，是温海水养殖生物的主要寄生虫。现已知该寄生虫可感染100多个物种，也可感染在盐分较高的淡水水域中生活的鱼类，甚至会寄生到鱼类体外寄生虫的表皮上。但半咸水鱼类或河口鱼类似乎比海水鱼类较有抵抗力，可能低盐度对该虫有不利的作用。水族馆、室内水泥池和池塘养殖的鲻、梭鱼、海马、鲈、真鲷、黑鲷、河鲀、大黄鱼、石斑鱼（*Epinephelus spp.*）等受到严重感染，美国海水养殖的卡州鲳鲹（*Trachinotus carodinus*）和条纹狼鲈（*Morone saxatilis*）等鱼类也受其害。在一

些硝酸盐含量高的养殖水域，由于对涡孢子的发育提供了有利条件，也常见此病。在水温23～27℃的7—9月是该病的流行季节。一般病鱼从有症状后的2～3d死亡率可高达100％。

眼点淀粉卵涡鞭虫对环境的适应性强，在温度为16～30℃的范围内，均可进行分裂，耐盐性强，当盐度在12～50时，可进行分裂增殖。当环境温度低于15℃时该寄生虫不会产生新的涡孢子，在低于15℃环境下培养17周，寄生虫不分裂增殖，当环境温度恢复至25℃时，眼点淀粉卵涡鞭虫会继续分裂产生有感染力的涡孢子。有报道称在盐度低于10时，即可保护鱼类免受眼点淀粉卵涡鞭虫的感染，但是又有报道称在盐度为2～3的墨西哥湾江口处依然爆发了卵鞭虫病。

河北省近年来工厂化养殖的红鳍东方鲀曾爆发此病，疾病传播速度非常快，往往从发现病鱼到全池鱼感染只有1～2d时间，如果采取的措施不当，则可出现100%死亡率。

【诊断方法】肉眼可看到病鱼的鳃或体表有许多小白点，初看很像隐核虫病，但仔细观察可看出淀粉卵涡鞭虫不是在上皮组织内，而是在其表面，虫体大小也明显地比隐核虫小，因此，容易区别。但要确诊还需刮取白点用显微镜进行检查。在40倍或者100倍的光学显微镜下，可清晰地看到呈卵圆形的眼点淀粉卵涡鞭虫，视野中呈黑色。有研究表明，眼点淀粉卵涡鞭虫的营养体最大可达到350μm，但是大多数的营养体直径小于150μm。可以用玻片轻轻刮取鱼体表面粘液，或者将病鱼浸泡在淡水中，使眼点淀粉卵涡鞭虫营养体脱落至水中，然后用移液器轻轻吸取沉淀的寄生虫分裂前体，在高倍镜下观察。

淀粉卵涡鞭虫滋养体直径为60～120μm，明显小于刺激隐核虫滋养体（刺激隐核虫滋养体直径为230～460μm）。刺激隐核虫的滋养体略透明，在光镜下清晰可见虫体的运动，而淀粉卵涡虫的滋养体完全不透明，这两点可以用于区分这两种寄生虫病。刺激隐核虫的包囊会吸附在与其相接触的基质上，而淀粉卵甲藻的包囊只能落在底部，无明显的黏附能力。刺激隐核虫的包囊采取不等分裂的方式分裂，分裂的细胞均包裹在包囊壁中，在24℃下，滋养体脱落到幼虫孵出需5～9d；淀粉卵涡鞭虫的包囊则是以二分裂的方式分裂，形成多种整齐排列的分裂期形态。在27～29℃下，从滋养体脱落到涡孢子孵出，不足3d。在大黄鱼室内育苗中，从发现淀粉卵涡鞭虫病到出现大量死亡仅相隔3～4d，比刺激隐核虫的致死性更强，这与其生活史周期短、繁殖速度更快有关。

【防治方法】

预防措施

苗种放养或从外地购买的苗种，先经淡水浸泡5min后再入池养殖。发现病鱼要及时隔离治疗，已无可救药的鱼和死鱼要立即捞出，防止病原传播。

眼点淀粉卵涡鞭虫通过直接接触进行传播，当带有涡孢子的水接触到新的宿主，涡孢子便会附着到宿主体表。由于涡孢子个体较小，直径在12～15μm，所以很容易通过水汽或者雾滴传播到周围，引起区域性爆发卵涡鞭虫病。该寄生虫也可通过一些直接接触进行传播，如渔网、鞋、手套、器具等接触了被寄生虫污染的水质后，成为了传播的媒介。所以，在生产过程中，要时常对养殖工具进行消毒清污处理，尽量控制工具的使用范围，防止污染范围扩大。没有任何研究证明，眼点淀粉卵涡鞭虫的涡孢子具有像其他寄生性原虫那样的黏附性。自然界中的鸟类、动植物等也会成为传播媒介，在被污染的水体中接触到了病原，或者捕获了感染该寄生虫的病鱼，再接触新的水体时，即产生了传播性污染。已经死亡的鱼是眼点淀粉卵涡鞭虫寄生的一大宿主，滋养体可能从死亡的鱼体上脱落，但仍旧沉淀在鱼体上，形成分裂前体或者进行分裂。所以，即时清理掉已死亡的鱼是防控该寄生虫爆发的重要手段。当清理发病鱼池后，最好将池底的杂质进行虹吸排污，因为眼点淀粉卵涡鞭虫的密度比海水大，容易沉淀在水底。卵涡鞭虫病，爆发速度快，致死率高，易传播，所以给水产养殖业造成了巨大的影响。有必要做好生物安保措施，防止眼点淀粉卵涡鞭虫进入到养殖水体内，以降低该寄生虫爆发的风险。

治疗方法

治疗病鱼的同时，养病鱼的水槽或池塘应在4～5d内不要放养鱼类，这样即便在养鱼的设施中有残留的包囊，产生出的涡孢子在这段时间内找不到宿主就会死掉。也可将养鱼的容器用高浓度的高锰酸钾或漂白粉彻底消毒，再用清水冲洗干净后才可继续使用。治疗眼点淀粉用卵涡鞭虫病的药物如下：

（1）用淡水浸洗病鱼2～3min，大多数营养体可以脱落，但有些可能在鳃的黏液内，不能被淡水浸洗干净，以后仍能形成包囊进行繁殖，所以隔3～4d后应重复治疗一次。用淡水浸洗是最有效、最经济和最简便的方法。

（2）用硫酸铜全池泼洒，使池水中硫酸铜浓度为0.8～1.2mg/L，药浴10～15min，连用4d。或以浓度为10～12mg/L硫酸铜浸洗10～15min，每天1次，连用3～4次。

实验证明，当水温为25℃时，眼点淀粉卵涡鞭虫分裂快，3d内即可完成一次生活史。只有在涡孢子阶段，眼点淀粉卵涡鞭虫才会被药物杀灭，在营养体和分裂前体阶段，均有抗药性。所以，在预防和控制卵鞭虫病过程中，用药物杀灭眼点淀粉卵涡鞭虫时，要持续、反复进行药浴。

（3）科学家偶然发现，水中的镁离子可以影响眼点淀粉卵涡鞭虫的存活。体外培养眼点淀粉卵涡鞭虫分裂前体，当水体中镁离子的含量降低时，寄生虫虫体无异常变化，但是不再进行分裂增殖。所以，研究者推测，用人造海水可预防并控制眼点淀粉卵涡鞭虫的产生和增殖。尤其是在水族馆中，可以借鉴此方法，以达到控制该寄生虫暴发的目的。

三、车轮虫病（Trichodiniasis）

【病原】车轮虫（*Trichodina*）和小车轮虫（*Trichodinella*）属中的一些种类，属纤毛门、寡膜纲（Oligohymenophora）、缘毛目（Peritrichida）、车轮虫科（Trichodinidae）。该科共有10个属，共计260多个品种，在我国已见报道的车轮虫有5个属近80种，其中车轮虫属65种，小车轮虫属3种，拟车轮虫属2种，三分虫属5种，两分虫属1种。我国常见种类：显著车轮虫（*T.nobilis*）、杜氏车轮虫（*T.domerguei*）、东方车轮虫（*T.orientalis*）、卵形车轮虫（*T.ovaliformis*）、微小车轮虫（*T.minuta*）、球形车轮虫（*T.bulbosa*）、日本车轮虫（*T.japonica*）、亚卓车轮虫（*T.jadranica*）和小袖车轮虫（*T.murmanica*）。

车轮虫虫体从侧面观如毡帽状，从反面观呈圆碟形，运动时如车轮转动样（图5-3A、B、C、D、E）。隆起的一面为前面或称口面，相对凹入的一面为反口面（后面）。口面上有向左或逆时针方向螺旋状环绕的口沟，其

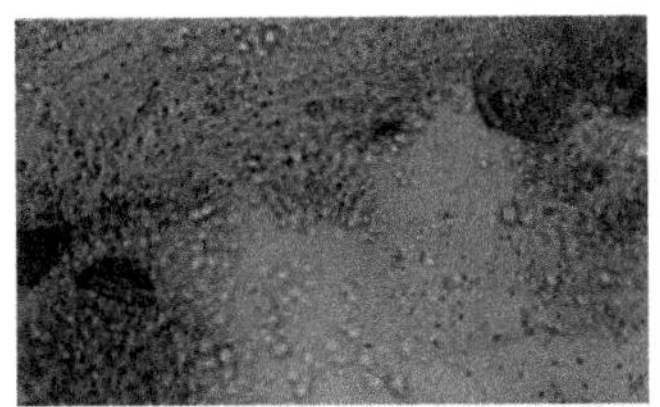

图5-3A 显微镜下的车轮虫（未盖盖玻片）

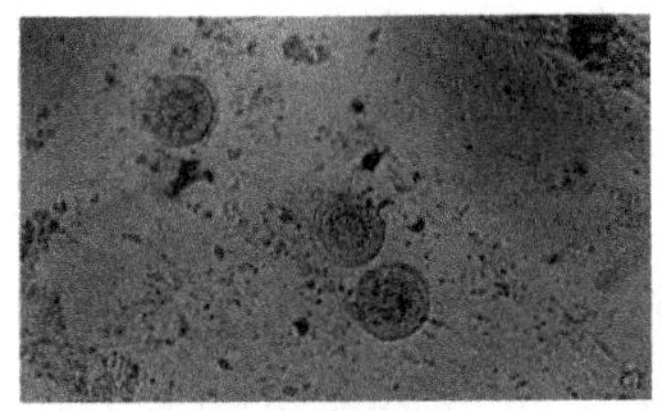

图5-3B 显微镜下的车轮虫（盖上盖玻片），示反口面

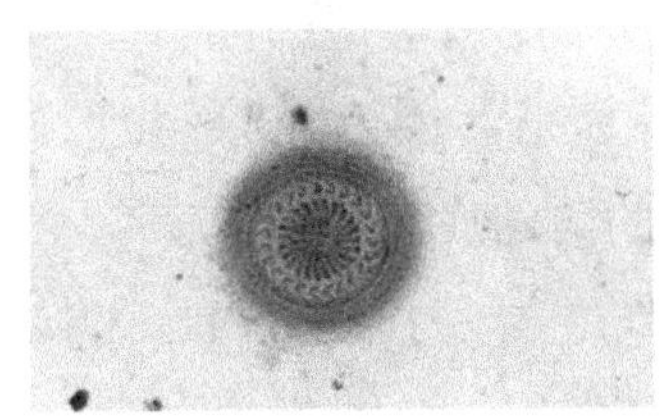

图5-3C 染色的车轮虫

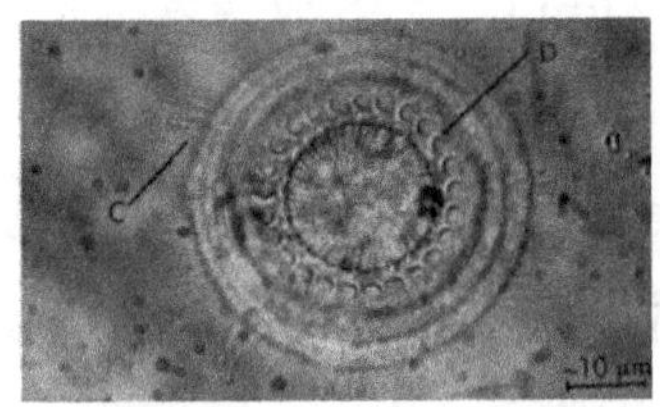

图5-3D 车轮虫的结构

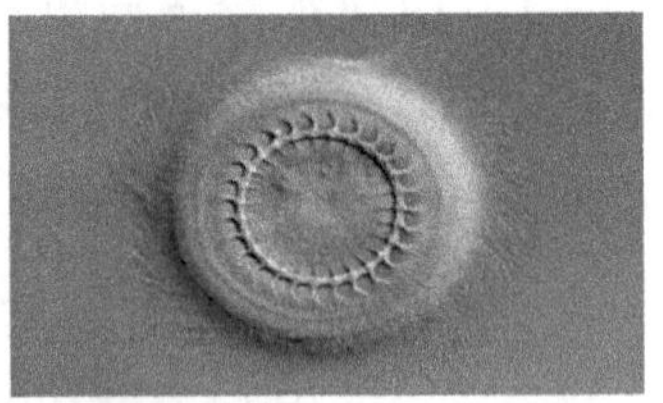

图5-3E 车轮虫（微观摄影获奖作品）

末端通向胞口。口沟可绕体180～270度（小车轮虫）、330～450度（车轮虫）。口沟两侧各生一行纤毛，形成口带，直达前庭腔。胞口下接胞咽，单一伸缩泡在胞咽之侧，大核马蹄状，围绕前腔，亦可为香肠形，大核一端还有1个球形或短棒状的小核。反口面直径随不同种类而异，在10～100μm不等，其中部向体内凹入，形成附着盘，用以吸附在宿主身上。反口面最显著的构造是齿轮状的齿环，齿环由齿体互相套接而成。齿体似空锥，分为三部分：中部为前后互相套接的空锥形部分，叫作锥体；锥体向齿环的外侧突出成棒状或镰刀状的突起，叫齿钩；从锥体向齿环的内侧有一针状突起，叫齿棘。在齿环的外面有一圈辐射状排列的辐线，叫辐线环。辐线环之外有一圈薄而透明的膜叫缘膜。反口面的边缘，缘膜之上有一圈较长的纤毛，叫后纤毛带。后纤毛带的上下各有一圈较短的纤毛，分别叫上缘纤毛和下缘纤毛。后纤毛带和缘膜是附着和运动的胞器。下缘纤毛和缘膜随着种类不同，有的缺少其中之一，或二者均缺。

车轮虫用附着盘（反口面）附着在鱼的鳃丝或皮肤上，并来回滑动，有时离开宿主在水中自由游动。游动时一般用反口面向前像车轮一样转动，所以叫作车轮虫。

车轮虫的繁殖是用纵二分裂法和接合生殖。分裂后的两个子体各承受母体的一半齿环和一半辐线环，但旧齿环不久就消失，在旧齿环的内侧再长出新齿环；旧辐线仍保留，并从每两条旧辐线之间再长出一条新辐线，这样齿体和辐线的数目就与母体相同了（图5-3F）。接合生殖是两个等大或不等大的虫体，一个虫体的反口面接到另一个虫体的口面上。

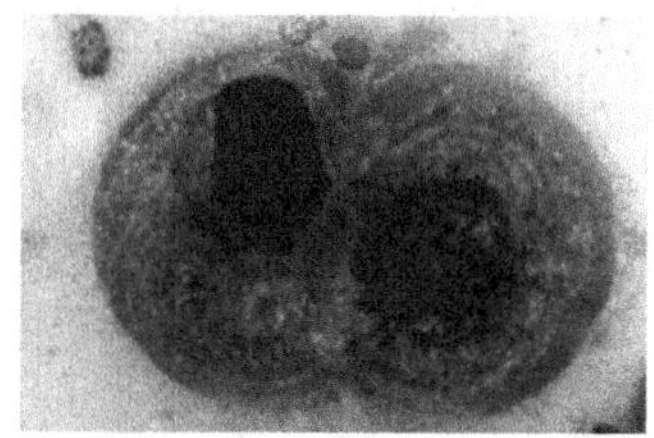

图5-3F　正在进行二倍体分裂的虫体

【症状和病理变化】车轮虫通常以细菌或有机碎屑为食，能长时间或临时性地附着于寄主体表或鳃表，严格地说与寄主是共栖而非寄生关系，但因车轮虫一方受益，另一方长时间受到影响易造成损害，因此在研究中多称之为寄生关系。车轮虫对寄主的病理作用主要为机械性损伤及由此引起的继发性生理功能性阻塞、细菌性感染等。机械性损伤是车轮虫对寄主最普遍的一类影响，车轮虫具有发达的反口面附着盘结构，附着盘由齿体、辐线和缘膜构成，三者通过协调作用可产生强大的吸附力，其吸附力加上纤毛的运动甚至可将鳃上皮组织局部拉起，若长时间地吸附于鳃丝时，可将上皮组织局部吸入穹隆状的附着盘内，造成寄主鳃上皮组织弹性降低，甚至破裂，对寄主造成机械性损伤，此时若加之继发性细菌感染，则有可能致使上皮组织大片坏死，导致严重的鳃丝溃烂。车轮虫在海水鱼类中主要寄生在鳃上，在淡水鱼类中还发现其寄生在皮肤、鼻孔、膀胱、输尿管等处。当寄生数量少时宿主鱼不显症状，但大量寄生时，由于它们的附着和来回滑行，刺激鳃丝大量分泌黏液，形成一层黏液层，引起鳃上皮增生，妨碍呼吸。在苗种期的幼鱼体色暗淡，失去光泽，食欲不振，甚至停止吃食，鳃的上皮组织坏死、崩解，最终呼吸困难，衰弱而死。

【流行情况】在车轮虫科的10个属中，纤车轮虫属、半车轮虫属和高纤虫属目前仅见报道寄生于陆生贝类，一般认为属专性寄生；偏车轮虫属和旋带虫属仅见于淡水鱼类；在三分虫属15个种类中，除其中的2种分别为淡水鱼类和两栖类蝌蚪共有外，其他13种均为淡水鱼类所独有；小车轮虫属为鱼类的专性寄生虫；拟车轮虫属分布在海、淡水鱼类及两栖类中；而车轮虫属的分布最为广泛，涉及上述及其他多种水生动物。车轮虫的寄生一年四季均可被检查到，流行于4—7月，但以夏、秋为流行盛季，适宜水温为20～28℃。地理分布很广泛，世界上许多国家都有报告，淡水、海水和半咸水鱼类上都可发现车轮虫。生活在环境优良的健康鱼体上的车轮虫即便存在也是数量很少，但在环境不良时，例如水体小、放养密度过大，或鱼体受伤及发生其他疾病，身体衰弱时，则车轮虫往往大量繁殖，成为病害，引起淡水鱼苗、鱼种致死，有时死亡率较高。目前尚未发现因车轮虫寄生引起海水鱼类死亡的情况，但如果同时有其他疾病存在时，车轮虫能加重宿主的病情，成为致死的原因之一。该病害海水养殖的真鲷、黑鲷、鲈、鲻、梭鱼、牙鲆、大菱鲆、红鳍东方鲀、石斑鱼、尖吻鲈等都较普遍，尤其是苗种阶段的幼鱼。车轮虫繁殖以纵二分裂法或接合生殖，新生个体可以通过水流或其他水生生物及养殖用工具等传播。

【诊断方法】取鳃丝或从鳃上、体表刮取少许黏液，置于载玻片上，加一滴清洁海水制成水封片，在显微镜下可看到虫体，并且数量较多时可诊断为车轮虫病；如仅仅见少量虫体，不能诊断为车轮虫病，因为有少量虫体附着在鳃上是常见的现象。种类鉴定，需用蛋白银染色或银浸法染色。

【防治方法】

预防措施

苗种培育期加强观察，低倍镜下一个视野达到30个以上虫体时，用硫酸铜全池泼洒，用法用量同治疗方法。

治疗方法

（1）淡水浸洗5～10min。

（2）浓度为0.8～1.2mg/L的硫酸铜，全池泼洒，或用浓度为1.2～1.5mg/L的硫酸铜和硫酸亚铁合剂（5∶2），全池泼洒。

（3）浓度为25～30mg/L的福尔马林，全池泼洒，隔天再用1次。

四、隐核虫病（Cryptocaryoniosis），**海水鱼白点病**（White spot disease of marine fish）

【病原】刺激隐核虫（*Cryptocaryon irritans*），海水小瓜虫（*Ichthyophthirius marinus*）是其同物异名。属于纤毛门、寡膜纲、膜口亚纲、膜口目、凹口科、隐核虫属（*Cryptocaryon*）。

寄生在鱼体上的虫体为球形或卵圆形，成熟个体的直径为0.4～0.5mm。全身表面披有均匀一致的纤毛，近于身体前端有一胞口。外部形态与寄生在淡水鱼类上的多子小瓜虫很相似，主要区别是隐核虫的大核分隔成4个卵圆形团块（少数个体为5～8块）（图5-4A），各团块间沿长轴有丝状物相连呈马蹄状排列；小瓜虫的大核虽然也呈马蹄状，但不分隔成团块。另外，隐核虫的细胞质较浓密，内有许多颗粒，透明度较低，在生活的虫体中大核一般不易看清；虫体的表膜比小瓜虫较厚而硬；个体略小于小瓜虫。

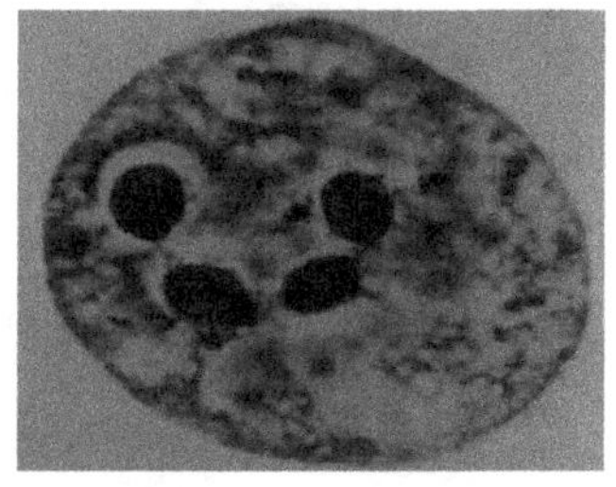

图5-4A　隐核虫的大核分隔成4个卵圆形团块

隐核虫的生活史分为滋养体（Trophont），包囊前体（Protomont），包囊（Tomont）和幼虫（Theront）（图5-4B、C、D、E、F、G、H、I、J）。滋养体是指刺激隐核虫寄生在鱼体上的这段时期，也称为成虫，虫体呈圆形、椭圆形或梨形，全身表面披有均匀一致的纤毛，个体大小为（34～66）μm×（360～500）μm，虫体较大，可以在鱼的上皮组织中做缓慢旋转运动。深埋在

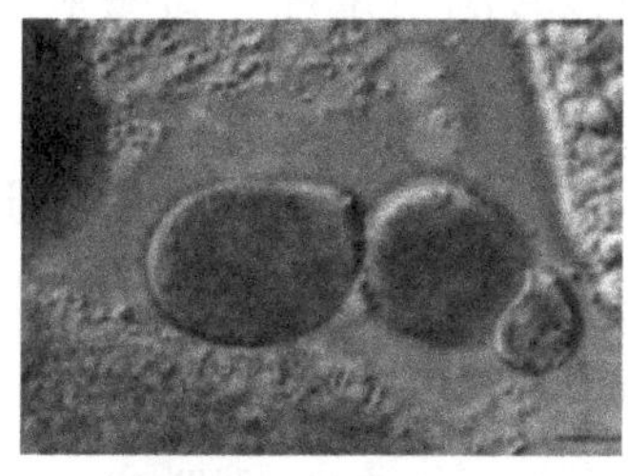

图5-4B　红鳍东方鲀鳃组织上的滋养体

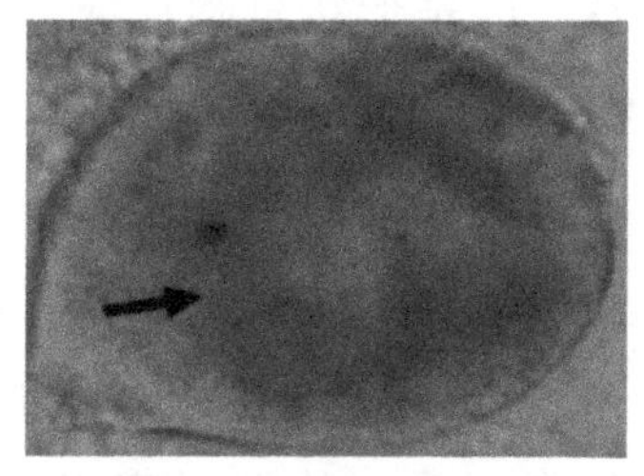

图5-4C　寄生在大菱鲆鳃上的滋养体，箭头示大核（×200）

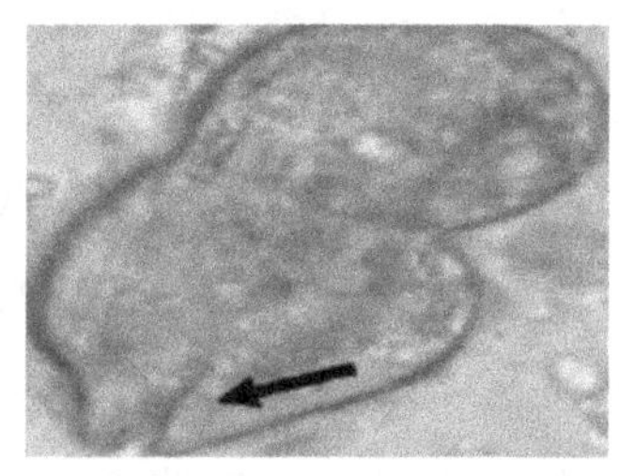

图5-4D　寄生在大菱鲆鳃上的滋养体，箭头示胞口（×200）

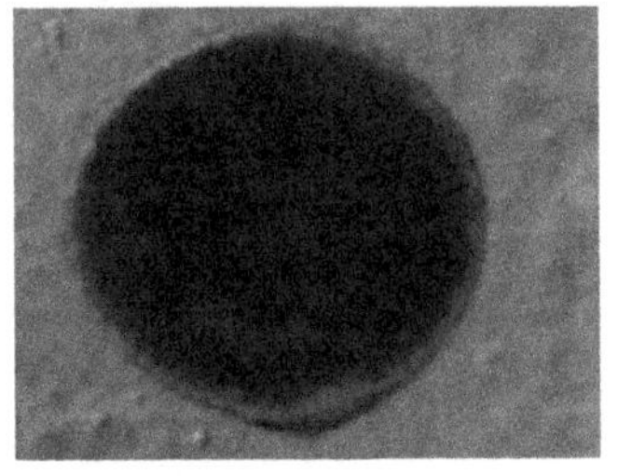

图5-4E 红鳍东方鲀鳃上的滋养体（示U型大核）

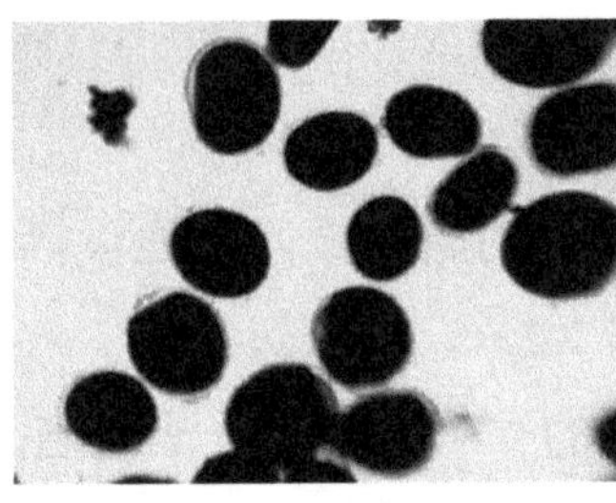

图5-4F 养殖大黄鱼患病，未分裂的包囊（包囊前体）

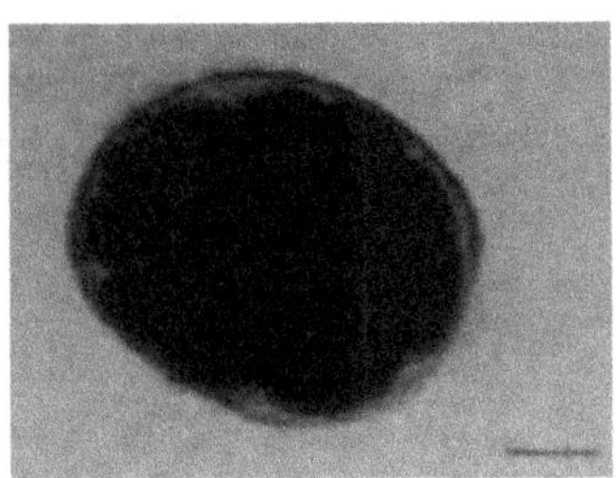

图5-4G 分裂中的包囊

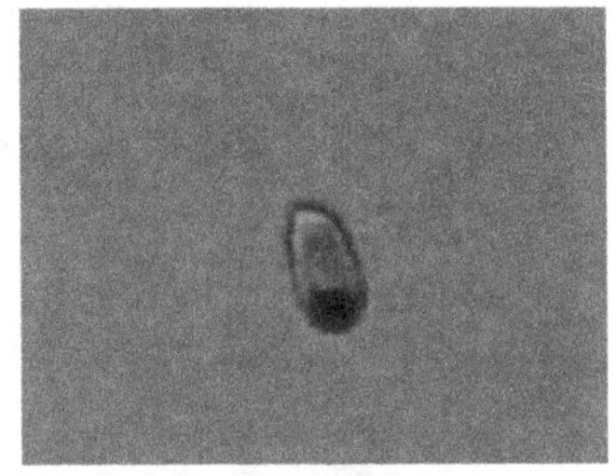

图5-4H 刺激隐核虫的幼虫

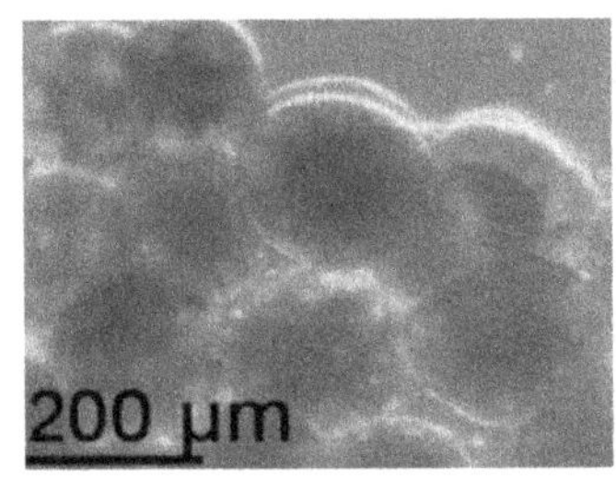

图5-4I 在池底形成的包囊

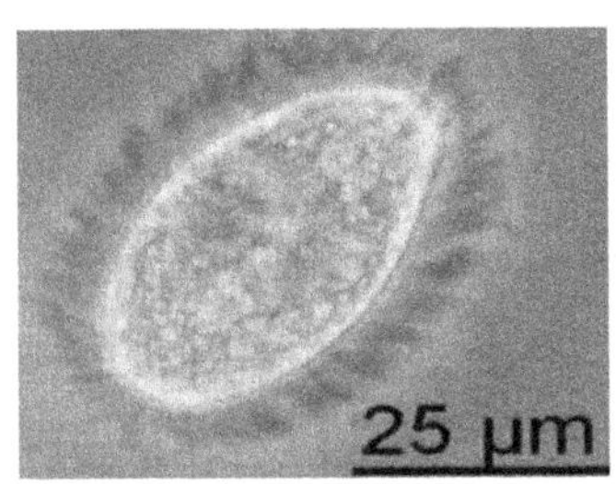

图5-4J 示幼虫

鱼体并分泌保护膜，肉眼看起来为细砂的小白点。滋养体在鱼体时吸收鱼的体液以及组织等，所这个时期的滋养体是最为活跃的时期，一直处于进食状态，所以在滋养体时期的刺激隐核虫的体内存在有大量的吞噬后消化的泡状物，此时的刺激隐核虫的透明度很好，非常适合用于显微镜观察，可以清楚看到滋养体全身较为有特征的结构，可以隐约看见滋养体内的U型核，也可以从侧面看到胞口及从口区伸出的纤毛束。经过实验观察进行记录可以知道滋养体的生长周期大致范围为3～7d，不同的刺激隐核虫个体的生长时间并不是一致的，存在差别，最旺盛的生长时间为4～5d。当滋养体成熟后或者环境不适合生长时就会脱离寄主，此时的成虫叫作包囊前期，也可以称为自由滋养体。刺激隐核虫在这个状态下可以保持4～8h，在此期间滋养体虫体纤毛开始慢慢萎缩，表面的脊状突起逐渐变平，游动慢慢变缓，最后附着于池底的石头等坚硬物或者池壁上形成包囊，包囊的大小一般与滋养体相差不多，但是形状呈圆形或椭圆形且固定不动。包囊形成初期，表面光滑，包囊壁比较薄，8～12h时包囊达到最厚，包囊壁呈多层结构，表面粗糙，以此形成保护膜，帮助刺激隐核虫度过不适宜的生长环境，例如用于度过寒冷的冬季。当生长环境适合刺激隐核虫生长时，约2d后，包囊开始进行分裂，第一次形成两个大小不一样的细胞，包囊以不对称二分裂形式进行分裂，一周左右大量幼虫破囊而出。每个包囊平均可以产出292个幼虫。幼虫刚脱离包囊时的感染能力最强，最易使鱼体感染，在进行防御刺激隐核虫病时，此时是最关键时刻。当离开包囊6～8h后，幼虫的感染能力开始下降，大多数幼虫只能生存不足24h，如果在此期间不能寄生到宿主上，则幼虫就会大量死亡，生活史不能继续；如果可以寄生到鱼体上，则就可以进行下一轮循环。在26℃下刺激隐核虫完成一次生活史，需要一到两周的时间 （图5-4K）。

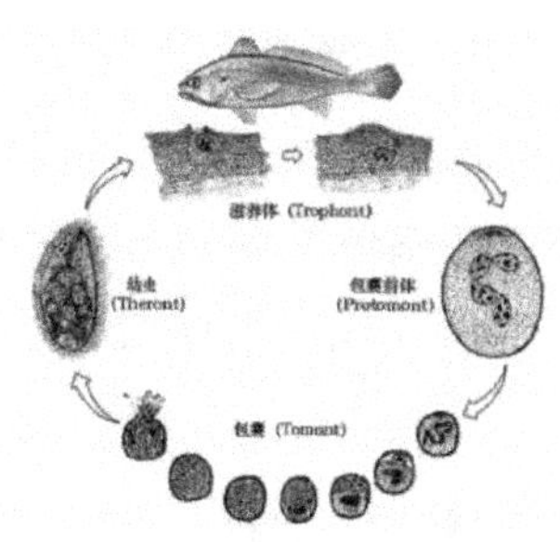

图5-4K 刺激隐核虫的生活史

刺激隐核虫的体外培养和实验室传代：2004年Apolinario等用加有20%胎牛血清的液体培养基体外培养刺激隐核虫的幼虫，培养出来的滋养体大小与自然感染鱼的滋养体大小一致，但是幼虫发育为滋养体的比率只有0.28%～1.71%，并且所有的滋养体都没有进一步发育成为包囊。到目前为止，还不能在体外培育这类寄生虫。

【症状和病理变化】病鱼体表、鳃表、眼角膜和口腔等与外界相接触处，肉眼可观察到许多小白点（图5-4L、M）。因为虫体钻入鳃和皮肤的上皮组织下基底膜的上面，以宿主的组织为食，并不断转动其身体，宿主组织受到刺激后，会形成白色膜囊将虫体包住（图5-4N），所以肉眼看去在病鱼体表和鳃上有许多小白点，与小瓜虫引起的淡水鱼白点病的症状很相似，因此也叫作海水鱼白点病。不过隐核虫在皮肤上寄生的很牢固，必须用镊子用力才能刮下，小瓜虫则很易脱落。

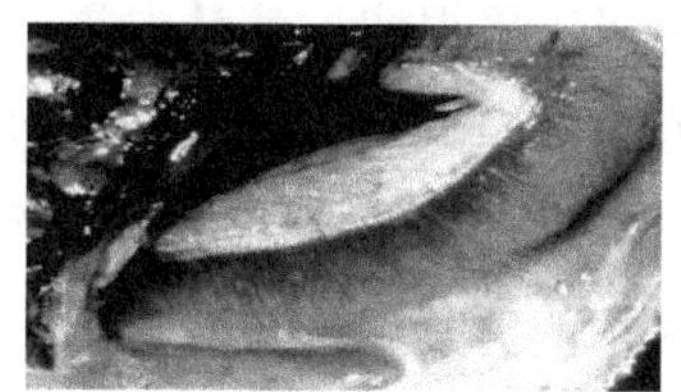
图5-4L 患病牙鲆鳃上有白点

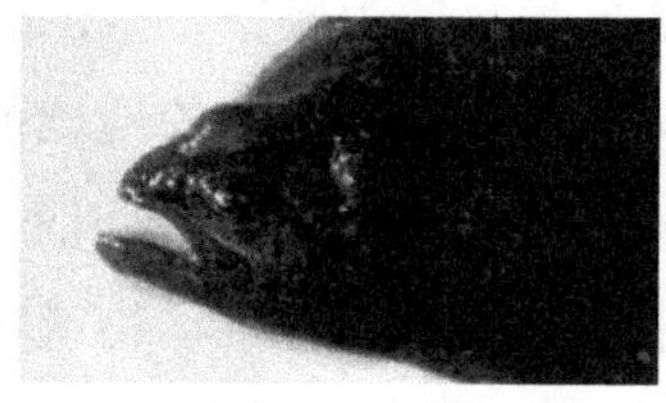
图5-4M 患病牙鲆体表出现白点

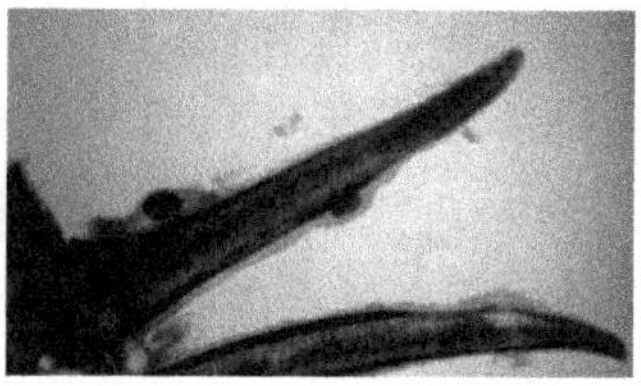

图5-4N 牙鲆鳃上的虫体被增生的上皮细胞包裹

病鱼皮肤和鳃因受刺激分泌大量黏液，严重者体表形成一层混浊的白膜；皮肤有点状充血，甚至发生炎症；鳃上皮组织增生并出现溃烂；眼角膜上有寄生虫时可引起瞎眼。病鱼食欲不振或不吃食，身体瘦弱，游动无力，呼吸困难，最终可能窒息而死。

感染刺激隐核虫后因搔痒而引起的行为异常：鲷科鱼类表现为不喜欢集群，或无规则独游；石斑鱼类通常趴在池底下集堆，有的喜欢停留在进水口或出水口张嘴、掀鳃盖呼吸，严重的窒息死亡。

感染刺激隐核虫的大菱鲆最典型的症状是鱼体表呈现不规则的白斑（图

5-4O），严重时覆盖整个体表，呈现一层白色黏膜，松软易剥离，是体表大量分泌黏液所致；病程较长时，严重感染的病鱼体表呈现溃疡、并有皮肤充血发红现象。患病鱼游动异常、离群，向池边或气石处游动，常出现抬头张口、上浮吞咽空气、逆水而游等呼吸困难之状，常与池底、池壁摩擦，有不适之感。鳃部黏液增多，并黏附较多污物。病鱼摄食量大大降低，直至停止摄食。病鱼腹腔内有积水，胃、肠内无食物，却有大量白色脓状物；肝充血、萎缩；脾、胆、肾肿大。水浸片观察，体表白色黏液中有大量虫体；鳃丝内发现刺激隐核虫滋养体，充血现象明显，鳃小片组织增生、溃疡（图5-4P、Q）。其他组织器官内未发现到虫体。

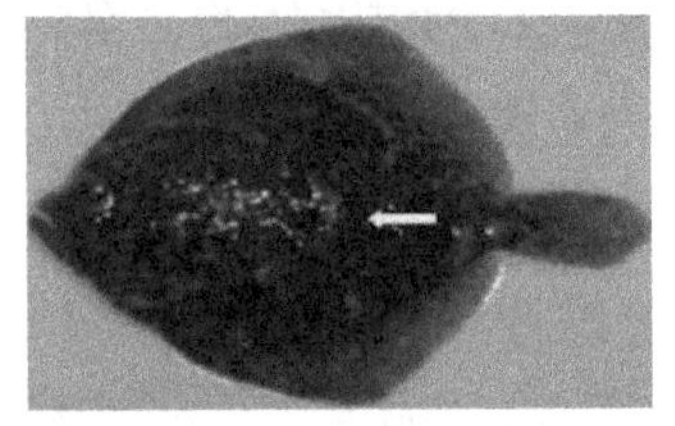
图5-4O　患病大菱鲆体表布满白斑

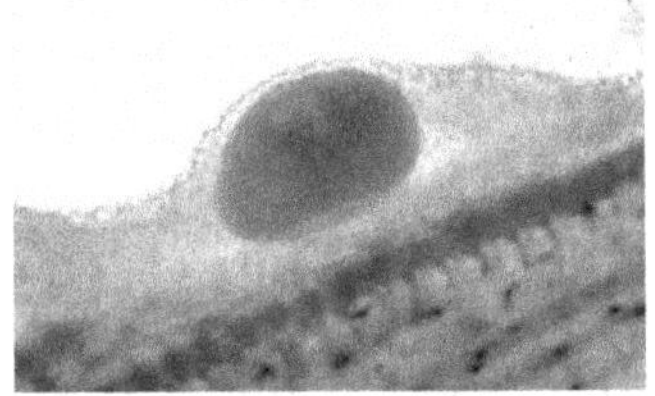
图5-4P　鳃上的滋养体可以看到大核

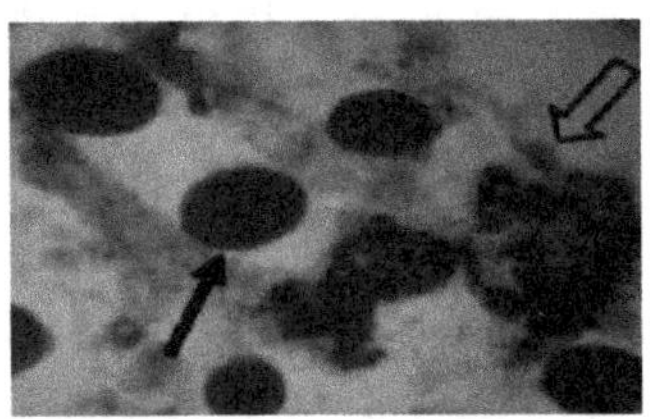
图5-4Q　大菱鲆体表粘液中大量的刺激隐核虫滋养体和血细胞等组织碎片

【流行情况】隐核虫生存的适宜水温为10～30℃，最适繁殖水温为25℃左右，所以夏季和秋初是隐核虫病的流行季节。刺激隐核虫早期被发现是在海洋水族馆，近年来却在海洋经济鱼类养殖中频繁发生，疾病传播很快，病情发展迅速。刺激隐核虫病近几年来频繁发生而且发生的地域范围很广泛，几乎遍及全世界，感染后病情结果影响很大。除了软骨鱼外，几乎可以感染所有的海水硬骨鱼，无寄主专一性。目前还未发现其他无脊椎动物或者非鱼类发生刺激隐核虫的感染的报道，刺激隐核虫严重感染野生海洋鱼类导致大量死亡的报道也鲜有发生。原因是在野外条件下，宿主的密度较小，刺激隐核虫不能大量繁殖。而在人工养殖环境下，鱼体密度较大，养殖环境恶劣，给刺激隐核虫的繁殖提供了大量的宿主，因此可以导致养殖大规模的死亡。当刺激隐核虫大量寄生在鳃上时，鱼体由于受到刺激隐核虫的刺激会分泌出大量黏液，导致呼吸不畅，因此由于缺氧而产生的鱼体死亡也是大面积发生的，造成的经济损失不容估量。当鱼体患病后，摄食较差或者根本就不摄食，导致鱼体消瘦，体质变弱，免疫功能降低，身体发生病变，体表溃烂等，这些也是鱼死亡的原因。继发性的细菌感染更是严重，不仅影响鱼的美观而使价格降低，同时也是鱼体死亡重要原因。近些年来池塘和网箱养殖的鲈、鲻、梭鱼、真鲷、黑鲷、石斑鱼、红鳍东方鲀、牙鲆等海水养殖鱼类都可被侵害。此病的发生与鱼类放养的密度过大有密切关系。

当温度低于20℃时，刺激隐核虫的生长发育速度明显减缓，幼虫的活动能力也大大减弱。当冬季海区温度降至10℃时，刺激隐核虫的包囊进入类似休眠的状态，绝大部分虫体通过这种方式存活下来，当温度回升时再孵化感染宿主，这可能是虫体在进化过程中形成的一个自我保护机制，这也给海区“白点病”的治疗带来极大困难。当温度达到30℃的时候，刺激隐核虫的生长发育并没有减缓的趋势，但是通过实验发现其对趋化物质的敏感性大为降低，这也很好地解释了当海区温度达到30℃时，刺激隐核虫病害的爆发并不严重的现象。

大菱鲆的苗期、养成期和亲鱼培养期均可发生刺激隐核虫病，发病水温在17～22℃，8—11月为发病高峰期。该病对大菱鲆来说感染率高，传染快，死亡率可高达90% 以上。2007年之前，大菱鲆隐核虫病极少发生，而近年来该病导致全军覆没的案例屡见不鲜。在该疾病发生过程中，常与细菌性感染的肠炎病并发，池中出现白色粪便的现象较为普遍。症状一旦出现，2～3d就会出现死亡现象，4～6d大批死亡。

【诊断方法】将鳃或体表的白点取下，制成水浸片，在显微镜下看到圆形或卵圆形、全身具有纤毛、体色不透明、缓慢旋转运动的虫体，就可以诊断。

【防治方法】

预防措施

（1）适宜的放养密度。隐核虫病的传播速度随着鱼类的放养密度的增加而加大，因此要平格控制放养密度。

（2）发现疾病后及时治疗，并对病鱼隔离，病鱼池中的水不要流入其他鱼池中。

（3）病死鱼及时捞出。因为病鱼死后有些隐核虫就离开鱼体，形成包囊进行增殖。

（4）养鱼池放养前彻底洗刷，并用浓度大的漂白粉溶液或高锰酸钾溶液消毒，以杀灭槽壁上的包囊。

（5）增加水的交换量，保持水质清洁。

将感染刺激隐核虫病的鱼在洁净的海水养殖箱间转移轮换养殖，将空置的养殖箱彻底清洗、晾干，可有效控制刺激隐核虫病的蔓延，多次轮换后甚至可以基本清除寄生虫治愈该病，大量更换养殖海水，也是控制该病的有效措施。

另外，也有学者提到在养殖箱底部铺设帆布，定期取出清除黏附其上的包囊，或在水底铺撒一层的1cm厚的沙，隔一段时间将其吸出更换新沙，可有效地防治刺激隐核虫病。有报道称，用一定浓度的低盐度海水或淡水浸泡感染刺激隐核虫的病鱼一定的时间，或连续多次浸泡，可有效控制刺激隐核虫病。还有报道提到，紫外线照射和向水体充臭氧可用来杀除刺激隐核虫，短时间加热养殖水体可显著影响刺激隐核虫包囊的孵化、杀除感染幼虫。将养殖鱼转移至水流较好的开放水域，也可有效控制刺激隐核虫病。

治疗方法

（1）醋酸铜全池泼洒，使池水中醋酸铜的浓度为0.3mg/L。

（2）硫酸铜全池泼洒：在静水中使池水中硫酸铜的浓度为1mg/L；在流水池中使池水中硫酸铜的浓度为17～20mg/L，同时关闭进水闸停止水的循环，过40～60min后再开闸，每天一次，连续治疗3～5d。有人认为用硫酸铜治疗时需将海水稀释至1/2～1/4才能有效。硫酸铜也会加快刺激隐核虫形成包囊的时间，当药的效果失去后，包囊又会破裂形成幼虫继续感染，因此在治疗时尽可能不要使用。

（3）25mg/L的福尔马林溶液，全池泼洒，每天1次，连用3次。

（4）淡水浸洗病鱼3～15min（根据鱼的忍受程度），浸洗后移入浓度为2～2.5mg的阿的平或盐酸奎宁水体中养殖数天，效果更好。

（5）大菱鲆患病，用50～100mL/m^{3}的双氧水药浴8h，可大大降低虫体活力，使鱼体表虫体数量减少；用150～200mL/m^{3}的双氧水药浴4～8h，除了可有效杀除虫体外，也可促进鱼体黏液和虫体的脱落；而双氧水浓度达到250～300mL/m^{3}时，易导致病鱼短暂的狂躁性游动。

（6）中草药治疗，刺激隐核虫幼虫对五倍子、大黄、苦楝、槟榔、虎杖、贯众6种中草药的趋化性极低，说明这些中草药有一定的驱虫效果。

五、盾纤毛虫病

【病原】盾纤亚纲、盾纤目的某些种类，包括指状拟舟虫、蟹栖拟阿脑虫、水滴伪康纤虫和贪食迈阿密虫。

指状拟舟虫（*Paralembus digitiformis Kahl*，1933），属于纤毛门、寡膜纲、盾纤亚纲（*Scuticociliatia*）、盾纤目（*scuticociliatida*）、嗜污亚目（*Philasterina Small*，1967）、嗜污科（*Philasteridae*）、拟舟虫属（*Paralembus Kahl*，1933）。活体呈葵花籽形，大小为（50～75）μm×（20～50）μm，虫体大小随营养状况而有较大的变化。刚从组织分离出的虫体，体内常因含有大量食物颗粒，虫体略显“粗胖”；经培养后，外形开始变得瘦长，呈瓜子形。虫体皮膜薄，无缺刻，

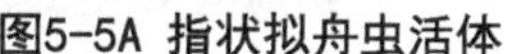
图5-5A 指状拟舟虫活体

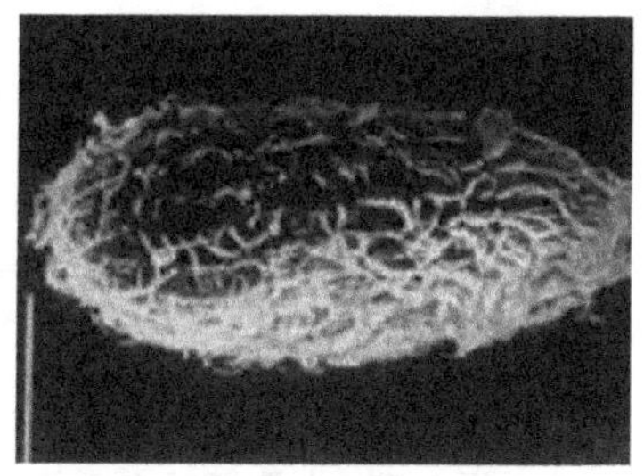
图5-5B 扫描电镜示虫体外观

前端可见结晶颗粒，内质不透明，体内常充斥有多个食物泡及内储颗粒（图5-5A、B）。虫体的前半部分略向右侧弯曲，顶端裸毛区形成明显的喙状突起，呈指状或尖角状。体纤毛长约7～8μm，一根尾毛长约15μm。单一伸缩泡位于虫体后部亚端位。繁殖多为横二分裂。运动呈旋转式。虫体喜聚集在细菌丰富的基质中钻动，并可聚集成极高的密度。本种体动基列约为20～22列。口区开阔，长可达体长的一半，口区内3片小膜，位于虫体近顶端的小膜1（M1）呈短小的尖三角形，约由数十个毛基粒组成；小膜2（M2）很发达，长约14～16μm，为相互平行的3排纵行的毛基粒列，其中靠近口侧膜（PM）的一列较其他两列略短；小膜3（M3）最短小，为斜向的2排毛基粒列，含数个毛基粒。口侧膜（PM）起始于M2中部，自M2中部至M3前端为一单列毛基粒，后变为“之”形的双动基列构造，并绕行至胞口（Cs）后。盾片（Sc）呈倒三角形，由多对毛基粒构成。虫体尾端为多个毛基粒构成的尾毛复合体（CCo），单一尾毛由此发出，大、小核各一个，位于体中部。大核（Ma）为不规则的椭圆形，小核（Mi）近球形，紧位于大核上方，长约1.5～2.5μm。银浸法染色标本显示，伸缩泡开口大约位于第7和第8动基列间的下部。

蟹栖拟阿脑虫（*Mesanophrys carcini* Groliere & Leglise，1977），属于纤毛门、寡膜纲、盾纤亚纲（*Scuticociliatia*）、盾纤目（*Scuticociliatida*）、嗜污科（*Philasteridae*）、拟阿脑虫属（*Mesanophrys*）。虫体呈葵花籽形，前端尖，后端钝圆。虫体大小平均为46.9μm×14μm，最宽在后1/3处，虫体大小与营养有密切关系。全身具11～12条纤毛线，多数略呈螺旋形排列，具均匀一致的纤毛。身体后端正中有1条较长的尾毛，体内后端靠近尾毛的基部有1个伸缩泡。身体前端腹面有1个胞口。蛋白银染色的标本可看到口内有3片小膜，口右边有1条口侧膜。大核椭圆形，位于体中部，小核球形，位于大核左下方，或嵌入大核内（图5-5C、D、E）。拟阿脑虫对环境的适应力很强，但不耐高温，生存的水温为0～25℃，生长繁殖的最适水温为10℃左右；生长繁殖的pH为5～11。运动呈旋转式快速前进。虫体喜聚集在细菌丰富的基质上，并通过体前端的尖顶在基质中钻

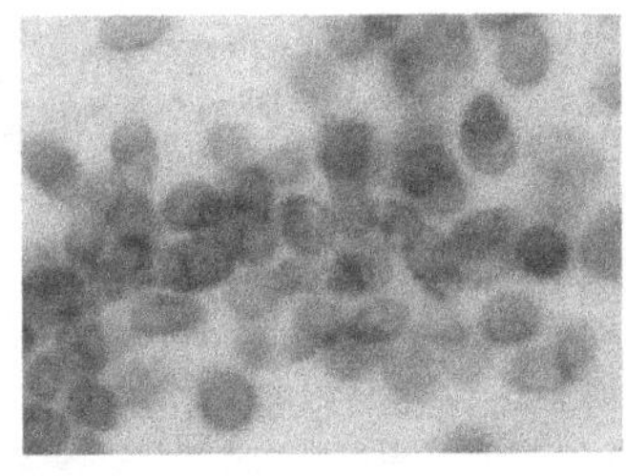

图5-5C 大量纤毛虫活体聚集在组织周围（×200）

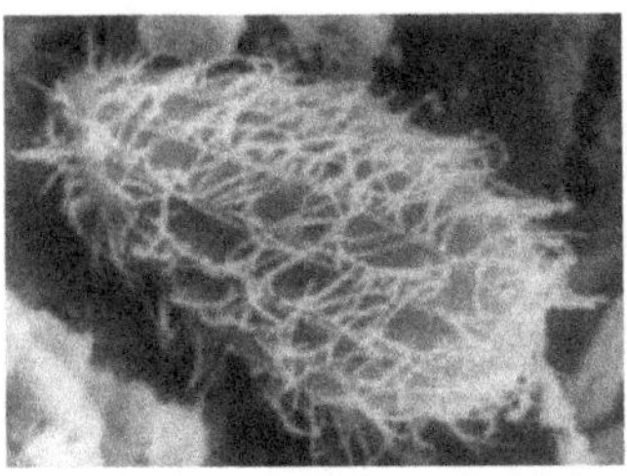

图5-5D 扫描电镜示虫体外观（×3000）

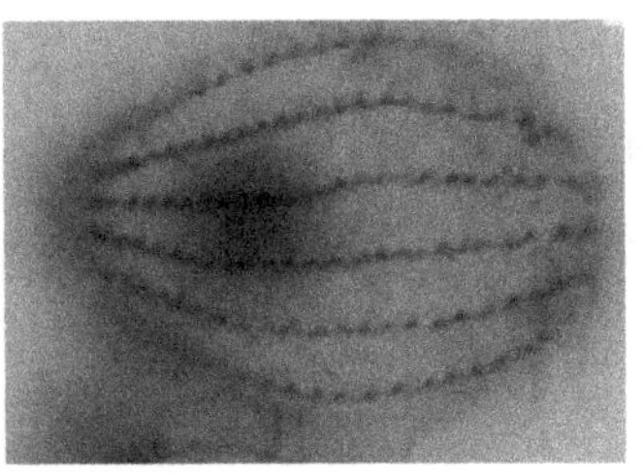

图5-5E 碳酸银法染色示虫体体动基列（×1000）

营，达到极高的密度，并可通过二分裂（多为横二分裂）快速繁殖。

水滴伪康纤虫（*Pseudocohnilembus persalinus* Evans & Thompson，1964），属于纤毛门、寡膜纲、盾纤亚纲（*Scuticociliatia*）、盾纤目（*scuticociliatida*）、嗜污亚目（*Philasterina Small*，1967）、嗜污科（*Philasteridae*）、伪康纤虫属（*Pseudocohnilembus* Evans & Thompson，1964）。活体外形呈饱满的水滴状，皮膜薄而无缺刻。活体体长约（35～50）μm×（15～20）μm，虫体大小受营养状况及生长环境变化的影响较明显。虫体前端形成尖端而无平截面，常向背弯曲，后端浑圆。体内具有多个直径为2～4μm的内储颗粒，中央区为较透亮的大核。口区约占体长的1/2。体纤毛排列稀疏，长约8μm，单一尾纤毛约18μm。伸缩泡1个，位于体后端位（图5-5F、G、H）。虫体在体外培养液中常为云雾状悬浮于水中。在自由培养状态下，游动表现活跃，典型地做摇摆状直线巡游。虫体喜聚集在组织碎屑中，并通过体前端的尖顶在基质中钻营，可集聚成极高密度，并通过二分裂（多为二分裂）快速繁殖。

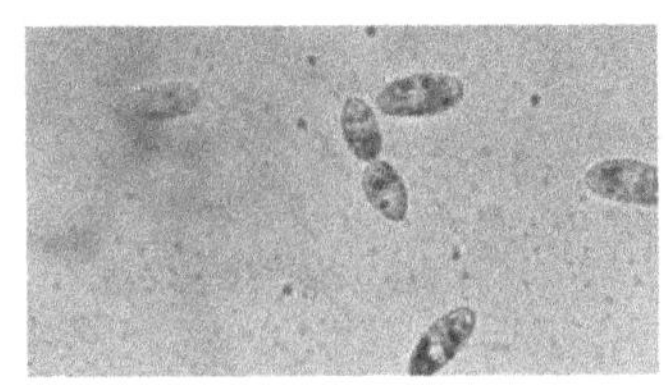

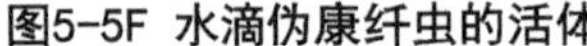

图5-5F 水滴伪康纤虫的活体

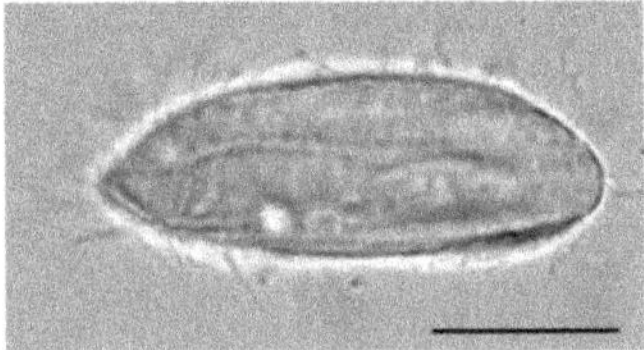

图5-5G 水滴伪康纤虫的活体

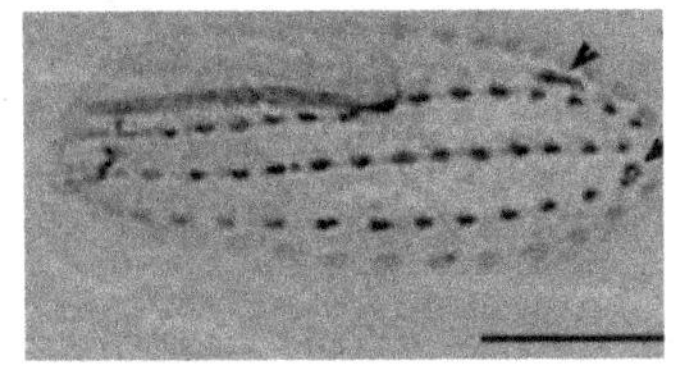

图5-5H 银浸法染色，右侧面观，箭形符号指示伸缩泡出口，箭头指示胞肛。

贪食迈阿密虫（*Miamiensis avidus*）属于盾纤目（*Scuticociliatida*）、嗜污科（*Philasteridae*）、迈阿密虫属（*Miamiensis*）的纤毛虫，可在鱼体内外栖生或行兼性寄生。活体外形在营养丰富时呈饱满的水滴状，活体大小为（18.2～41.6）μm×（7.8～20.8）μm。虫体大小随营养状况及生长环境变化的影响较明显，在饥饿或快速分裂时较为消瘦，饱食或寄生状态下明显粗壮。虫体前端形成尖端而无平截面，后端浑圆。体内有多个2～4μm的内储颗粒，活体观察时可看到胞口位于虫体处。在培养液中自由生活时游动表现活跃，典型地做摇摆状直线巡游，也可云雾状悬浮于水中，有的个体也可较长时间地静栖于基质上。该纤毛虫主要以横二分裂方式繁殖，分裂时虫体变圆。纤毛长约4～7μm，遍体匀布，单一尾纤毛长约为体纤毛的两倍，虫体中上部有一6.5μm左右清透的大核，呈不规则的椭圆状，紧贴大核有一2μm左右的小核（图5-5I）。

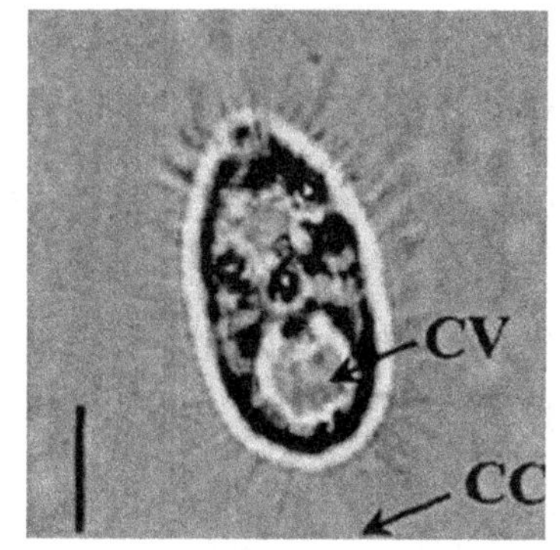

图5-5I 贪食迈阿密虫活体观察（×1000）

【症状和病理变化】指状拟舟虫是一种兼性寄生虫，当鱼体受伤或养殖水体中大量存在该虫时即有可能侵染鱼体。病鱼体色发黑，体表及鳍基部溃烂，溃烂严重者肌肉组织糜烂，鱼脊柱骨明显可见，尤其是靠近鳍基部的溃烂面大，甚至溃烂周边的鳍全部烂掉（图5-5J）。小鱼苗体表局部发生白化，白化部位鳞片脱落（图5-5K）。溃烂组织周围血细胞浸润，充血、发红。镜检溃烂肌肉组织可见大量活泼游动的纤毛虫（图5-5L），并伴有大量细菌。病鱼体表黏液增多，黏液内有大量纤毛虫并伴有少量车轮虫。鳃呈苍白色，鳃组织完整但黏液增多，黏液内也有大量虫体。病鱼多有腹水，腹水发黄，内有大量细菌及少量纤毛虫（图5-5M）。肾脏组织内有大量细菌及少量纤毛虫。消化道内无食物，有上皮黏膜脱落形成的淡黄黏液，内有大量细菌及少量纤毛虫。心脏及血液内有大量粗胖、几乎为圆形的虫体，并伴有大量细菌。脑组织内密集纤毛虫。眼球内有纤毛虫和细菌。

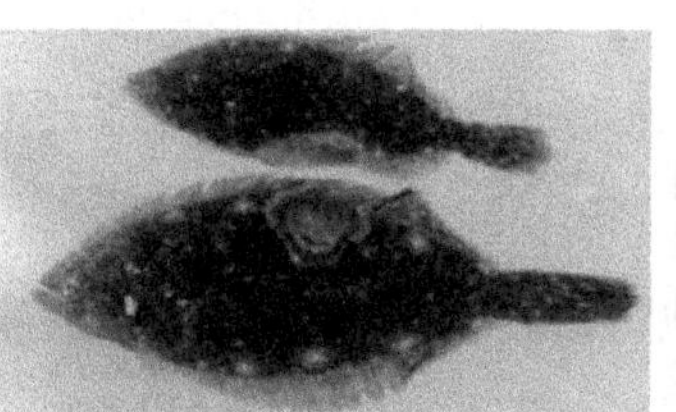
图5-5J 患病牙鲆体表溃烂

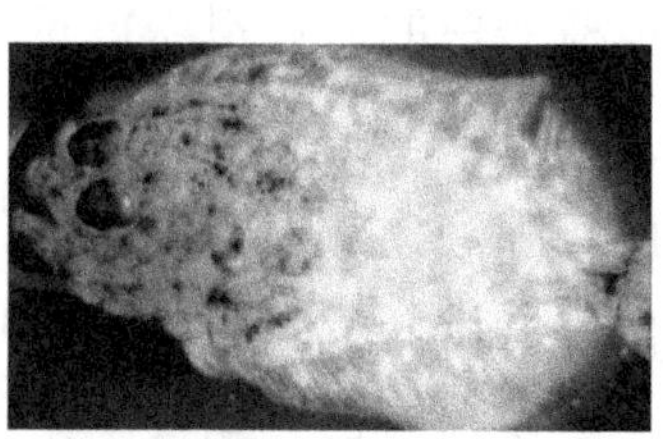
图5-5K 患病牙鲆鱼苗体表发白

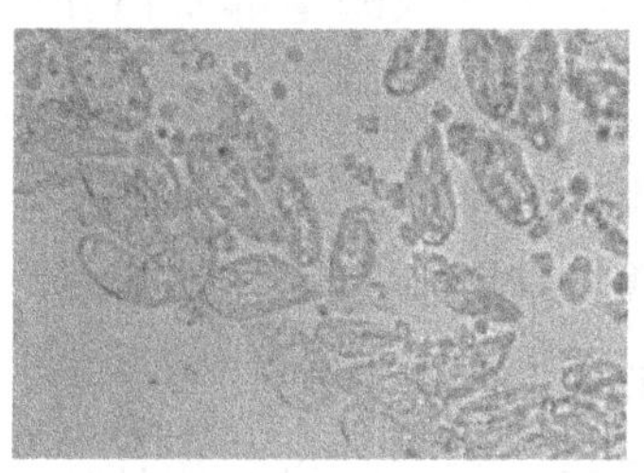
图5-5L 病鱼体表黏液中镜检的虫体

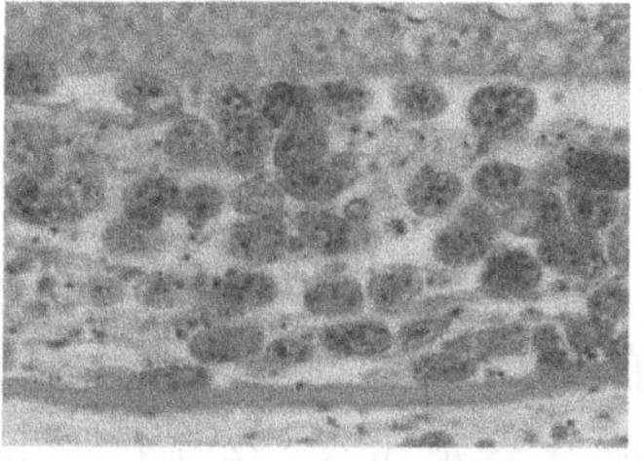
图5-5M 病鱼体内镜检的虫体（粗胖）

纤毛虫寄生于肌肉组织中并穿梭于肌纤维间，肌原纤维松散、扭曲、断裂、排列紊乱，肌纤维变性、坏死解体，核固缩、碎裂、溶解，发生血细胞浸润的炎性反应并出现肌肉组织空泡化。肝脏组织脂肪变性，肝细胞胞浆内出现细小的圆球形脂肪滴，小的脂肪滴互相融合成较大脂肪滴，细胞的结构逐渐消失，细胞核被挤于细胞的一侧，胞核浓缩，有的出现细胞核崩解消失，整个细胞变成充满脂肪的大空泡。腺细胞组成的合胞状腺体腔内发生血细胞浸润的炎性反应。脾脏有细菌团块侵入脾脏深层的红髓区，发生血细胞浸润的炎性反应，有被H-E染成褐色的黑色素吞噬细胞中心，少量红细胞破裂溶解、胞核固缩。肾小囊腔内出现嗜伊红性的浆液渗出物，囊腔膨胀增大，肾小管上皮细胞肿胀，颗粒变性，出现大量的被H-E染成褐色的黑色素吞噬细胞中心。大量纤毛虫侵入中脑盖，且有少量进入中脑视层、中脑纤维层和中脑浅灰质层以及灰质层中央。

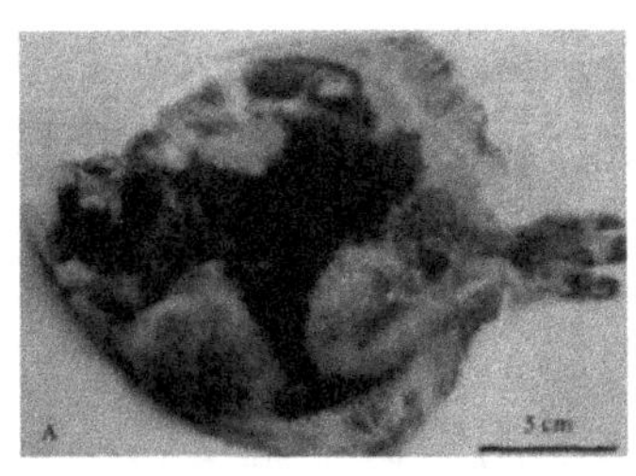

图5-5N 示成体病鱼病灶部位呈白色，出现充血和溃疡

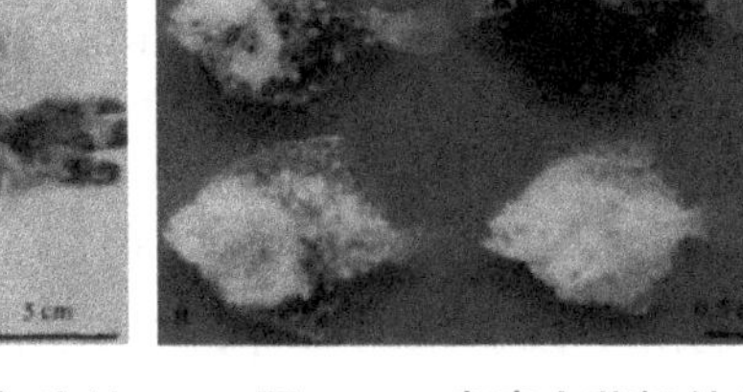

图5-5O 患病大菱鲆幼鱼的头部和鳍发白

蟹栖异阿脑虫侵染大菱鲆，患病鱼常表现为静伏池底，体色变暗，活力弱，摄食差，生长减慢，并发生急、慢性死亡。最明显的特征是病灶部位变白，略有浮肿，触摸柔软。白色病灶多发生在头部眼睛、鳃盖周围，上、下体侧的鳍基处，严重时，出现充血和溃疡症状（图5-5N）。感染波及眼睛时，眼球呈白色，浑浊不透明。镜检变白的病灶组织可见大量活泼游动的纤毛虫，并伴有大量细菌。鳃丝黏液增多，鳃组织相继出现充血、贫血和溃烂现象。解剖鱼体可见腹腔积水，肝脏充血，脾液化状，肾脏暗红，肠中有大量黄白色黏液。镜检发现肠道和腹水中有大量纤毛虫；有时在脑中可见大量纤毛虫，造成脑组织液化。感染的幼体病鱼一般先是头部发白，当逐渐扩大到整个头部至内脏团部位时，病鱼死亡。死亡后整个身体逐步发白、浑浊。有时，尾部或鳍基部发白并逐步扩大，有的鱼体鳍溃烂，形成缺刻（图5-5O）。镜检发现，病灶处有大量纤毛虫和细菌，眼球中和脑部也发现大量纤毛虫寄生，内脏团中有中量的纤毛虫。

蟹栖拟阿脑虫感染对虾时病虾外观无特有症状，仅额剑、第二触角及其鳞片的前缘、尾扇的后缘、尾节末端和其他附肢等处均有不同程度的创伤。有的病虾则具有褐斑病和红腿病的症状。拟阿脑虫最初是从伤口侵入虾体，到达血淋巴后迅速大量繁殖，并随着血淋巴的循环到达全身各器官组织。在疾病的晚期，血淋巴中充满了大量虫体，使血淋巴呈浑浊的淡白色，失去凝固性，血细胞几乎全部被虫体吞食；虫体侵入到鳃或其他器官组织后，因虫体在其中不停地钻动，使鳃及其他组织受到严重的机械损伤，最终造成呼吸困难，窒息死亡。

【流行情况】指状拟舟虫多发现于牙鲆中，水温15～20℃时是流行高峰期。在越冬期的真鲷、黑鲷和红鳍东方鲀等中也曾发现过毛虫病，但是否为指状拟舟虫有待进一步研究。此病主要流行于山东沿海，尤其见于工厂化养殖的牙鲆、大菱鲆，每年春末和夏初是流行盛季。

蟹栖拟阿脑虫感染大菱鲆的苗期、养成期、亲鱼培育期，幼鱼期发生率较高。发病水温为0～14℃，盐度为12～40。该病感染率高，个别发病鱼池感染率可达90%以上，且传染快。感染群体从慢性到急性死亡均可发生，日死亡率可高达0.5%～1%，并可造成大规模死亡。在严重感染组织中，盾纤虫数量极高，常以抽取的腹水中为最高，虫体密度可达（40～50）$\times 10^4$/mL。此外，盾纤虫病常与细菌病并发。

拟阿脑虫目前仅发现在越冬亲虾上，并成为对越冬亲虾危害最严重的一种疾病。其原因为：①蟹栖拟阿脑虫是一种兼性寄生虫，在海水中营腐生生活，以腐烂的有机质为食，从发病的亲虾越冬池池底吸取的饵料残渣中可发现许多虫体，当对虾受伤后，此虫会乘机从伤口侵入虾体，变为寄生生活，并在虾体内迅速繁殖。②亲虾在越冬期内最容易受到碰撞或摩擦而造成创伤，为拟阿脑虫的入侵提供了方便之门。③此虫生长和繁殖最适宜的水温为10℃左右，与亲虾越冬期的水温相吻合。此虫传入越冬池的途径有下列几种可能性：①灌水时通过水源带入；②由鲜活饵料带入，我们已在活的沙蚕和贝类中发现此虫；③将亲虾放入越冬池时体表上附有此虫。此病于1984年冬季首先被发现于辽宁省东沟县和山东省莱州市，之后几年便普遍流行于河北、辽宁、山东和江苏北部各对虾越冬场中。发病期一般从12月上旬开始，一直延续至次年3月亲虾产卵前。感染率和死亡率可高达100%，死亡高峰在1月份。近几年因普遍推广了其防治方法，此病已很少发生。

【诊断方法】牙鲆、大菱鲆等鱼类患病时，根据外观症状进行初步诊断后，从患鱼或濒死鱼的病灶组织上取少许样品，制成水封片，在显微镜下观察到虫体，可以诊断。

对虾患病时，对感染初期的虾诊断时主要从伤口刮取溃烂的组织在显微镜下找到虫体，不过应注意伤口内的纤毛虫可能有多种，只有拟阿脑虫才能寄生在体内，应仔细鉴别。在感染的中、后期，拟阿脑虫已钻入了血淋巴，并大量繁殖，布满全身各器官组织内。此时最方便而可靠的诊断方法是用镊子从头胸甲后缘与腹部连接处刺破，吸取血淋巴在显微镜下观察，可看到大量拟阿脑虫在血淋巴中游动。在疾病的晚期，剪取少量鳃丝，在显微镜下也可看到虫体在鳃丝内钻动。此虫的人工培养比较容易，最好的方法是将带有虫体的血淋巴滴入装有1%的虾肉汤的试管中，在10～15℃下培养2～3d，就可繁殖大量虫体。另外也可将带有虫体的血淋巴滴入经消毒处理的海水中，或PYG液体培养基中，在10～15℃下培养2～3d。在采取血淋巴时要防止将虾体表的鞭毛虫或其他纤毛虫带入，否则培养液受到污染，拟阿脑虫就不易培养。

【防治方法】

1. 鱼类防治方法

预防措施

（1）苗种培育期或工厂化养殖用水先经过滤或严格消毒处理，避免虫体随水带入。

（2）投喂的鲜活小杂鱼（鱼、贝肉糜原料）先经淡水浸洗5min后再加工投喂。

（3）饲养期间要及时清除死鱼和残饵，保持水体清洁。

治疗方法：

（1）浓度为400mg/L的福尔马林全池泼洒，2～3h换水，视病情连续用药2～3次。

（2）硫酸铜+淡水浸泡，浓度为10mg/L，浸洗30min。

（3）提升温度至25℃以上。

2. 对虾防控方法

预防措施

（1）亲虾在放入越冬池前，先用淡水浸洗3～5min，或用300mg/L的福尔马林浸洗3min。

（2）在亲虾的捕捉、选择和运送时要细心操作，严防亲虾受伤。

（3）亲虾入池后要注意遮光，防止亲虾见光后跳跃，必要时在池边设栏网。

（4）鲜活饵料应先放入淡水中浸洗10min再投喂。

（5）越冬池进水时应严格过滤。

（6）病死的或濒死的虾应立即捞出，防止虫体从死虾逸出，扩大感染。

（7）应每天清除池底残饵。

治疗方法

在疾病的初期，即虫体仅存在于伤口浅处时尚可治愈；当寄生虫已在血淋巴中大量繁殖时，则无有效治疗方法。

（1）用淡水浸洗病虾3～5min。

（2）25mg/L的福尔马林全池泼洒，12h后换水。

六、虾肝肠胞虫病

【病原】虾肝肠胞虫（*Enterocytozoon hepatopenaei*，EHP），2009年首次在泰国生长缓慢的养殖斑节对虾（*Penaeus monodon*）中被分离而命名。非OIE（世界动物卫生组织 Office International Des Epizooties）收录疫病。EHP隶属于微孢子虫目（Microsporidia）、微孢子虫科（Nosematidae）、肠胞虫属（*Enterocytozoon*），是一种个体较小的微孢子虫，可在对虾细胞内形成对自身起保护作用的孢原质。EHP从早期孢子的孢原质到成熟孢子都在宿主细胞的细胞质中生长发育。多核的孢子孢原质表面有许多液泡，在早期的孢原质发育过程中发生了孢原质细胞核二分裂，在孢原质中形成了大量前孢子细胞。在孢原质表面形成早期孢子之前，孢原质在细胞质中形成电子致密盘和极管的前体。成熟孢子呈椭圆形，大小为0.7μm×1.1μm，包含1个细胞核、5～6圈极丝、1个后液泡、1个附着在极丝上的固着盘，以及厚的高电子密度胞壁（图5-6A、B、C、D）。胞壁由原生质膜、低电子密度孢子内壁（10nm）和高电子密度孢子外壁（2nm）组成。

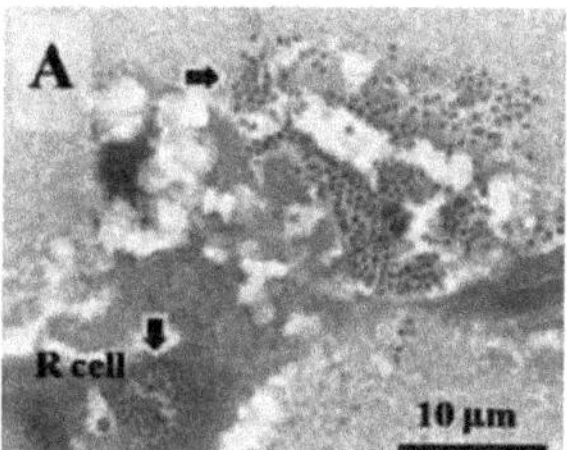

图5-6A 染色后虾肝肠胞虫（×1000）

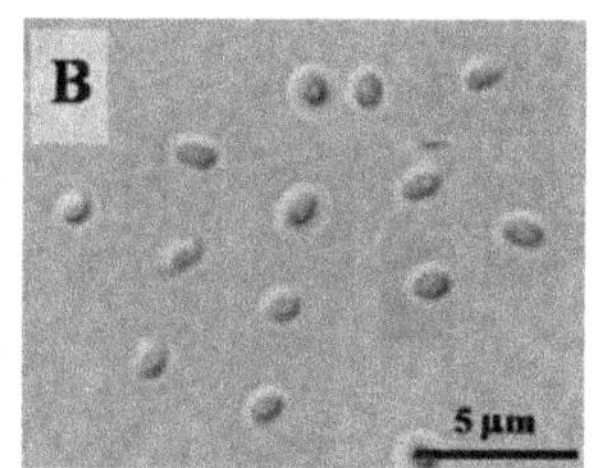

图5-6B 电镜下的虾肝肠胞虫

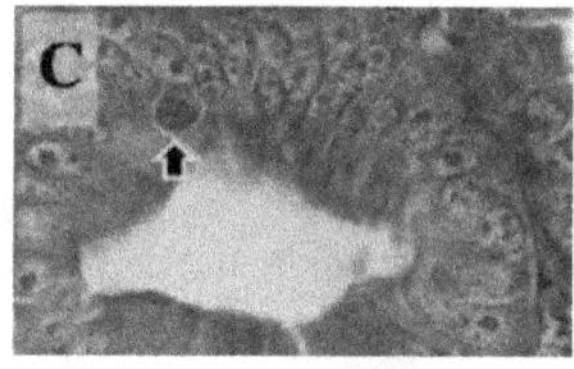

图5-6C 肠道中的虾肝肠胞虫

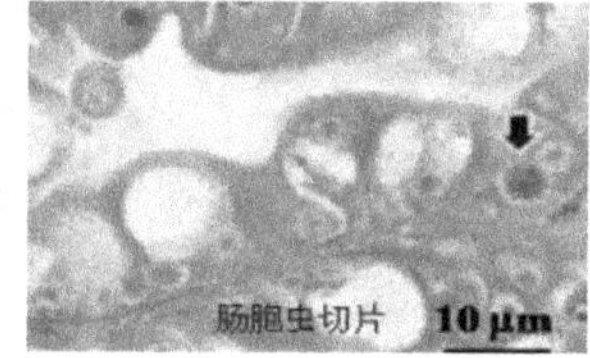

图5-6D 虾肝肠胞虫切片

【症状及病理变化】对虾感染EHP后不表现出明显的疾病症状，摄食正常，肠胃充满食物，不出现大批死亡，严重时肠道发炎，肝胰腺萎缩、发软、颜色变深，个别病虾可排白便。发病对虾生长速度缓慢或停滞，个体差异大，50%～60%的对虾体重停滞在4～5g，直至养殖周期结束（图5-6E、F）。天津、浙江和山东等地的研究表明：同样大小的凡纳滨对虾，EHP阳性群的平均体重比阴性群低

30%。剖检浙江省感染EHP的凡纳滨对虾的鳃丝和肌肉组织，未见明显病理变化，但发现肝胰腺组织病变严重，肝胰腺腔体变小或消失，细胞肿大，膜结构模糊；肝胰腺上皮细胞肿大，界线模糊，细胞核坏死、消失；肝胰腺上皮细胞出现局灶性坏死或脱落；在病虾肝胰腺中可观察到EHP的孢子颗粒，大小为（1.3±0.2）μm×（0.8±0.2）μm；肝胰腺小管上皮细胞有嗜碱性的孢原质和不同发育阶段的孢子（图5-6G、H、I、J）。Kathy等研究发现：EHP寄生在虾肠细胞内时，可引起肠壁发炎；印度尼西亚患白便综合征（White feces syndrome，WFS）的凡纳滨对虾甲壳松弛，后肠呈白色；在对虾白色粪便中检测出密集的EHP孢子和数量较少的杆状细菌；感染EHP的对虾可伴有败血性肝胰腺坏死（SHPN），中肠上皮细胞也可被EHP感染，因此EHP感染的组织类型较多。试验表明，感染EHP的病虾血淋巴中的总蛋白、白蛋白、谷草转氨酶（AST）、谷丙转氨酶（ALT）和碱性磷酸酶（ALP）等反映肝胰腺功能的生物化学参数数值均比健康虾高得多。肝胰腺病变致使肝胰腺功能受损。不同组织中EHP数量从高到低的顺序依次是肝胰腺＞中肠＞血淋巴＞鳃＞肌肉。

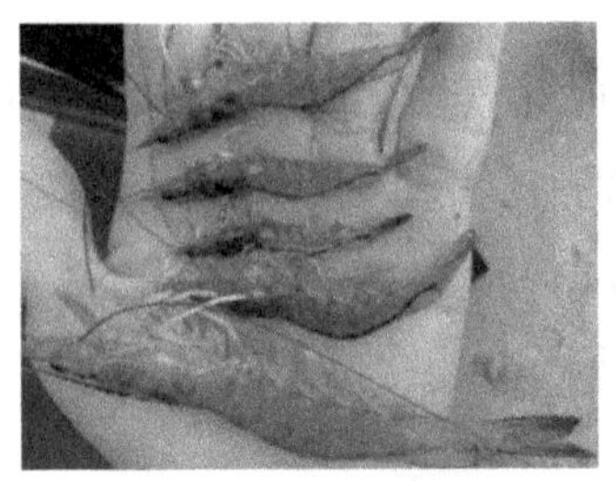
图5-6E 患病南美白对虾与正常虾的对比图

图5-6F 患病的日本对虾（塑料袋内）与正常虾的对比图

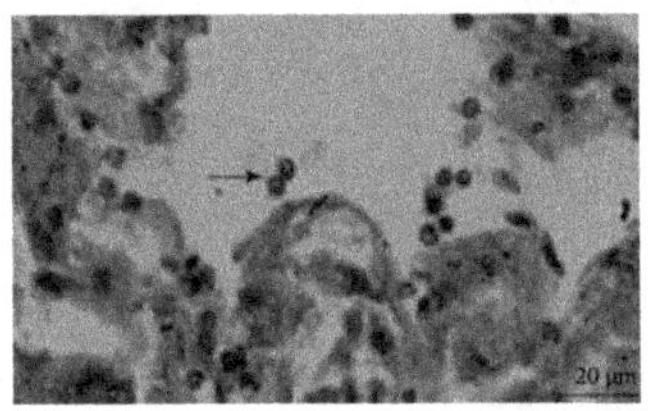
图5-6G 病虾肝胰腺小管的腔体间隙内可见深蓝染的成熟孢子

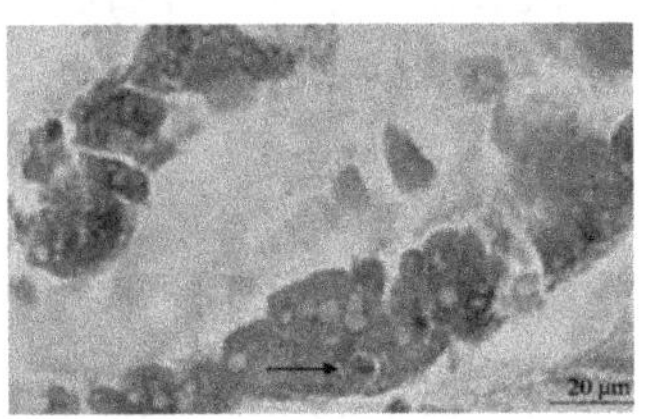
图5-6H 病虾的肝胰腺小管上皮细胞质中的嗜酸性粒状包涵体

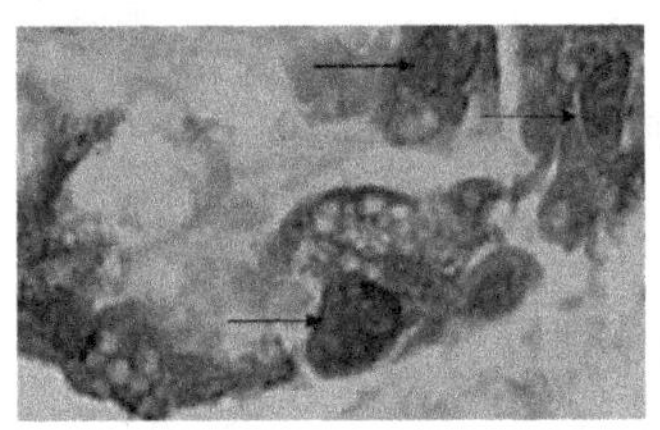
图5-6I 肝胰腺组织切片显示在小管上皮细胞质内早期和晚期的合孢体

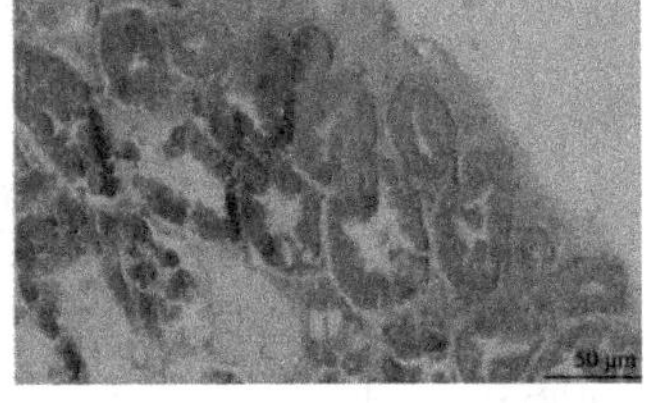
图5-6J 病虾肝胰腺病变，腔体变小，甚至腔体结构消失。

【流行情况】自发现EHP可感染对虾以来，引起了广泛关注，各地都有EHP检出的相关报道。泰国、越南、印度、印度尼西亚和马来西亚等东南亚地区养殖的斑节对虾、南美蓝对虾和南美白对虾体内均检测到有EHP感染。国内方面，陈禄芝等对粤西地区的对虾进行了检测，发现87份样品中，EHP的检出率为41.38%，成虾的EHP检出率达93.75%，本地选育的种虾和进口种虾EHP检出率为80% 和33.33%；2015年浙江省水产技术推广总站对浙江地区的134份虾苗样品进行检测，EHP的检出率高达53.8%；江苏省2016年沿海地区南美白对虾EHP的发病率约为25%；骆云慧等对宁波和嘉兴地区15批南美白对虾进行检测，发现有6批虾感染EHP；刘宝彬等对天津大港地区的108尾南美白对虾仔虾进行单尾病原检测，EHP的检出率达到49.1%。

EHP的传播途径有两种：一种是垂直传播，即通过亲虾传播给子代；另一种是水平传播，经口摄食寄生有EHP的鲜活饵料、病虾、死虾或环境中的孢子体而感染。EHP感染对虾后，先在肝胰腺细胞内形成孢原质，待孢子成熟后，再通过对虾消化道排出体外，然后散于水体并附着于藻类、碎屑、饲料，以及池壁和底泥环境中，成为健康对虾的潜在威胁。通过肌肉注射、口服、与EHP阳性虾同池饲养等途径，对健康虾进行EHP感染试验，发现该寄生虫具有非常强的传染性，可通过多途径传播，能在虾的消化器官细胞内大量繁殖，吸收营养，从而影响肝胰腺和肠道的正常消化吸收功能，使被寄生的虾类生长发育受阻碍，严重时可导致其生长停止。因EHP为营胞内寄生生活，丢失了糖酵解功能，能直接从宿主细胞获得能量，而该功能是真核生物ATP产生的基本通路之一。

实验室条件下EHP的单一感染在影响对虾生长性能的同时并不会引起对虾死亡。生产中出现生长迟缓的同时有对虾死亡的情况，可能是由其他病原体混合感染引起，而这种混合感染往往会加重对虾的病情。严重的EHP感染会增加对虾对细菌的感染率，在一些病例中EHP的感染伴随着机会致病菌如弧菌属细菌的感染，后者可导致传染性肝胰腺坏死病，从而导致死亡量的增加。实验表明EHP感染会增加南美白对虾对急性肝胰腺坏死病（AHPND）和败血性肝胰腺坏死（SHPN）病原的易感性，从而增加AHPND和SHPN的发病概率，是重要的风险因子。EHP有时会与白便综合征联系在一起，后者主要表现为放养幼体40～60d后养殖池塘水面上漂浮有长串的白便，对虾呈现白色的后肠和松散的甲壳，吃食量下降，生长迟缓，之后如果不采取措施，对虾的健康会出现恶化。

【诊断方法】EHP虫体较小，光学显微镜常规镜检难以发现，使用分子生物学技术手段是目前可行的具备灵敏、特异、快速等特点的检测方法。目前国内并无EHP检测的相关标准，其检测方法主要来源于国内外相关研究的参考文献。目前已报道的快速检测法主要包括PCR检测法、实时荧光定量PCR法、地高辛标记核酸探针原位杂交法和LAMP法。

【防治方法】

预防措施

预防性措施的前提条件：该池塘往年发生EHP或该区域有EHP发生。

（1）土池消毒。先用400kg/亩（深10～12cm）或5kg/m^{3}的生石灰，湿化浸7d再排掉；然后干曝1周到1个月吸收二氧化碳，加水后曝气，等pH恢复正常后放苗。

（2）水泥池消毒。先用2.5%（25kg/m^3）的NaOH泼湿池壁，每3个小时泼2～3次（当心腐蚀！）；排掉NaOH后，充分冲刷池塘；再用200ppm的酸性漂白粉（pH＜4.5，通气，防氯中毒！）冲刷；最后加水冲刷，去除碱性和余氯后再布苗。

（3）降低放苗密度。

治疗方法

实施治疗性措施的前提条件：EHP检测呈阳性或对虾正常摄食，但生长偏慢，且还有1个月以上的生长期。

（1）疏苗或分池。

（2）饲料中拌喂抗EHP的药物（聚维酮碘、大蒜素），连喂2周，不与有益菌拌喂同批饲料。

（3）如果对虾摄食减少，同时生长缓慢，则应注意是否有其他病原感染的可能性，应相应采取措施。

（4）改善水质、底质，加强管理。

（5）饲料中有益菌拌喂。

七、固着类纤毛虫病（Sessilinasis）

【病原】主要是固着类纤毛虫中的聚缩虫（*Zoothamnium Sp.*）、钟虫（*Vorticella Sp.*）、单缩虫（*Carchesium Sp.*）等，属于纤毛门（*Ciliophora*）、寡膜纲（*Oligohymenophora*）、缘毛亚纲（*Peritrichia*）、缘毛目（*Peritrichida*）、固着亚目（*Sessilina*）中的许多种类。这些纤毛虫的身体构造大致相同，都呈倒钟罩形。前端为口盘，口盘的边缘有纤毛。胞口在口盘顶面，先是从口沟按顺时针方向盘曲，口沟两缘各有1行纤毛。口沟末端进入细胞内，即为胞口。体内有1个带状大核，大核旁边有1个球形小核。有1个伸缩泡，一般位于虫体前部。另外有位置和数目不定的颗粒形食物泡。虫体后端有柄，柄的基部附着在基物上。有些种类的柄呈树枝状分枝；有些种类的柄内有柄肌，使柄能伸缩，无柄肌的种类，其柄不能伸缩。固着类纤毛虫在对虾上的种类很多，宋微波（1986）仅在黄渤海沿岸的中国对虾上就发现了38种，分属于4科9属。这9个属中最为常见的为和钟虫，另外还有累枝虫、壳吸管虫等（图5-7A、B、C、D、E）。

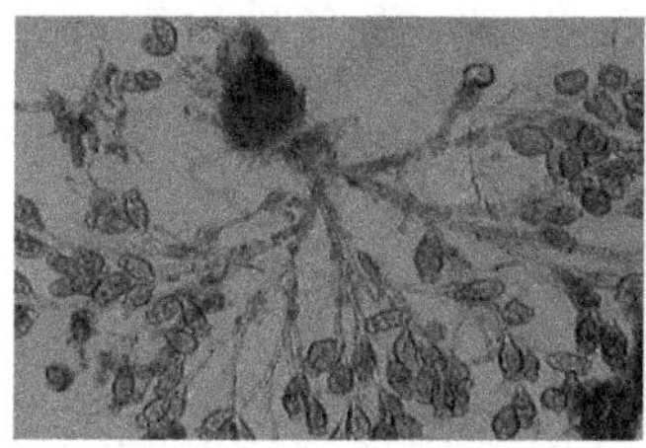

图5-7A 累枝虫

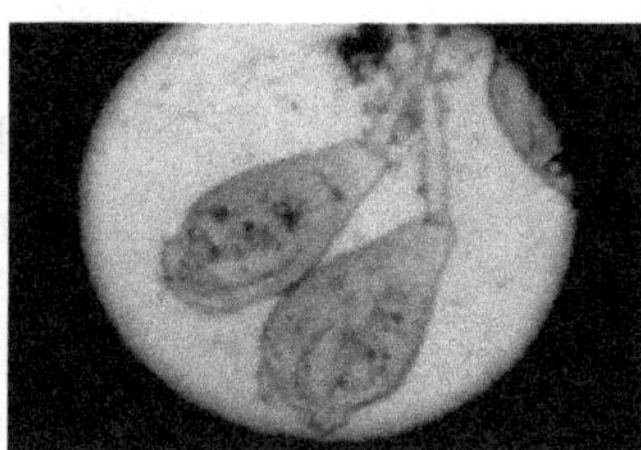

图5-7B 显微镜下的累枝虫

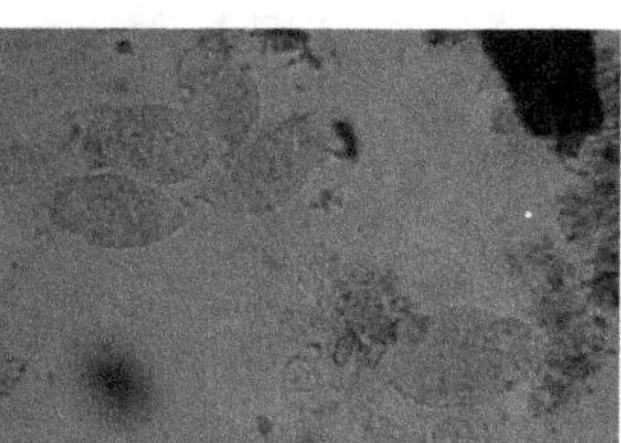

图5-7C 钟虫

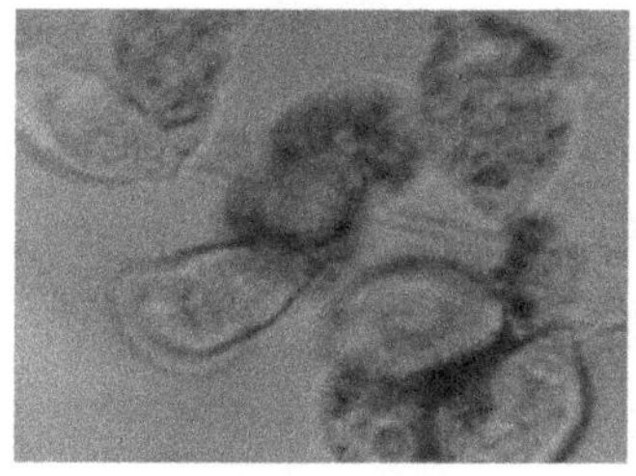

图5-7D 聚缩虫

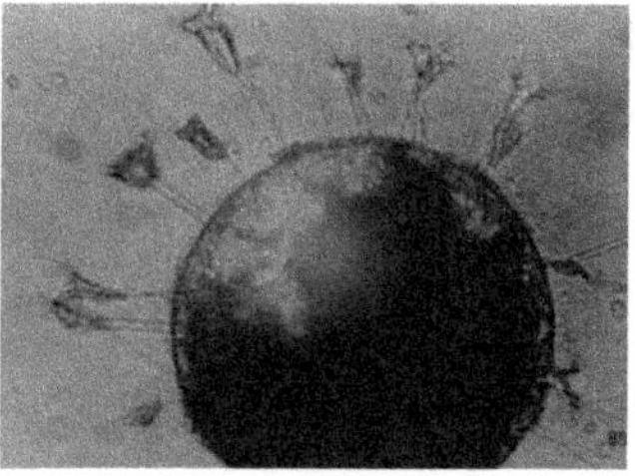

图5-7E 壳吸管虫

【症状和病理变化】固着类纤毛虫是以细菌或有机碎屑为食，并不直接侵入宿主的器官或组织，仅以宿主的体表和鳃作为生活的基地，因此不是寄生虫，而是共栖动物。它们共栖在对虾生活史的各个时期，共栖数量不多时，肉眼看不出症状，危害也不严重，在宿主蜕皮时就随之蜕掉，但数量很多时，危害就非常严重。它们附着的部位是对虾的体表和附肢的甲壳上和成虾的鳃上，甚至眼睛上，在体表大量附生时，肉眼看出有一层灰黑色绒毛状物，在幼体常出现在头胸甲附肢的基部和幼体的尾部，在成虾则常出现在鳃上和头胸甲的附肢上。感染严重的虾，鳃丝上布满了虫体，并且经常与丝状细菌或其他原生动物同时存在，在虫体之间还黏附一些单细胞藻类、有机碎屑和污物等，肉眼看去鳃部变黑，所以有人也称其为黑鳃病。但在显微镜下检查时，发现鳃本身的组织并不变黑，外观变黑是虫体和污物的颜色。这些虫体和污物阻碍了水在鳃丝间的流通和鳃表面的气体交换，降低了对虾对缺氧的忍耐力，很容易发生窒息死亡（图5-6F、G）。

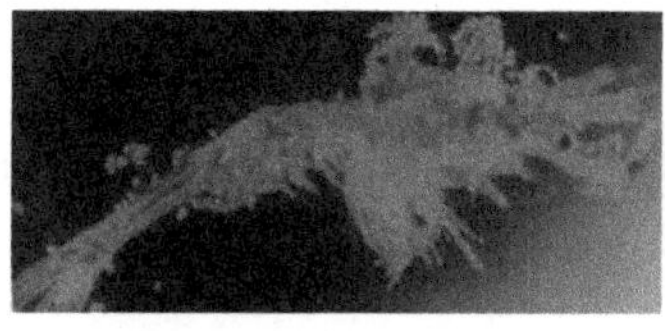

图5-7F 患病的幼虾

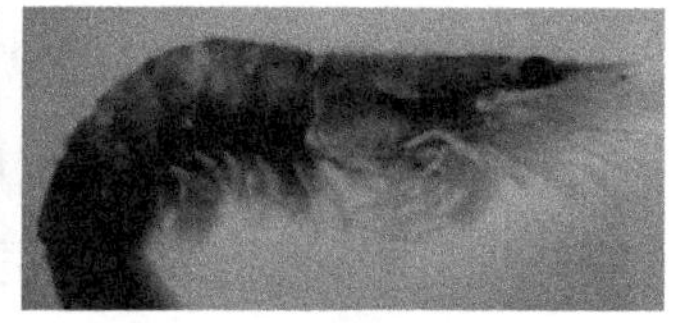

图5-7G 患病的对虾

患病的成虾或幼体，游动缓慢，摄食能力降低，生长发育停止，不能蜕皮，就更促进了固着类纤毛虫的附着和增殖，结果会引起宿主的大批死亡。

虫体附着在蟹体表、附肢上，大量附生时如棉绒状。病蟹反应迟钝，行动缓慢，呼吸困难。幼蟹发育缓慢，不能蜕皮，严重者死亡。

【流行情况】固着类纤毛虫的分布是世界性的，在我国沿海各地区的虾蟹养殖场和育苗场都经常发生。尤其对幼体危害严重。在育苗期间的主要病原是钟虫和聚缩虫，在养成期间则主要是聚缩虫。此病在有机质多的水中最易发生，其传播是靠端毛轮幼虫进行的。

在育苗场中此病的传播主要有两条途径：①有些育苗场在育苗以后利用蓄水池养殖虾蟹，池底沉积了大量有机物质，在下一年育苗前又没有彻底清理，池内的浒苔和礁膜等绿藻上往往附有大量固着类纤毛虫。这些纤毛虫产生的大量端毛轮幼虫，在水中自由游泳。当从这样的蓄水池向育苗池注水时，即使用120目的筛绢滤水亦不能阻止端毛轮幼虫随水进入，引起流行病。②虾蟹培育过程中会投喂卤虫幼虫，在卤虫孵化期间往往在死卵的卵膜上产生大量的钟虫或聚缩虫，如果在投喂前不加处理或处理不当，带入育苗池后就会引起流行病。

在虾蟹养殖池中，此病的发生主要是因为池底污泥多，投饵量过大，放养密度过大，水质污浊，水体交换不良等条件引起的。

此病的发生与虾蟹或其幼体的生长发育速度有很大关系，若虾蟹生长发育缓慢，不能及时蜕皮，就可大量发生此病；反之，如果饲料质优量足，环境条件适宜，虾蟹生长发育正常、及时蜕皮，即便有少量虫体附着，也可随着蜕皮时蜕掉，不至于引起疾病。

此外，该病还可感染某些鱼类和螺类（方斑东方螺），引起病害。

【诊断方法】从外观症状基本可以初诊，但确诊必须剪取一点鳃丝或从身体刮取一些附着物做成水浸片，若在显微镜下看到虫体则可确诊。患病幼体可用整体做水浸片进行镜检。

【防治方法】

预防措施

（1）保持水质清洁是最有效的预防措施。在放养以前尽量清除池底污物，并彻底消毒；放养后经常换水；适量投饵，尽可能避免过多的残饵沉积在水底。

（2）育苗用水除采取严格的砂滤和网滤外，可用浓度为10～20mg/L的漂白粉处理，处理1d后即可正常使用。

（3）卤虫卵用浓度为300mg/L的漂白粉或300～500mg/L的福尔马林，消毒处理1h，冲洗干净至无味后入池孵化。育苗期投喂卤虫幼虫时，可先镜检，发现有固着类纤毛虫附生时，可用50～60℃的水将卤虫浸泡5min左右，杀死纤毛虫后再投喂。

（4）投喂的饲料要营养丰富，数量适宜；尽量创造优良的环境条件，例如经常换水、改善水质、控制适宜的水温等，以加速虾蟹的生长发育，促使其及时蜕皮。

治疗方法

如果虾蟹或其幼体上共栖的纤毛虫数量不多时，不必治疗，只要按上述预防措施促使其生长发育和蜕皮就会自然痊愈。如果固着类纤毛虫数量很多时，就应及时治疗。

（1）养成期疾病的治疗：可用茶粕（茶籽饼）全池泼洒，浓度为10～15mg/L。茶粕中含有10%的皂角苷，可以促进虾蟹蜕皮待虾蟹蜕皮后，大量换水。此法效果较好。

（2）亲虾越冬期疾病的治疗：可用浓度为25mg/L的福尔马林浸洗病虾24h。在越冬池中施药，可先将池水排掉1/2～1/3，然后按剩余池水体积计算出福尔马林的用量。将所需福尔马林加水稀释后全池均匀泼洒，过24h后换水并灌满池水。用福尔马林浸洗后虫体死掉并脱落，效果很好，但此法在大面积的养成池中施用，用药量太大，用药后又不一定能够及时换水，并且福尔马林能污染水质，所以一般在养成池中不宜施用。在育苗池中此法更不能使用，因为对虾的幼体对福尔马林较敏感，在幼体能忍受的浓度下不能杀死固着类纤毛虫。

（3）对于虾蟹幼体的固着类纤毛虫病除了改善饵料、加大换水量、调整好适宜水温促进幼体蜕皮外尚无理想的治疗方法。

（4）方斑东方螺患病可以使用1～1.2mg/L的戊二醛治疗。另外，1～2mg/L的硫酸锌、5～10mg/L的高锰酸钾和2mg/L的苯扎溴铵对该类寄生虫有一定杀灭作用，但要考虑养殖品种对药物的耐受能力。

八、三代虫病（Gyrodactyliasis）

【病原】三代虫属（*Gyrodactylus spp.*）的种类，属三代虫目（*Gyrodactylidea*）、三代虫科（*Gyrodactylidae*）。虫体略呈纺锤形，长度一般为0.3～0.8mm，背腹扁平，身体前端有一对头器，后端的腹面有一个圆盘状的后固着器（图5-8A、B、C）。后固着器由1对锚钩及其背腹联结棒和8对边缘小钩组成，用以固着在宿主鱼的寄生部位（图5-8D）。锚钩、联结棒、边缘小钩

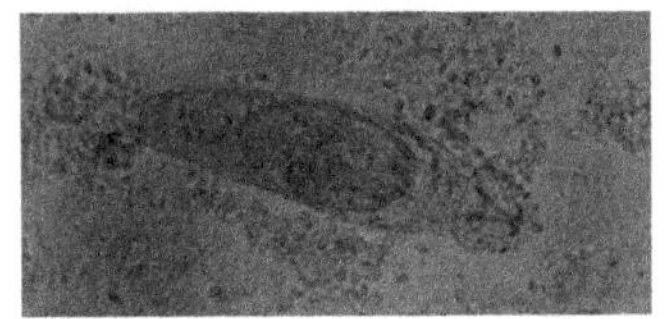
图5-8A 三代虫

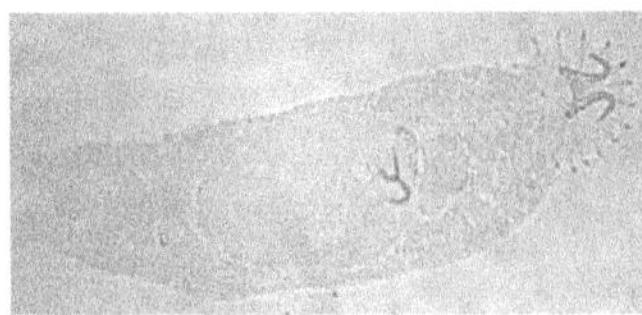
图5-8B 三代虫

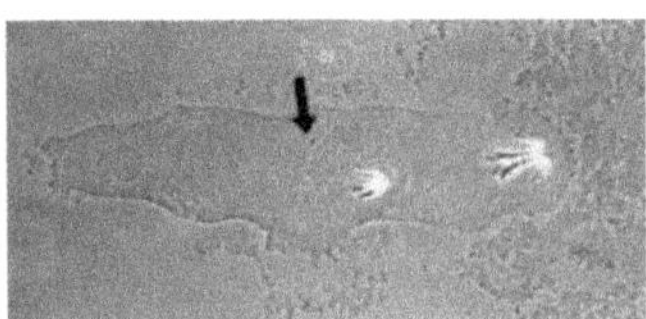
图5-8C 压片固定的三代虫

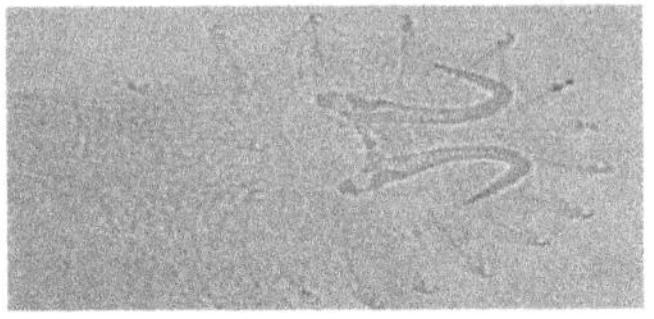
图5-8D 三代虫的后固着器

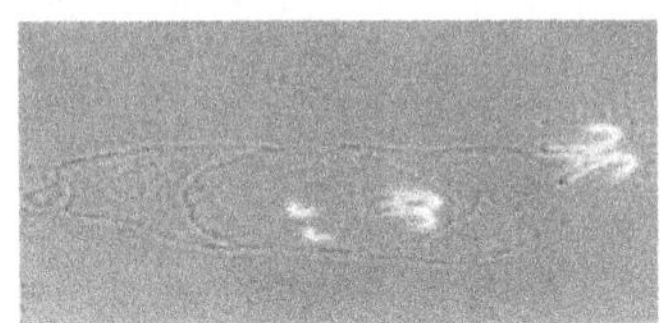
图5-8E 示三代虫的大钩

都是几丁质构造，其结构和形态是分类的依据（图5-8E）。三代虫为雌雄同体，胎生。在后固着器之前按前后顺序排列着一个卵巢和一个精巢。卵巢之前是子宫，内有一个椭圆形的胚胎。胚胎内往往还有第二代和第三代胚胎，所以称为三代虫。

现已有报道的三代虫共400余种，养殖鱼类中常见的种类有鲻三代虫（*G. mugil*）、单联三代虫（*G. unicopula*）、鲢三代虫（*G. hypophthalmichehysi*）、鲩三代虫（*G. ctenopharyngodontis*）、秀丽三代虫（*G. elegans*）等。

【症状和病理变化】三代虫寄生在鱼的鳃部和体表皮肤，有时在口腔、鼻孔中也有寄生。寄生数量多时，鱼体瘦弱，呼吸困难，食欲减退，体表和鳃黏液增多，严重者鳃瓣边缘呈灰白色，鳃丝上呈斑点状淤血。稚鱼期尤为明显（图5-8F、G、H）。

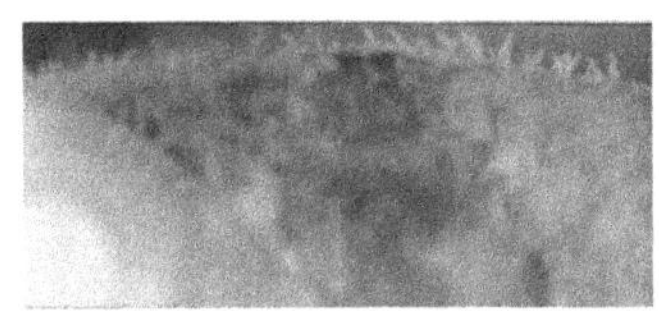
图5-8F 寄生在鱼体表的三代虫

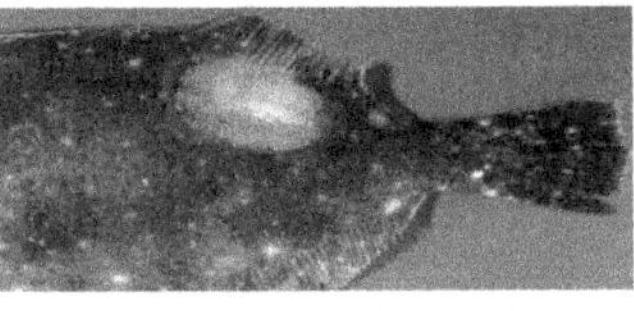
图5-8G 患病的牙鲆体表溃烂

图5-8H 患病的红鳍东方鲀体表溃烂

【流行情况】三代虫病是一种全球性鱼类病害，广泛分布于世界各地海水和淡水水域，危害绝大多数野生及养殖鱼类。

我国南北沿海均有发现，尤以咸淡水池塘养殖和室内越冬池内饲养的苗种鱼最易得此病，淡水饲养鱼类也常见此病，以湖北、广东及东北较为严重，在每年春季、夏季和越冬之后，饲养的鱼苗最为易感。此外，在春夏，金鱼也常受其危害。我国近岸所捕获的梭鱼上也经常发现有大量三代虫的寄生。

三代虫表现出明显的寄主特异性，多数三代虫仅有一种寄主鱼（已记载的402种三代虫中，71%的种类仅有一种宿主鱼）。三代虫对其在寄主体表的寄生部位也具有选择性，即首先寄生于其偏好部位，然后向其他部位扩展。宿主的年龄和个体大小与三代虫的感染强度密切相关，幼龄宿主比成年宿主易感染，且强度大。三代虫感染强度与宿主身体状态也有关，处于饥饿、缺氧状态的宿主更易感，种群增殖速度更快。三代虫在宿主体表的总体变化规律是：感染后一段时期内三代虫密度持续上升，达一峰值后虫体密度逐渐下降，直至保持一低密度感染或完全消失。这种变化预示宿主存在抗三代虫的免疫反应。

由于越冬期长时间不摄食，鱼体体质弱，抵抗力差，如果放养密度过大，极易被病原侵袭，造成三代虫病流行。三代虫的繁殖适温为20℃左右，当水温在20℃时病原体会快速发育，大量繁殖，使水体中病原数量迅速增加，加大了鱼体与病原接触染病的机会。所以该病主要发生在春秋季及初夏，感染途径主要是宿主间的直接接触感染。

【诊断方法】因三代虫没有特殊症状，确诊这种病最好的办法是通过镜检。刮取患病鱼体表黏液制成水封片，置于低倍镜下观察，或取鳃瓣置于培养器内（加入少许清洁水）在解剖镜下观察，发现虫体即可诊断。如将病鱼放在盛有清水的培养皿中，用手持放大镜观察，亦可在鱼体上见到小虫体在作蛭状活动。

【防治方法】

（1）用浓度为20mg/L的高锰酸钾浸洗病鱼15～30min。

（2）用浓度为200～250mg/L的福尔马林浸洗病鱼25min，或用浓度为25～30mg/L的福尔马林全池泼洒。

（3）用浓度为0.2～0.3mg/L的晶体敌百虫全池泼洒。

（4）每立方米水体用0.1～0.15g的10%甲苯咪唑溶液稀释2000倍后泼洒。但斑点叉尾鮰、大口鲶禁用此药。

（5）每千克鱼用阿苯达唑粉0.2g饲喂，连用5～7d。

九、异沟虫病（Heterobothriumiasis）

【病原】鲀异沟虫（*Heterobothrium tetrodonis*），属于寡钩亚纲、钩铗虫目、八铗虫科（*Diclidophoridae*）、异钩盘虫属（*Heterobothrium*）。虫体呈舌状，背腹扁平，体长5～20mm。后固着器为构造相同的4对固着铗，对称地排列在身体的后端2侧。口在虫体前端，口后为咽和很短的食道，食道后是2条分支的肠管，一直延伸到后端。精巢约30个，位于身体中部的前方；卵巢呈叶片状，在精巢之前；子宫很大，占身体的1/4，位于体前部，内部常充满卵子（图5-9A、B）。卵呈黄绿色，梭形、两端具卵丝；卵丝末端又连到另1个卵，使卵与卵连成串。通常有数个虫体的卵互相缠绕在一起，拖拉在宿主鳃孔的外面，在鱼游动时这些卵串被挂在养鱼的网箱上或海藻上。卵在壳内发育成为具有纤毛的幼虫，冲开卵盖后游出，在水中遇到合适的宿主后就随着鱼呼吸时的水流附着到鳃上及其附近的肉质部分。随后幼虫去掉纤毛，生出一层膜状的壳将虫体包着。虫体在壳内发育到长达1.5mm左右时，壳即消失，变为与成虫相近的体形。从卵到成虫的整个生活史约需1个月时间。

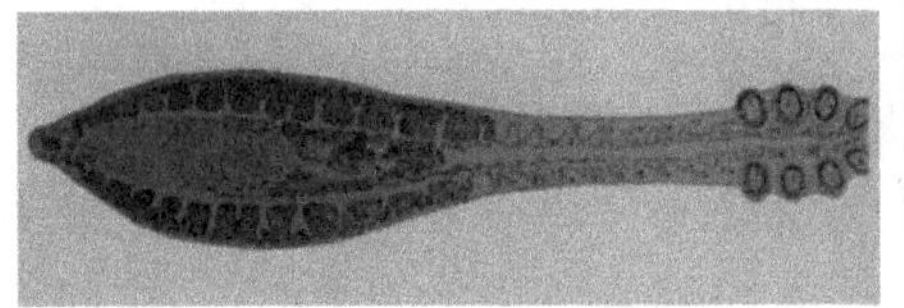

图5-9A 鲀异沟虫，虫体前部充满虫卵

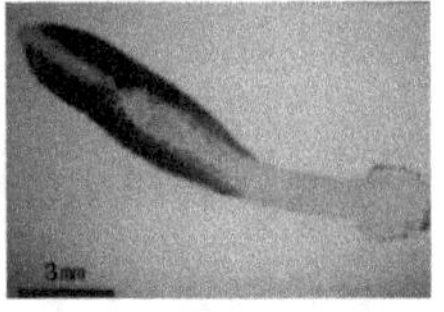

图5-9B 活体鲀异沟虫

【症状和病理变化】异沟虫病的显著症状是病鱼鳃孔外面常常拖挂着链状黄绿色的梭形卵。病鱼体色变黑，不吃食，游泳无力。虫体幼小时寄生于鳃丝，成长后则移居于鳃深处的肌肉部分，使寄生处周围的组织隆起，黏液增多，鳃片变为苍白色，呈贫血状；如有细菌并发感染，可出现组织溃疡或崩坏，并发出腐臭气味（图5-9C、D）。

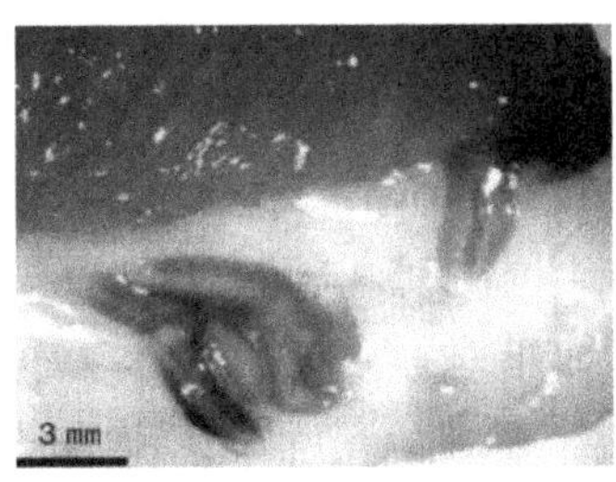

图5-9C 寄生在河豚鳃上的虫体

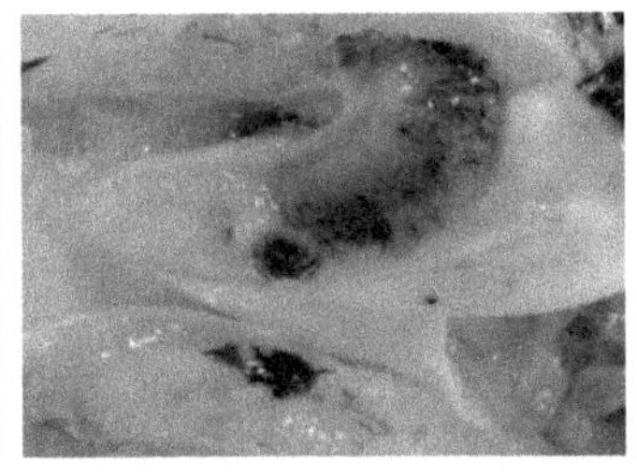

图5-9D 患病严重的河豚鳃完全失去血色

【流行情况】异沟虫主要寄生在鲀科鱼类鳃上，每年春季开始，夏、秋流行，特别是夏季和秋初危害严重。河北、山东、江苏和浙江是高发病地区。水族馆饲养的鲍科鱼类也常患此病。

【诊断方法】依据外观症状基本可诊断。从鳃部隆起处取样制成水封片，进行镜检，可以确诊。

【防治方法】每千克鱼每天用0.1g双硫二氯酚，制成药饵，连续投喂5d。

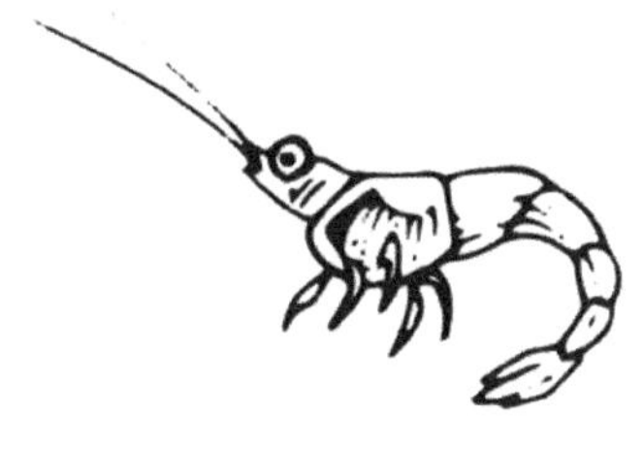

第六章

非寄生性疾病

凡由机械、物理、化学及非寄生性生物等所引起的疾病，称为非寄生性疾病。上述病因有的单独引起水产动物发病，有的由多个因素互相依赖、相互制约地共同刺激于水产动物体，当这些刺激达到一定强度或时间时就引起水产动物发病。非寄生性疾病造成水产养殖业的巨大损失例子很多。目前，因水质污染、滥用渔药及投喂不合格人工配合饲料造成的致病现象十分突出，必须引起高度重视。

第一节　鱼类非寄生性疾病

一、碰伤或擦伤

【病因】在捕捞、运输和饲养过程中，使用的工具不合适，或操作不慎所致。

【症状】鳞片脱落，鳍条、附肢折断，皮肤、外骨骼、贝壳擦伤，肌肉创伤。

【诊断方法】见到上述症状即可诊断。

【防治方法】尽量减少捕捞和搬运，在必须捕捞和运输时务必小心对待，并选择适当的时间；若有鱼体受伤应及时用抗生素和消毒剂处理，预防感染。

二、气泡病

【病因】水中某种气体过饱和，可引起水产动物患气泡病；越幼小的个体越敏感，主要危害幼苗，如不及时抢救，可引起幼苗大批死亡，甚至全部死光；也有较大的个体亦有患气泡病的，但较少见。如水温31℃时，水中含氧量达14.4mg/L（饱和度为192%）时，体长为0.9～1cm的鱼苗会生气泡病，而体长为1.4～1.5cm的鱼苗在水中含氧量达24.4mg/L（饱和度为325%）时，才发生气泡病。引起水中某种气体过饱和的原因很多，常见的有：

（1）水中浮游植物过多，在强烈阳光照射的中午，水温高，藻类进行光合作用旺盛，可引起水中溶氧过饱和。

（2）池塘中施放过多未经发酵的肥料，肥料在池底不断分解，消耗大量氧气，在缺氧情况下，分解放出很多细小的甲烷、硫化氢气泡，鱼苗误将小气泡当浮游生物而吞入，引起气泡病。

（3）有些地下水含氮过饱和，或地下有沼气，也可引起气泡病。

（4）在运输途中，人工送气过多；或抽水机的进水管有破损时，鱼吸入了空气；或水流经过拦水坝成为瀑布，落入潭中，将空气卷入，均可使水中气体过饱和。

（5）水温高时，气体在水中的溶解量低，所以当水温升高时，水中原有的溶解气体就变成过饱和而引起气泡病。

（6）在北方冰封期间，水库的水浅，水清瘦，水草丛生，水草在冰下营光合作用，也可引起氧气过饱和，引起几十千克重的大鱼患气泡病而死。

（7）对虾气泡病急性死亡一般只发生在水位1m以下的浅水池塘；能排污的高位池塘发病率高于不铺膜的土池塘；刚肥起来的水质比长时间养殖的老水更容易发病；阴雨天后晴天是气泡病的发病高峰；池塘杀虫后2～3d也是气泡病的发病高峰。

【症状】鱼虾患病初期会感到不适，在水面做混乱无力游动，不久在体表及体内出现气泡，当气泡不大时，鱼、虾还能反抗其浮力而向下游动，但身体已失去平衡，时游时停，随着气泡的增大及体力的消耗，会失去自由游动能力而浮在水面，不久即死（图6-2A、B、C）。

图6-2A 患病鱼背鳍充满气泡

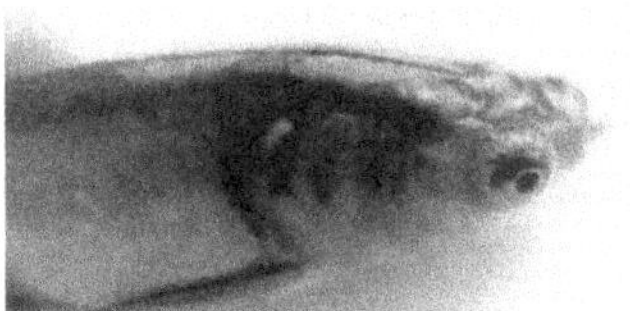
图6-2B 患病鱼头部和眼内有气泡

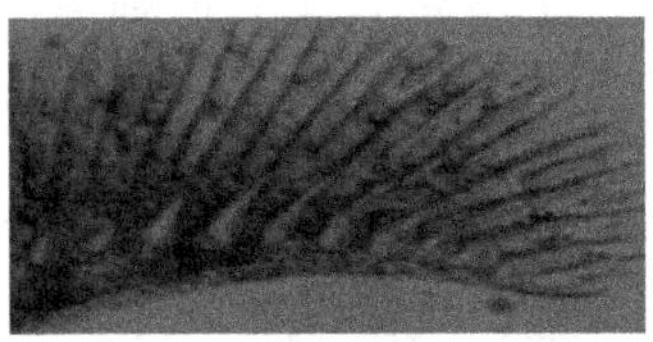
图6-2C 患病鱼鳃丝中有气泡

南美白对虾发病时，急性发病的对虾上浮、游塘，在岸上可以看到大量对虾“白鳃白尾”在水面下游塘。有的对虾发生急性死亡，在水面快速弹跳几下，然后身体失去平衡沉底死亡。有的虾死亡前侧游、打转，游动极为缓慢。发病对虾应激大量蜕壳，发生软壳现象，死虾容易漂浮在水面上。急性发病时游塘虾不空胃，尾部肌肉或全身肌肉发白，鳃发白，有时还能见到甲壳下有大量气泡，有的虾头胸甲内缘水肿，俗称“鳃肿”。显微镜检查可见头胸甲内侧、鳃丝血管内、甲壳下肌肉内、步足和游泳足关节处、尾扇等处的组织间均有大量气柱，尤其尾部甲壳下气泡最常见（图6-2D、E、F、G、H）。有的虾因为应激而出现须红、尾红、肝红、胃红，特别是发病次日死亡的对虾体红的症状更明显（图6-2I）。值得特别注意的是，在多数情况下，发生气泡病后看不到发病对虾有明显的体内“气泡”症状，更多的情况是，我们见到的是肌肉白浊和尾部肌肉白浊、肌节

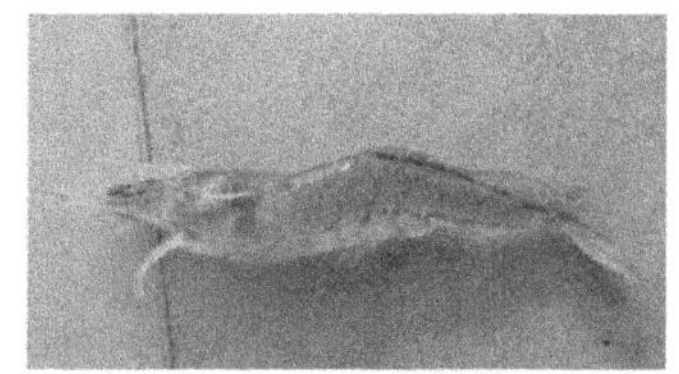
图6-2D　患病南美白对虾甲壳内有大量气泡

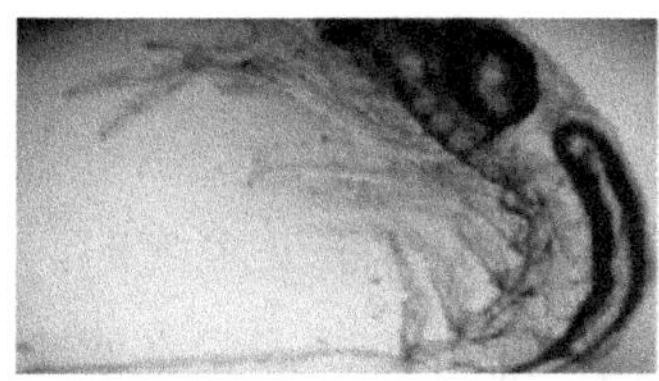
图6-2E　南美白对虾仔虾体内有大量气泡

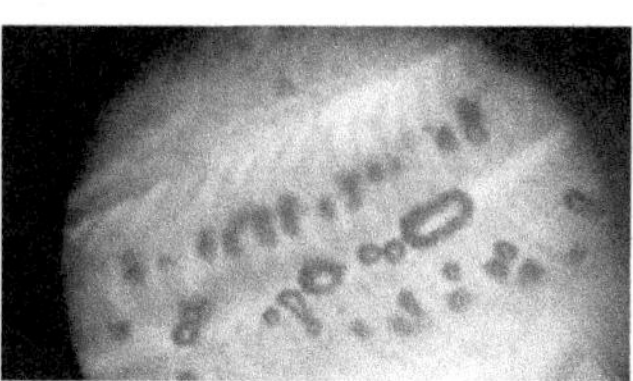
图6-2F　患病南美白对虾头胸甲内侧有气泡

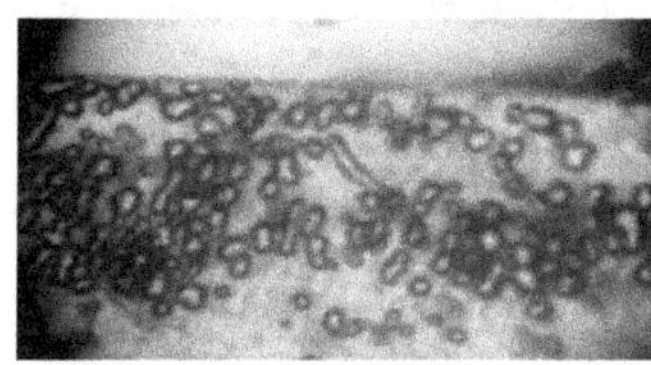
图6-2G　患病南美白对虾鳃内充满气泡

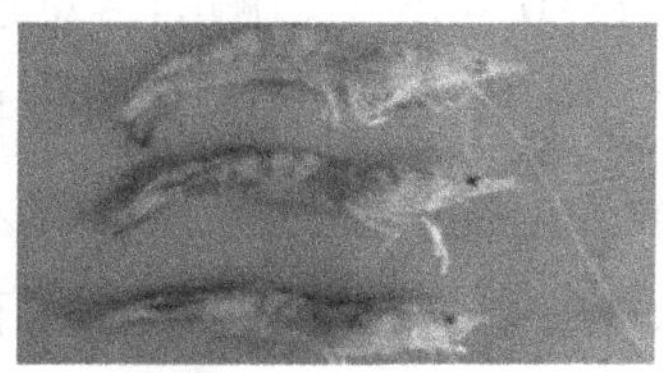
图6-2H　气泡病引起对虾肌间节发白

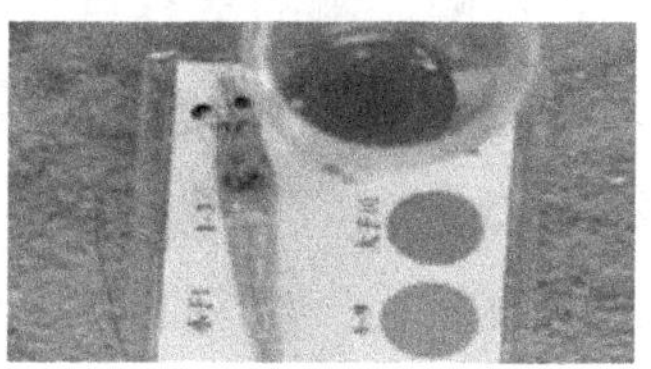
图6-2I　气泡病引起红体

间白浊或“红体”症状，以及之后的空肠空胃、肝脏萎缩的症状，有时会发生黄鳃、黑鳃、烂眼、烂尾等细菌继发感染症状。造成的原因，一是发病对虾体内气泡的吸收速度很快，当水体中气体饱和度下降以后气泡很快吸收，在发病的第一时间观察，很难见到“气泡”症状。二是气体过饱和的程度和持续时间使过饱和的游离气体不足以在体内形成肉眼可见的“气泡”，但是给对虾血管、肌肉等组织的损伤仍然十分严重。

【诊断方法】解剖及用显微镜检查，可见鳃、鳍及血管内有大量气泡，引起栓塞而死。

【防治方法】主要针对上述发病原因，防止水中气体过饱和。

（1）注意水源，不用含有气泡的水（有气泡的水必须经过充分暴气），池中腐殖质不应过多，不用未经发酵的肥料。

（2）平时掌握投饲量及施肥量，注意水质，不使浮游植物繁殖过多。

（3）水温相差不要太大。

（4）进水管要及时维修，北方冰封期，应在冰上打一些洞等。

（5）当发现患气泡病的鱼虾时，应立即加注溶解气体在饱和度以下的清水，同时排除部分池水。

（6）将患气泡病的个体移入清水中，病情轻的能逐步恢复正常，尤其是因氧气过饱和患病的个体容易恢复。

三、泛池

【病因】窒息又名泛池。水产动物和其他动物一样，需要氧气，且不同种

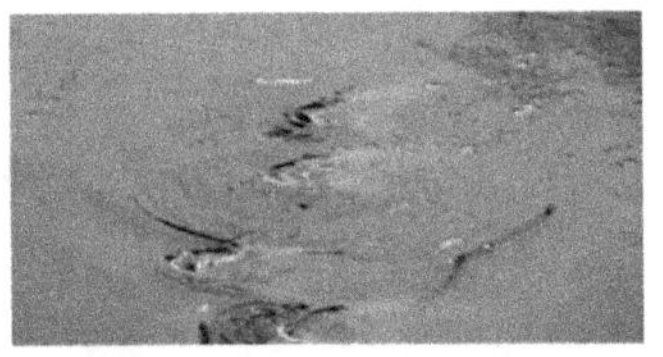
图6-3A 鱼因缺氧浮头

类、不同年龄及不同季节对氧的要求都各不相同。当水中含氧量较低时，会引起水产动物到水面呼吸，这种现象叫浮头（图6-3A）。当含氧量低于其最低限度时，就会引起窒息死亡。草、青、鲢、鳙等鱼，通常在水中含氧1mg/L时开始浮头，当低于0.4～0.6mg/L时，就窒息死亡；鲤、鲫的窒息点为0.1～0.4mg/L，鲫的窒息点比鲤要稍低些；鳊的窒息点为0.4～0.5mg/L。虾池溶氧应不低于3mg/L，同时也与其健康状况有关，如溶氧为2.6～3mg/L时，健康虾不会死，患聚缩虫病的虾就会窒息而死。因缺氧而窒息死亡的情况，一般在流动的水体中很少发生，主要发生在静止的水体中。在北方的越冬池内，一般因鱼较密集，水表面又结有一层厚冰，池水与空气隔绝，已溶解在水中的氧气因不断消耗而减少，这样很易引起窒息；另外因池底缺氧，有机物分解产生的有毒气体（如沼气、硫化氢、氨等）也不易从水中流出，这些有毒气体的毒害，加速了病虾的死亡。有时即使溶氧充足，但当水中二氧化碳含量过高（如水温在21～22℃，二氧化碳含80mg/L）时，会影响水产动物血液中二氧化碳的放出，使中枢神经系统麻痹，水产动物也难以从水中吸取氧气；不过在池塘内的二氧化碳较少有超过20mg/L的，所以浮头主要还是由缺氧造成的。在夏季，窒息现象也常发生，尤其在久打雷而不下雨的时候，因下雨前的气压很低，水中溶氧减少，引起窒息；如果仅下短暂的雷雨，池水的温度表层低，底层高，会引起水对流，池底的腐殖质被翻起，会加速分解，消耗大量氧气，使水产动物大批窒息死亡。在夏季黎明之前也常发生泛池，尤其在水中腐殖质富集过多和藻类繁殖过多的情况下，一方面腐殖质分解时要消耗水中大量氧气，另一方面藻类在晚上进行呼吸作用，和动物一样要消耗大量氧气，因此，在黎明之前，水中溶氧为一天中含氧量最低的时候，一天内水中含氧量可相差数十倍（图6-3B、C、D）。

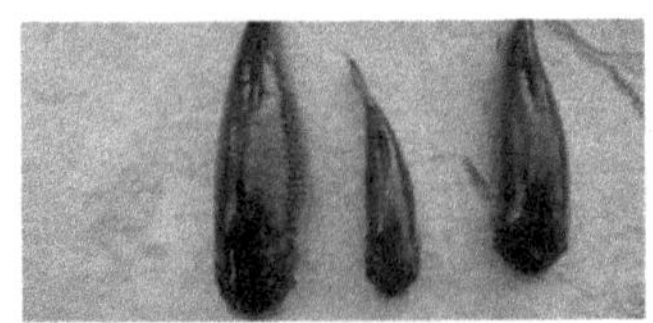
图6-3B 长期缺氧的鱼下颌增生

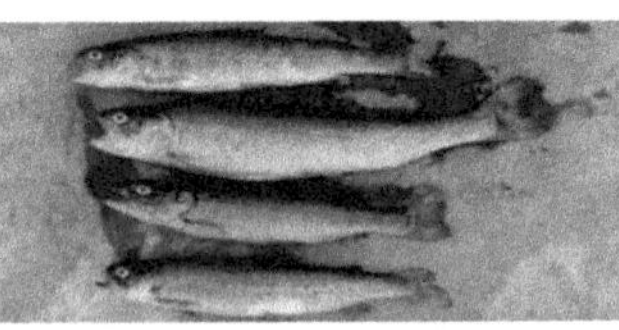
图6-3C 因缺氧死亡的鱼

图6-3D 鱼严重缺氧导致大批死亡（泛池）

【症状】由于水中缺氧，出现鱼浮出水面呼吸的现象。若发现鱼在池中狂游乱窜、横卧水中的现象，说明池水严重缺氧。一般泛塘时的鱼类浮头、狂游的先后顺序是鲢、草鱼、鳙、鲮、鲤和鲫，以鲢和草鱼的死亡情况最严重。

【诊断方法】清晨巡塘时，发现鱼浮于水面，用口呼吸空气，说明池中溶氧已不足，若太阳出来后，鱼仍不下沉，说明池中严重缺氧。这时最好用水质测试盒对池水进行检测。

【防治方法】

（1）在冬季干塘时，应除去塘底过多淤泥，淤泥厚以不超过30cm为好。

（2）采用施肥养殖时，应施发酵有机肥，且应根据气候、水质等情况，掌握施肥量，不使水质过肥，小量多次为宜。同时在夏季一般以施无机肥为好。

（3）投饲应掌握“四定”原则，残饲应及时捞除。

（4）掌握放养密度及搭配比例。

（5）当越冬池水面结有一层厚冰时，可在冰上打几个洞，或用生物增氧法施肥增氧，或开动增氧机，但应关注水温下降情况。

（6）在闷热的夏天，应减少投饲量，并加注清水，在中午开动增氧机，还掉水中的氧债，必要时晚上也要开动增氧机，加强巡塘工作。

（7）发现有浮头现象，应及时灌注清水，开动增氧机或送气。

（8）在没有增氧机及无法加水的地方，可喷洒增氧剂，如过氧化氢等。

四、中毒

（一）藻类中毒

1．微囊藻引起的中毒

【病因】主要是铜绿微囊藻（*Microcystic aeruginosa*）及水花微囊藻（*M.flosaguae*）。当微囊藻大量繁殖、死后，蛋白质分解产生羟胺（NH_2OH）、硫化氢等有毒物质，会毒死水产动物。微囊藻喜生长在温度较高（10～40℃，最适温度为28.8～30.5℃）、碱性较高（pH8～9.5）及富营养化的水中（图6-4A、B）。

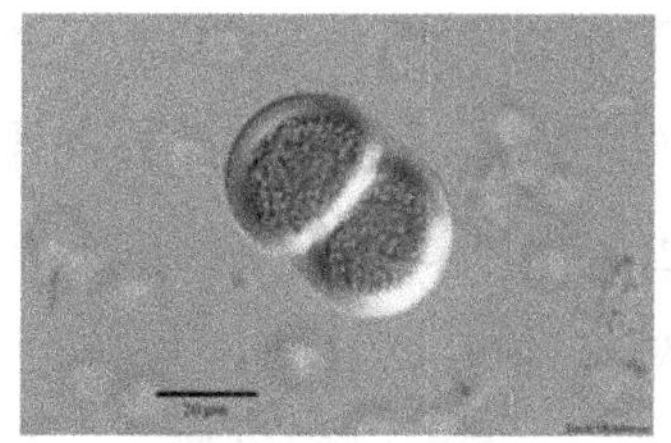

图6-4A 铜绿微囊藻

图6-4B 微囊藻引起的水华

【症状】在白天蓝藻进行光合作用时，pH可上升到10左右，此时可使鱼体硫胺酶活性增加，在硫胺酶作用下，维生素B_1迅速发酵分解，使鱼缺乏维生素B_1，导致中枢神经和末梢神经系统失灵，兴奋性增加，急剧活动，痉挛，身体失去平衡。

【诊断方法】根据急剧活动、痉挛、身体失去平衡等症状可作出诊断。

【防治方法】

（1）池塘进行清淤消毒。

（2）掌握投饲量，经常加注清水，不使水中有机质含量过高，调节好水的pH，可控制微囊藻的繁殖。

（3）当微囊藻已大量繁殖时，可全池遍洒浓度为0.7mg/L的硫酸铜，或硫酸铜、硫酸亚铁合剂（5∶2），洒药后应开动增氧机或在第2天清晨酌情加注清水，以防鱼浮头。

2．三毛金藻（又叫土栖藻）引起的中毒

【病因】三毛金藻（*Prymnesium spp.*）又叫土栖藻，大量繁殖，会产生大量鱼毒素、细胞毒素、溶血毒素、神经毒素等，引起水中鱼类及用鳃呼吸的动物中毒死亡。三毛金藻可以生长的盐度为0.6～70，在低盐度中生长较高盐度快；水温在-2℃时仍可生长并产生危害，在30℃以上时生长不稳定，但在高盐度（30）中高温生长仍稳定；pH为6.5时能长期存活（图6-4C、D）。

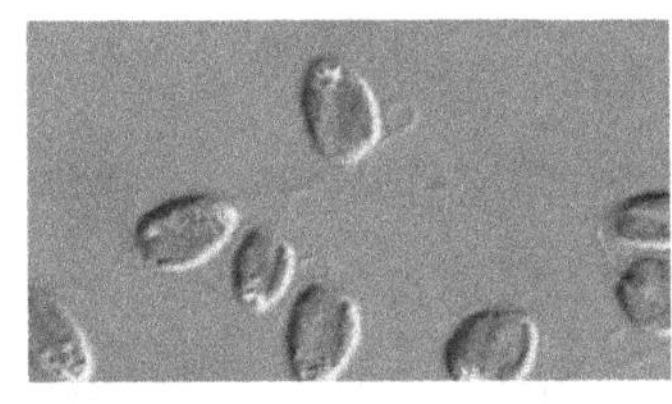

图6-4C 三毛金藻

图6-4D 有大量三毛金藻的池塘

【流行情况】流行于盐碱地的池塘、水库等半咸水水域，自夏花至亲鱼期均可受害。一年四季都有发生，主要发生于春、秋、冬季。

【症状和病理变化】中毒初期，鱼焦躁不安，呼吸频率加快（全长3cm的鲢，每分钟呼吸138～150次），游动急促，方向不定；不久后就趋于平静，反应逐渐迟钝，鱼开始向鱼池的背风浅水角落集中，少数鱼静止不动，排列无规则，受到惊扰，即游向深水处，不久又返回，鱼体分泌大量黏液，胸鳍基部充血明显，各鳍基部逐渐都充血，鱼体后部颜色变淡，反应更为迟钝而平静，呼吸频率逐渐减少；随着中毒时间的延长，自胸鳍以后的鱼体麻痹、僵直，尾鳍、背鳍、腹鳍都不能摆动，只有胸鳍尚能摆，但不能前进，触之无反应，鳃盖、眼眶周围、下颌、体表充血，红斑大小不一，有的连成片，鱼布满池的四角及浅水处，一般头朝岸边，排列整齐，在水面下静止不动（图6-4E），但不浮头，受到惊扰也毫无反应，这时呼吸极其困难而微弱，每分钟22次或更少；濒死前出现间

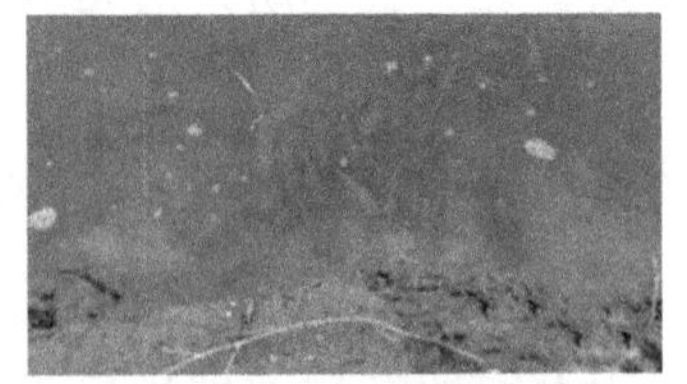

图6-4E 三毛金藻中毒导致鱼聚集在池塘边

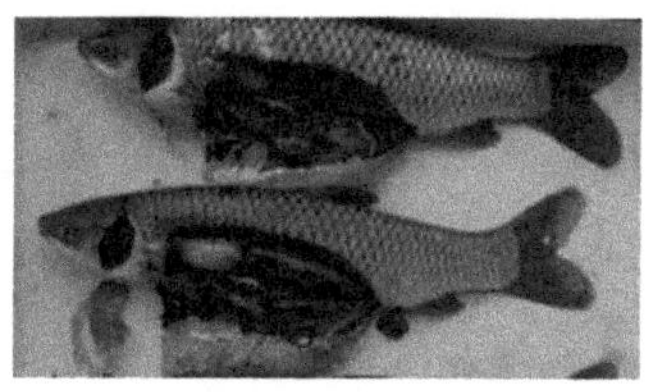
图6-4F　因三毛金藻中毒而死亡的鱼

歇性的挣扎呼吸，不久即失去平衡而死，但也有的鱼死后仍保持自然状态。整个中毒过程，鱼不浮头、不到水面吞取空气，而是平静地在麻痹和呼吸困难下死去。有的鱼死后，除鳍基充血外，体表无充血现象；有的鱼死后，鳃盖张开，眼睛突出，积有腹水（图6-4F）。濒死鱼的红细胞膨胀，胞质浓缩并围绕在核的周围，最后胞膜破裂，遗留下裸露的胞核和细胞碎屑。发病池的池水呈棕褐色，透明度大于50cm，溶氧丰富（在8～12mg/L），营养盐贫乏，总氨含量小于0.25mg/L，总硬度、碱度高，其他水质条件均适合三毛金藻的繁衍。

【防治方法】

（1）水中总氨含量超过0.25mg/L时，三毛金藻就不能成为优势种，因此定期（少量多次）向池中施铵盐类化肥，如尿素、氨水、氮磷复合肥以及有机肥，使总氨稳定在0.25～1mg/L，即可达到预防效果（杨秀兰等）。

（2）在pH为8、水温20℃左右的盐碱地发病鱼池早期，全池遍洒浓度为20mg/L含氨20%左右的铵盐类药物（硫酸铵、氯化铵、碳酸氢铵），或浓度为12mg/L的尿素，使水中离子氨达0.06～0.10mg/L，可使三毛金藻膨胀解体直至全部死亡。铵盐类药物杀灭效果比尿素更快，效果更好。但鲻、梭鱼的鱼苗池不能用此方法（杨秀兰等）。

（3）发病鱼池早期，全池遍洒0.3%的黏土泥浆水吸附毒素，在12～24h内中毒鱼类可恢复正常，不污染水体，但三毛金藻不被杀死（王云祥等）。

（二）农药中毒

我国生产的农药品种很多，主要有有机氯、有机磷、有机砷、有机硫和其他无机制剂等。引起水产动物中毒的农药种类及症状：

1．有机氯杀虫剂

有机氯杀虫剂如DDT、六六六等，化学性质稳定，容易在生物体内蓄积，对富含脂肪的神经组织、肝、肾以及心脏等器官发生毒害作用。草鱼、青鱼、鲢、鳙的亲鱼常因受六六六、五氯酚钠等的毒害丧失生殖力。

2．有机磷杀虫剂

有机磷杀虫剂有敌百虫、敌敌畏等，具有残留期短等优点，但在一定浓度范围内，对鱼类皮肤具有明显的毒性，中毒途径主要通过鱼的呼吸、皮肤接触、吞食受污染的饲料等。当敌敌畏一旦进入血液内即与血液内胆碱酯酶直接结合，作用非常迅速剧烈；乐果进入体内后，必须通过肝脏并由肝脏转化才能发挥强力作用。有机磷的中毒症状是鱼类表现麻痹，行动缓慢，体色渐趋变黑，同时还可引起鱼类骨骼畸变和死亡。

3．有机硫杀虫剂

有机硫杀虫剂有代森锌、代森铵、福美砷、敌锈钠等。进入动物体内后，主要损害神经系统，先发生兴奋，之后转入抑制。鲢在福美砷中毒后，表现为头部下垂。敌锈钠能刺激鲢皮肤，使便鳃瓣充血、头部下垂及侧游。

（三）重金属盐类中毒

重金属对水产动物的毒性一般以汞最大，银、铜、镉、铅次之。上述重金属在水中达到一定数量后，会对鱼产生毒害作用（内毒和外毒），毒害程度取决于该金属元素的化学性质。金属元素及其化合物污染机体后，其迁移转化具有以下特点：

（1）大多数金属离子及其化合物易被水中胶状颗粒、悬浮物、泥土细料所吸附而沉淀在淤泥中。

（2）金属污染物质比较稳定，不易被生物分解。

（3）金属离子在水中的迁移转化与水体的pH和氧化还原条件关系密切。

（4）大多数重金属和某些金属离子及其化合物易被生物和鱼类吸收，并通过食物链逐级累积。如水中低浓度的汞被芜萍吸收后经24h能浓缩10倍，乌鳢食用此芜萍后经14d在其体内汞会浓缩20多倍；草鱼食此芜萍后经38d，汞浓缩达1166倍。其致害机制是：重金属离子与鱼鳃所分泌的黏液结合成为蛋白质的复合物，覆盖在整个鳃部并填塞鳃丝间隙，阻碍了鳃组织与水的接触面，使其不能进行气体交换，发生窒息而死。同时，金属离子通过鳃的表面，进入鳃内或体内其他部位，与体内主要酶的催化活性部位中硫氢基结合成难溶的硫酸盐，抑制了酶的活性，妨碍机体的代谢。

（四）化学物质中毒

随着工业、农业生产的发展，向养殖水域排放的污水量也日渐增多。污水中含有各种毒物，如不经过处理，必然会引起鱼类中毒、畸变甚至死亡。主要毒物有以下几种：

1．硫化氢

硫化氢是无色、有臭鸡蛋味的有毒气体。通常在人造纤维、硫化染料、制药、鞣革以及含硫石油、含硫橡胶、含硫金属冶炼等工厂排放的废水中含硫化氢。如直接将污水排入养鱼水体，必然引起鱼类大批死亡。硫化氢的毒素主要有刺激和麻痹作用。硫化氢在鱼体黏膜和鳃表面很快溶解，与组织中的钠离子结合可形成具有强烈刺激作用的硫化钠。硫化氢能抑制某些酶的活性，阻碍体内生物氧化反应，引起组织细胞窒息。当硫化氢含量在3mg/L时，可使鲤鱼、金鱼死亡；含量在10mg/L时，4h内可使所有鱼类中毒死亡。中毒症状是鳃变紫红色，鳃盖和胸鳍张开，鱼体失去光泽，悬浮于水的表层。

2．石油污染

石油提炼和石油加工厂的排污物，常含有酚和硫化氢等对鱼类有毒的物质。油污物进入水体后，在水面上形成一层油膜，能阻止空气中的氧气进入水体。油膜在风力和波浪的作用下，逐渐掺和，形成油—水混合物，改变了石油原来的物理性质，在其氧化和溶解过程中，导致水中二氧化碳和有机物含量的提高，溶解氧含量急剧下降。通常1L石油完全氧化，需要4×10^5L水中的溶解氧，从而引起鱼、贝等水生生物的窒息。

3．酚中毒

酚是一种芳香族碳氢化合物的含氧衍生物，羟基直接与苯环相连。按苯环上含羟基的多少，分为单元酚、多元酚，前者易挥发。

含酚废水主要来自焦化厂、煤气厂、炼油厂、石油化工厂。这些工厂排放废水中的酚主要是树脂酚，其对鱼的毒性要比纯酚大得多。不经处理的高浓度含酚废水进入养殖水体后，可引起养殖鱼类大批死亡。酚能使细胞蛋白质发生变性和沉淀，而且酚易从变性或沉淀的蛋白质中分离出来，进而渗透入组织深部引起全身中毒。当水中含酚量为4～25mg/L时，可引起鱼类急性致死。如水体中含酚量不高时，酚在鱼体内能产生积累作用，使鱼肉产生异味（煤油味），以致不能食用。酚的浓度为0.01mg/L时会产生特殊气味，浓度为0.02～0.03mg/L时鱼肉变坏。含酚废水中往往含有大量有机物质，在水中分解时消耗大量氧气，使水中溶解氧降低，酚的毒性也随之增大，在双重作用下，可引起鱼类大批死亡。

【防治方法】

（1）加强监测工作（理化监测及生物监测），严禁未经处理的污水及超过国家规定排放标准的水排入养殖水体。

（2）进行综合治理。综合治理主要有物理、化学及生物学方法三种。物理方法又有沉淀法、过滤法、曝气法、稀释法及吸附法等。有些水生生物对毒物具有较高的忍耐特性，并可吸收和蓄积，如蒿草、辣蓼等具有较高忍耐性，蒿草体内六六六含量可达19mg/kg；变鞘席藻等能除去氨氮；刚毛藻对含汞废水忍耐度较大，并能主要依靠吸附蓄积作用去除水体中的汞；有些细菌对某些毒物有较强的分解能力；湖泥对六六六有较强的吸附作用。

（五）食物中毒

食物中含有毒物质时，也可造成水生动物中毒而出现病症或死亡。

1．绿肝病

【病因】绿肝病发生在养殖的鲫鱼和真鲷中，病因有两种：一种是饲料中毒，另一种是由于孢子虫的寄生堵塞了胆管。在此仅叙述饲料中毒引起的绿肝病。

据日本水产厅（1975）数据，在日本饲养鲕鱼和真鲷一般是以冷藏的日本鳀鱼和鲭鱼等为饲料，这些饲料鱼都含有大量的脂肪，在投喂以前又往往放在露天下利用阳光照晒解冻，这样就会降低了鲜度，脂肪发生氧化，使鱼中毒，引起绿肝病。投喂腐败变质的配合饲料也容易引起绿肝病。

真鲷的绿肝病除了饲料中毒的因素以外，与水温降低使鱼生理上失调也有关系。

【症状和病理变化】病鱼游泳无力，食欲降低，体色变黑。肝脏有绿色斑纹，胆汁呈暗绿色或淡褐色，靠近肝脏的其他内部器官和组织也被染成绿色（图6-4G、H）。随着病程的进展，胆汁逐渐变黑变稠。特别严重的病例，胆汁变成黑泥状，此时肝脏由原来变绿色的部分又变为黑色，并且局部发生脂肪肝、硬化或坏死，邻近的其他内脏也随之变黑。

图6-4G 真鲷绿肝病

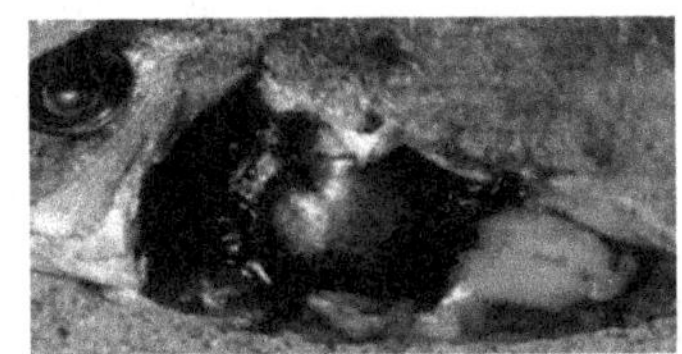

图6-4H 患病真鲷的肝脏呈墨绿色

【诊断方法】解剖病鱼，仔细观察肝脏和胆汁的病变。

【流行情况】鲕鱼绿肝病发生的季节是从夏初至秋初。体长2.5cm以下的鱼最易发生。真鲷的绿肝病多发生在不满1龄的幼鱼中，多数发生在低水温期，有时引起死亡，但大批死亡的很少见。

【防治方法】

预防措施

饲料鱼在保存时应快速冰冻，以免变质，解冻时不要在露天的阳光下进行。已破肚并有臭味的饲料鱼一般不应再作为饲料，必须要用时也需用水充分洗干净后再喂。配合饲料要改善保存方法，防止腐败变质，已变质的不应再用。

治疗方法

发生绿肝病后应立即改喂新鲜的饲料，投饵量要适当减少，同时在饲料中加复合维生素、葡萄糖醛酸内酯（肝泰乐）和甘草流浸膏等营养药和治疗药。

2．中毒性鳃病

【病因】据日本水产厅（1974）数据，饲养的幼鲕鱼中，如果长期投喂腐败变质的小杂鱼，例如鲭鱼和远东拟沙丁鱼等，鱼体腐败分解后产生的毒素使鲕鱼中毒。

【症状和病理变化】病情较轻的鱼鳃全部变深红色并且柔软；病情严重的鱼则鳃瓣坏死、脱落，露出鳃丝软骨。病鱼多数体表发红色，无力地在水面游泳，最后狂游直至死亡。

【诊断方法】诊断时应了解所投饵料的种类和新鲜程度，再结合上述病鱼症状就可确诊。

【流行情况】此病主要发生在二年的鲕鱼中，危害很大，多发生在夏季和秋季的高温季节。

【防治方法】

预防措施

主要措施是不要投喂腐败变质的饵料鱼。

治疗方法

可先停喂1～5d，然后投喂新鲜而且含脂肪少的饵料鱼，并在饲料中加入葡萄糖醛酸内酯等解毒剂和复合维生素等。投饵量一般为正常时的1/2。治疗见效以后也不要急剧增加投饵量，应逐渐增加。

3．黄脂病

【病因】据伊久夫等（1983）报道，真鲷吃了含有腐败变质脂肪的饲料后，例如吃了冰冻的不新鲜的远东拟沙丁鱼后，就容易引发黄脂病。

【症状和病理变化】病鱼体内的脂肪组织呈黄褐色或黄红色，内脏和腹膜粘连，有的鱼头骨内的脂肪也变黄色，引起头骨坏死外露。但是一般的病鱼仅食欲降低，外观很少有异常现象就死掉，解剖时可看到肠系膜之间的脂肪组织上呈大而鲜明的黄斑。

【诊断方法】病鱼长期食欲不振、外观瘦弱，了解投喂的饵料情况，然后解剖检查，如果发现脂肪组织变色就可确诊。

【流行情况】日本养殖的真鲷发生过黄脂病，多数发生在年龄较大的鱼中，无明显的季节性，一旦生病则不易恢复。

【防治方法】预防措施主要是投喂新鲜的并且含脂肪较少的饲料鱼，放养密度不要过大。尚无治疗方法。

4．黄曲霉素中毒

黄曲霉素在食物中的毒性作用是在20世纪60年代才阐明的，它是蓝绿色的黄曲霉菌（Aspergillus flavus）的代谢产物。这种霉菌最容易生长在各种油料植物的种子（花生、大豆等）的碎片上。黄曲霉素对虹鳟有明显的致癌作用，若饲料中含有1mg/t的黄曲霉素，4～6个月就能使虹鳟发生肿瘤，含量再高时就能引起急性疾病。发现虹鳟的肝脏过度扩大或在组织学上已发现肿瘤时，就要考虑有黄曲霉素中毒的可能性，不过二甲基亚硝基胺和四氯化碳等也可引起肿瘤。

5．抗生素和其他化学治疗剂中毒

如果将抗生素或其他化学治疗剂加到饲料中长期喂鱼，就会使鱼发生中毒的病理变化，例如血液的生成减少。特别是磺胺会使鱼的肾管坏死或形成管型。

6．黏合剂中毒

饲养海水鱼的配合饲料，有的用化学物质代替纤维素作为黏合剂。这些化学物质容易使鱼发生肝肾综合征。其症状是肾管的空泡化、坏死和脱落，同时造血组织纤维化并形成管型，胆道增生及肝硬化。病鱼生长很慢，并且很容易继发性地感染其他疾病。其致病的原理不单纯是黏合剂本身的问题，可能是残留在黏合剂中的重金属的作用。

7．棉子酚中毒

棉花的种子中含有一种脂溶性物质叫作棉子酚，对鱼有毒。鱼吃了棉子饼后，其中的棉子酚积累在肝和肾中，使肝脏变性，肾脏发生肾小球性肾炎、芽鳞管状脱落和管型形成。

8．营养性白内障

鲑科鱼类（例如虹鳟）在饲料中含有高比例的动物内脏时，鱼类的眼球往往变为混浊不透明，成为白内障。以马和猪的内脏为饵料特别容易发生此病。其原因尚不清楚，但已证明投喂其他腐臭的肉类也可发生这种情况。上述鱼类饵料中缺乏维生素B_2或缺锌时，虹鳟就会患白内障病。Sallman等（1966）认为投喂的饵料中有硫代乙酰胺（Thioacetamide）致癌物质也能引起虹鳟等鱼的白内障病。

五、营养不良病

1．由蛋白质不足、过多或所含必需氨基酸不完全、配比不合理所引起的疾病

蛋白质是水产动物生长最重要的物质，是构成机体蛋白质的基本物质。足量的蛋白质，且各种氨基酸搭配合适，可加速生长。不同种类、不同年龄、不同环境条件下，鱼类对饲料中蛋白质的利用不同。斑点叉尾鮰对蛋白质的需要量比温血动物高很多，在高度密养的情况下，饲料中蛋白质应不低于40%，否则生长缓慢；饲料中蛋白质含量为25%时鱼体增重量仅为饲料中蛋白质含量为40%时的12.8%；当饲料中的蛋白质含量仅为10%时，实际上失重。斑点叉尾鮰小鱼吃的饲料中缺乏精氨酸、组氨酸、亮氨酸、异亮氨酸、赖氨酸、蛋氨酸、苯丙氨酸、苏氨酸、色氨酸及缬氨酸时，生长缓慢，其中赖氨酸最少应不低于1.25%～1.75%。鲤鱼在缺乏维生素及氨基酸时会发生体质恶化、平衡失调、脊柱弯曲，严重影响肝胰组织。当饲料中不含蛋白质时，鳗鲡鱼明显减重；饲料中蛋白质含量为8.9%时，出现轻微减重；饲料中蛋白质超过13.4%时，鱼体增重；超过44.5%时，鱼的生长和蛋白积累几乎不变，并在一定程度上有阻碍作用。所以饲料中各种氨基酸含量不平衡或饲料中蛋白质含量过多时，不但不经济，而且在一定程度上是有害的。虽然鱼类有通过脱氨基和排泄氨的作用，处理除生长和维持生命等需要之外的过剩蛋白质的能力，但这是有限的，多余部分主要以尿液形式排至水中。在高度密养的情况下，鱼类尿液在水中的积累是限制生产力的主要因素。

2．由碳水化合物不足或过多所引起的疾病

碳水化合物是一种廉价热源，每千克碳水化合物氧化时可释放167472J的能量，可起到节约蛋白质的作用；同时糖类也是构成机体组织的成分之一，如细胞核中的核糖、脑及神经组织中的糖脂等。水产动物对各种糖的利用率不一样，对单糖利用最好，其次是双糖、简单的多糖、糊精、烧熟淀粉和粗淀粉。水产动物由于品种不同对碳水化合物的利用情况和需要量不同。鳟鱼对纤维素的消化率低于10%，对其他碳水化合物的消化率为20%～40%，饲料中粗纤维的含量应不超过10%，以5%～6%为最好；其他碳水化合物最高限度为30%，其中可消化部分应低于10%。饲料中碳水化合物的含量过高，将引起内脏脂肪积累，妨碍正常的机能，引起肝脏脂肪浸润，大量积聚肝糖，使肝肿大，色泽变淡，外表有光泽，死亡率增加。如果在饲料中添加适量维生素，即使碳水化合物含量高达50%，虹鳟的肝脏也无异常。

3．由脂肪不足和变质所引起的疾病

脂肪是脂肪酸和能量的主要来源。鳟鱼饲料中脂肪的最适量为饲料的5%左右；虹鳟饲料中缺乏必需脂肪酸，则生长不良，发生烂鳍病。水产动物饲料中的脂肪应是低熔点的，在低温下容易消化，温血动物的脂肪不能使用，因这类脂肪的熔点高，不易消化，如长期使用这种脂肪，容易患脂肪性肝病。氧化脂肪产生的醛、酮、酸有毒，鲤鱼吃1个月后，患背瘦病，肌纤维萎缩、坏死，严重时鲤鱼死亡；虹鳟吃后，引起肝发黄、贫血。脂肪是很易氧化的物质，一般原料成分中的脂肪必须事先抽提，用时再加入。为了防止氧化脂肪的毒性，在饲料中需加入足够量的维生素E。

4．缺乏维生素引起的疾病

一种好的饲料应含有维生素A、D、E、K、B_1、B_2、B_6、B_{12}、H、C、烟酸、叶酸、泛酸、胆碱、对氨苯甲酸、肌醇等。鱼对维生素缺乏的反应比小的温血动物较慢，能较长时间在饲料中完全没有维生素的情况下生存，在这种情况下饲养一个半月后生长停止，3个月后体重开始下降，突眼、虹膜周围充血、耗氧量降低、抵抗力下降，最后死亡。饲料中缺乏维生素B时，鲤鱼的食欲显著降低，可降至正常摄食量的1/5～1/4，破坏消化道的分泌和活动，食物的消化和吸收被破坏，耗氧量显著降低，生长明显缓慢，还可引起痉挛、腹腔积水、眼球突出；缺乏泛酸、肌醇、烟酸，可引起食欲不振、生长缓慢及表皮出血；缺乏胆碱可引起食欲不振、生长减慢，肝、胰脏的脂肪增加，形成脂肪肝。缺乏维生素B_1、B_2及泛酸，可引起鳗鲡食欲不振，生长减慢，运动失调，皮肤出血；缺乏维生素B_2，鳗鲡畏光；缺乏维生素B_6，鳗鲡发生痉挛，食欲不振，生长减慢。当大鳞大麻哈鱼缺乏维生素B_2时，可引起食欲不振，生长减慢，死亡率升高，眼球水晶体浑浊，眼出血，畏光，视觉模糊，不对称，体色发暗；当缺乏维生素B_6时，可引起食欲不振，生长减慢，死亡率升高，神经错乱，痉挛，运动失调，贫血，腹腔积水，呼吸加快，鳃盖柔软变形；缺乏肌醇、烟酸，可引起食欲不振，生长减慢，痉挛。饲料中缺乏维生素A时，鱼的食欲显著下降，吸收及同化作用被破坏，色素减退，生长缓慢眼膜水肿，眼球突出。食蚊鱼吃含维生素D的饲料，比吃不含维生素D的饲料，生长快，性成熟较早。当饲料中缺乏维生素C时，斑点叉尾鮰长得慢，饲料系数高，引起45%的鱼畸形，沿脊椎有内出血区；银大麻哈鱼及虹鳟吃含维生素C为50mg/kg的饲料6个月后，鳃丝发生弯曲；鳗鲡当缺乏维生素C时，食欲不振，生长减慢，鳍、皮肤及头部出血；鲤鱼可合成部分维生素C，但对其机体的迅速生长，在数量上是不够

的。（见图6-5A、B、C、D、E、F、G、H、I）

图6-5A　色氨酸缺乏症，示脊柱弯曲

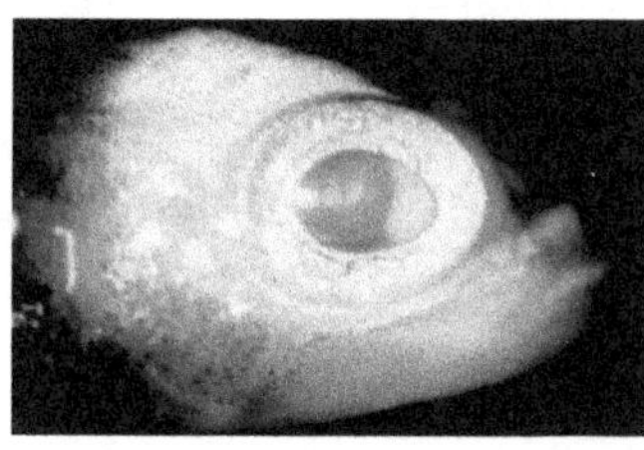

图6-5B　维生素A缺乏，导致眼球晶状体移位

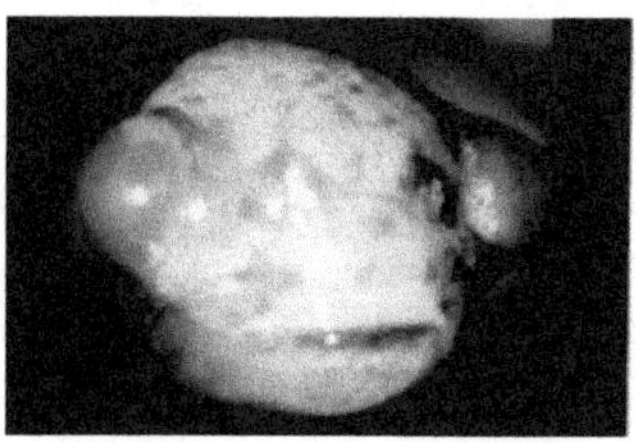

图6-5C　维生素A缺乏，角膜水肿，眼球膨胀

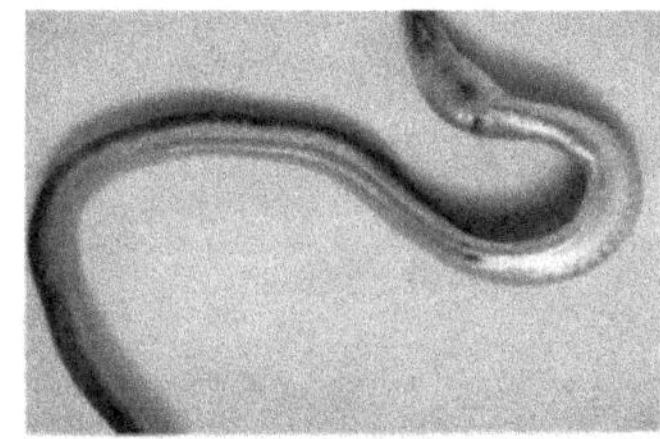

图6-5D　维生素B1缺乏，身体畸形

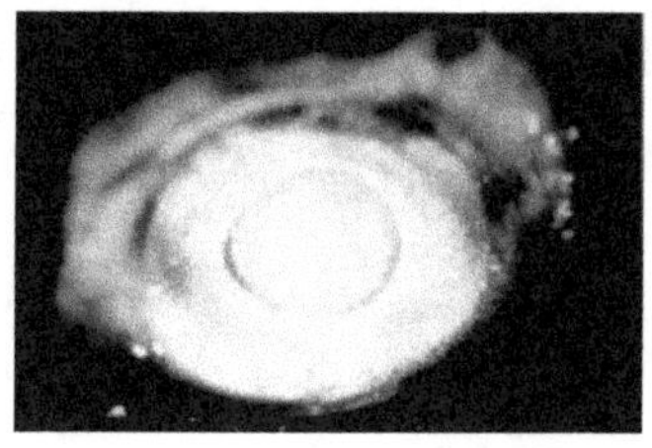

图6-5E　维生素B2缺乏，白内障

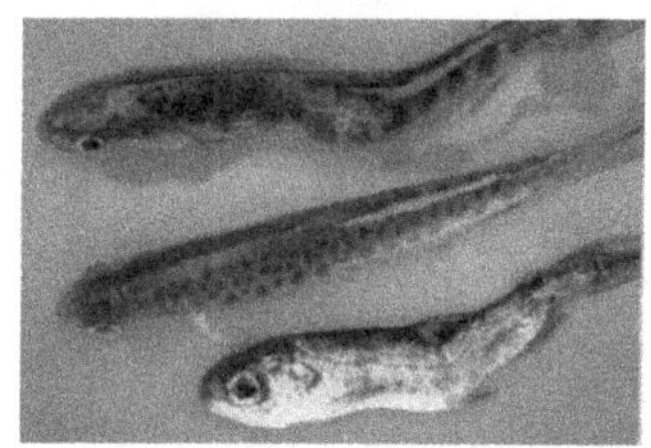

图6-5F　银大麻哈鱼维生素C缺乏，脊柱侧凸（上），脊柱前凸（下）

图6-5G　维生素C缺乏症，示脊柱弯曲

图6-5H　维生素C缺乏的虹鳟鱼，头和鳃盖短，鳃外露

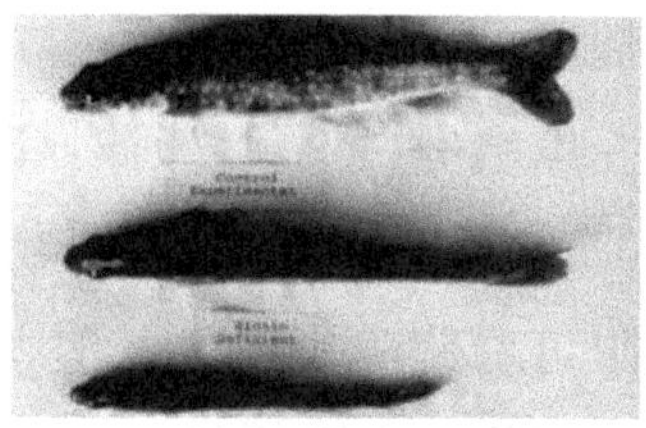

图6-5I　生物素缺乏，厌食，生长不良（中），泛酸缺乏使湖鳟严重厌食、生长停止、消瘦（下）

5．缺乏矿物质引起的疾病

矿物质不仅是构成水产动物组织的重要成分，而且是酶系统的重要催化剂，其生理功能是多方面的，可促进生长，提高对营养物的利用率，在维持细胞的渗透压方面也起着重要的作用，钙、磷、镁、铁、铜、锰、锌、钴、铝、碘等都是需要的。水产动物能吸收溶解在水中的矿物质，但仅靠从水中吸收的一些矿物质远不能满足需要，因此饲料中必须含有足够的矿物质。一般水中含钙量较高，故饲料中不加钙，对生长影响不大；而磷在饲料中含量应稍高于0.4%，否则生长缓慢。鲤鱼缺乏磷时，可发生脊椎弯曲症。当虹鳟和红点鲑缺乏碘化钾时，容易

患典型的甲状腺瘤，如及时投以足够的碘化物，瘤可缩小。饲料中缺锌时，虹鳟生长缓慢，死亡率增加，鳍和皮肤发生糜烂，眼睛发生白内障。

第二节 对虾非寄生性疾病

一、白黑斑病（White and black spot disease）

【病原】病原尚未确定。从发生白黑斑病的养虾场的饲养情况了解到，这些养虾场主要投喂配合饲料，很少喂鲜活饵料，即便有些鲜活饵料也是不鲜不活的，再从症状看与国外报道的维生素C缺乏病（黑死病）有些相近。因此，此病可能与配合饵料中缺乏维生素C有关。

【症状和病理变化】最主要的症状是在对虾腹部每一节两侧甲壳的侧叶上出现一个白色斑点，斑点的直径约0.5cm，形状不规则，肉眼看去，对虾侧面呈一列白斑（图6-6A）。重者，附肢及全身腹面的甲壳也略呈白色，这时对虾就可能会死亡。但多数的病虾，侧叶上的白斑随着疾病的进展逐渐变黑，到后期则成为一列黑斑（图6-6B），同时肢鳃上也有黑斑，肉眼可看到鳃呈黑色，但在显微镜下仅看到肢鳃上有1个黑斑，其他鳃丝一般无异常变化。少数病虾在腹部的背面第一节与第二节的交界处的甲壳也有形状不规则的黑斑。因为先发生白斑，之后变为黑斑，故名白黑斑病。

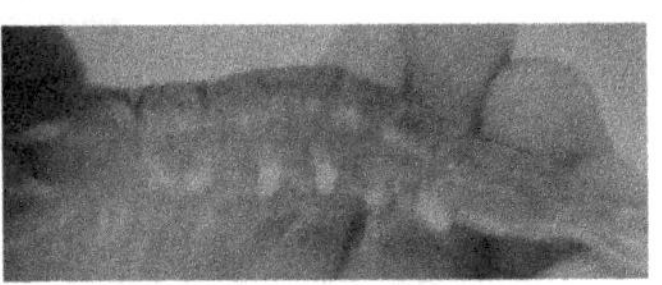

图6-6A 患病初期对虾体侧有一列白斑

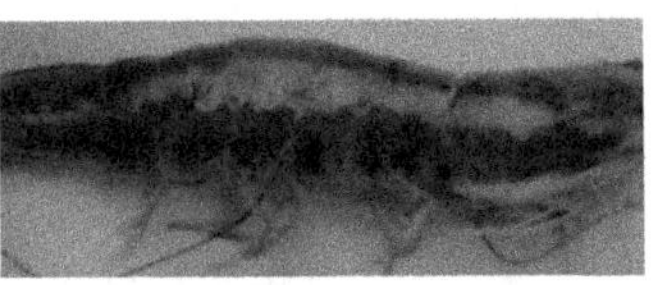

图6-6B 患病后期对虾体侧有一列黑斑

发生白斑或黑斑处甲壳的几丁质部分并未受到损伤，剖开病灶在显微镜下可发现在甲壳以下的组织中有一团棕色或黑色的坏死的血细胞。

【诊断方法】此病根据外观症状就可确诊。

【流行情况】1984年此病首先发生在山东半岛的几个县中，1985年后则几乎整个山东沿海及自福建省以北的所有沿海省市都发生了该流行病，成为中国对虾的一种全国性的疾病。白黑斑病流行的季节一般为7月底至9月上旬，感染率和死亡率可达90%以上。病死的虾多数个体较大，一般体长在8cm以上。

【防治方法】防治方法基本上与红腿病相同，但应特别注意在配合饲料上喷洒维生素C溶液，剂量为饵料重量的0.1%～0.2%，喷完维生素C后，再喷一层植物油（花生油、豆油等），用量约为饲料重的0.5%～1%，喷完后待油被饲料完全吸入后即可投喂。

因维生素C易溶于水并且很容易氧化分解，受到光、热或暴露在空气中时间稍长就会氧化分解，所以放在密封的容器中并在阴凉干燥处保存。使用时先溶解于水，然后立即喷洒在饲料上，不要久放，更不要阳光曝晒。等稍晾干后再喷洒一层植物油，目的是防止饲料投喂后维生素C很快溶失于水中。喷洒油后也不要久放，等油被饲料完全吸入后就可投喂。一般不将维生素C放在配合饲料的原料中加工，防止维生素C在加工过程中受到破坏。现有一种维生素C磷酸脂镁，性质较稳定，有抗氧化作用，可混入原料中制成配合饲料。

二、维生素C缺乏病（Vitamin C deficiency）

【病因】此病属于营养性疾病，当投喂缺乏维生素C（抗坏血酸）或维生素C含量不足的配合饲料几个星期以后，并且池水内没有任何藻类时，易发生此病。

维生素C是白色结晶粉末，味酸，易溶于水，性质极不稳定，易受水分、空气、光热以及化学药物的破坏。在饲料的加工和贮藏过程中维生素很容易损耗，并且在饲料投入水中后很容易溶出。据相关报道，配合饵料原料中的维生素C在加工成形后仅存61%（抗坏血酸钠盐），再经过干燥后仅存26%。维生素C在20℃下贮藏6个月后可损失67%～83%。配合饲料中的维生素C在投喂于池塘中3min后，在水温20℃时损失36%，水温为28℃时损失52%。

维生素C参与脯氨酸（proline）的羟基反应，生成羟脯氨酸（hydroxyproline），后者为胶原蛋白合成的先趋物，与组织的再生有密切关系，所以对于对虾的伤口愈合有帮助，在附肢或尾扇损伤时能使其加速恢复。维生素C能促进对虾蜕壳，因为它与钙的代谢有关系。维生素C还有解毒和增强对虾对疾病的抵抗力的作用，但在虾体内不能合成，必须从食物中获得。

【症状和病理变化】缺乏维生素C的病虾在腹部、头胸甲和附肢的几丁质层下面，尤其关节处或关节附近、鳃以及前肠和后肠的壁上出现黑斑。病虾通常厌食，且腹部肌肉不透明，一般在晚期继发性感染细菌性败血症。

【诊断方法】根据虾体表症状可作初步诊断，但确诊时还应了解投喂的饲料情况，并做组织检查，特别检查关节附近的表皮、前肠和后肠的肠壁、眼柄和鳃。

【流行情况】已知患过此病的有加州对虾、褐对虾、日本对虾和蓝对虾的幼体，但长期投喂缺乏维生素C或维生素C含量不足的人工配合饲料，养虾池中又没有藻类存在时，各种对虾都有可能发生此病。在中国对虾养殖过程中有时也发现类似的症状存在。

【防治方法】

（1）人工配合饲料中应含有0.1%～0.2%的维生素C，可以防止此病的发生和发展，对病轻症的可以治疗，但症状已很明显的虾就不能恢复。

在饲料中添加维生素C的方法一般是用每100mL水溶解4g维生素C，再均匀喷洒入定量的饲料中，阴干0.5h左右。然后每100kg饲料喷洒植物油（豆油、花生油等）1～2kg，等油被吸入后就可投喂。喷洒植物油的作用一方面是在饲料表面形成一层油膜，保护维生素C不溶于水，另一方面可补充饲料中的固醇类和不饱和脂肪酸的含量。

（2）适当投喂一些新鲜藻类。因为新鲜藻类中含有较多的维生素C，但要防止藻类在养虾池中大量繁殖，形成危害。

三、对虾肌肉坏死病（Muscle necrosis）

【病因】肌肉坏死病主要由不适宜的环境因素引起，已证实的病因有：水温过高，盐度过高或过低，溶氧量低，放养密度过大，水质受化学物质污染等，特别是在这些因素发生突然变化时更易生病。有时对虾发生痉挛病、气泡病或体表附生大量共栖生物时也会引起肌肉坏死病。

Lakshnli等（1978）用褐对虾进行实验，在最适盐度（8.5～17）下且水温为26℃时，褐对虾生活正常，仅有1%的虾发生肌肉坏死病，这可能是其他因素引起的，并且这些病虾均能恢复健康。但是，超出这个盐度范围，对虾发生肌肉坏死病的百分率和死亡率就显著增加。温度的影响同样很明显，当水温为26℃时，试验的对虾比在21℃或31℃时肌肉坏死发生率低，恢复率高，并且在31℃时发生率最高，恢复率最低，症状出现的也最快。

【症状和病理变化】主要症状是对虾腹部肌肉特别是靠近尾部腹节中的肌肉局部变为白色，不透明，与周围正常的肌肉有明显的界线，即为坏死。之后变白区域迅速扩大到整个腹部（图6-7A、B），此类虾一般在24h内即可死亡。

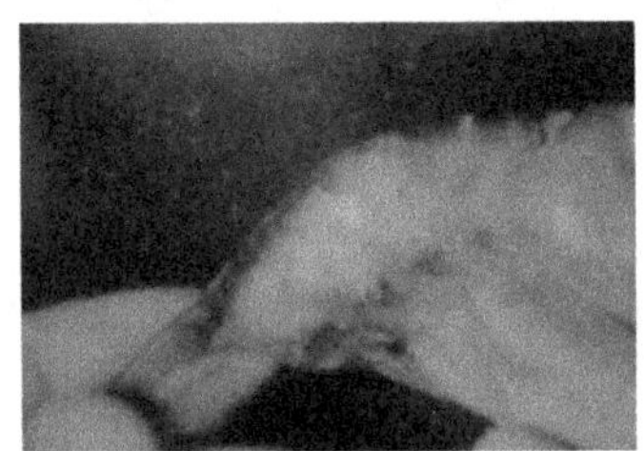

图6-7A 患病对虾腹部肌肉发白

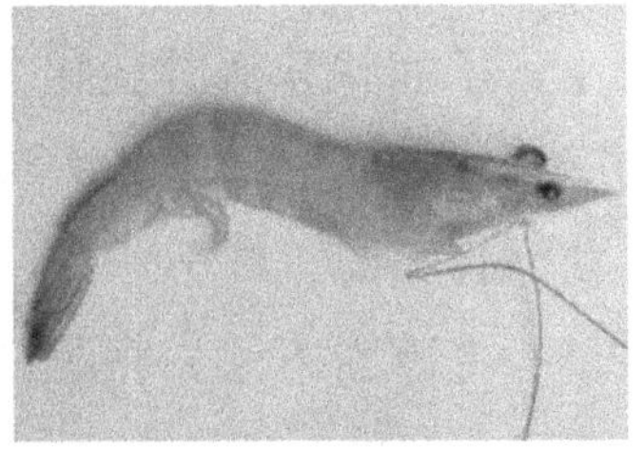

图6-7B 患病对虾全身肌肉发白

由盐度和温度不适引起的肌肉坏死，开始时对虾表现为活动激烈，不安地连续游泳，或企图跳出池塘，过10～30min后活动迅速减缓，以至静止不动，这时多数虾出现症状。

这种病往往会发生继发性细菌感染，形成尾部坏死、脱落。

【流行情况】此病在我国以及其他养虾国家普遍存在，各种对虾都可受害。在中国对虾养殖中，该病主要发生在7月中旬至8月底的高温季节，死亡率低，但也有高达100％的。我们将病虾与同池中不显症状的虾同时放在一个盆内进行暂养试验，病虾很快死亡，不显症状者仍能正常生活。

【诊断方法】从外观症状可以进行初诊。确诊时应剪取病灶处变白的肌肉做成水浸片镜检，查看有无微孢子虫，注意横纹肌退化的情况。因弧菌病和某些病毒（例如IHHN）也能使局部肌肉变白，不透明，特别在疾病的后期或是慢性型，可继发性感染弧菌，在尾肢和腹足受到损伤时，也可能继发性感染镰刀菌。在诊断时应仔细检查，避免混淆，并找出原发性病因。

【防治方法】

预防措施

（1）放养密度勿过大。

（2）在夏季高温季节，尽量保持虾池的高水位，防止水温过高和温度、盐度的突然变化，保持水质良好，溶氧充足。

（3）防止暴雨后洪水流入虾池或低盐度的水突然流入虾池，骤然降低池水温度及盐度。

（4）防止受污染的水进入虾池。

治疗方法

发现症状后应尽快找出并消除致病因素，及时改善环境条件，可以使症状较轻和患病时间较短的虾恢复正常。较有效的治疗方法是大量换水并提高水位。

四、痉挛病（Cramp disease）

【病因】病因尚未完全清楚。一般认为是水温过高引起的，由于该病都发生在盛夏高温时期，因此可证明这个观点有一定的道理。在高温时期捕捞和触摸虾体，虾受到刺激后也易发生此病。不过在完全没有受到干扰的池塘养殖的对虾有时也可发生该病。

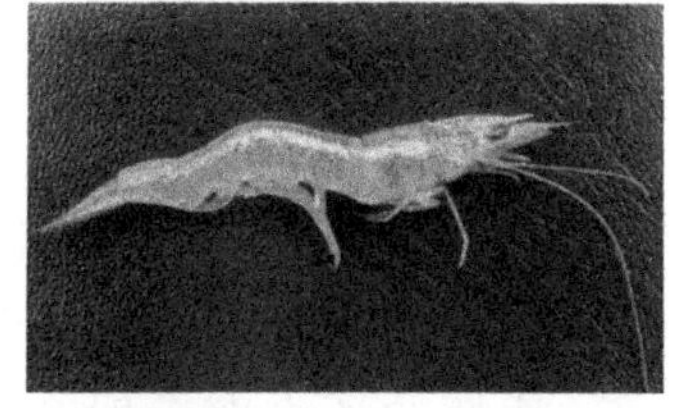

图6-8　患病对虾出现背部隆起现象

【症状和病理变化】病虾的腹部向腹面弯曲，严重者尾部紧贴在头胸部的腹面，身体僵硬，侧卧在水底，捞出后也不能将它拉直。病情较轻者虽尚可游泳，但游泳时身体也呈驼背形，不能伸直（图6-8）。

有些病虾腹部肌肉也局部变白，与肌肉坏死病的症状相似，但患肌肉坏死病的虾身体不呈驼背形。

【流行情况】痉挛病发生的地区和受害的虾类非常广泛。我国沿海养殖的中国对虾、墨吉对虾和长毛对虾等都常发生此病，有的养虾场因该病而遭受重大损失。美国养殖的各种对虾也会发生此病。

我国长江以北养殖的中国对虾发生此病的季节为7月底至9月中旬的高温季节。

【诊断方法】将虾捕上后从外观症状就可确诊。

【防治方法】因为此病的病因尚不十分清楚，所以对有关防治方法的研究不够，不过从发病季节都是在盛夏高温期间这一点考虑，在该病的流行季节内勤灌水，提高水位，改善水质，降低水温，可能对预防和限制该病的发展有较大作用。

另外，在高温季节，尽可能不要拉网捕捞，以免对虾受到惊扰后发生痉挛病。

五、蓝藻中毒（血细胞肠炎 Hemocytic enteritis，HE）

【病因】Lightner（1982）发现对虾摄食了底栖蓝藻后可中毒。已证明可引起中毒的蓝藻主要为颤藻科（*Oscillatoriaceae*）的钙化裂须藻（*Schizothrix calcicola*）。此外，已通过实验证明颤藻科的咸淡水螺旋藻（*Spirulina subsalsa*）也具有致病性。大微鞘藻（*Microcoleus lyngbyaceus=Lyngbya majuscula*）也很可能是致病蓝藻之一。

这些蓝藻体内含有一种藻毒，是由脂多糖类（Lipopolysaccharides）组成的内毒素。当对虾吞食了这些蓝藻后，藻体被消化破碎，释放出毒素，对虾吸收后中毒。

【症状和病理变化】主要症状为血细胞肠炎（Hemocytic enteritis，HE）。有时伴有肝胰脏坏死和萎缩。病虾消化道中没有几丁质的部分，包括中肠、前中肠盲囊（或称胃上盲囊）及后中肠盲囊（或称后肠盲囊），发生黏膜坏死和血细胞浸润性炎症。黏膜上皮细胞从原来的柱状萎缩成矮立方体。细胞质内的空泡和自噬小体（Autophagosome）增加，膜颗粒内质网减少，表面的微绒毛的高度降低。受毒害的细胞最后与基底膜分离、溶解或脱落到消化道内。血细胞浸润并大量积聚在上皮组织的基部。病虾嗜眠、厌食；体表略呈蓝色，表皮上带有棕黄色或浅黄色斑点，特别在表皮连接处；通常生长缓慢，体长明显小于健康虾；腹肌不透明；鳃及体表往往有共栖生物（例如固着类纤毛虫、丝状细菌等）附着。

病虾的死亡率一般在50%以下，最高可达85%。致死的原因可能是由于中肠的黏膜受到破坏，使渗透压失去平衡并且丧失了吸收营养的机能，但是大多数的病例显然是由于继发性感染细菌性败血病引起的。从发生败血病血细胞肠炎的病虾血淋巴中分离出的细菌主要是弧菌。

中国对虾也会发生血细胞肠炎，症状与Lightner（1982，1988）报告的有些差别，主要是胃部及中肠变红色，并且肿胀，后肠外观混浊，与中肠的界限不清。压片检查中肠色素细胞扩张，肠壁组织中有大最血细胞聚集（血细胞浸润）。在血细胞炎症这一点上与Lightner报告的症状是相同的。

【流行情况】据Lighner（1988）认为，该病可发生在所有种类对虾和某些十足类中，在养虾池、水槽、网箱及水道等地都可发病。HE为幼虾早期和中期的疾病，成虾少见，在对虾幼体和仔虾期没有发生过。在水浅、透明度大的虾池池边和池底容易产生蓝藻，在对虾吃食时很容易误食而中毒。

此病已发生在美国、巴西、菲律宾、以色列等许多地区。我国台湾地区的斑节对虾也已发现此病。在中国大陆地区对虾养殖中发生的肠炎病，因症状有些特殊，是否与HE为同一病因，尚需进一步证实。

我国在对虾育苗期间有时仔虾期幼体发生原因不明的大批死亡，同时在虾池中有大量颤藻存在，甚至在仔虾体表也附着许多颤藻（图6-9）。这些颤藻显然对对虾幼体是有害的，但对其危害情况的研究还不够。

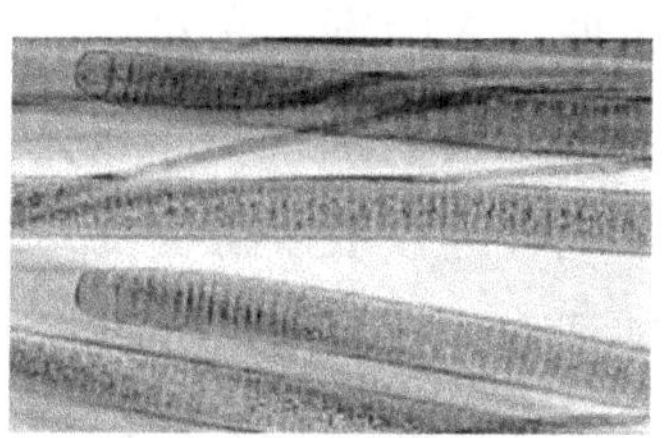

图6-9 颤藻

【诊断方法】HE的初诊可用肉眼观察病虾的外观症状并结合池水情况。确诊需进行组织检查，如果发现中肠及中肠盲囊的黏膜上皮有坏死和明显的血细胞性炎症，肝胰脏小管的上皮也有时出现坏死和血细胞炎症，即可确诊。

【防治方法】防治蓝藻中毒病的最有效方法是防止底栖蓝藻（例如钙化裂须藻等）的生长。具体做法是提高水位，并通过施肥、投饵等措施促进有益浮游植物的大量生长繁殖，以降低池水的透明度，底栖蓝藻得不到足够的光照，自然就可消失。

六、黄曲霉素中毒（Aflatoxin toxicosis）

【病因】使用发霉的配合饲料或豆饼、花生饼等喂虾容易引发该病。这些发霉的饲料往往带有黄曲霉菌（*Aspergillus flavus*）和寄生曲霉菌（*A.parasiticus*），这些曲霉菌会产生黄曲霉毒素（Aflatoxin），对虾吃后会中毒（图6-10A、B）。Wiseman（1982）用含有黄曲霉素B的饲料（每克饲料中含有

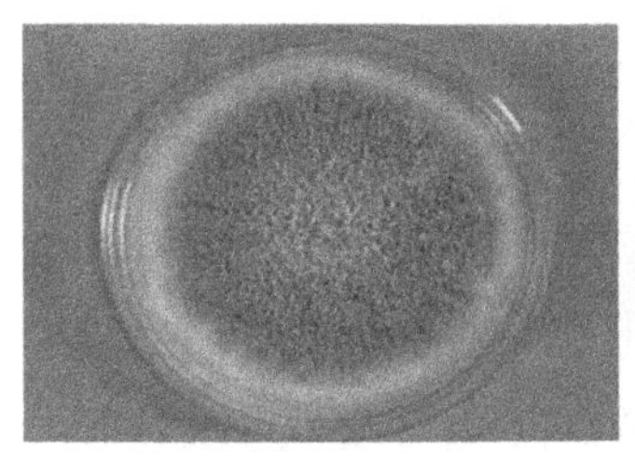

图6-10A 曲霉菌

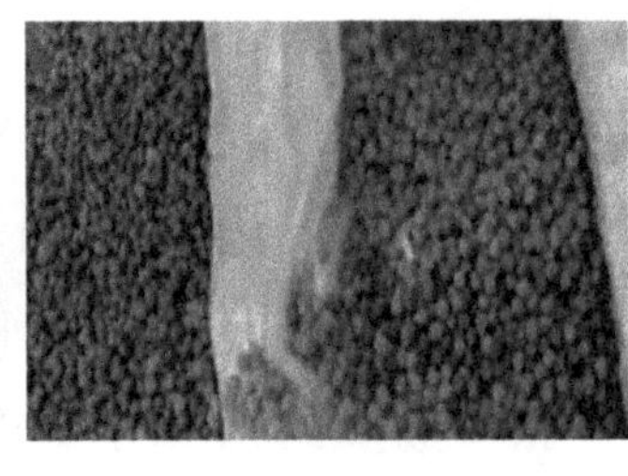
图6-10B 霉变的饲料

53～300ug）喂万氏对虾的幼虾98d后，这些万氏对虾发生黄曲霉素中毒，引起大批死亡。

【症状和病理变化】黄曲霉素中毒的主要症状和病理变化是肝胰脏、颚器官（Mandibular organ）以及造血器官的坏死和炎症，急性和亚急性中毒时，肝胰小管的上皮组织坏死。坏死是先从肝胰脏中心开始，向四周发展到管的末端。亚急性和慢性中毒时，管间有明显的血细胞炎症，随着病情的进展，肝胰小管逐渐被囊化和纤维化，在急性中毒时则没有这种变化。中毒后的颚器官，腺体内索周围上皮细胞的坏死是从近端向中心的静脉进行，并有轻度的血细胞炎症（Lightner，1984）。

【流行情况】无论何种对虾，在何时、何地，只要投喂发霉的饲料都可发生黄曲霉素中毒。在对虾的养殖中，目前主要靠人工配合饲料饲养。人工配合饲料及其原料如果长期储藏在潮湿而温暖的仓库中，就很容易产生黄曲霉素。我国许多地方因投喂了霉变的饲料，发生对虾大批死亡的事例已有多次。虽然未做深入地调查分析，但估计有很大可能是黄曲霉素中毒。

【诊断方法】初诊可根据病理组织检查结果，观察有无肝胰脏坏死、发炎和萎缩，下颚器官是否坏死，还应检查饲料或其原料是否发霉，必要时进行分析才能确诊。

【防治方法】预防措施主要是配合饲料及其原料的包装、保存和运输一定要注意防潮，防止产生黄曲霉素，已发霉的原料及配合饲料绝对不能使用。

治疗方法尚无报告。发现饲料霉变，立即停喂，更换新鲜饲料，病情会很快好转。

七、畸形（Malformation）

【病因】导致畸形的病因主要有两个：①在对虾卵孵化期间如果水温过高或过低就可引起无节幼体畸形。例如，中国对虾在孵化期内水温超过21℃，长毛对虾孵化水温低于23.5℃时，就出现畸形。卵在孵化过程中溶氧不足也可能是一个因素。②育苗用水中重金属离子浓度过高时也可出现畸形。已证明锌离子达到0.03mg/L时无节幼体就会发生畸形。

【症状和病理变化】畸形多发生在无节幼体和蚤状幼体阶段，主要症状是尾部和附肢的刚毛弯曲、变形、萎缩或消失（图6-11A、B），特别是尾刚毛弯曲最为常见，所以有人把该病叫作尾棘弯曲病。蚤状幼体的畸形除了上述症状外，还有腹部弯曲、两眼合并、额突分叉等。畸形的幼体一般不能继续发育，在蜕皮时就死亡，极少数可生存到幼虾阶段。

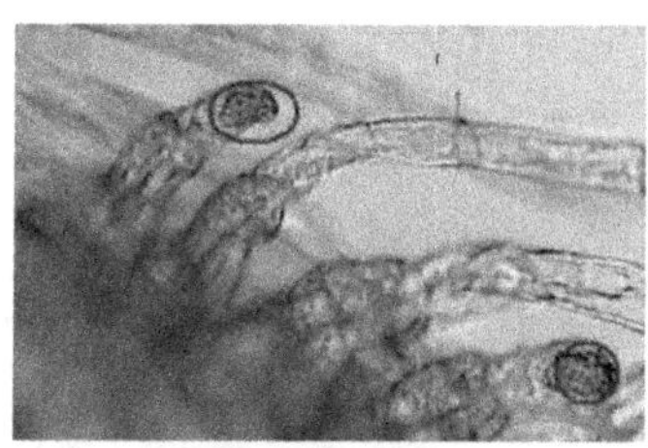

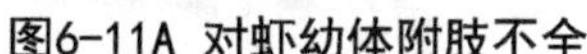

图6-11A 对虾幼体附肢不全

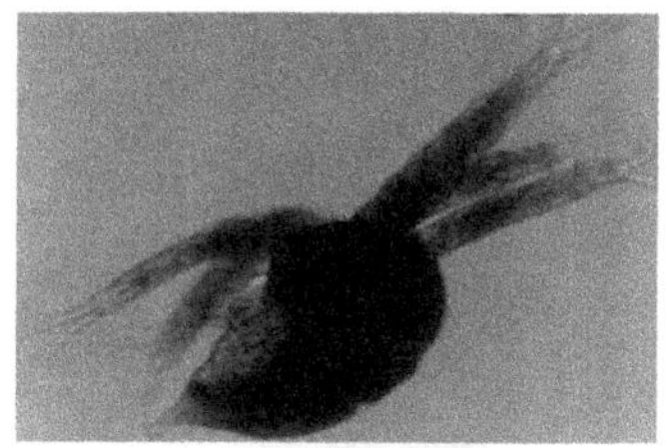

图6-11B 蚤状幼体畸形

【流行情况】畸形主要发生在水质污染、水温不适宜的育苗池。此病在中国沿海各对虾育苗场中均可发现。

【诊断方法】从外观症状就可确诊，但应从水温水质等环境条件寻找原因。

【防治方法】畸形应以预防为主，因为已经变为畸形的不可能恢复。预防措施主要是保持优良的水质和适宜的水温。新建的育苗池在育苗前应预先加水浸泡，将水泥中的有毒物质基本上全部浸出后，才能进行生产。育苗池中的加热管道不能用镀锌管，以防锌溶解于水中。如果已发现水中含有较大量的重金属离子或已发现有少数畸形幼体，而水温正常时，可用二乙胺四乙酸（EDTA）钠全池泼洒，使池水中EDTA浓度呈5～10mg/L。另外在收卵过程中应防止大量卵子长时间挤压在一起。

八、黑鳃病（Black gill disease）

【病因】此处所指的黑鳃病是由非生物引起的鳃丝组织坏死变黑。其原因有下列数项：①水质受到化学物质的污染。已证明镉、铜、高锰酸钾、臭氧、原油、酸（pH很低的海水）、氨、亚硝酸盐等物质的污染，均可引起黑鳃病。氨和亚硝酸盐的来源主要由于池底残饵过多，腐烂分解产生的，在虾池中一般不会达到使对虾急性中毒的浓度，但可使虾产生慢性中毒从而引起黑鳃病。例如亚硝酸盐在2～3mg/L浓度时就可使对虾慢性中毒，发生黑鳃，引起对虾少量死亡；浓度达到10mg/L以上则可引起严重黑鳃病，发生大批死亡。其他有毒物质多数是外来污染。②防治虾病时使用的药物不当。例如用硫酸铜或高锰酸钾剂量过大，铜离子可直接损伤鳃丝，高锰酸钾的锰形成二氧化锰黏附在鳃丝表面，都可引起黑鳃。③食物中长期缺乏维生素C，特别是长期投喂人工饲料的虾池，易生黑鳃病（详见维生素C缺乏病）。

【症状和病理变化】病虾外观鳃区呈一条条黑色花纹。镜检时可看到鳃丝局部或弥漫性坏死，轻者呈深褐色，重者变为黑色，坏死的鳃丝呈皱缩状（图6-12A、B、C）。

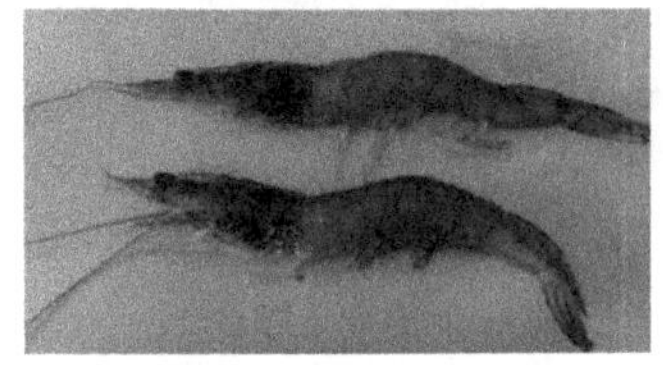
图6-12A 黑鳃的对虾

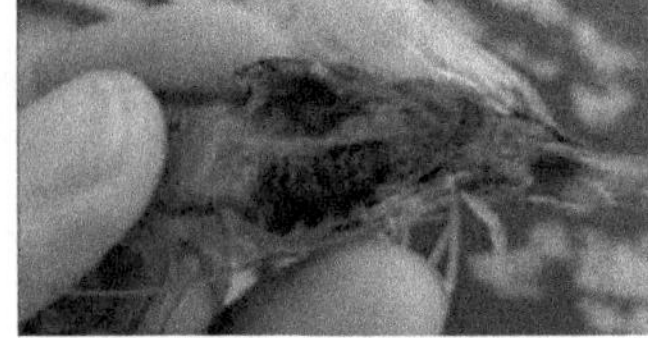
图6-12B 严重黑鳃的对虾

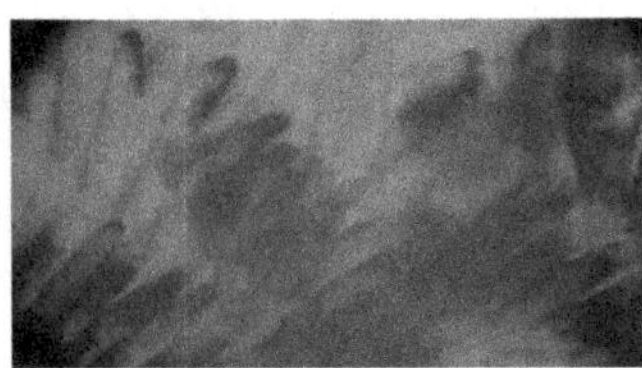
图6-12C 显微镜下发黑的鳃丝

【诊断方法】靠外观症状可以初诊，要确诊必须剪取部分鳃丝，做成水浸片进行镜检，必要时还要检查血淋巴。

外观鳃部变黑有两类其他因素：①鳃丝表面有污物附生，外观黑色，但鳃组织并不变黑。例如丝状细菌、固着类纤毛虫或其他污物引起的鳃部变黑。这一类在显微镜下容易与本病区别。②鳃丝组织坏死变黑，除本病所述的非生物性的病因以外，还有由体内病原引起的黑鳃。例如病毒、弧菌、镰刀菌等引起的黑鳃。因此，必须仔细诊断以确定导致黑鳃病的主要原因。

【流行情况】黑鳃病多发生在有工业废水污染的海区和底质恶化严重的虾池。发生季节一般为7—9月。

对虾鳃丝坏死，失去了呼吸机能，轻者影响对虾的摄食和生长，一般在蜕皮时死亡；重者很快就会死亡，特别在早晨池水中溶解氧含量不足时，可引起大批死亡。

【防治方法】

预防措施

（1）池塘在养虾以前应彻底清除池底淤泥，并用生石灰处理池底。

（2）保持水质清洁，要适时适量换水。水源中如果有工业排水污染时，应暂停进水。

（3）使用硫酸铜和高锰酸钾治疗虾病时，应非常慎重，必须使用时，切勿过量，使用次数也不宜多，并且在施药数小时后应大量换水，将残留的药物排掉。

（4）长期投喂配合饲料时，应定期在配合饲料中加维生素C（方法见维生素C缺乏病）。

治疗方法

鳃组织已经坏死变黑的病虾，没有办法可以使其恢复原状。但在发现有少数对虾发生黑鳃病时，应大量换入清洁新鲜的海水，同时在饲料中添加维生素C，并多喂鲜活饲料，可以防止病情的进一步发展。

九、粘污病（Smeared disease）

【病因】一般发生在池底残饵过多，水质污浊，幼体发育缓慢的育苗池。镜检患病幼体未发现病原生物，因此，真正的病因尚不清楚。

【症状和病理变化】此病一般发生在蚤状幼体I期至糠虾幼体I期阶段。幼体附肢和尾部的刚毛上黏附着大量有机碎屑，呈淡黄色，并往往有单细胞藻类和鞭毛虫类附着，有的可观察到纤毛虫中的下毛类（Hypotrichida）在上面爬行。

【流行情况】此病主要发生在池底残饵过多的育苗池。从蚤状幼体到仔虾期都可发病，从蚤状幼体I期到糠虾幼体期受害最重。

【诊断方法】做患病幼体的水浸片进行镜检，除体表黏附污物外，没有发现其他病原生物，就可断定是粘污病。患病毒病、菌血病和肠道细菌病的幼体也经常在体表有污物附着，应仔细检查，正确诊断。

【防治方法】

预防措施

适量投饵，多喂活饵，加大换水量。

治疗方法

用高锰酸钾全池泼洒，使池水中高锰酸钾浓度为0.5～0.8mg/L，过2～3h后大量换水。一般泼洒一次或第二天再泼一次可治愈。

注意事项

高锰酸钾对于对虾幼体的毒性较大，用药切勿过量，并且要将高锰酸钾晶体完全溶解以后再加入清洁海水，然后均匀泼洒，边泼边充气。

十、软壳病（Soft shell disease）

【病因】软壳病的病因可能有下列几种：①长期投饵不足，使对虾呈饥饿状态，或饲料的营养不全，钙和磷的含量不平衡。②饲料储存不当，腐败变质，对虾不愿摄食，即便吃后也会中毒。③换水量不足或长期不换水，使虾池中积累有害物质。④池水的pH升高和有机质含量的下降，使水中溶解磷的浓度下降，形成不溶性的磷酸钙沉淀，导致虾不能利用水中的磷。因为对虾甲壳的主要成分是钙质，这种钙又是以磷酸钙的形式存在，所以磷在对虾甲壳的形成和钙化过程中成为限制因子。⑤水中含有有机锡或有机磷杀虫剂。据报告有机锡杀虫剂浓度为0.0154mg/L时可使47%～60%的斑节对虾发生软壳病，这种杀虫剂可抑制对虾甲壳中几丁质的合成。

【症状和病理变化】患病对虾的甲壳薄而柔软，壳与肌肉似乎分离，有的病虾在壳下有积水；病虾比同池的健康虾小约1～2cm（8月份）；病虾活力低下，捕捞上来后很少弹跳（图6-13A、B）。

图6-13A 患软壳病的对虾

图6-13B 软壳严重的对虾

软壳的斑节对虾的肝胰脏中，钙和磷的含量都明显偏高，但甲壳中磷的含量则较硬壳虾显著低。

【诊断方法】诊断主要靠触觉，轻捏病虾的腹部甲壳，有软薄感，能感觉到虾壳与肉似乎已经分离，病虾体色也较淡。同时镜检对虾的各器官组织，未发现其他病原和症状。再按上述各种病因，仔细核查。

【流行情况】据报告此病在菲律宾的养殖斑节对虾中十分普遍，使该国的对虾养殖业受到严重打击。近几年来我国的许多养殖中国对虾的地区也发现了此病，发病严重的养殖区大都是投喂配合饲料，很少或不喂鲜活饲料。

发生软壳病的虾池，在同一池塘中一般仅有5%～10%的虾患病。病虾明显小于健康虾，可见生长缓慢，但未发现死亡，不排除软壳病虾活动能力差，易被健康虾残食的情况。此病不仅影响对虾产量，也降低了商品质量。

【防治方法】

（1）适当加大换水量，改善水质。

（2）多投喂鲜活饲料。据报道，软壳的斑节对虾在投喂冷冻的贝肉后4个星期可改善软壳的情况；在投喂鲜活饲料一段时间后中国对虾的软壳病也明显减少。

十一、厚壳病

【病因】厚壳病的病因可能为以下两种：①水体长期盐度过高；②营养物质缺乏。

【症状和病理变化】对虾摄食不正常，生长停滞，不蜕皮或蜕皮不遂（图6-14），影响正常生长，有时还可导致其他疾病的发生。

【诊断方法】用手触摸对虾，有特别厚实的感觉，结合咨询对虾摄食、生长及蜕皮等情况作出判断。

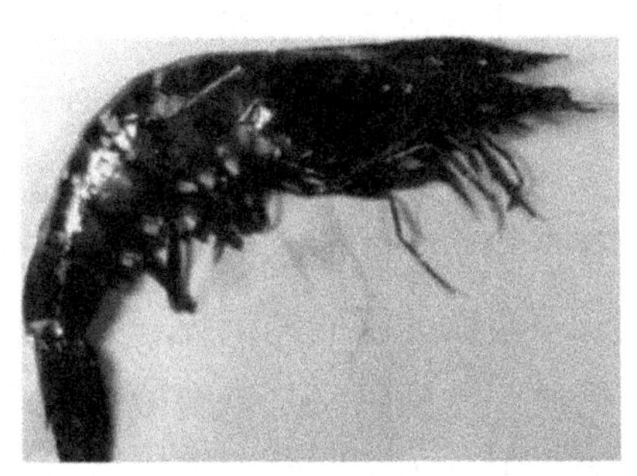
图6-14 患厚壳病的对虾

【防治方法】

（1）换水或添加淡水，同时在饵料中添加脱壳素等物质。

（2）定期使用10～15ppm茶粕全池泼洒促脱壳，定期换水，并在饵料中添加维生素B和维生素C等物质。

十二、对虾烂尾、断须、红须、断足等病

【病因】造成对虾烂尾、断须、红须、断足等病的病因一般有两种：①水体氨氮等物质浓度过高；②池底污染严重，病原菌数量过高引起感染。

【症状和病理变化】病虾出现红须、烂尾、断须和断足等症状（图6-15A、B、C），若处理不及时，常因大量细菌继发性感染而出现大量死亡。

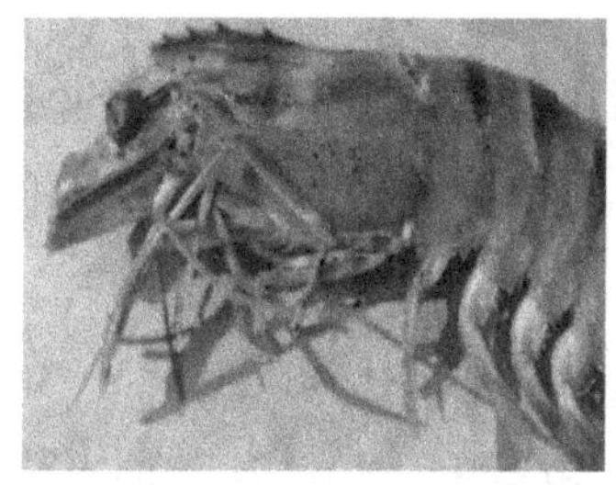

图6-15A 对虾头部附肢断裂

图6-15B 对虾烂尾

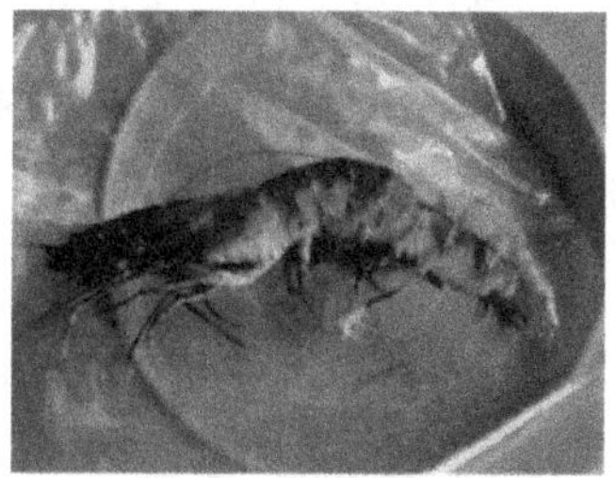

图6-15C 对虾游泳足烂掉

【诊断方法】根据红须、烂尾、断须和断足等症状可初诊，通过水质检测和细菌接种以确诊。

【防治方法】

（1）泼洒沸石粉或白云石粉等以稳定水质并改良底质。

（2）投喂0.1%～0.2%的维生素，同时口服抗菌药物。

（3）水体投放光合细菌和芽孢杆菌等微生物制剂。

十三、浮头与泛池（Floating and suffocation）

【病因】浮头和泛池的定义及其发生的原因与鱼类的浮头和泛池完全相同。对虾对于最低溶解氧的忍受限度一般为1mg/L，但与虾的健康状况有很大关系，例如健康的褐对虾在水中溶氧量为1mg/L时尚能生存，但是患聚缩虫病的褐对虾在水中溶解氧为2.6～3mg/L时就会窒息而死。

【症状和病理变化】对虾浮头的症状和鱼类一样，浮在水面，但不像鱼类浮头时那样明显地张口吐气，虾死后沉于水底。

【诊断方法】主要诊断方法是在黎明时到虾池边观察虾的活动情况，如果发现大批的虾浮于水面，基本就可断定是缺氧浮头，必要时可测定池水溶氧量。

对虾的浮头和泛池主要发生在8—9月，因为这时水温较高，虾池中已经过3～4个月的投饵，水底沉积了大量的残饵和粪便等有机物质，池水污浊，当天气闷热无风，对虾放养密度过大，水体又交换不良时，在半夜至黎明这段时间内就容易发生浮头和泛池。

我国各地养虾场，因发生泛池而出现大批死虾，甚至全池虾覆没的事例屡见不鲜。

【防治方法】

预防措施

我国的养虾池面积一般都很大，一旦发生浮头和泛池后，抢救十分困难。因此应以预防为重点。主要措施如下：

（1）放养前应彻底清除池底淤泥，最好在清淤后再进行翻耕曝晒，促进有机质的分解。

（2）放养密度切勿过大。

（3）投饵要适宜，尽量避免过多的残饵沉积池底。

（4）定期适量换水，保持优良的水色，在7月下旬至9月期间应增加换水量，并缩短换水的间隔时间。

（5）每天傍晚测氧，发现溶氧量降至2mg/L以下时，就应加注新水或换水。

（6）设置增氧机，定时开机增加池水溶氧量。

（7）在7月底至10月上旬每天黎明前后到虾池巡视，发现浮头现象立即抢救。

治疗方法

发现浮头后最好的急救办法是灌注新鲜海水。如果没有海水可灌，也可将临池的水泵入浮头虾池，甚至将本池的水抽起并尽力向高处喷出，使水散开曝气后再落下。有条件的养虾场也可采取充气的方法。但要注意所有这些方法都要避免搅起池底，因为在浮头时表层的水中溶解氧还能勉强维持虾的生存，越向下层溶氧越少，此时如果操作不当，将底层水搅起与表层水混合，外界的氧又不能及时溶入，将加速对虾死亡。

第七章

养殖新品种介绍

一、“北鲆1号”

（一）品种介绍

“北鲆1号”是中国水产科学研究院北戴河中心实验站培育出的牙鲆养殖新品种，已于2012年通过全国水产原种和良种审定委员会的水产新品种审定，品种登记号：GS-04-001-2011（图7-1A、B）。

水产新品种

证书

新品种名称：牙鲆“北鲆1号”　品种登记号：GS-04-001-2011

培育单位：中国水产科学研究院北戴河中心实验站

该品种业经审定，根据农业部《水产原、良种审定办法》，特发此证。

图7-1A 北鲆1号水产新品种证书

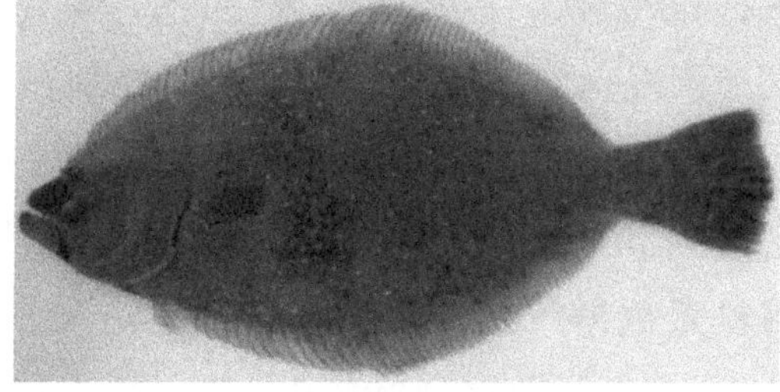

图7-1B 北鲆1号

在自然海区，牙鲆雌性个体比雄性个体具有明显的生长优势，且随着生长期的延长，这种优势会更加明显。1+龄的雄鱼体重约400g，雌鱼约500g，雌鱼比雄鱼重约20%；2+龄的雄鱼体重约800g，而雌鱼则有1200g左右，雌性比雄性重50%左右。

“北鲆1号”的培育首先利用了性别控制技术，把经紫外线照射、遗传物质灭活的真鲷精子和正常的牙鲆卵子进行人工授精，牙鲆卵子被激活，再经过冷休克处理，抑制第二极体释放，使染色体加倍，形成雌核发育二倍体；在雌核发育仔鱼孵化后30～100日龄性腺分化期间，利用高温诱导技术，制备出伪雄鱼；经过2～3年的培育，伪雄鱼性腺发育成熟，用伪雄鱼（X）与雌核发育雌亲鱼（X）配组，形成“全雌牙鲆”（XX）——“北鲆1号”。

“北鲆1号”雌性比例高，可达90%以上，而普通牙鲆雌性比例仅为40%。“北鲆1号”还具有生长快的特点，13月龄的“北鲆1号”比普通牙鲆的生长速度快15.59%～20.36%，20月龄的“北鲆1号”比普通牙鲆的生长速度快23.37%～24.21%。此外，该品种还具有规格统一、相互残食少、成活率高、不用频繁分苗且容易饲养等优点，对提高养殖产量和经济效益具有十分重要的意义。

目前“北鲆1号”已经被广到辽宁、河北、山东、福建等省，深受养殖户欢迎。

（二）养殖实例

2013年10月20日，秦皇岛启民水产养殖有限公司利用3000m^3工厂化养殖车间，放养体长8～10cm的“北鲆1号”全雌牙鲆苗种15万尾，初始放苗密度为250尾/m^2。养殖期间投喂“塞格林”牌配合饲料，投喂方法为：体长5～10cm的鱼苗，每天投喂3次，日投喂量为鱼体重的1%～2%；体长10～20cm的幼鱼，每天投喂2次，日投喂量为鱼体重的0.6%～1%；体长20～40cm时，每天投喂2次，日投喂量为鱼体重的0.4%～0.6%。按照表7-1定期对养殖鱼进行分池。采用循环水养殖工艺，养殖池循环频率为24次/日，系统每日补充新水10%，每日养殖池进行排污1次、生物滤池排污1次。利用深井热水（水温41.5℃）或地表浅层卤水（水温14℃）经交换器将水温控制在18±1℃，盐度控制在15～24，利用纯氧添加技术保持池水溶解氧含量在6mg/L以上。到2015年1月24日陆续出池，出池密度为35尾/m^2，存活率达96.5%，平均全长为40cm，平均体重为0.68kg/尾，饵料系数为1.08，单产量为23.8kg/m^2，共出成品鱼71400kg，平均售价为40元/kg，实现年总产值285.6万元，按平均成本35元/kg计算，总收益约为35.7万元。

表7-1　北鲆1号全雌牙鲆鱼养成放养密度

平均全长（cm）	平均体重（g）	放养密度（尾/m^2）
8～10	12	200～300
20	100	130～160
25	150	100～120
30	320	60～70
38～40	680	35

二、北鲆2号

（一）品种介绍

“北鲆2号”是中国水产科学研究院北戴河中心实验站培育出的牙鲆养殖新品种，已于2014年通过全国水产原种和良种审定委员会的水产新品种审定，品种登记号：GS-02-001-2013（图7-2A、B）。

利用已开发的雌核发育诱导技术和伪雄鱼诱导技术，与家系选育、杂交选育和标记辅助育种技术相结合，进行提高品种生产性能的育种研究，培育出“北鲆2号”新品种。

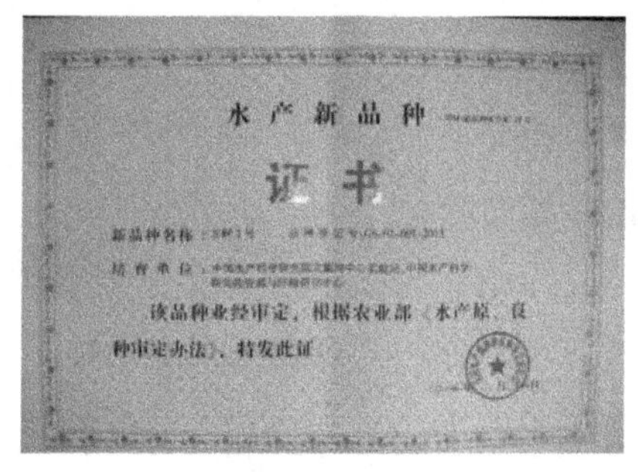

水产新品种

证书

新品种名称：

培育单位：

该品种业经审定，根据农业部《水产原、良种审定办法》，特发此证

图7-2A 北鲆2号水产新品种证书

图7-2B 北鲆2号

选育方法为：选择表型性状好的野生牙鲆亲鱼，构建雌核发育家系，选择优秀雌核发育家系0021为母本，高温诱导的伪雄鱼0679家系为父本，杂交生产单交种——“北鲆2号”。该品种与“北鲆1号”的主要区别：一是“北鲆2号”改变了配组方式，由两个不同的优秀雌核发育家系杂交而成，为单交种；二是“北鲆2号”重新优选了亲本，与“北鲆1号”亲本不同；三是“北鲆2号”生产性能得到了进一步优化，更具生长优势，其生长速度比普通牙鲆快35%以上，比“北鲆1号”快15%左右。此外，“北鲆2号”的优势还包括：雌性比例在90%以上；个体均一度高，具大型黑斑个体占80%以上，表型容易识别；具有特异性遗传标记，易与其他群体或个体进行准确区分。“北鲆2号”除具有良好的杂种优势外，还具有制种方便和遗传稳定的优势。

目前该品种已部分替代“北鲆1号”，每年培育苗种1000万尾左右，已在辽宁、河北、山东等地进行养殖。北戴河站保有“北鲆2号”亲鱼600余尾，生产的受精卵可以满足全国养殖牙鲆的需要。

三、丹法鲆

（一）品种介绍

“丹法鲆”是由黄海水产研究所和海阳市黄海水产有限公司等单位承担的“十一五”863计划现代农业技术领域“鲆鲽类高产、抗病品种的培育”课题之一“大菱鲆‘丹法鲆’新品种培育与养殖技术”选育而来。已于2011年通过全国水产原种和良种审定委员会的水产新品种审定，品种登记号：GS-02-001-2010。

自2003年起，该课题组采用双列杂交测试方案，对法国、智利、英国、丹麦和西班牙等国家的大菱鲆种质资源进行全面的对比分析，选育出了适合我国养殖条件的优良个体。利用种质保存技术，每年建立100多个家系，以家系为选育单位建立了配套系保种、筛选和两系配套制种等技术，构建了有效防止近交衰退的育种群体。筛选培育出丹麦（♀）、法国（♂）杂交组合，以生长速度、出苗率和养殖存活率为选育指标对亲本进行选育后杂交制种，培育出“丹法鲆”新品种（图7-3A）。该品种苗种比商品苗种体重提高了24.44%～33.2%，养殖存活率平均提高了22.54%，饵料转化率平均提高了27.9%。

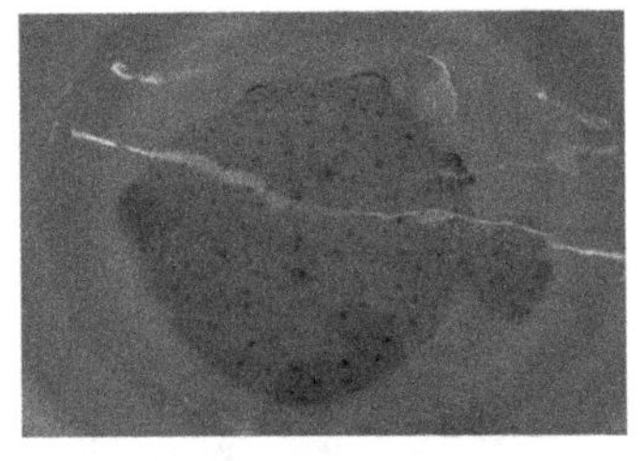

图7-3A 丹法鲆

河北省海产品创新团队海水鱼健康养殖岗位于2013年2月13日—2014年11月13日期间，进行了“丹法鲆”和普通大菱鲆大规模养殖对比实验，结果表明，在养殖水环境和饵料种类相同的条件下，“丹法鲆”在生长速度上具有明显优势，比普通大菱鲆快20%左右；它对多数大菱鲆病害具有明显抗性，发病率明显低于普通大菱鲆，发病鱼的死亡率也明显低于普通大菱鲆；由于在抗病性上具有明显优势，因此在养殖成活率上“丹法鲆”比普通大菱鲆高出5%左右。因此“丹法鲆”是一个优良的大菱鲆养殖品种，具有广阔的推广价值。

（二）丹法鲆养殖实例

2013年2月13日，秦皇岛市海鑫水产养殖科技开发有限公司利用7000m^{2}养殖车间进行“丹法鲆”养殖，放养平均体长为5.15cm的“丹法鲆”12.7万尾，初始放苗密度为250～300尾/m^2。养殖期间投喂“赛格林”牌大菱鲆专用配合饵料，150日龄前每日早、中、晚投喂3次，日投喂率为1%～2%；以后每日早、晚投喂2次，日投喂率为0.6%～1%；水温8℃以下、21℃以上时每日投喂1次，8～21℃时每日早、晚投喂2次。配合饲料粒径大小根据鱼的生长适当调整。采用自然海水和地下半咸水混合使用，养殖水温控制在6～22℃，盐度为22～32，pH为8.2～8.4，池水深度为50cm，24h不间断充气，保持水中溶氧在6～9mg/L。每天早晚各彻底换水1次，换水量为80%；水加满后其他时间流水，每日流换水量约400%。按表7-2定期对养殖鱼进行分池。到2014年5月16日开始出池，出池密度为20尾/m^2，存活率达95.78%，平均全长为24.94cm，平均体重为730.66g，饵料系数为1.1。单产量为14.6kg/m^2，共出成品鱼88900kg，平均售价为45元/kg，实现年总产值400万元。按平均成本36元/kg计算，总收益约为80万元。

表7-2　养成各阶段丹法鲆的放养密度

平均全长（cm）	平均体重（g）	放养密度（尾/m²）
5	3	200～300
10	10	100～150
20	85	50～60
25	140	40～50
30	320	20～25
35	460	15～20
40	800	10～15

四、水院一号海参

水院一号海参是由大连海洋大学水产学院常亚青教授团队，经过多年选育，于2014年5月26日第四届全国水产原种和良种审定委员会第二次会议审定通过的新品种。该品种是以中国刺参群体为母本、俄罗斯刺参群体为父本的杂交后代。具有刺多、肉厚、出成率高的特点，一般具有不规则的六排刺，可以作为工厂化养殖的品种之一（图7-4A、B）。

图7-4A 水院一号海参

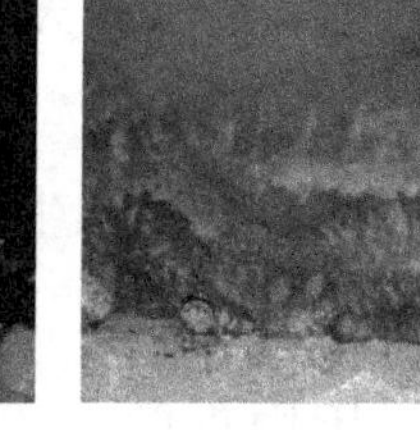

图7-4B 水院一号海参工厂化养殖

参考文献

[1] 战文斌．水产动物病害学［M］．北京：中国农业出版社，2004.

[2] 农业部《新编渔药手册》编撰委员会．新编渔药手册［M］．北京：中国农业出版社，2005.

[3] 张剑英，邱兆祉，丁雪娟，等．鱼类寄生虫与寄生虫病［M］．北京：科学出版社，1999.

[4] 宋振荣．水产动物病理学［M］．厦门：厦门大学出版社，2009.

[5] 江育林，陈爱平．水生动物疾病诊断图鉴［M］．北京：中国农业出版社，2003.

[6] 畑井喜司雄，小川和夫．新鱼病图谱［M］．任晓明，译．北京：中国农业大学出版社，2007.

[7] 江育林，陈爱平．水生动物疾病诊断图鉴［M］．2版北京：中国农业出版社，2012.

[8] 黄琪琰．中国水产动物疾病学研究进展［J］．水产学报，1996（1）：51-57.

[9] 曾伟伟，王庆，石存斌，等．免疫学和分子生物学技术在水产动物疾病诊断中的应用［J］．动物医学进展，2010，31（6）：111-117.

[10] 赵明军，张洪玉，周状．中草药对水产动物疾病防治的药效学研究综述［J］．安徽农业科学，2009，37（36）：8010-8015，8036.

[11] 王海华．中草药防治水产动物疾病及药理学研究进展［J］．中兽医学杂志，2004（4）：37-41.

[12] 黄艳平，杨先乐，湛嘉，等．水产动物疾病控制的研究和进展［J］．上海水产大学学报，2004（1）：60-66.

[13] 李国立，王安利，胡俊荣，等．草药防治水产动物疾病的机理与功效［J］．水产科学，2003（4）：38-41.

[14] 刘敏，韩英，马旭洲，范兆廷．益生菌制剂在水产动物疾病防治应用的研究进展［J］．水产学杂志，2003（1）：73-79.

[15] 侯吉伦，王桂兴，张晓彦，等．牙鲆抗淋巴囊肿病家系选育及生长和抗病性能分析［J］．中国水产科学，2017，24（4）：727-737.

[16] 殷禄阁，宫春光，郭金龙，等．红鳍东方鲀的健康状态与鱼病诊断［J］．河北渔业，2006（11）：26-29.

[17] 殷禄阁，宫春光．牙鲆鱼病诊断［J］．河北渔业，2006（7）：46-48.

[18] 王磊．牙鲆（Paralichthys olivaceus）抗鳗弧菌病和淋巴囊肿病家系及相关分子标记的筛选［D］．青岛：中国海洋大学，2013.

[19] 邢明青．牙鲆淋巴囊肿病自愈机制的研究［D］．青岛：中国海洋大学，2008.

[20] 黄文，陈偿，赵哲，等．海水养殖鱼类病毒性神经坏死病防控技术研究进展［J］．渔业研究，2016，38（5）：419-426.

[21] 李晋．半滑舌鳎神经坏死病毒病的研究［D］．青岛：上海海洋大学，2014.

[22] 李晋，史成银，耿伟光，等．半滑舌鳎病毒性神经坏死病病原的研究［C］//中国水产学会．2013年中国水产学会学术年会论文摘要集．中国水产学会，2013：1.

[23] 陈爱平，江育林，钱冬，等．病毒性神经坏死病［J］．中国水产，2010（12）：56-57.

[24] 毛海涛．养殖牙鲆（Paralichthys olivaceus）病毒性神经坏死病的调查及诊断技术研究［D］．天津：天津师范大学，2008.

[25] 陈信忠，龚艳清．鱼类病毒性神经坏死病研究进展［J］．生物技术通报，2006（S1）：141-146.

[26] 张小飞，孙颖杰，贾赟，等．牙鲆弹状病毒研究进展［J］．江苏农业科学，2015，43（1）：231-233，241.

[27] 孙颖杰．牙鲆弹状病毒的鉴定和检测方法研究及应用［D］．长春：吉林大学，2010.

[28] 赵玉然，岳志芹，谭乐义，等．山东沿海部分地区真鲷虹彩病毒病初步调查与分析［J］．渔业科学进展，2011，32（6）：31-36.

[29] 杜佳垠．防治真鲷虹彩病毒病对策：停喂［N］．中国海洋报，2000-11-03（03）.

[30] 原媛，韩倩，郭华荣．大菱鲆3种病原性红体病的流行性调查研究［J］．中国海洋大学学报（自然科学版），2013，43（11）：49-56.

[31] 史成银，王印庚，秦蕾，等．我国养殖大菱鲆病毒性红体病及其流行情况调查［J］．海洋水产研究，2005（1）：1-6.

[32] 史成银．我国养殖大菱鲆病毒性红体病的研究［D］．青岛：中国海洋大学，2004.
[33] 秦蕾，王印庚，张正．养殖大菱鲆“皮疣病”的初步研究［J］．大连水产学院学报，2008，23（6）：479-483.
[34] 宫春光，何忠伟，符冬林，等．大菱鲆表皮突起症的防控技术［J］．科学养鱼，2015（2）：57-58，30.
[35] 宫春光，殷蕊，孙桂清，等．牙鲆侧线神经肿胀症的防控［J］．科学养鱼，2017（2）：65-66，29.
[36] 何培民，郭媛媛，贾晓会，等．对虾白斑综合征病毒免疫防治研究进展［J］．海洋渔业，2016，38（4）：437-448.
[37] 孙新颖，万晓媛，刘庆慧，等．白斑综合征病毒2014年中国毒株变异区的序列比较［J］．渔业科学进展，2016，37（2）：127-133.
[38] 李战军，孟宪红，孔杰，等．中国对虾对白斑综合征病毒的类免疫反应与验证［J］．中国水产科学，2012，19（6）：989-993.
[39] 肖广侠，李战军，孟宪红，等．白斑综合征病毒（WSSV）3种PCR检测方法的灵敏度比较［J］．中国水产科学，2011，18（3）：667-673.
[40] 何琳，徐海圣，王美珍，等．白斑综合征病毒环介导等温扩增快速检测方法的建立［J］．水产学报，2010，34（4）：598-603.
[41] 罗展，黄倢，周丽．抗白斑综合征病毒（WSSV）感染途径研究进展［J］．海洋水产研究，2007（5）：116-122.
[42] 冯守明，杨先乐，李军，等．凡纳滨对虾白斑综合征血液病理研究［J］．水产学报，2006（1）：108-112.
[43] 刘宝彬，杨冰，吕秀旺，等．凡纳滨对虾（Litopenaeus vannamei）传染性皮下及造血组织坏死病毒（IHHNV）及虾肝肠胞虫（EHP）的荧光定量PCR检测［J］．渔业科学进展，2017，38（2）：158-166.
[44] 刘宝彬．传染性皮下及造血组织坏死病毒（IHHNV）对凡纳滨对虾生长影响及其致病力分析［D］．上海：上海海洋大学，2016.
[45] 白丽蓉，赵志英．对虾传染性皮下与造血组织坏死病毒（IHHNV）的研究进展［J］．中国农学通报，2012，28（14）：114-119.
[46] 杨冰，宋晓玲，黄倢，等．对虾传染性皮下及造血组织坏死病毒（IHHNV）的流行病学与检测技术研究进展［J］．中国水产科学，2005（4）：519-524.

[47] 黄光华，童桂香，黎小正，等．罗氏沼虾野田村病毒实时荧光定量RT-PCR检测方法的建立［J］．南方农业学报，2015，46（11）：2059-2063.

[48] 潘晓艺，刘杜鹃，沈锦玉，等．罗氏沼虾野田村病毒和双顺反子病毒双重RT-PCR检测方法与序列分析［J］．上海海洋大学学报，2012，21（6）：996-1002.

[49] 陈爱平，江育林，钱冬，等．水生动物疫病病种介绍之：罗氏沼虾肌肉白浊病［J］．中国水产，2011（4）：65-66.

[50] 黎铭，陈晓汉．对虾桃拉综合症病毒（TSV）的分子生物学研究进展［J］．广西农业科学，2008，39（6）：834-837.

[51] 杨先乐，郑宗林．南美白对虾桃拉综合症在我国的流行状况及其趋势（上）［J］．科学养鱼，2004（2）：41.

[52] 杨先乐，郑宗林．南美白对虾桃拉综合症在我国的流行状况及其趋势（下）［J］．科学养鱼，2004（3）：41-42.

[53] 朱罗罗，张庆利，万晓媛，等．我国一株新型黄头病毒的分子流行病学［J］．渔业科学进展，2016，37（3）：68-77.

[54] 陈爱平，江育林，钱冬，等．水生动物疫病病种介绍之：黄头病［J］．中国水产，2011（4）：64-65.

[55] 陈爱平，江育林，钱冬，等．传染性肌肉坏死病［J］．中国水产，2011（6）：53.

[56] 闫冬春，Kathy F J Tang，Donald V Lightner．对虾传染性肌肉坏死病研究进展［J］．海洋科学，2009，33（9）：89-91.

[57] 宫春光，唐永新，岳连新，等．关于牙鲆的养殖技术［J］．中国水产，2001（10）：56-60.

[58] 宫春光．牙鲆养殖技术及发展［J］．科学养鱼，2002（2）：26-27.

[59] 谢珍玉，周永灿，冯永勤．对虾弧菌病的研究进展——回顾对虾弧菌病的病原种类、致病机制与条件、症状与组织病变及对虾的防御机制［J］．海南大学学报（自然科学版），2007（1）：88-95.

[60] 潘晓艺，沈锦玉，尹文林，等．水生动物的弧菌病及其致病机理［J］．大连水产学院学报，2006（3）：272-277.

[61] 杨少丽，王印庚，董树刚．海水养殖鱼类弧菌病的研究进展［J］．海洋水产研究，2005（4）：75-83.

[62] 王保坤，余俊红，李筠，等. 花鲈弧菌病病原菌（哈维氏弧菌）的分离与鉴定［J］. 中国水产科学，2002（1）：52-55.

[63] 吴后波，潘金培. 弧菌属细菌及其所致海水养殖动物疾病［J］. 中国水产科学，2001（1）：89-93.

[64] 胡超群，陶保华. 综述：对虾弧菌病及其免疫预防的研究进展［J］. 热带海洋，2000（3）：84-94.

[65] 宫春光，陈福杰，阎莹，等. 牙鲆育苗期间白便病和腹水病的防治［J］. 科学养鱼，2010（9）：49-50.

[66] 薛淑霞，冯守明，孙金生. 海水工厂化养殖大菱鲆（Scophthalmus maximus）和褐牙鲆（Paralichthys olivaceus）腹水病病原菌的分离与鉴定［J］. 海洋与湖沼，2006（6）：548-554.

[67] 袁春营，宫春光，陈福杰，等. 牙鲆腹水病药物筛选及防治措施探讨［J］. 水利渔业，2006（3）：102-103.

[68] 宫春光，萧国华. 牙鲆腹水病的危害及防治［J］. 河北渔业，2004（1）：29-33.

[69] 沈锦玉，余旭平，潘晓艺，等. 网箱养殖大黄鱼假单胞菌病病原的分离与鉴定［J］. 海洋水产研究，2008（1）：1-6.

[70] 刘家富，余祚溅，林永添，等. 大黄鱼假单胞菌病的初步研究［J］. 海洋科学，2004（2）：5-7，80.

[71] 王冲. 大菱鲆（Scophthalmus maximus）迟缓爱德华氏菌病免疫防控研究［D］. 青岛：中国科学院海洋研究所，2013.

[72] 王印庚，秦蕾，张正，等. 养殖大菱鲆的爱德华氏菌病［J］. 水产学报，2007（4）：487-495.

[73] 王波，莫照兰. 迟缓爱德华氏菌及其致病机理［J］. 海洋科学集刊，2007（0）：133-139.

[74] 宫春光. 半滑舌鳎工厂化养殖技术［J］. 齐鲁渔业，2006（8）：16-18.

[75] 宫春光，殷禄阁. 牙鲆育苗技术［J］. 齐鲁渔业，2004（1）：19-21.

[76] 宫春光. 褶皱臂尾轮虫室内培养及在牙鲆育苗中的应用［J］. 水产科学，2004（4）：24-26.

[77] 梁程超，宫春光，陈少鹏，等. 循环水养殖的原理［J］. 北京水产，2003（5）：49-51.

[78] 宫春光，于清海. 池塘养殖牙鲆技术要点［J］. 科学养鱼，2007（11）：26-27.
[79] 秦蕾. 养殖大菱鲆爱德华氏菌病及其几种重要疾病的病理学研究［D］. 青岛：中国海洋大学，2006.
[80] 张晓君，战文斌，陈翠珍，等. 牙鲆迟钝爱德华氏菌感染症及其病原的研究［J］. 水生生物学报，2005（1）：31-37.
[81] 陈翠珍. 爱德华氏菌及鱼类爱德华氏菌病（综述）［J］. 河北科技师范学院学报，2004（3）：70-76.
[82] 赵凤娇. 大菱鲆白便病病原、病理及防治研究［D］. 保定：河北农业大学，2014.
[83] 董丽. 养殖大菱鲆几种重要细菌性疾病病原菌的鉴定及其病原学初步研究［D］. 青岛：中国海洋大学，2009.
[84] 秦蕾，王印庚，阎斌伦. 大菱鲆微生物性疾病研究进展［J］. 水产科学，2008（11）：598-602.
[85] 大菱鲆常见病害防治方法及用药指南［J］. 中国水产，2007（1）：64-69.
[86] 王印庚，张正，秦蕾，等. 养殖大菱鲆主要疾病及防治技术［J］. 海洋水产研究，2004（6）：61-68.
[87] 宫春光，潘娟，赵凤娇，等. 不同养殖技术路线下大菱鲆生产成本与效益［J］. 科学养鱼，2013（4）：25-27.
[88] 于清海，宫春光，殷蕊，等. 我国北方鲆鲽类产业所面临的问题及应对策略初探［J］. 科学养鱼，2017（8）：3-5.
[89] 何忠伟，宫春光，殷蕊，等. 水中Mn（Ⅱ）对大菱鲆幼鱼生长及碱性磷酸酶和超氧化物歧化酶活性的影响［J］. 水产科学，2016，35（4）：364-369.
[90] 宫春光，殷蕊，孙桂清，等. 大菱鲆“红嘴病”组织病理学研究［J］. 河北渔业，2014（11）：4-6.
[91] 张正，王印庚，杨官品，等. 大菱鲆（Scophthalmus maximus）细菌性疾病的研究现状［J］. 海洋湖沼通报，2004（3）：83-89.
[92] 张正. 养殖大菱鲆流行病调查及主要细菌性疾病的病原学研究［D］. 青岛：中国海洋大学，2004.
[93] 陈政强，姚志贤，林茂，等. 半滑舌鳎皮肤溃疡病病原研究［J］. 水产学

报，2012，36（5）：764-771.

[94] 宫春光，陈福杰，于清海．工厂化养殖条斑星鲽的病害及防治［J］．科学养鱼，2009（1）：50-51.

[95] 陈君．工厂化循环水养殖半滑舌鳎主要细菌性疾病及其控制［D］．上海：上海海洋大学，2012.

[96] 张正．养殖半滑舌鳎常见疾病的病理学观察与感染微生态分析［D］．青岛：中国海洋大学，2012.

[97] 宫春光．条斑星鲽生物学性状及工厂化养殖技术［J］．科学养鱼，2005（12）：38.

[98] 宫春光．半滑舌鳎工厂化养殖中的病害防治研究［J］．中国水产，2005（12）：54-55.

[99] 徐晓丽，尤宏争，宋昀鹏，等．半滑舌鳎腹水症病原的分离鉴定［J］．东北农业大学学报，2015，46（3）：74-80.

[100] 胡璇．养殖半滑舌鳎腹水病病原分离、鉴定及组织病理学研究［D］．天津：天津农学院，2014.

[101] 宫春光，于清海，陈福杰．牙鲆工厂化养殖HACCP管理模式初探［J］．水产科技情报，2008，35（6）：261-264.

[102] 宫春光，安鑫龙，杨敬辉，等．HACCP体系在大菱鲆工厂化养殖中的应用［J］．科学养鱼，2012（1）：50-52.

[103] 宫春光，齐遵利，陈福杰，等．半滑舌鳎人工繁育技术要点［J］．科学养鱼，2010（5）：37-38.

[104] 殷禄阁，赵春龙，宫春光，等．大菱鲆的鱼病诊断和有效的投药方法［J］．齐鲁渔业，2010，27（4）：33-34.

[105] 宫春光，于清海，胡晓刚，等．工厂化养殖大菱鲆饵料的选择及特点（上）［J］．科学养鱼，2010（2）：68.

[106] 宫春光，于清海，胡晓刚，等．工厂化养殖大菱鲆饵料的选择及特点（下）［J］．科学养鱼，2010（3）：68.

[107] 殷禄阁，郭金龙，宫春光，等．药物在鱼体内残留和休药期［J］．河北渔业，2010（2）：52-54.

[108] 李爽，李耕，潘玉洲，等．几种药品对牙鲆肠道白浊病的治疗效果［J］．水产科技情报，2017，44（4）：219-221.

[109] 王志敏，张文香，冯力霞，等．牙鲆仔鱼肠道白浊病病原菌的分离鉴定［J］．河北渔业，2005（1）：11-15.
[110] 宫春光，于清海．大菱鲆育苗期间两种细菌性疾病及防治［J］．科学养鱼，2008（5）：48-49，28.
[111] 邓永强，汪开毓．鱼类无乳链球菌病的研究进展［J］．中国畜牧兽医，2016，43（9）：2490-2495.
[112] 黄锦炉． 罗非鱼无乳链球菌病病原学、病理学及cpsE基因的原核表达研究［D］．雅安：四川农业大学，2012.
[113] 卢迈新．罗非鱼链球菌病研究进展［J］．南方水产，2010，6（1）：75-79.
[114] 杜佳垠．海水养殖鱼类链球菌病［J］．渔业现代化，2001（5）：28-29.
[115] 多甜，张超，赵晓进，等．鱼诺卡氏菌研究进展［J］．水产科学，2017，36（3）：391-394.
[116] 王瑞旋，刘广锋，王江勇，等．养殖卵形鲳鲹诺卡氏菌病的研究［J］．海洋湖沼通报，2010（1）：52-58.
[117] 袁思平，王国良，金珊．养殖鱼类致病诺卡氏菌研究进展［J］．微生物学通报，2006（2）：137-141.
[118] 杨楠，张志强，吴同垒，等．半滑舌鳎源美人鱼发光杆菌美人鱼亚种的分离鉴定［J］．中国兽药杂志，2018，52（2）：19-25.
[119] 吴同垒，张志强，李巧玲，等．大菱鲆源美人鱼发光杆菌杀鱼亚种的分离鉴定［J］．中国兽医学报，2018，38（2）：301-306.
[120] 张飞，苏永全，王军，等．大黄鱼（Pseudosciaena crocea）源美人鱼发光杆菌（Photobacterium damselae）的分离鉴定及致病性研究［J］．海洋与湖沼，2012，43（6）：1202-1208.
[121] 苏友禄，冯娟，郭志勋，等．美人鱼发光杆菌杀鱼亚种感染卵形鲳鲹的病理学观察［J］．海洋科学，2012，36（2）：75-81.
[122] 兰萍，宋晓玲，张辉，等．美人鱼发光杆菌对凡纳滨对虾非特异性免疫功能及抗病力的影响［J］．渔业科学进展，2010，31（1）：65-73.
[123] 宫春光，赵春民．红鳍东方鲀卵子孵化时的丝状细菌病［J］．河北渔业，2003（1）：31.
[124] 于清海，宫春光．牙鲆苗种培育期间危害较大的几种疾病及其防治［J］．科学养鱼，2007（9）：54-55，86.

[125] 肖国华，崔兆进，宫春光．梭子蟹人工育苗病害特点与防治措施［J］．中国水产，2005（6）：54-55.

[126] 刘志轩．凡纳滨对虾急性肝胰腺坏死病致病原分析及防控技术研究［D］．上海：上海海洋大学，2017.

[127] 姜燕．凡纳滨对虾急性肝胰腺坏死病防治中草药的筛选［D］．大连：大连海洋大学，2016.

[128] 唐小千，徐洪森，战文斌．对虾急性肝胰腺坏死综合症研究进展［J］．海洋湖沼通报，2016（2）：90-93.

[129] 黄志坚，陈勇贵，翁少萍，等．多种细菌与凡纳滨对虾肝胰腺坏死症（HPNS）爆发有关［J］．中山大学学报（自然科学版），2016，55（1）：1-11.

[130] 苏永全，蔡心一，翁卫华，等．对虾养殖中弧菌数量与对虾“红腿病”“黄鳃病”关系研究［J］．厦门大学学报（自然科学版），1994（3）：421，122，423-424.

[131] 王斌，李华，何幽峰．引起中国对虾红腿病的两种新病原菌的研究［J］．大连水产学院学报，1993（Z1）：43-48.

[132] 李文珍，王洪奇，王俊义，等．中国对虾红腿病致病菌的研究［J］．水产科学，1992（6）：1-6.

[133] 薛阿民．夏季南美白对虾养殖中黑鳃、烂鳃病的防治技术［J］．中国水产，2007（8）：59-60.

[134] 蒙显杰，董燕声．南美白对虾黑鳃病和烂鳃病发生的原因及防治方法［J］．中国水产，2004（8）：81-82.

[135] 戚瑞荣，崔龙波，唐绍林，等．凡纳滨对虾白便综合征的组织病理学观察［J］．水产学杂志，2017，30（3）：45-49.

[136] 唐绍林，章明凤．南美白对虾白便症的流行特点和防治措施［J］．海洋与渔业，2015（8）：66-67.

[137] 唐绍林，雷燕，戚瑞荣．南美白对虾产生“白便”的原因及防治［J］．科学养鱼，2012（11）：58，93.

[138] 宫春光．中国对虾幼体粘脏病的预防及治疗方法［J］．河北渔业，2001（6）：18-29.

[139] 曹海鹏，李家胜．南美白对虾甲壳溃疡病诊治实例［J］．科学养鱼，

2013（9）：64.

[140] 黄鹤忠．南美白对虾亲虾甲壳溃疡病防治技术［J］．水产养殖，1997（5）：11-12.

[141] 邓传燕，李色东，陈贺，等．凡纳滨对虾发光病病原的分离鉴定及防治措施［J］．江西水产科技，2013（2）：6-11.

[142] 陈月忠，黄万红．应用噬菌体检测对虾发光病致病菌哈维氏弧菌的可行性研究［J］．集美大学学报（自然科学版），2007（4）：301-305.

[143] 刘问，钱冬，杨国梁，等．南美白对虾虾苗淡化期间发光病病原研究［J］．集美大学学报（自然科学版），2004（4）：300-304.

[144] 国俭文 ，李永明 ，苟中华，等．对虾育苗中荧光病的发生与防治［J］．科学养鱼，2003（4）：43.

[145] 徐国成，李士虎．长毛对虾幼体荧光病的防治［J］．水产科技情报，2002（6）：253-255.

[146] 陈月忠，钟硕良，周宸．成虾发光病病原体的分离鉴定及防治技术研究［J］．中山大学学报（自然科学版），2000（S1）：218-223.

[147] 宫春光，于清海，陈福杰．南美白对虾育苗中弧菌病和丝状细菌病的防治对策［J］．科学养鱼，2008（9）：50-51.

[148] 周晓苏．养殖刺参“腐皮综合征”致病菌的鉴定及其灭活菌苗对刺参免疫作用的研究［D］．青岛：中国海洋大学，2008.

[149] 方波．养殖刺参（Apostichopus japonicus）“腐皮综合征”病原学及其感染源的研究［D］．青岛：中国海洋大学，2006.

[150] 逄慧娟，廖梅杰，李彬，等．刺参（Apostichopus japonicus）保苗期“肠炎病”及其治疗方法［J］．渔业科学进展，2017，38（3）：188-197.

[151] 费聿涛．刺参养殖环境微生物和理化因子与刺参病害发生关系的研究［D］．上海：上海海洋大学，2016.

[152] 赵彦翠．刺参（Apostichopus Japonicus Selenka）多糖类免疫增强剂及微生态制剂的研究与应用［D］．青岛：中国海洋大学，2011.

[153] 王颖，仇雪梅，王娟，等．刺参病害现状及其生物技术检测的研究进展［J］．生物技术通报，2009（11）：60-64.

[154] 李继业．养殖刺参免疫学特征与病害研究［D］．青岛：中国海洋大学，2007.

[155] 战文斌，孟庆显，俞开康．中国对虾镰刀菌病的症状和病理组织学研究［J］．青岛海洋大学学报，1993（3）：125-130.

[156] 战文斌，俞开康，孟庆显．中国对虾镰刀菌病病原体的研究［J］．青岛海洋大学学报，1993（2）：91-100.

[157] 施慧，许文军，徐汉祥，等．引起三疣梭子蟹“牛奶病”的酵母菌18S rRNA序列测定与分析［J］．海洋水产研究，2008（4）：34-38.

[158] 许文军，徐汉祥，施慧，等．梭子蟹假丝酵母菌病初步研究［J］．水产学报，2005（6）：831-836.

[159] 许文军，徐汉祥，金海卫，等．梭子蟹“乳化病”病原的研究［J］．浙江海洋学院学报（自然科学版），2003（3）：209-213.

[160] 宫春光，赵凤娇，潘娟，等．一例大菱鲆鱼波豆虫病的防治［J］．科学养鱼，2012（12）：62-63.

[161] 赵伟伟．养殖大菱鲆波豆虫的分离培养、敏感性药物分析及分子鉴定［D］．青岛：中国海洋大学，2012.

[162] 范超．斑石鲷卵鞭虫病和上皮囊肿病的研究［D］．上海：上海海洋大学，2016.

[163] 张艺，黄伟卿，韩坤煌，等．眼点淀粉卵涡鞭虫包囊阶段生活史的观察及防治［J］．水产科学，2015，34（11）：722-725.

[164] 范超．斑石鲷淀粉卵鞭虫病的病原学研究［C］//中国水产学会．2015年中国水产学会学术年会论文摘要集．中国水产学会，2015：1.

[165] 何祥楷．大黄鱼苗淀粉卵涡鞭虫病的诊断及防治方法［J］．福建水产，2013，35（6）：475-479.

[166] 李鸶鸶，张洪玉，王佳迪，等．车轮虫病防治药物及安全性研究进展［J］．上海海洋大学学报，2014，23（4）：546-555.

[167] 刘金海．几种养殖鱼类重要纤毛虫病的病理特征及其防治研究［D］．上海：上海海洋大学，2014.

[168] 徐奎栋，宋微波．车轮虫属（原生动物，纤毛门）种类鉴定的方法学［J］．青岛海洋大学学报（自然科学版），2000（3）：397-405.

[169] 宫春光，赵凤娇，何忠伟，等．大菱鲆刺激隐核虫病的诊治［J］．科学养鱼，2013（10）：58-60.

[170] 马瑞．海水鱼类寄生纤毛虫刺激隐核虫细胞形态学研究［D］．上海：华

[171] 东师范大学，2017.
刘婷婷，唐小千，周丽．15种中草药对刺激隐核虫（Cryptocaryon irritans）的杀灭效果及包囊破裂的条件［J］．渔业科学进展，2015，36（6）：113-120.
[172] 邹峰，苏永全，覃映雪，等．海水鱼类寄生虫刺激隐核虫（Cryptocaryon irritans）趋化性研究［J］．海洋与湖沼，2013，44（4）：1003-1007.
[173] 邱军强，刘玮，杨先乐，等．刺激隐核虫免疫学研究进展［J］．中国病原生物学杂志，2011，6（10）：787-788，797.
[174] 陈爱平，江育林，钱冬，等．刺激隐核虫病［J］．中国水产，2011（8）：39-40.
[175] 王印庚，刘志伟，林春媛，等．养殖大菱鲆隐核虫病及其治疗［J］．水产学报，2011，35（7）：1105-1112.
[176] 宫春光，于清海，陈福杰．工厂化养殖海水鱼盾纤毛虫病的防治策略［J］．科学养鱼，2009（10）：48-49.
[177] 宫春光，李凤晨．牙鲆盾纤毛虫病的药物防治试验［J］．水产科学，2007（9）：509-511.
[178] 宫春光，袁春营，陈福杰．防治盾纤毛虫病药物筛选实验［J］．水利渔业，2007（4）：101，108.
[179] 刘璐，韦昊麟，王国良，等．贪食迈阿密虫的体外培养及有效抗虫药物筛选［J］．宁波大学学报（理工版），2017，30（2）：11-14.
[180] 林妙春．贪食迈阿密虫的生物学特性研究［D］．福州：福建师范大学，2010.
[181] 张永明．大菱鲆（Scophthlmus maximus）盾纤毛虫病的病理学观察及中草药防治效果研究［D］．青岛：中国海洋大学，2009.
[182] 张立坤，王玉梅，肖国华，等．寄生于养殖牙鲆体表溃烂组织中的水滴伪康纤虫［J］．河北渔业，2007（10）：42-43.
[183] 秦蕾，王印庚，张立敬，等．蟹栖异阿脑虫寄生大菱鲆及其组织病理学研究［J］．水生生物学报，2007（5）：618-628.
[184] 张立坤，王玉梅，肖国华，等．牙鲆盾纤毛虫病及防治技术研究［J］．河北渔业，2007（6）：30-32.
[185] 徐国成，阎斌伦，徐加涛．虾蟹拟阿脑虫病的防治研究［J］．水利渔

业，2006（1）：95-97.

[186] 陈洁君，王印庚，牟潜，等. 养殖大菱鲆蟹栖异阿脑虫病及其防治研究［J］. 海洋水产研究，2005（6）：68-76.

[187] 王印庚，陈洁君，秦蕾. 养殖大菱鲆蟹栖异阿脑虫感染及其危害［J］. 中国水产科学，2005（5）：594-601.

[188] 宫春光 ，肖国华. 日本对虾拟阿脑虫病的防治［J］. 科学养鱼，2003（2）：41.

[189] 周丽，徐奎栋，战文斌，等. 一种纤毛虫的分类及形态研究——寄生于牙鲆体表溃烂组织中的指状拟舟虫［J］. 青岛海洋大学学报（自然科学版），2001（2）：190-194.

[190] 许杰，邓威，李军，薛淑霞，等. 虾肝肠胞虫（EHP）流行病学与检测技术研究进展［J］. 中国动物检疫，2018，35（2）：64-68.

[191] 程东远. 虾肝肠胞虫的流行病学及其致对虾生长缓慢机理的探索［D］. 上海：上海海洋大学，2017.

[192] 王博雅，王力，刘美如，等. 凡纳滨对虾3种主要病毒和虾肝肠胞虫在辽宁地区的流行情况分析［J］. 大连海洋大学学报，2017，32（2）：150-154.

[193] 刘珍，张庆利，万晓媛，等. 虾肝肠胞虫（Enterocytozoon hepatopenaei）实时荧光定量PCR检测方法的建立及对虾样品的检测［J］. 渔业科学进展，2016，37（2）：119-126.

[194] 袁圣. 固着类纤毛虫病［J］. 海洋与渔业，2014（4）：53.

[195] 詹子锋. 缘毛类和盾纤类纤毛虫的分类学与分子系统学研究［D］. 青岛：中国科学院海洋研究所，2012.

[196] 廖国礼. 甲壳动物固着类纤毛虫寄生的科学防治［J］. 科学养鱼，2007（1）：54-55.

[197] 宫春光，殷蕊，赵凤娇，等. 三疣梭子蟹“牛奶病”的诊治［J］. 科学养鱼，2013（5）：54-55.

[198] 陈爱平，江育林，钱冬，等. 三代虫病［J］. 中国水产，2011（9）：53-54.

[199] 林永添，郑钦华，游建峰. 红鳍东方鲀异沟虫病的诊断与防治［J］. 科学养鱼，2003（11）：51.

[200] 甘日昌. 浅谈对虾生态病——气泡病［J］. 当代水产，2014，39（5）：74-76.

[201] 唐绍林，蒋鹏，周胜锰. 对虾气泡病的主要症状及流行特点［J］. 当代水产，2014，39（3）：70-71.

[202] 彭天辉，潘连德，唐绍林. 大口黑鲈慢性气泡病的组织病理观察以及水体分层对发病的影响［J］. 大连海洋大学学报，2013，28（6）：578-584.

[203] 杨建利，滕淑芹，方旭，等. 鱼类气泡病的防治［J］. 科学养鱼，2013（2）：61-62.

[204] 董杰英，杨宇，韩昌海，等. 鱼类对溶解气体过饱和水体的敏感性分析［J］. 水生态学杂志，2012，33（3）：85-89.

[205] 张乃禹. 中国对虾气泡病的初步研究［J］. 海洋科学，1995（4）：37-40.

[206] 杨弯弯，武氏秋贤，吴亦潇，等. 恩诺沙星和硫氰酸红霉素对铜绿微囊藻的毒性研究［J］. 中国环境科学，2013，33（10）：1829-1834.

[207] 苏春风，代瑞华，刘会娟，等. 不同磷源及其浓度对铜绿微囊藻生长和产毒的影响［J］. 环境科学学报，2013，33（9）：2546-2551.

[208] 孔赟，徐向阳，朱亮，等. 环境水体微囊藻毒素微生物降解技术研究进展［J］. 应用生态学报，2011，22（6）：1646-1652.

[209] 吴永宏. 三毛金藻的防治［J］. 科学养鱼，2008（3）：54.

[210] 何志辉. 中国小三毛金藻研究述评［J］. 大连水产学院学报，1989（2）：13-20.

[211] 闫冬春，Kathy F J Tang，Donald V Lightner. 对虾传染性肌肉坏死病研究进展［J］. 海洋科学，2009，33（9）：89-91.

[212] 蔡生力，王崇明，杨丛海. 中国对虾白黑斑病组织病理学研究［J］. 中国水产科学，1999（1）：14-18.

[213] 蔡生力，王崇明，杨丛海，等. 对虾白黑斑病的病原病因研究［J］. 水产学报，1996（4）：326-331.

[214] 王崇明，蔡生力，杨丛海. 中国对虾白黑斑病流行病学的调查研究［J］. 中国水产科学，1996（2）：120-125.

[215] 郑元亮. 对虾黑鳃病、红体病的诊断及防治［J］. 中国水产，2009（4）：53-54.

[216] 薛阿民．夏季南美白对虾养殖中黑鳃、烂鳃病的防治技术［J］．中国水产，2007（8）：59-60.

[217] 蒙显杰，董燕声．南美白对虾黑鳃病和烂鳃病发生的原因及防治方法［J］．中国水产，2004（8）：81-82.

[218] 梁华芳．南美白对虾幼体粘污病的防治［J］．水产科技情报，2003（2）：63-64，67.

[219] 周凯，郑国兴，曹直．中国对虾细菌性黑鳃病的组织病理观察［J］．水产学报，1997（3）：303-308.